海洋工程水波动力学

姜胜超　孙　雷　编著

海洋出版社

2024年·北京

内 容 简 介

本书是关于波浪理论及其工程应用方面的著作。书中涵盖了波浪理论、随机波浪理论以及波浪对海上结构作用的基本理论与方法，总结了国内外学者和作者的研究成果。全书分 8 章。第 1 ~ 3 章为有限水深线性和非线性波浪理论的介绍；第 4 章为浅水波浪理论与缓坡方程的介绍；第 5 章为随机波浪理论基本内容；第 6 章介绍了波浪对小尺度物体的作用；第 7 ~ 8 章介绍了波浪对大尺度物体的作用。

本书可供从事海洋工程、海岸工程、港口工程和船舶工程等专业科研人员，以及从事波浪相关问题研究的科研人员参考使用，适合作为相关专业研究生的教材，也可作为相关专业高年级本科生的参考书。

图书在版编目(CIP)数据

海洋工程水波动力学/姜胜超,孙雷编著. --北京：海洋出版社，2023.9(2024.8 重印)

ISBN 978-7-5210-1151-7

Ⅰ.①海… Ⅱ.①姜… ②孙… Ⅲ.①海洋工程-水波-波动力学 Ⅳ.①P75②O353.2

中国国家版本馆 CIP 数据核字(2023)第 147624 号

责任编辑：林峰竹
助理编辑：李世燕
责任印制：安　森
海洋出版社　出版发行
http://www.oceanpress.com.cn
北京市海淀区大慧寺路 8 号　邮编：100081
涿州市般润文化传播有限公司印刷　新华书店经销
2023 年 9 月第 1 版　2024 年 8 月第 2 次印刷
开本：787mm×1092mm　1/16　印张：14.25
字数：300 千字　定价：68.00 元
发行部：010-62100090　总编室：010-62100034

前　　言

波浪作为海洋工程、海岸工程、港口工程以及船舶工程中的主要荷载，是工程设计时所必须考虑的关键性因素。随着海洋工程技术的发展，这方面的科学研究工作，尤其是非线性波浪理论、非线性波浪的传播与演化，以及海洋结构非线性波浪荷载等方面，得到了快速的发展。本书旨在系统地介绍国内外学者在这方面的工作，特别是近期的新成果以及它们在实际中的应用。在本书的阐述过程中，作者突出了以摄动展开方法为主的渐进方法的使用，对书中主要理论（如有限水深波浪理论、浅水波浪理论、波浪对大尺度结构作用的解析与数值方法）均采用摄动展开方法进行推导，并在第 1 章中以单自由度质量弹簧系统的非线性振动为例介绍了摄动展开方法的基本原理，以便于读者对该方法有一个直观的理解。此外，还着重阐述了相关理论在工程实际中的应用，相关图例均以实际工程尺度为背景。希望此书有助于读者对相关理论有一个全面、系统的认识，并能够在工程实际中正确地理解和应用现有的研究成果。

本书共分为 8 章。第 1 章主要介绍了波浪理论的基本控制方程、边界条件和初始条件，通过无因次方法对波浪运动的非线性特征进行阐述，并以单自由度质量弹簧系统的非线性振动为例介绍了摄动展开方法的基本原理；第 2 章介绍了线性波浪理论，应用线性波浪理论讨论了波浪运动的一般特征；第 3 章介绍了有限水深非线性波浪理论，突出强调了波浪的非线性运动特征；第 4 章介绍了浅水波浪理论与缓坡方程，并针对波浪的非线性与色散性问题进行了论述；第 5 章介绍了随机波浪的基本理论与方法，从统计学与谱分析两个角度介绍了海洋不规则波浪的描述方法；第 6 章介绍了波浪对小尺度物体作用的计算方法，重点以 Morrison 方程为主线对问题展开介绍；第 7 章介绍了波浪对大尺度物体作用的解析方法，介绍了匹配特征函数展开方法的基本原理与使用方法；第 8 章介绍了波浪对大尺度物体作用的数值方法，以目前该领域最常用的边界积分方程方法为主线对问题进行了阐述。

本书第 1 ~4 章与第 7 ~ 8 章由姜胜超撰写，第 5 ~ 6 章由孙雷撰写，全书由姜胜超统稿。

本书可供从事海洋工程、船舶工程、海岸工程和港口工程等专业科研人员，以及从事波浪相关问题研究的科研人员参考使用，适合作为相关专业研究生的教材，也可作为相关专业高年级本科生的参考书。

由于作者水平有限，书中难免存在错误及疏漏之处，敬请读者提出批评和建议。

目　录

第1章　水波理论的基本控制方程与边界条件

1.1 流体运动的基本控制方程

水波运动是流体运动的一种形式，因此流体力学相关原理均适用于水波运动问题。流体力学中研究的是流体的宏观运动，连续介质假设是最基本的假设，它认为物质连续且无间隙地分布于物质所占有的整个空间，并认为流体宏观物理量是空间点及时间的连续函数。流体力学的研究通常采用两种方法：一种是拉格朗日法（Lagrange Method），它着眼于流体质点，描述了每个流体质点自始至终的运动过程，即它们的位置随时间的变化规律；另一种是欧拉法（Eular Method），它着眼于空间点，描述了空间的每一点的流体运动随时间的变化状况，即研究不同时刻通过每一个空间点的不同流体质点所具有的速度和加速度。在实际问题中，通常只需要求得空间各点的运动情况及其随时间的变化规律，而不需要求出每一个流体质点的运动过程，因此，欧拉法在流体力学中得到了更广泛的应用。在本书中，除特殊指明外，均采用欧拉法进行研究。

对于重力水波问题，不包括高速传播等与流体压缩性有关的水下声波，可以假定流体为均质不可压缩流体，水的密度可以看作常数，流体运动的基本控制方程包括连续方程（Continuous Equation）与动量方程（Momentum Equation），即

$$\nabla \cdot \boldsymbol{u} = 0 \tag{1.1}$$

$$\left(\frac{\partial}{\partial t} + \boldsymbol{u} \cdot \nabla\right)\boldsymbol{u} = -\nabla\left(\boldsymbol{g}z + \frac{p}{\rho}\right) + \frac{\mu}{\rho}\nabla^2\boldsymbol{u} \tag{1.2}$$

式中，$\boldsymbol{u}(\boldsymbol{x}, t) = (u, v, w)$为速度矢量，$p(\boldsymbol{x}, t)$为流体的压强，$\rho$为流体密度，$\boldsymbol{g} = (0, 0, -g)$为重力加速度，一般取$g = 9.81\ \mathrm{m/s^2}$，$\mu$为流体的动力黏性系数（常数）。$\boldsymbol{x} = (x, y, z)$为坐标矢量，$z$轴铅垂向上。

式（1.1）和式（1.2）即为不可压缩黏性流体的基本控制方程——纳维－斯托克斯（Navier－Stokes）方程，简称N－S方程。式（1.2）展开后左端第一项为时间导数项；第二项为对流项，是非线性的。等式右端展开后第一项为体积力项，第二项为压力项，第三项为黏性力项，也称扩散项。

为考察黏性力项的影响，定义涡量矢量$\boldsymbol{\Omega}$为速度矢量的旋度，即

$$\boldsymbol{\Omega} = \nabla \times \boldsymbol{u} \tag{1.3}$$

它是流体微团当地转动速率的两倍。对式（1.2）取旋度计算，并利用式（1.1），可得涡量输运方程为

$$\left(\frac{\partial}{\partial t} + \boldsymbol{u} \cdot \nabla\right)\boldsymbol{\Omega} = \boldsymbol{\Omega} \cdot \nabla\boldsymbol{u} + \frac{\mu}{\rho}\nabla^2\boldsymbol{\Omega} \tag{1.4}$$

从物理意义上来看，方程（1.4）意味着：跟随着运动流体的涡量的变化率分别由涡线的伸缩扭曲（右端第一项）和黏性扩散（右端第二项）产生。在水中，动力黏性系数 μ 通常约为 10^{-3} Pa·s 量级，水密度通常约为 10^3 kg/m^3 量级。因此，除了在速度梯度很大和涡量很大的区域外，式（1.4）右端的末项可以忽略；也就是说，除了在很薄的边界层以外，忽略黏性是良好的近似，这时式（1.4）变成

$$\left(\frac{\partial}{\partial t}+\boldsymbol{u}\cdot\nabla\right)\boldsymbol{\Omega}=\boldsymbol{\Omega}\cdot\nabla\boldsymbol{u} \tag{1.5}$$

以涡量矢量 $\boldsymbol{\Omega}$ 点乘式（1.5），得到

$$\left(\frac{\partial}{\partial t}+\boldsymbol{u}\cdot\nabla\right)\frac{\boldsymbol{\Omega}^2}{2}=\boldsymbol{\Omega}^2[\boldsymbol{e}_{\Omega}\cdot(\boldsymbol{e}_{\Omega}\cdot\nabla\boldsymbol{u})] \tag{1.6}$$

式中，$\boldsymbol{e}_{\Omega}$ 为沿 $\boldsymbol{\Omega}$ 方向的单位矢量。因为在有实际物理意义的场合下速度梯度是有限的，所以 $\boldsymbol{e}_{\Omega}\cdot(\boldsymbol{e}_{\Omega}\cdot\nabla\boldsymbol{u})$ 的最大值必定是有限值，设定为 $M/2$，跟随流体质点的 $\boldsymbol{\Omega}^2(\boldsymbol{x},t)$ 的大小不会超过 $\boldsymbol{\Omega}^2(\boldsymbol{x},0)\mathrm{e}^{Mt}$。因此，如果 $t=0$ 时刻的各处涡量均为 0，则流动永远保持为无旋。

$\boldsymbol{\Omega}=0$ 是一类重要的情形，相应的流动称为无旋流动或有势流动。对于流体无黏且运动无旋的情况，速度矢量 $\boldsymbol{u}$ 可以用一个标量，即速度势 $\boldsymbol{\Phi}$（velocity potential）的梯度表示，即

$$\boldsymbol{u}=\nabla\boldsymbol{\Phi} \tag{1.7}$$

将式（1.7）代入连续方程式（1.1）中，可以得出

$$\nabla^2\boldsymbol{\Phi}=0 \tag{1.8}$$

式（1.8）称为拉普拉斯（Laplace）方程，其本质是连续方程，物理意义为质量守恒。

进一步对动量方程式（1.4）进行化简，根据无黏无旋假设，忽略扩散项，再利用矢量恒等式关系：

$$\boldsymbol{u}\cdot\nabla\boldsymbol{u}=\nabla\left(\frac{\boldsymbol{u}^2}{2}\right)-\boldsymbol{u}\times(\nabla\times\boldsymbol{u})$$

则式（1.2）可改写成

$$\frac{\partial\boldsymbol{u}}{\partial t}+\nabla\left(\frac{\boldsymbol{u}^2}{2}\right)=-\nabla\left(gz+\frac{p}{\rho}\right)+\frac{\mu}{\rho}\nabla^2\boldsymbol{u}$$

进一步利用式（1.7），可得

$$\nabla\left[\frac{\partial\boldsymbol{\Phi}}{\partial t}+\frac{1}{2}(\nabla\boldsymbol{\Phi}\cdot\nabla\boldsymbol{\Phi})\right]=-\nabla\left(\frac{p}{\rho}+gz\right)$$

对上式空间变量进行积分，去掉哈密顿算子∇，可得

$$-\frac{p}{\rho}=\frac{\partial\boldsymbol{\Phi}}{\partial t}+\frac{1}{2}(\nabla\boldsymbol{\Phi}\cdot\nabla\boldsymbol{\Phi})+gz+C(t) \tag{1.9}$$

式中，$C(t)$ 为 t 的任意函数。由于速度势 $\boldsymbol{\Phi}$ 为多值函数，可以在不影响速度场的情况下对其重新定义，使 $C(t)=0$，从而可将式（1.9）写为

$$-\frac{p}{\rho}=gz+\frac{\partial\boldsymbol{\Phi}}{\partial t}+\frac{1}{2}(\nabla\boldsymbol{\Phi}\cdot\nabla\boldsymbol{\Phi}) \tag{1.10}$$

式（1.10）或式（1.9）称为伯努利（Bernoulli）方程。式（1.10）右端的第一项 gz 为对

p 的流体静压贡献，而其余的项为对 p 的流体动压贡献。

上述拉普拉斯方程（1.8）与伯努利方程（1.10）为势流理论的基本控制方程，其本质是在流体无黏且运动无旋假设下对纳维－斯托克斯方程的简化。这一简化具有重要意义，它会使流体运动问题的求解变得较为简单和可行。纳维－斯托克斯方程为多未知量（$\boldsymbol{u}$ 和 p，$\boldsymbol{u}$ 有 3 个分量）的非线性偏微分方程组，仅在极特殊情况（如一维方程）才存在解析解，数值求解也非常复杂。而势流理论的控制方程——拉普拉斯方程为线性齐次偏微分方程，且只有一个未知量，对这类方程的求解已具有了理论上完善和方法上成熟的处理办法。进一步，通过拉普拉斯方程求出速度势，将其代入伯努利方程，从而可以直接求出压力场。由此可见，当引入无黏无旋假设后，可以显著降低分析难度。工程实际表明，一般而言，重力水波问题，流体黏性及有旋运动的作用通常很小，采用上述理想流体的势流假设可以满足精度要求。

1.2 边界条件与初始条件

如图 1.1 所示，在笛卡尔坐标系 $Oxyz$ 下，坐标原点取未扰动的自由水面，z 轴垂直向上为正。从数学上讲，拉普拉斯方程（1.8）具有无穷多解，为了使拉普拉斯方程具有唯一确定的解，还需要相应边界条件和初始条件。在各种水波问题中，自由水面条件和海底条件是一定存在的。对于有限水域，需要给出相应边界条件；对于开敞水域，即无限水域，则需要给出无限远边界条件；如果有物体存在，则还需对应的物面条件。本书第 1 ~ 3 章均为研究无限水域的波浪问题，暂不对物面条件进行讨论，有关物面边界条件的内容将在第 7 章和第 8 章介绍。

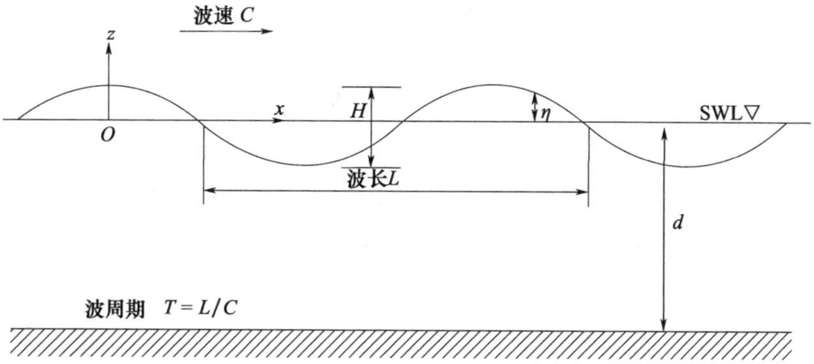

图 1.1　坐标系及推进波各基本特征参数定义

1.2.1　自由水面边界条件

首先考虑与大气接界的自由水面上的边界条件，设自由水面方程为 $z=\eta(x, y, t)$，流体质点在自由水面上的垂向运动速度可由下式计算，

$$\frac{\mathrm{d}z}{\mathrm{d}t}=\frac{\partial \eta}{\partial t}+\frac{\partial \eta}{\partial x}\frac{\partial x}{\partial t}+\frac{\partial \eta}{\partial y}\frac{\partial y}{\partial t} \tag{1.11}$$

式中，x、y、z 是自由水面上流体质点的空间坐标，它们对时间的导数应是流体质点运动速度，即

$$\left(\frac{\partial x}{\partial t}, \frac{\partial y}{\partial t}, \frac{\partial z}{\partial t}\right) = (u, v, w) = \left(\frac{\partial \Phi}{\partial x}, \frac{\partial \Phi}{\partial y}, \frac{\partial \Phi}{\partial z}\right) \tag{1.12}$$

式中，u、v、w 为流体运动速度的 3 个分量。将式（1.12）代入式（1.11），得

$$\frac{\partial \eta}{\partial t} + \frac{\partial \Phi}{\partial x}\frac{\partial \eta}{\partial x} + \frac{\partial \Phi}{\partial y}\frac{\partial \eta}{\partial y} = \frac{\partial \Phi}{\partial z}, \qquad z = \eta(x, y, t) \tag{1.13}$$

式（1.13）的物理意义是自由水面上各点的速度应等于位于自由水面上各水质点的运动速度，该式称为自由水面的运动学边界条件。

上述运动学边界条件并未涉及作用力，下面考虑与作用力有关的动力学边界条件。对于重力水波问题，一般而言，波浪的波长较大，液体的表面张力通常可以忽略，紧贴自由水面上压力必然等于自由水面上方的大气压力，即 $p = p_a$（通常取 $p_a = \text{const} = 0$），再应用伯努利方程，得

$$\frac{\partial \Phi}{\partial t} + \frac{1}{2}\left[\left(\frac{\partial \Phi}{\partial x}\right)^2 + \left(\frac{\partial \Phi}{\partial y}\right)^2 + \left(\frac{\partial \Phi}{\partial z}\right)^2\right] + g\eta = 0, \qquad z = \eta(x, y, t) \tag{1.14}$$

式（1.14）即为自由水面上的动力学边界条件。由于该边界条件经常用于求解波面，因此也称为波面方程。

在上述运动学边界条件式（1.13）和动力学边界条件式（1.14）中消去波面高度 η，可得仅由速度势 Φ 表达的综合了运动学条件和动力学条件的自由水面条件，即

$$\frac{\partial^2 \Phi}{\partial t^2} + g\frac{\partial \Phi}{\partial z} + 2\nabla\Phi \cdot \nabla\frac{\partial \Phi}{\partial t} + \frac{1}{2}\nabla\Phi \cdot \nabla(\nabla\Phi \cdot \nabla\Phi) = 0, \qquad z = \eta(x, y, t) \tag{1.15}$$

式中，$\nabla = \left(\frac{\partial}{\partial x}, \frac{\partial}{\partial y}, \frac{\partial}{\partial z}\right)$。式（1.15）也可由另一方法得到。由于自由水面上压力不变，因此压力在自由水面上的物质导数恒为零，$Dp/Dt = 0$，可得

$$\left(\frac{\partial}{\partial t} + \nabla\Phi \cdot \nabla\right)\left(\frac{\partial \Phi}{\partial t} + \frac{1}{2}\nabla\Phi \cdot \nabla\Phi + g\eta\right) = 0, \qquad z = \eta(x, y, t) \tag{1.16}$$

将式（1.16）展开，即可得式（1.15）。

需要注意的是，上述水面边界条件都是非线性的，且是在未知的自由水面上满足的边界条件，即边界本身 $z = \eta(x, y, t)$ 是未知的，正是这些性质导致了水波问题数学求解的困难，也是水波问题的难点所在。

1.2.2 海底条件

将海底面的方程写成 $F(x, y, z, t) = z + d(x, y, t) = 0$，该曲面的单位法线向量为

$$\boldsymbol{n} = (n_x, n_y, n_z) = \frac{(F_x, F_y, F_z)}{\sqrt{F_x^2 + F_y^2 + F_z^2}} = \frac{(d_x, d_y, 1)}{\sqrt{d_x^2 + d_y^2 + 1}} \tag{1.17}$$

海底面的法向速度为

$$d_t n_z = \frac{d_t}{\sqrt{F_x^2 + F_y^2 + F_z^2}} \tag{1.18}$$

海底面上流体质点的法向速度为

$$\nabla\Phi\cdot n=\frac{(F_x\Phi_x,\ F_y\Phi_y,\ F_z\Phi_z)}{\sqrt{F_x^2+F_y^2+F_z^2}}=\frac{(d_x\Phi_x,\ d_y\Phi_y,\ d_z\Phi_z)}{\sqrt{d_x^2+d_y^2+1}}\tag{1.19}$$

假定海底面不透水，即不考虑海床的渗透性，则海底面的法向速度应与其上流体质点的法向速度一致，即式（1.18）与式（1.19）相等，于是有

$$\frac{\partial d}{\partial t}+\frac{\partial d}{\partial x}\frac{\partial\Phi}{\partial x}+\frac{\partial d}{\partial y}\frac{\partial\Phi}{\partial y}+\frac{\partial\Phi}{\partial z}=0\tag{1.20}$$

当海底面不随时间变化时，$\partial d/\partial t=0$，则

$$\frac{\partial d}{\partial x}\frac{\partial\Phi}{\partial x}+\frac{\partial d}{\partial y}\frac{\partial\Phi}{\partial y}+\frac{\partial\Phi}{\partial z}=0\tag{1.21}$$

当海底为水平面时，式（1.21）可以表示为

$$\frac{\partial\Phi}{\partial z}=0,\qquad z=-d\tag{1.22}$$

1.2.3 远场条件

当不存在自由水面时，即无界流场中，无穷远处边界条件是简单的，即流体的运动速度随着离开扰动源的距离的增大而衰减，其数学表达式为

$$\nabla\Phi=0,\qquad r\to\infty\tag{1.23}$$

式中，r 为离开扰动源的距离。

当存在自由水面时，由于波浪的产生和传播可使无穷远处存在着向外传出去的波浪，则式（1.23）不再适应。这时无穷远处的边界条件称为辐射条件，其通常所表达的物理意义是在无穷远处有波外传。经常采用的辐射条件是 Sommerfeld 辐射条件，对于二维问题，有

$$\lim_{x\to\pm\infty}\left(\frac{\partial\Phi}{\partial t}\pm C\frac{\partial\Phi}{\partial x}\right)=0\tag{1.24}$$

式中，C 为波浪传播速度，也称波浪的相速度。上述二维远场辐射条件的物理意义是扰动引起的平面波向左右方向传播，且波幅保持不变，以保持能量守恒。对于三维问题，Sommerfeld 辐射条件为

$$\lim_{r\to\infty}\sqrt{r}\left(\frac{\partial\Phi}{\partial t}+C\frac{\partial\Phi}{\partial r}\right)=0\tag{1.25}$$

上述三维远场辐射条件的物理意义为扰动引起的柱面波向离开扰动源方向传播，为了保持能量守恒，波幅在较远处以 $1/\sqrt{r}$ 的速率衰减。需要说明的是，以上 Sommerfeld 辐射条件表达式事实上仅适用于线性水波问题。对非线性问题，目前还没有一个统一的辐射条件表达式，仅对个别简单的问题有一些研究成果。

1.2.4 初始条件

上述波浪运动的控制方程与边界条件，不仅含有空间坐标的自变量，而且含有时间的自变量。对控制方程的求解实际上就是对方程关于空间坐标和时间的计算，这不但需要事先给出运动变量在空间边界上的值，而且也需要事先给出运动变量的初值，即初始时刻的

值。与需要给出所有空间边界上的边界条件不同，方程对时间的积分，只需要初始时刻的运动变量的值或其对时间的导数值即可，该条件称为初始条件。而在终止时刻运动变量的值是不需要事先给出的（一般也是未知的），其原因可解释为客观世界中当前所发生的物理现象只会受到过去已发生的有关物理现象的影响，而不会受到将来某时刻发生的物理现象的影响。初始条件的设置要保证解的唯一性。对流体运动控制方程和其自由水面条件，因含有速度势 Φ 对时间的二阶偏导数，当保证解的唯一性时，应给出初始时刻 Φ 及其对时间的偏导数 $\partial\Phi/\partial t$ 在自由水面上的值，即

$$\Phi\big|_{t=0}=f_1(x,\ y),\quad z=\eta(x,\ y,\ 0) \tag{1.26}$$

$$\left.\frac{\partial\Phi}{\partial t}\right|_{t=0}=f_2(x,\ y),\quad z=\eta(x,\ y,\ 0) \tag{1.27}$$

式中，自由水面升高的初始值假定为已知。在本章中，对于周期性的波浪运动，初始条件可以不予考虑。

1.2.5 水波问题边界条件小结

综上所述，波浪运动的基本控制方程与边界条件如下。

（1）控制方程

$$\nabla^2\Phi=0,\qquad 在\ \Omega\ 内 \tag{1.28}$$

式中，Ω 表示流体计算域。

（2）自由水面运动学边界条件

$$\frac{\partial\eta}{\partial t}+\frac{\partial\Phi}{\partial x}\frac{\partial\eta}{\partial x}+\frac{\partial\Phi}{\partial y}\frac{\partial\eta}{\partial y}=\frac{\partial\Phi}{\partial z},\qquad z=\eta(x,\ y,\ t) \tag{1.29}$$

（3）自由水面动力学边界条件

$$\frac{\partial\Phi}{\partial t}+\frac{1}{2}\nabla\Phi\cdot\nabla\Phi+g\eta=0,\qquad z=\eta(x,\ y,\ t) \tag{1.30}$$

（4）综合运动学与动力学的自由水面边界条件

$$\frac{\partial^2\Phi}{\partial t^2}+g\frac{\partial\Phi}{\partial z}+2\nabla\Phi\cdot\nabla\frac{\partial\Phi}{\partial t}+\frac{1}{2}\nabla\Phi\cdot\nabla(\nabla\Phi\cdot\nabla\Phi)=0,\qquad z=\eta(x,\ y,\ t) \tag{1.31}$$

（5）海底条件

$$\frac{\partial\Phi}{\partial z}=0,\qquad z=-d \tag{1.32}$$

值得注意的是，自由水面边界条件式（1.29）与式（1.30）是相互独立的，而式（1.31）则是将式（1.29）与式（1.30）联立，是消去波面函数 η 求得的。在本书中，常用不含波面函数 η 的式（1.31）作为边界条件对拉普拉斯方程进行求解，在求解出速度势 Φ 后，再代入动力学边界条件，即波面方程式（1.30）中计算波面表达式。如前所述，尽管波浪问题的控制方程——拉普拉斯方程（1.28）是一个线性齐次偏微分方程，但自由水面边界条件式（1.29）、式（1.30）以及式（1.31）均为在未知的瞬时自由水面满足的非线性方程。因此，水波问题的求解难点不在流场的控制方程上，而在边界条件的处理上。针对这一问题，通常需要对上述边界条件进行近似处理，将边界条件线性化并使其在一个已知边界上（如 $z=0$ 上），正是对上述边界条件的不同处理，才形成了多种水波理论。

1.3 自由水面边界条件的无因次化

上节推导的自由水面边界条件都是非线性的，且是在未知的瞬时自由水面上满足边界条件，这是水波问题求解的难点。该问题的求解通常可以采用泰勒级数展开方法，将边界条件按其小参数在平均边界上（如 $z=0$ 上）做近似展开，然后利用摄动展开方法建立各阶近似下的控制方程和边界条件，求得各阶近似下的渐近解。摄动展开方法包括普通摄动展开与奇异摄动展开，将在第 1.4 节对其进行介绍。应用摄动展开法求解非线性问题的前提是非线性作用相比于线性作用是小量，这在微分方程中的体现则是非线性项与线性项相比为小量，即弱非线性问题。一般情况下，水波问题满足这一假设，本节通过无因次化处理对这一问题进行阐述。

定义波浪的波高为 H，波长为 L，波高与波长之比 $\varepsilon=H/L$ 称为波陡，该比值通常是比 1 小得多的数。对于有限水深中的波浪运动问题，通常取波陡 $\varepsilon=H/L$ 为小参数，或采用与此类似的由波数 $k=2\pi/L$ 代替波长 L 表示的小参数 $\varepsilon=kA$，其中 $A=H/2$ 称为波幅。为说明选择小参数 ε 的依据，引入下列无因次量

$$x'=kx,\quad y'=ky,\quad z'=kz,\quad d'=kd,\quad t'=\omega t,\quad \omega'=\frac{1}{\sqrt{gk}}\omega,$$

$$\Phi'(x',y',z')=\frac{1}{A}\sqrt{\frac{k}{g}}\Phi(x,y,z,t),\quad \eta'(x',y',t')=\frac{1}{A}\eta(x,y,t) \tag{1.33}$$

式中，ω 为波浪圆频率，$\omega=2\pi/T$，T 为波浪周期。将自由水面边界条件式（1.29）和式（1.30）用以上无因次量表示，为了简单起见，略写表示无因次量的一撇，则有下列无因次的自由水面条件：

$$\omega\frac{\partial\eta}{\partial t}+\varepsilon\frac{\partial\eta}{\partial x}\frac{\partial\Phi}{\partial x}+\varepsilon\frac{\partial\eta}{\partial y}\frac{\partial\Phi}{\partial y}-\frac{\partial\Phi}{\partial z}=0,\qquad z=\varepsilon\eta(x,y,t) \tag{1.34}$$

$$\eta+\omega\frac{\partial\Phi}{\partial t}+\frac{1}{2}\varepsilon\left[\left(\frac{\partial\Phi}{\partial x}\right)^2+\left(\frac{\partial\Phi}{\partial y}\right)^2+\left(\frac{\partial\Phi}{\partial z}\right)^2\right]=0,\qquad z=\varepsilon\eta(x,y,t) \tag{1.35}$$

控制方程与其他边界条件也可以做如上无因次化处理，但因它们都是线性的，形式与有因次量的表达式一致，所以这里不再列出。在式（1.34）和式（1.35）中，非线性项都与小参数 ε 成正比，这表示非线性项是 $O(\varepsilon)$ 小量，因而其对应的边值问题的解（无因次量）也一定是小参数 ε 的函数，因此可依 ε 做摄动展开，对上述水波问题进行处理。

1.4 微分方程的渐近解

如前所述，上述自由水面边界条件是非线性的，对于此类问题，可以使用摄动展开方法进行求解。本节将通过几组简单的振动力学问题，对摄动展开方法进行简要的介绍。

1.4.1 线性自由振动问题

考虑单自由度无阻尼自由振动问题，其控制方程为

$$\ddot{x}(t)+\omega_0^2 x(t)=0 \tag{1.36}$$

式中，$\omega_0=\sqrt{k/m}$为系统的自振频率，k 为系统刚度，m 为系统的质量。

这是一个常系数线性齐次常微分方程，可以根据高等数学知识进行求解，设 $x=e^{rt}$，将其代入式（1.36）中，得

$$r^2 e^{rx}+\omega_0^2 e^{rx}=0 \tag{1.37}$$

从而求得特征方程为 $r^2=-\omega_0^2$，求解得 $r=\pm i\omega_0$。进而求得原方程的解为

$$\begin{cases} x_1=e^{i\omega_0 t} \\ x_2=e^{-i\omega_0 t} \end{cases}$$

用欧拉公式进行展开，并整理，可得

$$\begin{cases} \bar{x}_1=\dfrac{1}{2}(x_1+x_2)=\cos\omega_0 t \\ \bar{x}_2=\dfrac{1}{2i}(x_1-x_2)=\sin\omega_0 t \end{cases}$$

从而可以写出该方程的解，即一般解，为

$$x^g=C_1\cos\omega_0 t+C_2\sin\omega_0 t \tag{1.38}$$

1.4.2 线性强迫振动问题

考虑单自由度无阻尼强迫振动问题，其控制方程可写为

$$\ddot{x}(t)+\omega_0^2 x(t)=F\cos\omega t \tag{1.39}$$

式（1.39）是一个常系数线性非齐次常微分方程，其中，$F\cos\omega t$ 称为微分方程的强迫项。非齐次微分方程的解为其对应的齐次微分方程的解再加上一个强迫项产生的特解，即

$$x=x^g+x^p=C_1\cos\omega_0 t+C_2\sin\omega_0 t+x^p \tag{1.40}$$

特解的形式需要事先给出，设特解为

$$x^p=D\cos\omega t \tag{1.41}$$

将式（1.41）代入式（1.39）中，可得

$$-\omega^2 D\cos\omega t+\omega_0^2 D\cos\omega t=F\cos\omega t \tag{1.42}$$

从而可以求得

$$D=\frac{F}{\omega_0^2-\omega^2} \tag{1.43}$$

因而特解为

$$x^p=\frac{F}{\omega_0^2-\omega^2}\cos\omega t \tag{1.44}$$

最终可写出微分方程的通解为

$$x = x^{g} + x^{p} = C_1\cos\omega_0 t + C_2\sin\omega_0 t + \frac{F}{\omega_0^2 - \omega^2}\cos\omega t \tag{1.45}$$

可以看出，当强迫激励频率等于自振频率，即 $\omega = \omega_0$时，解出现奇异，从物理上可以理解为趋向于无穷大，这便是通常所说的共振情况。

上述通解的表达式所给出的奇异解在共振发生时是无效的，这主要是由于我们所给的特解形式不合理而导致的。因此，重新求解，设特解为

$$x^{p} = Dt\sin\omega t \tag{1.46}$$

将式（1.46）代入式（1.39）中，得到

$$2\omega D\cos\omega t + (\omega_0^2 - \omega^2)Dt\sin\omega t = F\cos\omega t \tag{1.47}$$

当 $\omega = \omega_0$ 时，$D = \frac{F}{2\omega}$，所以

$$x^{p} = \frac{Ft}{2\omega}\sin\omega t \tag{1.48}$$

将式（1.48）代入式（1.40），从而可以得到单自由度无阻尼强迫振动的解析解为

$$x = x^{g} + x^{p} = C_1\cos\omega_0 t + C_2\sin\omega_0 t + \frac{Ft}{2\omega}\sin\omega t \tag{1.49}$$

画出特解的曲线，如图 1.2 所示，可以看出，振幅随着时间的增大而增大，这是共振发生时真实的振动特征。

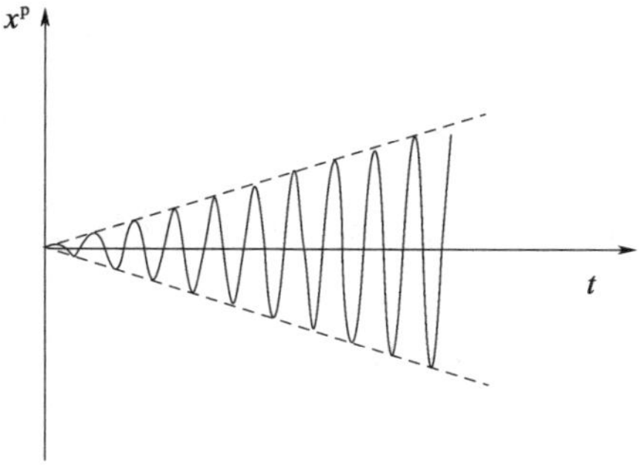

图 1.2　共振条件下单自由度无阻尼强迫振动历时曲线

1.4.3　非线性自由振动问题的普通摄动展开方法

考虑单自由度无阻尼非线性自由振动问题，其控制方程为

$$\ddot{x}(t) + \omega_0^2 x(t) + \varepsilon x^2 = 0,\quad \varepsilon \ll 1 \tag{1.50}$$

方程的初始条件为

$$x(0) = A,\qquad \dot{x}(0) = 0 \tag{1.51}$$

该方程可视为质点在非线性弹簧恢复力作用下的运动方程，在式（1.50）中，由于参数 ε 远小于1，这使方程非线性项远小于线性项，方程为弱非线性方程。因此，作为一种近似，忽略非线性项，则式（1.50）可退化为线性方程，即

$$\ddot{x}(t) + \omega_0^2 x(t) = 0 \tag{1.52}$$

式（1.52）是线性齐次微分方程，我们已经求得其一般解为式（1.38），进一步将初始条

件式（1.51）代入一般解，可以确定一般解中的系数，获得忽略非线性项后方程的解，为

$$x_1 = A\cos\omega_0 t \tag{1.53}$$

其中，下角标“1”表示这是线性（一阶）解。

进一步考虑原非线性方程（1.50）的解，由于本问题是弱非线性问题，因此式（1.53）中的 x_1 虽然不是原非线性方程的解，但可以在其基础上进行渐近解的计算。将 x_1 作为已知，代入原方程的非线性项中，得

$$\ddot{x}(t) + \omega_0^2 x(t) = -\varepsilon x_1^2 \tag{1.54}$$

即

$$\ddot{x}(t) + \omega_0^2 x(t) = -\varepsilon A^2\cos^2\omega_0 t \tag{1.55}$$

式（1.55）是一个常系数线性非齐次微分方程，为对其进行求解，对右端使用三角函数公式，得

$$\ddot{x}(t) + \omega_0^2 x(t) = -\varepsilon A^2(1 + \cos 2\omega_0 t)/2$$

根据线性叠加原理，特解可以分为两部分求解：

$$\ddot{x}(t) + \omega_0^2 x(t) = -\varepsilon A^2/2 \rightarrow x^{\mathrm{p}} = -\frac{\varepsilon A^2}{2\omega_0^2}$$

与

$$\ddot{x}(t) + \omega_0^2 x(t) = -\varepsilon A^2\cos 2\omega_0 t/2 \rightarrow x^{\mathrm{p}} = \frac{\varepsilon A^2}{6\omega_0^2}\cos 2\omega_0 t$$

从而可以求得通解为

$$x_2 = C_1\cos\omega_0 t + C_2\sin\omega_0 t - \frac{\varepsilon A^2}{2\omega_0^2} + \frac{\varepsilon A^2}{6\omega_0^2}\cos 2\omega_0 t \tag{1.56}$$

式中，下角标“2”表示这是二阶问题的解。我们假设初始条件只对一阶问题产生影响，则二阶问题的初始条件为

$$x_2(0) = 0, \qquad \dot{x}_2(0) = 0 \tag{1.57}$$

将式（1.57）代入式（1.56）中，可求得系数为

$$C_1 = \frac{\varepsilon A^2}{3\omega_0^2}, \quad C_2 = 0 \tag{1.58}$$

从而求得二阶方程的解为

$$x_2 = \frac{\varepsilon A^2}{3\omega_0^2}\cos\omega_0 t - \frac{\varepsilon A^2}{2\omega_0^2} + \frac{\varepsilon A^2}{6\omega_0^2}\cos 2\omega_0 t \tag{1.59}$$

因此，原非线性方程（1.50）的解为

$$x = x_1 + x_2 = A\cos\omega_0 t + \frac{\varepsilon A^2}{3\omega_0^2}\cos\omega_0 t - \frac{\varepsilon A^2}{2\omega_0^2} + \frac{\varepsilon A^2}{6\omega_0^2}\cos 2\omega_0 t \tag{1.60}$$

需要注意的是，上述摄动展开方法为渐近解，ε 越小，则计算结果越精确，越接近真实解；从摄动展开的求解过程可以看出，线性项的结果会影响非线性项，低阶非线性项的结果将影响高阶非线性项，这与非线性系统会产生相互作用的原则相符合；但是，非线性的结果不会影响线性项，高阶非线性项不会影响低阶非线性项，这与非线性系统会产生相互作用的原则相违背；因此，当非线性作用较强时，高阶项对低阶项的影响不可忽略，采用摄动展开方法将会出现较大误差，这是该方法应用过程中需要注意的地方。

1.4.4 非线性自由振动问题的奇异摄动展开方法

考虑另一个单自由度非线性自由振动问题，其控制方程为

$$\ddot{x}(t)+\omega_0^2x(t)+\varepsilon x^3(t)=0 \tag{1.61}$$

方程的初始条件为

$$x(0)=A,\qquad \dot{x}(0)=0 \tag{1.62}$$

对式（1.61）应用上述普通摄动展开方法求解，可得

$$\text{一阶方程:}\quad \ddot{x}_1(t)+\omega_0^2x_1(t)=0 \tag{1.63}$$

$$\text{二阶方程:}\quad \ddot{x}_2(t)+\omega_0^2x_2(t)=-\varepsilon x_1^3(t) \tag{1.64}$$

从而可以求出一阶解为

$$x_1(t)=A\cos\omega_0 t \tag{1.65}$$

将一阶解代入二阶方程中，可以写为

$$\ddot{x}_2(t)+\omega_0^2x_2(t)=-\varepsilon A^3\cos^3\omega_0 t \tag{1.66}$$

利用 $\cos 3x=4\cos^3 x-3\cos x$，可得

$$\ddot{x}_2(t)+\omega_0^2x_2(t)=-\frac{3}{4}\varepsilon A^3\cos\omega_0 t-\frac{1}{4}\varepsilon A^3\cos 3\omega_0 t \tag{1.67}$$

求式（1.67）的特解，只考虑第一项的特解，可设特解为

$$x_2^{\mathrm{p}}(t)=Dt\sin\omega_0 t \tag{1.68}$$

将特解代入方程中，求得特解为

$$x_2^{\mathrm{p}}(t)=-\frac{3}{8}\omega_0A^3t\sin\omega_0 t \tag{1.69}$$

上述特解随时间增大而增大，且随时间的继续将趋向于无穷大，即

$$t\to\infty\qquad x_2^{\mathrm{p}}(t)\to\infty$$

这一项称为长期项，其物理意义即我们常说的共振现象。

对上述共振解进行考察，重新审视这一项，将式（1.67）的这一项单独列出，即

$$\ddot{x}_2(t)+\omega_0^2x_2(t)=-\varepsilon\frac{3}{4}A^3\cos\omega_0 t \tag{1.70}$$

方程（1.70）左端是标准的振动方程，它表示一个自振频率为 ω_0 的振动体系，右端是一个频率为 ω_0 的激振力。激振力频率与自振频率相等，因此产生共振解。但是，原方程（1.61）是一个自由振动问题，而我们求得的解是一个趋向于无穷大的共振解。这说明自由振动过程中弹簧系统的振动振幅随时间的增大而持续增大，直至趋向于无穷大。很显然，这不符合能量守恒定律，上述解是不合理的。产生上述不合理结果的原因是在求解过程中，人为规定了非线性方程渐进展开解与方程线性解有同样的振动频率。而实际上，方程非线性会对方程周期解的振动频率产生影响，使其与线性解的振动频率不同。这一事实的存在有时会导致普通摄动展开方法的失效，如上述对方程（1.61）的求解就属于这样一种情况。

解决上述普通摄动展开发生失效的办法是对解的振动频率不做人为的设定，即认为解的振动频率也是一个待求量，其中一种做法是将解振动频率的平方也做摄动展开，即

$$\omega^2=\omega_0^2+\varepsilon\omega_1^2+\varepsilon^2\omega_2^2+\cdots \tag{1.71}$$

得

$$\omega_0^2 = \omega^2 - \varepsilon\omega_1^2 - \varepsilon^2\omega_2^2 - \cdots \tag{1.72}$$

将频率的展开式（1.72）代入原方程（1.61）中，只保留 ω_1^2 项，可得

$$\ddot{x}(t) + (\omega^2 - \varepsilon\omega_1^2)x(t) + \varepsilon x^3(t) = 0 \tag{1.73}$$

从而分离出一阶项和二阶项。

$$\text{一阶方程：}\quad \ddot{x}_1(t) + \omega^2 x_1(t) = 0 \tag{1.74}$$

$$\text{二阶方程：}\quad \ddot{x}_2(t) + \omega^2 x_2(t) = \varepsilon\omega_1^2 x_1(t) - \varepsilon x_1^3(t) \tag{1.75}$$

对上述方程求解，仍假设初始条件只对一阶方程有作用，即

$$x_1(0) = A; \qquad \dot{x}_1(0) = 0 \tag{1.76}$$

$$x_2(0) = 0; \qquad \dot{x}_2(0) = 0 \tag{1.77}$$

则一阶解为

$$x_1(t) = A\cos\omega t \tag{1.78}$$

将一阶解代入二阶方程（1.75），利用 $\cos 3x = 4\cos^3 x - 3\cos x$，得

$$\ddot{x}_2(t) + \omega^2 x_2(t) = \varepsilon A\left(\omega_1^2 - \frac{3}{4}A^2\right)\cos\omega t - \varepsilon\frac{A^3}{4}\cos 3\omega t \tag{1.79}$$

式（1.79）中，右端第一项是长期项，为了消除长期项，可令该项系数为零，可得

$$\omega_1^2 = \frac{3}{4}A^2 \tag{1.80}$$

进一步对式（1.79）求解，可得

$$x_2(t) = \frac{\varepsilon A^3}{32\omega^2}(\cos 3\omega - \cos\omega t) \tag{1.81}$$

在第二次近似中，原方程（1.61）的解为

$$\omega = \omega_0^2 + \varepsilon\omega_1^2 = \omega_0^2 + \frac{3}{4}\varepsilon A^2 \tag{1.82}$$

$$x(t) = A\cos\omega t + \frac{\varepsilon A^3}{32\omega^2}(\cos 3\omega - \cos\omega t) \tag{1.83}$$

通过上述分析可以看出，引入方程所含参数 ω_0^2 的摄动展开后，可以消除长期项，得到任何时间内都一致的有效解。通常，将这种对方程的解和方程中的参数均依小参数 ε 做摄动展开的方法，称为奇异摄动展开方法。最后，通过渐近解（1.82）和渐近解（1.83）可以看出，方程的非线性不但使方程的解含有高阶谐波，也使解的频率与解的振幅有关，这实际上也是非线性作用的另一个重要特征。

1.5 水波方程的摄动展开

应用摄动展开方法对上述水波问题进行处理，本节将应用普通摄动展开方法进行求解，而有关奇异摄动展开的求解问题，将在第 3 章介绍三阶斯托克斯波理论中使用。对于普通摄动展开方法，可以直接对有因次的控制方程与边界条件表达式（1.28）~（1.32）进行处理，将速度势 Φ 和波面高度 η 依小参数波陡 ε 作幂级数展开为

$$\Phi = \varepsilon\Phi^{(1)} + \varepsilon^2\Phi^{(2)} + O(\varepsilon^3) \tag{1.84}$$

$$\eta = \varepsilon\eta^{(1)} + \varepsilon^2\eta^{(2)} + O(\varepsilon^3) \tag{1.85}$$

将上述摄动展开表达式代入自由水面边界条件式（1.31）和式（1.30）中，保留到二阶项，可得

$$\varepsilon\frac{\partial^2\Phi^{(1)}}{\partial t^2} + \varepsilon^2\frac{\partial^2\Phi^{(2)}}{\partial t^2} + \varepsilon g\frac{\partial\Phi^{(1)}}{\partial z} + \varepsilon^2 g\frac{\partial\Phi^{(2)}}{\partial z} + 2\varepsilon^2\nabla\Phi^{(1)}\cdot\nabla\frac{\partial\Phi^{(1)}}{\partial t} = 0, \qquad z = \varepsilon\eta(x, y, t) \tag{1.86}$$

$$\varepsilon\eta^{(1)} + \varepsilon^2\eta^{(2)} = -\frac{1}{g}\left(\varepsilon\frac{\partial\Phi^{(1)}}{\partial t} + \varepsilon^2\frac{\partial\Phi^{(2)}}{\partial t} + \varepsilon^2\frac{1}{2}\nabla\Phi^{(1)}\cdot\nabla\Phi^{(1)}\right), \qquad z = \varepsilon\eta(x, y, t) \tag{1.87}$$

但是，式（1.86）和式（1.87）仍然为在未知的瞬时自由水面上满足边界条件，为解决这一问题，将式中各偏导数项在静水面 $z=0$ 处做关于 z 的泰勒级数展开，即

$$\varepsilon\left.\frac{\partial^2\Phi^{(1)}}{\partial t^2}\right|_{z=\varepsilon\eta} = \varepsilon\left.\frac{\partial^2\Phi^{(1)}}{\partial t^2}\right|_{z=0} + \varepsilon^2\left.\frac{\partial^3\Phi^{(1)}}{\partial t^2\partial z}\right|_{z=0}\eta^{(1)} + O(\varepsilon^3) \tag{1.88}$$

$$\varepsilon\left.\frac{\partial\Phi^{(1)}}{\partial z}\right|_{z=\varepsilon\eta} = \varepsilon\left.\frac{\partial\Phi^{(1)}}{\partial z}\right|_{z=0} + \varepsilon^2\left.\frac{\partial^2\Phi^{(1)}}{\partial z^2}\right|_{z=0}\eta^{(1)} + O(\varepsilon^3) \tag{1.89}$$

$$\varepsilon\left.\frac{\partial\Phi^{(1)}}{\partial t}\right|_{z=\varepsilon\eta} = \varepsilon\left.\frac{\partial\Phi^{(1)}}{\partial t}\right|_{z=0} + \varepsilon^2\left.\frac{\partial^2\Phi^{(1)}}{\partial t\partial z}\right|_{z=0}\eta^{(1)} + O(\varepsilon^3) \tag{1.90}$$

将式（1.88）~（1.90）代入到摄动展开后的自由水面边界条件式（1.86）和式（1.87）中，并令方程两端 ε 幂次相同的项相等，可得

$$\varepsilon: \quad \frac{\partial^2\Phi^{(1)}}{\partial t^2} + g\frac{\partial\Phi^{(1)}}{\partial z} = 0, \qquad z = 0 \tag{1.91}$$

$$\varepsilon: \quad \eta^{(1)} = -\frac{1}{g}\frac{\partial\Phi^{(1)}}{\partial t}, \qquad z = 0 \tag{1.92}$$

$$\varepsilon^2: \quad \frac{\partial^2\Phi^{(2)}}{\partial t^2} + g\frac{\partial\Phi^{(2)}}{\partial z} = -2\nabla\Phi^{(1)}\cdot\nabla\frac{\partial\Phi^{(1)}}{\partial t} + \frac{\partial\Phi^{(1)}}{\partial t}\frac{\partial^2\Phi^{(1)}}{\partial z^2} + \frac{1}{g}\frac{\partial\Phi^{(1)}}{\partial t}\frac{\partial^3\Phi^{(1)}}{\partial t^2\partial z}, \quad z = 0 \tag{1.93}$$

$$\varepsilon^2: \quad \eta^{(2)} = -\frac{1}{g}\left(\frac{\partial\Phi^{(2)}}{\partial t} + \frac{1}{2}\nabla\Phi^{(1)}\cdot\nabla\Phi^{(1)} - \frac{1}{g}\frac{\partial\Phi^{(1)}}{\partial t}\frac{\partial^2\Phi^{(1)}}{\partial t\partial z}\right), \qquad z = 0 \tag{1.94}$$

式（1.91）和式（1.92）是自由水面边界条件中与 ε 相关的项，称为一阶自由水面边界条件，$\Phi^{(1)}$ 与 $\eta^{(1)}$ 分别称为一阶速度势和一阶波面高度；式（1.93）和式（1.94）是自由水面边界条件中与 ε^2 相关的项，称为二阶自由水面边界条件，$\Phi^{(2)}$ 与 $\eta^{(2)}$ 分别称为二阶速度势和二阶波面高度。类似地，还可以写出三阶自由水面边界条件、四阶自由水面边界条件、五阶自由水面边界条件等。但是，普通摄动展开方法的三阶自由水面边界条件会出现“长期项”问题，主要是采用普通摄动展开方法不合理所导致的，应采用奇异摄动展开方法进行处理。因此，本章只给出一阶自由水面边界条件与二阶自由水面边界条件，三阶自由水面边界条件及其对应的水波问题的解将在第 3 章讨论三阶斯托克斯波理论问题时给出。

将摄动展开表达式（1.84）代入拉普拉斯方程（1.28）中，得

$$\varepsilon\,\nabla^2\Phi^{(1)}+\varepsilon^2\,\nabla^2\Phi^{(2)}+O(\varepsilon^3)=0 \tag{1.95}$$

同样令方程两端 ε 幂次相同的项相等，可得

$$\varepsilon:\qquad \nabla^2\Phi^{(1)}=0 \tag{1.96}$$

$$\varepsilon^2:\qquad \nabla^2\Phi^{(2)}=0 \tag{1.97}$$

将式（1.84）代入海底边界条件式（1.32）中，可得

$$\varepsilon:\quad \frac{\partial\Phi^{(1)}}{\partial z}=0,\qquad z=-d \tag{1.98}$$

$$\varepsilon^2:\quad \frac{\partial\Phi^{(2)}}{\partial z}=0,\qquad z=-d \tag{1.99}$$

综合上述结果，给出一阶速度势所满足的控制方程与边界条件（称为一阶问题）为

$$\nabla^2\Phi^{(1)}=0,\qquad \text{在 }\Omega\text{ 内} \tag{1.100}$$

$$\frac{\partial^2\Phi^{(1)}}{\partial t^2}+g\frac{\partial\Phi^{(1)}}{\partial z}=0,\qquad z=0 \tag{1.101}$$

$$\frac{\partial\Phi^{(1)}}{\partial z}=0,\qquad z=-d \tag{1.102}$$

一阶波面方程为

$$\eta^{(1)}=-\frac{1}{g}\frac{\partial\Phi^{(1)}}{\partial t},\qquad z=0 \tag{1.103}$$

二阶速度势所满足的控制方程与边界条件（称为二阶问题）为

$$\nabla^2\Phi^{(2)}=0,\quad \text{在 }\Omega\text{ 内} \tag{1.104}$$

$$\frac{\partial^2\Phi^{(2)}}{\partial t^2}+g\frac{\partial\Phi^{(2)}}{\partial z}=-2\,\nabla\Phi^{(1)}\cdot\nabla\frac{\partial\Phi^{(1)}}{\partial t}+\frac{\partial\Phi^{(1)}}{\partial t}\frac{\partial^2\Phi^{(1)}}{\partial z^2}+\frac{1}{g}\frac{\partial\Phi^{(1)}}{\partial t}\frac{\partial^3\Phi^{(1)}}{\partial t^2\partial z},\quad z=0 \tag{1.105}$$

二阶波面方程为

$$\eta^{(2)}=-\frac{1}{g}\left(\frac{\partial\Phi^{(2)}}{\partial t}+\frac{1}{2}\nabla\Phi^{(1)}\cdot\nabla\Phi^{(1)}-\frac{1}{g}\frac{\partial\Phi^{(1)}}{\partial t}\frac{\partial^2\Phi^{(1)}}{\partial t\partial z}\right),\qquad z=0 \tag{1.106}$$

式中，Ω 为流体计算域。

本书中波浪理论部分（第 1 ~ 3 章）主要讲述单方向传播的行进永形波问题，流场中不存在物体，没有物面条件。由于是周期性永形波，无限远处边界条件也可以用周期性条件代替，其数学表达式为

$$\Phi(x,\,y,\,z,\,t)=\Phi(x+L,\,y,\,z,\,t)=\Phi(x,\,y,\,z,\,t+T) \tag{1.107}$$

式中，L 和 T 分别为波浪的波长和周期。

在接下来的两章中将对上述一阶问题与二阶问题进行求解，即线性波浪理论与二阶斯托克斯波浪理论。为了书写方便，将摄动展开表达式（1.84）和式（1.85）中各阶量前面的因子 ε 并入对应的各阶量中，即

$$\Phi=\Phi^{(1)}+\Phi^{(2)}+\cdots \tag{1.108}$$

$$\eta=\eta^{(1)}+\eta^{(2)}+\cdots \tag{1.109}$$

式（1.108）和式（1.109）实际上是对有因次的控制方程与边界条件表达式的简化，实际上，在熟悉摄动展开方法基本原理后，这样处理更加简便，具体过程留给感兴趣的读者自行推导。

第2章　线性波浪理论与波浪传播的一般特征

2.1　线性波的解

依照第1章的分析，一阶问题所对应的一阶速度势所满足的控制方程与边界条件为

$$\nabla^2\Phi^{(1)}=0,\qquad 在\ \Omega\ 内 \tag{2.1}$$

$$\frac{\partial^2\Phi^{(1)}}{\partial t^2}+g\frac{\partial\Phi^{(1)}}{\partial z}=0,\qquad z=0 \tag{2.2}$$

$$\frac{\partial\Phi^{(1)}}{\partial z}=0,\qquad z=-d \tag{2.3}$$

一阶波面方程为

$$\eta^{(1)}=-\frac{1}{g}\frac{\partial\Phi^{(1)}}{\partial t},\qquad z=0 \tag{2.4}$$

上述一阶问题定解条件的表达式也可以看作是忽略了自由表面条件中非线性项后得到的水波问题的控制方程和边界条件（除自由表面条件外，水波问题的控制方程和边界条件都是线性的），即线性化的水波问题，因而线性波也称为微幅波，相应的波浪理论称为微幅波理论。本节将从上述一阶问题的求解过程开始，对微幅波理论进行简要介绍。

首先，假定所求波浪是圆频率为 $\omega=2\pi/T$ 的周期波，则速度势和波面函数等物理量都是频率为 ω 的简谐函数，因此，可以分离出时间因子 $e^{-i\omega t}$（$i=\sqrt{-1}$），得

$$\Phi^{(1)}(x,z,t)=\mathrm{Re}\{\phi^{(1)}(x,z)e^{-i\omega t}\} \tag{2.5}$$

$$\eta^{(1)}(x,t)=\mathrm{Re}\{\zeta^{(1)}(x)e^{-i\omega t}\} \tag{2.6}$$

式中，Re表示取实部，$\phi(x,z)$ 仅是空间坐标的函数，称为空间复速度势，它是速度势的空间分量；同样 $\zeta(x)$ 称为空间复波面函数，将式（2.5）和式（2.6）代入一阶问题表达式（2.1）~（2.3）及波面函数式（2.4）中，略写Re，可以得出空间复速度势所满足的控制方程与边界条件为

$$\frac{\partial^2\phi^{(1)}}{\partial x^2}+\frac{\partial^2\phi^{(1)}}{\partial z^2}=0,\qquad 在\ \Omega\ 内 \tag{2.7}$$

$$\frac{\partial\phi^{(1)}}{\partial z}-\frac{\omega^2}{g}\phi^{(1)}=0,\qquad z=0 \tag{2.8}$$

$$\frac{\partial\phi^{(1)}}{\partial z}=0,\qquad z=-d \tag{2.9}$$

波面方程为

$$\zeta^{(1)} = \frac{\mathrm{i}\omega}{g}\phi^{(1)} \tag{2.10}$$

与式（2.1）~（2.4）相比，定解条件式（2.7）~（2.10）消去了时间因子，未知量仅为空间变量，使问题可以在频域框架下求解。

首先采用分离变量法对式（2.7）~（2.9）进行分解，设

$$\phi^{(1)}(x, z) = X(x)Z(z) \tag{2.11}$$

代入式（2.7）中，得

$$\frac{X''(x)}{X(x)} = -\frac{Z''(z)}{Z(z)} = -k^2 \tag{2.12}$$

式中，k 为待定常数。需要注意的是，本节所限定的是线性波的永形波解，因此，设式（2.12）中的特征值为 $-k^2$，即小于零的数。实际上，特征值可以是零，也可以是大于零的数，而对应的一阶问题也对应有不同的解。有关这部分知识将在第 7 章中介绍。

继续考虑式（2.12）的解，由于左端仅与 x 有关，右端仅与 z 有关，因此可以将其分解为两个常微分方程，即

$$X''(x) = -k^2X(x) \tag{2.13}$$

$$Z''(z) = k^2Z(z) \tag{2.14}$$

进而可以求得式（2.12）的一般解为

$$X(x) = C_1\mathrm{e}^{ikx} + C_2\mathrm{e}^{-ikx} \tag{2.15}$$

$$Z(z) = C_3\mathrm{e}^{kz} + C_4\mathrm{e}^{-kz} \tag{2.16}$$

式中，C_1、C_2、C_3、C_4为待定系数，需要根据边界条件来确定。首先，仅考虑沿 x 轴正向传播的行进波解，可得

$$X(x) = C_1\mathrm{e}^{ikx} \tag{2.17}$$

为方便边界条件的匹配，将式（2.16）的指数函数写为双曲正弦与双曲余弦函数的形式，即

$$Z(z) = D_1\sinh k(z+d) + D_2\cosh k(z+d) \tag{2.18}$$

将式（2.17）和式（2.18）代入式（2.11）中，得

$$\phi^{(1)}(x, z) = [B\cosh k(z+d) + C\sinh k(z+d)]\mathrm{e}^{ikx} \tag{2.19}$$

将式（2.19）代入海底条件式（2.3）中，可得 $C=0$，因此有

$$\phi^{(1)}(x, z) = B\cosh k(z+d)\mathrm{e}^{ikx} \tag{2.20}$$

式中，B 为任意常数，它需要根据一阶波面方程式（2.4）求得。设波浪为正弦波（airy wave），则一阶波面方程 $\eta^{(1)}$ 的表达式可以写为

$$\eta^{(1)}(x, t) = \mathrm{Re}\{A\mathrm{e}^{\mathrm{i}(kx-\omega t)}\} = A\cos(kx - \omega t) \tag{2.21}$$

对应复空间波面函数为

$$\zeta^{(1)}(x) = A\mathrm{e}^{ikx} \tag{2.22}$$

式中，A 为波幅，$A = H/2$，H 为波高。将速度势表达式（2.20）和波面表达式（2.22）代入波面方程（2.10）中，可得

$$B = -\frac{\mathrm{i}gA}{\omega}\frac{1}{\cosh kd} \tag{2.23}$$

从而有

$$\phi^{(1)}(x,z) = -\frac{\mathrm{i}gA}{\omega}\frac{\cosh k(z+d)}{\cosh kd}\mathrm{e}^{\mathrm{i}kx} \tag{2.24}$$

因此，与时间相关的速度势的表达式为

$$\Phi^{(1)}(x,z,t) = \mathrm{Re}\left\{-\frac{\mathrm{i}gA}{\omega}\frac{\cosh k(z+d)}{\cosh kh}\mathrm{e}^{\mathrm{i}(kx-\omega t)}\right\} = \frac{gA}{\omega}\frac{\cosh k(z+d)}{\cosh kh}\sin(kx-\omega t) \tag{2.25}$$

式（2.25）即为一阶问题的解。

当水深与波长相比足够大时，此时波浪不再受海底影响，上述有限水深条件下波浪运动关系公式可以简化为

$$\frac{\cosh k(z+d)}{\cosh kh} \approx \mathrm{e}^{kz} \tag{2.26}$$

将式（2.26）代入式（2.25）中，得到速度势的表达式为

$$\Phi^{(1)}(x,z,t) = \mathrm{Re}\left\{-\frac{\mathrm{i}gA}{\omega}\mathrm{e}^{kz}\mathrm{e}^{\mathrm{i}(kx-\omega t)}\right\} = \frac{gA}{\omega}\mathrm{e}^{kz}\sin(kx-\omega t) \tag{2.27}$$

式（2.27）为深水情况下一阶问题的解。

2.2 色散关系

到目前为止，还没有用到自由水面边界条件式（2.8）。将速度势表达式（2.24）代入式（2.8）中，可得

$$\omega^2 = gk\tanh kd \tag{2.28}$$

由于 k 实际上是波浪的波数，$k=2\pi/L$，L 是波长。因此，式（2.28）规定了波浪的频率与波数之间的关系，称为色散关系或弥散关系（dispersion relation）。在工程中，通常波浪周期为已知，此时色散关系常写为关于波长 L 的形式

$$L = \frac{gT^2}{2\pi}\tanh kd \tag{2.29}$$

或波速 C（也称相速度）的形式

$$C = \frac{gT}{2\pi}\tanh kd \tag{2.30}$$

上述色散关系表达了波浪运动中周期 T（或角频率 ω）与波长 L（或波数 k）的关系，可以看出，当给定水深时，周期越大，则波长越大，此时对应的波速也越大，即长波（或低频波）具有更快的传播速度。由于这一性质，对于由许多不同频率组成波构成的不规则波，在传播过程中，各种不同频率的波以不同的速度行进，从而导致各组成波分散开来，因此，上述色散关系式（2.30）也称为“频率离散”。

色散关系式（2.30）也表明，当波浪周期一定时，波速 C 依赖于水深 d，由于实际上近海或海岸水域的水深通常是沿空间变化的，因此，引起波浪的传播速度在空间上具有不一致性，从而导致波浪在传播方向上的变化，使波浪发生“折射”现象。关于这一现象，

将在第 2.5 节中详细讨论。

下面考虑色散关系的两种极端情况，即深水与浅水条件下的表达式。这里，深水与浅水指的是水深 d 相对于波长 L 的大小。当 $d/L \gg 1$ 或 $kd \gg 1$ 时，称为深水情况，这时，色散关系中的双曲正切函数将趋向于 1，即 $\tanh kd \approx 1$，从而色散关系可以写为

$$\omega^2 = gk \tag{2.31}$$

波速则可以表示为

$$C = \frac{\omega}{k} = \sqrt{\frac{g}{k}} \tag{2.32}$$

即水深相对于波长很大时，水深 d 对波速的影响为零，这样的波浪称为深水波。

当 $d/L \ll 1$ 或 $kd \ll 1$ 时，称为浅水情况，这时可以对色散关系中的双曲正切函数进行级数展开，则有

$$\tanh kd = kd - \frac{1}{3}(kd)^3 + O(k^5 d^5) \tag{2.33}$$

对式（2.33）取一阶近似，代入色散关系式（2.28）中，可得

$$\omega^2 = gk^2 d \tag{2.34}$$

从而波速可以表示为

$$C = \frac{\omega}{k} \approx \sqrt{kd} \tag{2.35}$$

即对于浅水波或长波（波长相对水深很大）的情况，波速与频率无关，这说明浅水条件下不同波长的传播速度相同，因此，可以认为浅水波是非离散波。

如果计入高阶项，则有

$$\omega^2 = gk\left[kd - \frac{1}{3}(kd)^3\right] \tag{2.36}$$

则波速可以表示为

$$C = \frac{\omega}{k} \approx \sqrt{gd} \cdot \sqrt{1 - \frac{1}{3}k^2 d^2} \approx \sqrt{gd}\left(1 - \frac{1}{6}k^2 d^2\right) \tag{2.37}$$

式（2.37）说明浅水波是弱弥散波。

通常我们认为，相对水深 $d/L \geqslant 1/2$ 时为深水波，色散关系可应用式（2.31）；相对水深 $d/L \leqslant 1/20$ 时为浅水波，色散关系可应用式（2.34）；而相对水深在 $1/20 < d/L < 1/2$ 的波浪称为有限水深波，色散关系必须采用式（2.28）进行计算。

下面考虑色散关系的求解，首先将式（2.28）写成无量纲的形式，即

$$\omega^2 d / gkd = \tanh kd \tag{2.38}$$

绘制式（2.38）左右两部分随无量纲波数 kd 的变化关系，如图 2.1 所示。从图中可以看出，两曲线只有一处相交，说明色散关系方程（2.28）具有唯一解。

尽管方程（2.28）具有唯一解，但该方程是一个超越方程，难以直接求解，一般需要采用计算机编程，通过迭代方法求解，在求解过程中，可以使用深水色散关系作为迭代初值。也可以采用下述方法对色散关系进行求解，

$$(kd)^2 = y^2 + \frac{y}{1 + \sum_{n=1}^{6} C_n y^n} \tag{2.39}$$

其中，$\gamma=\omega^2 d/g$，k_0为深水波数，而系数 C_n取值如下：

$$C_1=0.6666666666,\quad C_2=0.3555555555,\quad C_3=0.1608465608,$$
$$C_4=0.0632098765,\quad C_5=0.0217540484,\quad C_6=0.0065407983 \tag{2.40}$$

式（2.40）可以达到6位精度。

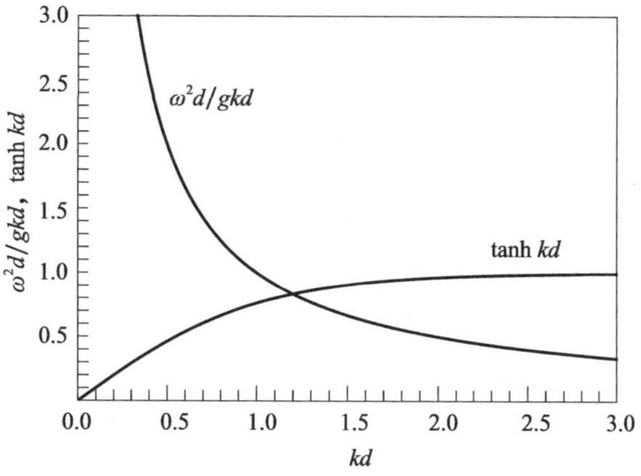

图 2.1　色散关系式单解示意图（$\omega^2 d/g=1$）

2.3 速度场、加速度场、压力场与流体质点运动轨迹

由已求得的速度势表达式（2.25），求得欧拉观点下一阶近似的速度场为

$$u=\frac{\partial \Phi^{(1)}}{\partial x}=\frac{gkA}{\omega}\frac{\cosh k(z+d)}{\cosh kd}\cos(kx-\omega t) \tag{2.41}$$

$$w=\frac{\partial \Phi^{(1)}}{\partial z}=\frac{gkA}{\omega}\frac{\sinh k(z+d)}{\cosh kd}\sin(kx-\omega t) \tag{2.42}$$

将色散关系式（2.28）代入式（2.41）与式（2.42）中，可得

$$u=\frac{\partial \Phi^{(1)}}{\partial x}=A\omega\frac{\cosh k(z+d)}{\sinh kd}\cos(kx-\omega t) \tag{2.43}$$

$$w=\frac{\partial \Phi^{(1)}}{\partial z}=A\omega\frac{\sinh k(z+d)}{\sinh kd}\sin(kx-\omega t) \tag{2.44}$$

在式（2.43）和式（2.44）中，由于以 z 为变量的双曲函数在水面 $z=0$ 处最大，在海底 $z=-d$ 处最小，因此，波浪速度场的水平和垂直分量均沿水深呈指数规律减小，如图 2.2 所示。另外，图 2.2 也给出了一个波浪周期内流体质点不同相位时的情况，可以看出，在波峰处，发生最大正水平速度，在波谷处，发生最大负水平速度，在上过零点处，发生最大正垂直速度，在下过零点处，发生最大负垂直速度。

进一步可以求出波浪运动的加速度场为

$$a_x=\frac{\mathrm{d}u}{\mathrm{d}t}\approx\frac{\partial u}{\partial t}=A\omega^2\frac{\cosh k(z+d)}{\sinh kd}\sin(kx-\omega t) \tag{2.45}$$

$$a_z=\frac{\mathrm{d}w}{\mathrm{d}t}\approx\frac{\partial w}{\partial t}=-A\omega^2\frac{\sinh k(z+d)}{\sinh kd}\cos(kx-\omega t) \tag{2.46}$$

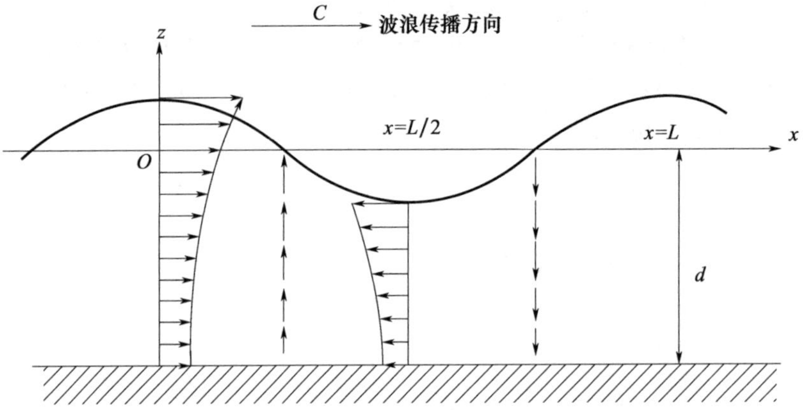

图 2.2　流体质点运动速度在不同相位时的情况

可见，波浪加速度场仍为沿水深呈指数规律减小。

下面考虑流体质点运动轨迹的情况，设波浪到来之前静水中某流体质点的坐标为（x_0, z_0），波浪作用后，该流体质点在波浪影响下的偏移是（ξ, ζ），此时，该流体质点的速度应与流场中（$x_0+\xi$, $z_0+\zeta$）位置处速度相同，即

$$\frac{\mathrm{d}\xi}{\mathrm{d}t}=u(x_0+\xi,\ z_0+\zeta,\ t) \tag{2.47}$$

$$\frac{\mathrm{d}\zeta}{\mathrm{d}t}=w(x_0+\xi,\ z_0+\zeta,\ t) \tag{2.48}$$

我们对流场中（$x_0+\xi$, $z_0+\zeta$）位置处速度 $u(x_0+\xi,\ z_0+\zeta,\ t)$ 和 $w(x_0+\xi,\ z_0+\zeta,\ t)$ 做关于（x_0, z_0）点的泰勒级数展开

$$u(x_0+\xi,\ z_0+\zeta,\ t)=u(x_0,\ z_0,\ t)+\frac{\partial u}{\partial x}\bigg|(x-x_0)+\frac{\partial u}{\partial z}\bigg|(z-z_0)+\cdots \tag{2.49}$$

$$w(x_0+\xi,\ z_0+\zeta,\ t)=w(x_0,\ z_0,\ t)+\frac{\partial w}{\partial x}\bigg|(x-x_0)+\frac{\partial w}{\partial z}\bigg|(z-z_0)+\cdots \tag{2.50}$$

在线性近似假定条件下，取一阶近似，则式（2.47）和式（2.48）可以近似写为

$$\frac{\mathrm{d}\xi}{\mathrm{d}t}\approx u(x_0,\ z_0,\ t) \tag{2.51}$$

$$\frac{\mathrm{d}\zeta}{\mathrm{d}t}\approx w(x_0,\ z_0,\ t) \tag{2.52}$$

将流场速度表达式（2.43）和式（2.44）代入式（2.51）和式（2.52）中，并进行时间积分，可得

$$\xi=\int_0^t u\mathrm{d}t\approx -A\frac{\cosh k(z_0+d)}{\sinh kd}\sin(kx_0-\omega t) \tag{2.53}$$

$$\zeta=\int_0^t w\mathrm{d}t\approx A\frac{\sinh k(z_0+d)}{\sinh kd}\cos(kx_0-\omega t) \tag{2.54}$$

于是有

$$\frac{\xi^2}{a^2}+\frac{\zeta^2}{b^2}=1 \tag{2.55}$$

式中，$a=A\frac{\cosh k\ (z_0+d)}{\sinh kd}$，$b=A\frac{\sinh k\ (z_0+d)}{\sinh kd}$。所以，流体质点运动轨迹方程可写为

$$\frac{(x-x_0)^2}{a^2}+\frac{(z-z_0)^2}{b^2}=1 \tag{2.56}$$

由式（2.56）可以看出，流体质点运动轨迹是一个椭圆，水平长半轴为 a，垂直短半轴为 b。在水面处，垂直短轴 $b=A$，即为波浪的波幅。而在水底处，垂直短半轴 $b=0$，即流体质点只沿水底做水平的往复运动。

对于深水波的情况，有 $a=b=Ae^{kz_0}$，流体质点轨迹是一个半径为 Ae^{kz_0} 的圆周。该圆周半径沿水深呈幂指数衰减，如图 2.3 所示。当 $z_0=L/2$ 时，流体质点轨迹半径仅为波幅的 1/23，不到 5%，这时基本可以认为不动了。因此，工程中一般可取 $d\geqslant L/2$ 为深水情况。

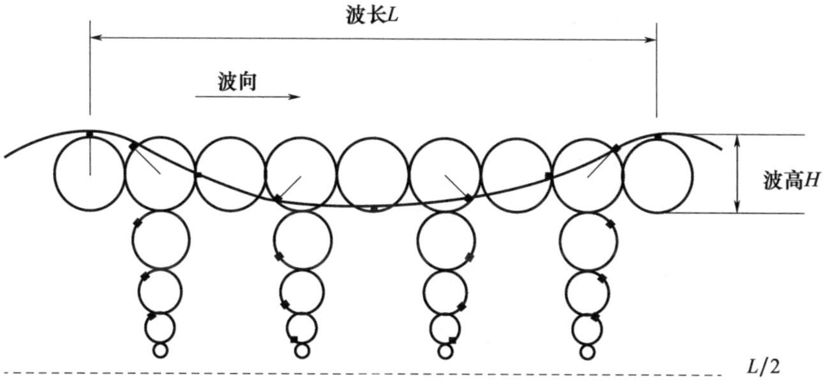

图 2.3　波浪水质点运动轨迹

最后，无论是有限水深还是无限水深（深水）的情况，流体质点运动轨迹均为封闭的曲线，这说明线性波浪理论下波浪的传播仅仅是波动的传播，没有质量的输移。为说明这一问题，图 2.4 给出了深水波情况下水质点运动轨迹与波形传播的关系，可以看出，当波面从实线位置移动到虚线位置时，水质点将从 ● 位置移动到 ■ 位置，其运动轨迹仍然是封闭的圆周运动。

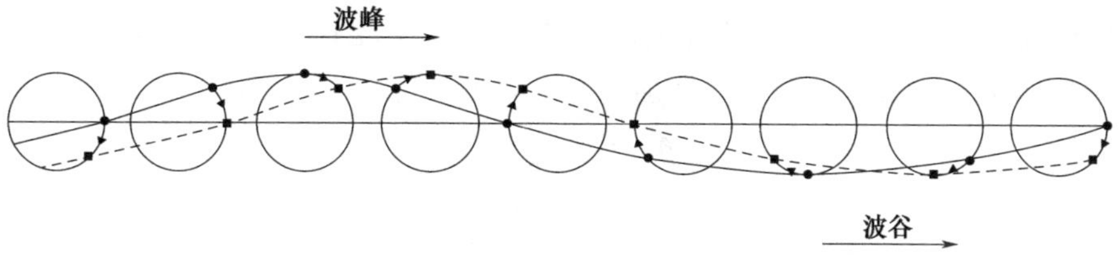

图 2.4　波浪水质点运动轨迹与波形传播的关系

对于波浪产生的一阶动水压力，根据线性化的伯努利方程可以求得，即

$$p^{(1)}=-\rho\frac{\partial\Phi}{\partial t}=\rho gA\frac{\cosh k(z+d)}{\cosh kd}\cos(kx-\omega t)=\rho g\eta\frac{\cosh k(z+d)}{\cosh kd} \tag{2.57}$$

可以看出，波浪动水压力仍为沿水深呈指数规律减小。另外，考虑波浪的总压力，还应考虑静水压力的影响，即

$$p = p^{(0)} + p^{(1)} = -\rho g z + \rho g \eta \frac{\cosh k(z+d)}{\cosh kd} \tag{2.58}$$

图2.5给出了有限水深波静水与动水压强随水深的分布图。当波峰作用时，动水压力为正值，波浪的总压力大于静水压力；当波谷作用时，动水压力为负值，波浪的总压力小于静水压力。

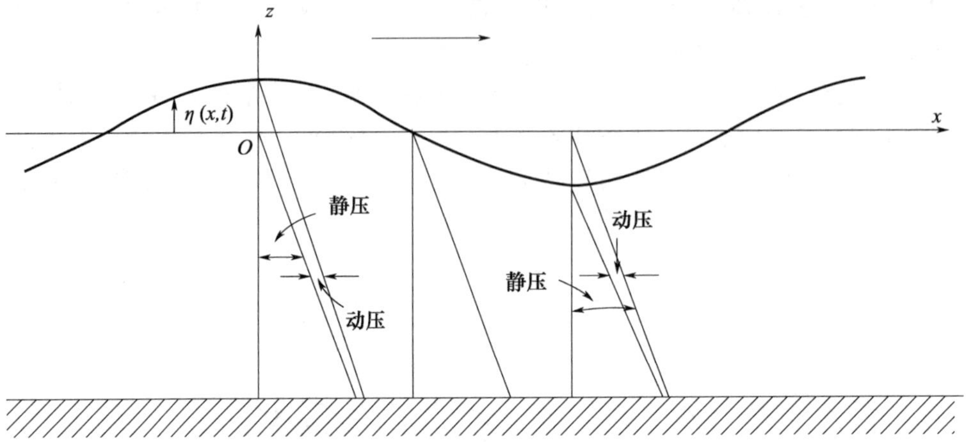

图2.5　微幅波静压与动压分布图

考虑深水与浅水两种极限情况，对于深水波，$kd \gg 1$，双曲函数项有

$$\frac{\cosh k(z+d)}{\cosh kd} \approx \frac{\sinh k(z+d)}{\cosh kd} \approx e^{kz} \tag{2.59}$$

从而有

$$u = \frac{\partial \Phi^{(1)}}{\partial x} = A\omega e^{kz} \cos(kx - \omega t) \tag{2.60}$$

$$w = \frac{\partial \Phi^{(1)}}{\partial z} = A\omega e^{kz} \sin(kx - \omega t) \tag{2.61}$$

$$p = \rho g \eta e^{kz} \tag{2.62}$$

可见，对于深水波，水平速度与垂向速度幅值相同，两者以及波浪动水压力沿水深呈幂指数衰减。

对于浅水波，$kd \ll 1$，双曲函数项有如下关系：$\cosh k(z+d) \approx 1$、$\sinh k(z+d) \approx kd(1+z/d)$、$\cosh 2kd \approx 1$、$\sinh kd \approx kd$，于是速度和加速度可以表示为

$$u = \frac{A}{d}\sqrt{gd}\ \cos(kx - \omega t) \tag{2.63}$$

$$w = \frac{A}{d}\sqrt{gd}\left[kd\left(1 + \frac{z}{d}\right)\right]\sin(kx - \omega t) \tag{2.64}$$

总压力 p 可以表示为

$$p = -\rho g z - \rho \frac{\partial \Phi^{(1)}}{\partial t} \approx \rho g(\eta - z) \tag{2.65}$$

可以看出，浅水波的压力为静水压力，这也是很多浅水方程采用静压模型的原因。水平速度为常数，垂向速度量级为 $O(kd) \ll 1$，比水平速度小一个量级。

2.4 波能、波能流与波群速度

波浪运动的能量可以分为动能和势能两部分，对于常水深中的行进波波列，水平面单位面积的自由水面下水柱的动能在一个周期上的平均值为

$$
\begin{aligned}
E_{\mathrm{k}} &= \frac{1}{T}\int_{t}^{t+T}\int_{-h}^{\eta}\frac{\rho}{2}(u^2+w^2)\mathrm{d}z\mathrm{d}t \\
&= \frac{\rho}{4}\frac{A^2\omega^2}{\sinh^2 kd}\int_{-h}^{0}[\cosh^2 k(z+d)+\sinh^2 k(z+d)]\mathrm{d}z \\
&= \frac{\rho}{4}\frac{A^2\omega^2}{\sinh^2 kd}\frac{\sinh 2kd}{2k} \\
&= \frac{1}{4}\rho g A^2
\end{aligned}
\tag{2.66}
$$

式（2.66）在推导过程中应用了色散关系式（2.28）。而水平面单位面积的自由水面下水柱的势能在一个周期上的平均值为

$$
E_{\mathrm{p}} = \frac{1}{T}\int_{t}^{t+T}\int_{0}^{\eta}\rho g z\mathrm{d}z\mathrm{d}t = \frac{1}{T}\int_{t}^{t+T}\frac{1}{2}\rho g\eta^2\mathrm{d}t = \frac{1}{4}\rho g A^2 \tag{2.67}
$$

可以看出，线性波的动能和势能是相等的。波浪运动的总能量为

$$
E = E_{\mathrm{k}} + E_{\mathrm{p}} = \frac{1}{2}\rho g A^2 \tag{2.68}
$$

沿着波峰的单位宽度上做一铅垂截面，考虑该铅垂截面上的能流速度（波能流），它等于该截面上动压力对流体流量所做的功在一个波浪周期内的平均值，即

$$
P = \frac{1}{T}\int_{t}^{t+T}\int_{-d}^{\eta}pu\mathrm{d}z\mathrm{d}t = \frac{1}{T}\int_{t}^{t+T}\int_{-d}^{\eta}\left(-\rho\frac{\partial\Phi}{\partial t}\frac{\partial\Phi}{\partial x}\right)\mathrm{d}z\mathrm{d}t \tag{2.69}
$$

将速度势表达式代入式（2.69），z 向积分取一阶近似，可得

$$
\begin{aligned}
P &= \frac{1}{T}\int_{t}^{t+T}\int_{-d}^{0}\left(-\rho\frac{\partial\Phi}{\partial t}\frac{\partial\Phi}{\partial x}\right)\mathrm{d}z\mathrm{d}t \\
&= \frac{\rho g^2A^2k}{2\omega\cosh^2 kd}\int_{-d}^{0}\cosh^2 k(z+d)\mathrm{d}z \\
&= \frac{\rho g^2A^2k}{2\omega\cosh^2 kd}\frac{2kd+\sinh 2kd}{4k}
\end{aligned}
\tag{2.70}
$$

再次利用色散关系式（2.28），并将式（2.70）进行整理，可得

$$
P = \frac{1}{2}\rho g^2A^2\frac{\omega}{k}\frac{1}{2}\left(1+\frac{2kd}{\sinh 2kd}\right) = \frac{1}{2}\rho g^2A^2\,C\frac{1}{2}\left(1+\frac{2kd}{\sinh 2kd}\right) = EC\cdot n = EC_{\mathrm{g}} \tag{2.71}
$$

其中，

$$
n = \frac{1}{2}\left(1+\frac{2kd}{\sinh 2kd}\right) \tag{2.72}
$$

$$C_g = C \cdot n \tag{2.73}$$

式中，C_g称为波群速度。根据式（2.71）表达式中波能流为波浪能量与波群速度的乘积，可以认为波群速度具有能量传播速度这一动力学意义，即波能是以波群速度传播的，因而波群速度 C_g的物理意义是波能传播速度。值得注意的是，相速度 C 的物理意义是波形的传播速度，两者具有本质的差别。

系数 n 也称为波能传递率，它随着相对水深的增大而减小，其在深水情况达到极小值，此时 $kd/\sinh 2kd \approx 0$，系数 $n \approx 1/2$，故波群速度为

$$C_g = \frac{1}{2}C \tag{2.74}$$

此时波群速度仅为波浪相速度的一半。而对于浅水情况，$kd/\sinh 2kd \approx 1$，系数 $n \approx 1$，故波群速度为

$$C_g = C \tag{2.75}$$

波群速度与波浪相速度相同，说明浅水波波形与波能传播是同步的。

进一步对 C_g的动力学意义进行说明，考虑一个单位宽度的波浪水槽，在水槽的一端产生正弦波，当造波机启动一段时间 t 后，在造波机与 $C_g t$ 之间可以形成稳定的波列，而在 $C_g t$ 与 Ct 之间，虽然波形已经传播到这里，但由于波能没有抵达，波形不能充分发展而形成稳定的波列。为进一步说明这一问题，图 2.6 给出上述波浪水槽产生的正弦波的情况，其中，A 点的速度即为波群速度 C_g，它可以看作波浪与静水的分界点，它代表着波能能量传播到 A 点。而图中所示波形的传播速度为 C，由于 $C > C_g$，当波形传播到 A 点时，由于不再有波能继续支持其向前传播，波形会在 A 点消失，该现象称为波动湮灭。上述波动湮灭现象在实验室生成短波时特别明显。最后，图中右端第一个波浪称为先导波，其速度要比波浪相速度更快，渐近解为$\sqrt{2}C$，先导波最终也会在 A 点湮灭。

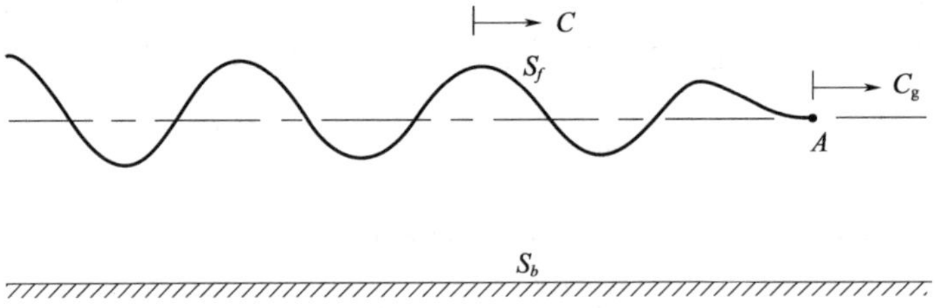

图 2.6　造波机生成正弦波列中的波浪相速度与波群速度

除了上述波能传播速度这一动力学意义外，波群速度 C_g还有其运动学意义，即波群包络的传播速度。为明确其物理意义，选取两列波高相同而周期略有差别的正弦波的叠加而组成的波群，即

$$\eta = \eta_1 + \eta_2 = A\cos(k_1 x - \omega_1 t) + A\cos(k_2 x - \omega_2 t) \tag{2.76}$$

式中，$\omega_1 = \omega - \Delta\omega/2$、$\omega_2 = \omega + \Delta\omega/2$、$k_1 = k - \Delta k/2$、$k_1 = k + \Delta k/2$，且有 $\Delta\omega \ll \omega$ 和 $\Delta k \ll k$，根据和差化积公式，可将式（2.76）改写为

$$\eta = a(t)\cos(kx - \omega t) \tag{2.77}$$

式中，

$$a(t) = 2A\cos\left(\frac{\Delta k}{2}x - \frac{\Delta\omega}{2}t\right) \tag{2.78}$$

根据式（2.77）可知，两列正弦波叠加后的波形仍可看作一个周期波，但波幅不再是常数，而是随空间和时间变化的函数 $a(t)$，这样的波浪称为波群。波群的行进速度即为波幅包络的传播速度，根据式（2.78）可知，该速度为

$$C_g = \frac{\Delta\omega}{\Delta k} \underset{\substack{\Delta\omega\to 0\\ \Delta k\to 0}}{=} \frac{d\omega}{dk} \tag{2.79}$$

依据式（2.79）右端公式对色散关系式（2.28）进行微分计算，得

$$2\omega d\omega = g\tanh kd \cdot dk + \frac{gkd}{\cosh^2 kd}dk \tag{2.80}$$

进而可以得出

$$C_g = \frac{d\omega}{dk} = \frac{g\tanh kd}{2\omega} + \frac{gkd}{2\omega\cosh^2 kd} = \frac{C}{2}\left(1 + \frac{2kd}{\sinh 2kd}\right) \tag{2.81}$$

可见，上述由波群传播速度推出的式（2.81）与波能流表达式中的波能传播速度式（2.73）完全相同，说明上述波群传播速度即为波能传播速度。为直观地表示出上述波群速度的运动学物理过程，图2.7给出了上述波两列波高组成的波群式（2.76）的波面形状，图中实线为波面形状 $\eta_1 + \eta_2$，虚线即为波幅包络式（2.78），它的传播速度即为波群速度 C_g。上述波群在传播的过程中，由于波群速度小于波浪相速度，即 $C_g < C$，因此波群包络线中波浪将相对波群包络线以速度 $C - C_g$ 从后向前行进，行进过程中由大变小，然后由小变大，不断交替变化。

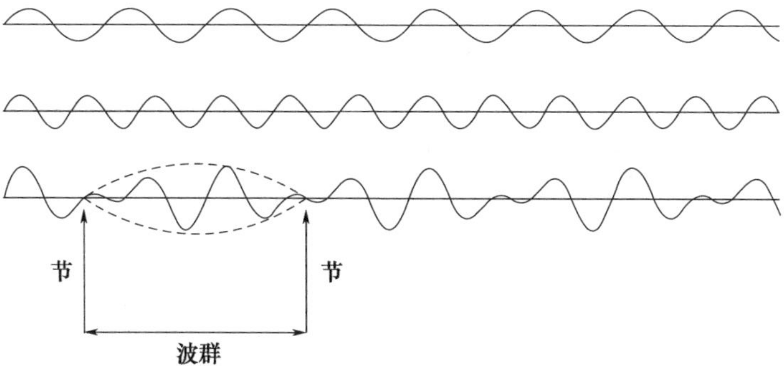

图2.7　两列不同周期正弦波叠加形成的波群

最后，依照波能流的定义，根据能量守恒原理，可以得出，沿着波浪传播方向的波能流守恒，这便是波能流守恒定律。根据该定律，沿着波浪传播的两个断面之间的波能流相等，则有

$$E_1 C_{g1} = E_2 C_{g2} \tag{2.82}$$

根据上述表达式，我们可以获得波浪在变水深地形上传播的波高变化，这也是工程中的常用方法，我们将在第2.5节进行介绍。

2.5 波浪的传播、变形与破碎

当波浪传至浅水及近岸时，由于水深及地形与岸形的变化，其波高、波长、波速及传播方向等都会产生一系列的变化。诸如波向的折射、波高增大产生能量集中、波形卷

倒、破碎和反射、绕射等，对海岸工程与海岸地貌的变化具有重大影响。本节将对上述波浪在浅水及近岸的传播问题进行介绍。需要说明的是，本节所涉及的如波浪破碎等一些现象实际上属于非线性物理现象，不属于线性波浪理论的范畴。但由于多数现象可以通过线性色散关系等知识理解，因而，将上述波浪传播的相关知识点在本节中进行阐述。波浪传播的相关内容还可以参阅文献竺艳蓉（1991）、邹志利（2005）和王树青等（2013）。

2.5.1 波浪守恒

考虑一列简单的规则波由深水区域进入浅水区域的过程中，随着水深的改变，波浪的波长、波高、波速以及波向均将发生变化，但是波浪的周期始终保持不变，这是稳定波浪场传播过程中的重要性质，下面对这一性质进行证明。

考虑传播方向与 x 轴交角为 α 的三维波动，其波面方程可表示为

$$\eta(x, y, z, t) = A\cos\Omega \tag{2.83}$$

式中，A 为波浪振幅，Ω 为相位函数，它可以表示为

$$\Omega = \boldsymbol{k}\cdot\boldsymbol{x} - \omega t = k_x x + k_y y - \omega t \tag{2.84}$$

式中，k_x、k_y分别为波数向量 $\boldsymbol{k}$ 在 x 方向和 y 方向的投影。若坐标系统如图 2.8 所示，则

$$k_x = |\boldsymbol{k}|\cos\alpha, \quad k_y = |\boldsymbol{k}|\sin\alpha \tag{2.85}$$

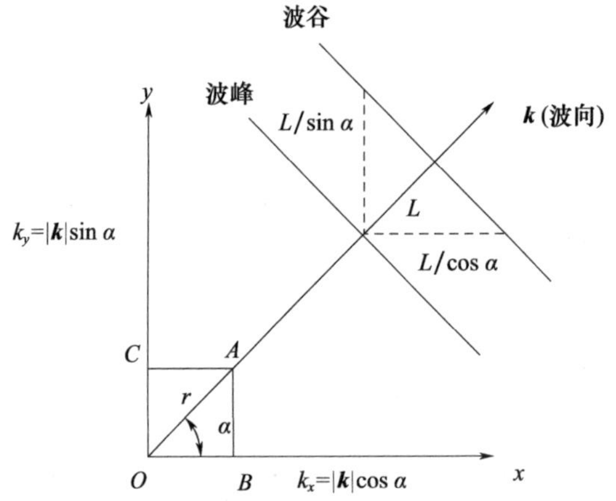

图 2.8 斜向入射波波向

根据式（2.84），对相位函数 Ω 分别取空间和时间偏导数，则分别有

$$\nabla\Omega = \frac{\partial\Omega}{\partial x}\boldsymbol{i} + \frac{\partial\Omega}{\partial y}\boldsymbol{j} = k_x\boldsymbol{i} + k_y\boldsymbol{j} = \boldsymbol{k} \tag{2.86}$$

以及

$$\frac{\partial\Omega}{\partial t} = -\omega \tag{2.87}$$

因为$\partial(\nabla\Omega)/\partial t = \nabla(\partial\Omega/\partial t)$，于是有

$$\frac{\partial\boldsymbol{k}}{\partial t} + \nabla\omega = 0 \tag{2.88}$$

式（2.88）表明，波数向量 $\boldsymbol{k}$ 随时间的变率必然为角频率 ω 的空间变化所平衡，该方程称

为波浪守恒方程。

对于稳定的波场，$\partial \boldsymbol{k}/\partial t=0$，根据式（2.88）可知$\nabla\omega=0$，即波浪周期（$T=2\pi/\omega$）为常量，不随空间变化。这说明即使水深缓慢变化，波浪周期也始终保持恒量，从而证明上述波浪周期不变的结论。稳定波浪场传播过程中周期不变的性质很重要，它可以为分析波浪从深水传播到浅水的变化提供方便，同时也为实验室模拟实际波浪提供了理论依据。

2.5.2 波浪的浅水变形

波浪的浅水变形，可以认为其开始于波浪第一次“触底”的时候，根据线性波浪理论可知，这时的水深约为波长的一半。在此之后，随着水深的减小，波浪的波长和波速逐渐减小，而波高将逐渐增大，当深度减小到一定程度时，还可能出现各种形式的波浪破碎现象。

对于稳定波场，若假定波浪在传播过程中波能流是守恒的，既没有能量输入也没有能量损失，也就是说，波能只沿着波向传播，没有能量穿过波向线，而且，假定波浪在传播过程中也不因摩擦等因素而发生能量损失。当波浪正向行进平直岸滩时，根据波能流守恒原理，单位宽度内的波能流在传播中保持常数，即

$$(EC\cdot n)_0=(EC\cdot n)_i \tag{2.89}$$

式中，E为平均波能，上面一横（时均值）已省略，C为波浪相速度，n为波能传递率。下标“0”和“i”分别为深水和任意水深处。根据线性波浪理论，$E=\rho gH^2/8$，$n_0=1/2$，将它们代入式（2.89），整理后得

$$H_i=H_0\sqrt{\frac{C_0}{2(C\cdot n)_i}} \tag{2.90}$$

式（2.90）表明，波浪进入浅水区后，波高会发生变化，这种变化称为浅水变形。工程中，常用浅水变形系数k_s对式（2.90）进行表示，即

$$k_s=\frac{H_i}{H_0}=\sqrt{\frac{C_0}{2(C\cdot n)_i}} \tag{2.91}$$

再根据线性波浪理论的色散关系，可以得到

$$\frac{C}{C_0}=\frac{L}{L_0}=\tanh\left(\frac{2\pi d}{L}\right) \tag{2.92}$$

根据式（2.91）与式（2.92），以及波能传递率n的表达式，可以绘制出上述k_s、C/C_0及L/L_0等参量随d/L_0变化的表达式，如图2.9所示。从图中可以看出，随着水深d的减小，波速C和波长L逐渐减小，n逐渐增大。波高H在有限水深范围内随水深减小而略有减小，进入浅水区后，则随水深减小而迅速增大。波高在有限水深范围内减小的原因与n值的增大有关。

实际上，当波浪进入水深较浅的区域时，由于浅水中非线性影响显著，用上述线性波浪理论计算的浅水变形系数一般是不适宜的。Svendsen等（1980）通过实际计算认为当$d/L_0>1/10$时，可以通过线性波理论或斯托克斯波浪理论计算浅水变形，而在$d/L_0<1/10$的区域，则必须用椭圆余弦波（cnoidal wave）理论进行计算。岩垣雄一等近似求得考虑非线性影响的浅水变形系数（邹志利，2009）为

$$k_s = k_{s0} + 0.0015\left(\frac{d}{L}\right)^{-2.8}\left(\frac{H_0}{L_0}\right)^{1.2} \tag{2.93}$$

式中，k_{s0}为使用线性波浪理论计算的浅水变形系数，而右边第二项为考虑非线性影响的修正项。

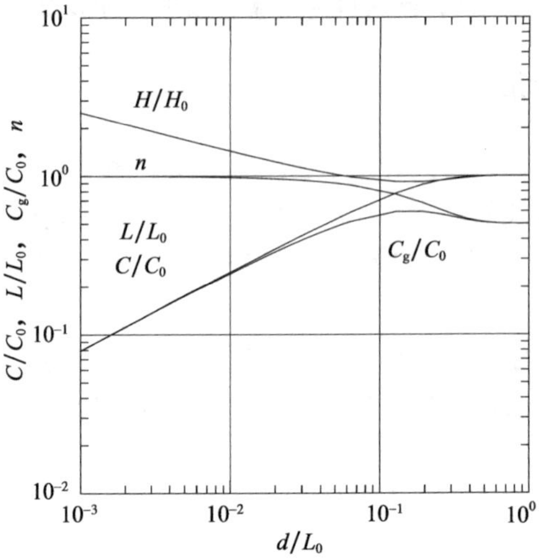

图 2.9　C/C_0，L/L_0，C_g/C_0，n 与 d/L_0 的关系图

2.5.3　波浪的折射

在波浪由深水区域向浅水区域传播的过程中，当波向线与海底等深线斜交时，波浪传播方向将发生改变。根据线性波浪理论的色散关系可知，波浪的波速 $C = (gT/2\pi)\tanh kd$，因此，当波浪斜向进入浅水区后（实际可取 $d/L < 1/2$），同一波峰线不同位置的波浪将按照各自所在地点的水深决定其波速，处于水深较大位置的波峰线推进较快，处于水深较小位置的波峰线推进较慢，从而导致波浪传播方向的改变。这种波峰线和波向线随水深变化而变化的现象称为波浪折射现象 Longuet-Higgins（1956）、Radder（1979），如图 2.10 所示。

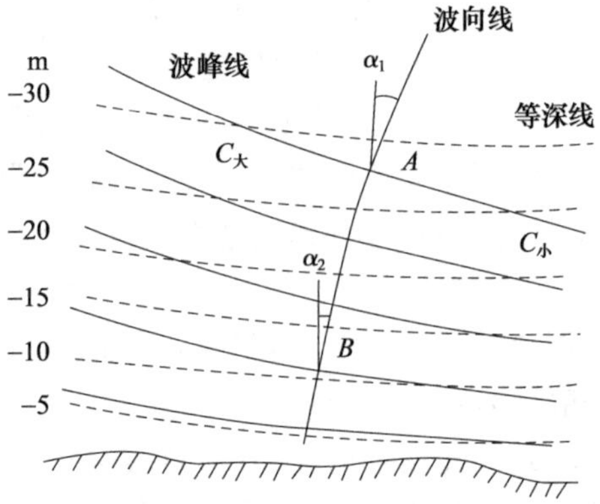

图 2.10　波浪折射现象

(1) 折射引起的波向线变化

由于 $\boldsymbol{k}=\nabla\Omega$，即波数向量等于位相函数的梯度，根据场论公式可以得出

$$\nabla\times\boldsymbol{k}=0$$

将 $\boldsymbol{k}=k_x\boldsymbol{i}+k_y\boldsymbol{j}$ 代入上式，得

$$\frac{\partial k_y}{\partial x}-\frac{\partial k_x}{\partial y}=0 \tag{2.94}$$

或可写成

$$\frac{\partial(k\sin\alpha)}{\partial x}-\frac{\partial(k\cos\alpha)}{\partial y}=0 \tag{2.95}$$

式（2.95）称为折射方程。值得一提的是，通过该折射方程可以进一步推导出射线方程，其表达式为

$$\begin{cases}\dfrac{\mathrm{d}y}{\mathrm{d}x}=\tan\alpha\\[2mm]\dfrac{\mathrm{d}\alpha}{\mathrm{d}x}=\dfrac{1}{C}\left(\tan\alpha\dfrac{\partial C}{\partial x}-\dfrac{\partial C}{\partial y}\right)\end{cases} \tag{2.96}$$

其中，射线即为波向线。该方法适用于考虑波浪在变化水底的传播问题，但只适用于波浪的单方向传播，当波浪在固体边界上、海岸处或岛礁及障碍物附近存在反射或绕射时，则该方法不适用。有关射线方程相关问题，有兴趣的读者可以参考相关的论著，这里不再介绍。

继续考虑式（2.95），若各变量沿 y 方向为恒量，即岸滩具有平直且相互平行的等深线时，式（2.96）可化简为

$$\frac{\mathrm{d}(k\sin\alpha)}{\mathrm{d}x}=0$$

于是，

$$k\sin\alpha=常数 \tag{2.97}$$

这表明波数沿岸线方向的投影为常数，将上式除以角频率 ω，可得

$$\frac{\sin\alpha}{C}=常数 \tag{2.98}$$

式（2.98）就是著名的斯奈尔（Snell）定律。该常数可由深水情况确定，故式（2.98）可写成

$$\frac{\sin\alpha}{C}=\frac{\sin\alpha_0}{C_0} \tag{2.99}$$

式中，α_0 与 C_0 分别为深水处波向角和波速。斯奈尔定律将波向的变化与波速的变化建立了关系，根据这一关系可以绘制波浪折射图，如图 2.11 所示。对于有平直和相互平行等深线的岸滩，当波浪斜向传向海岸时，随着水深的减小，波速减小。根据斯奈尔定律，波向角也随之减小，因而波向线将逐渐趋向于垂直岸线，波峰线将逐渐趋向于与等深线平行。

斯奈尔定律对于平直和相互平行的等深线这种简单的均匀海滩而言是适用的。但是，实际的海滩是复杂且不规则的，这时必须根据式（2.95）进行折射分析，可以采用图解方法绘制折射图，对于复杂地形的海域，也可根据式（2.95）利用数值计算方法通过计算机求解和绘出折射图。

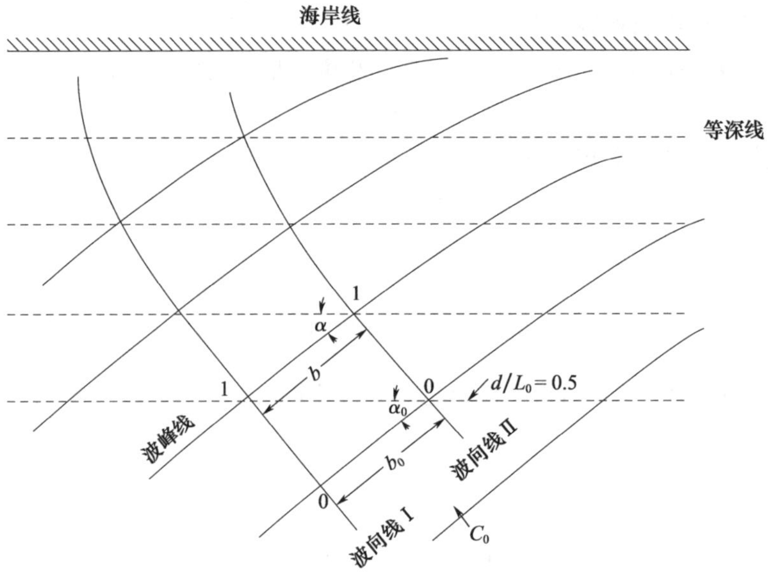

图 2.11　近岸波浪折射

(2) 折射引起的波高变化

对于波浪折射引起波高的变化，可以通过在相邻两波向线之间使用波能流守恒定律获得。如图 2.12 所示，设两相邻波向线在深水中的间距为 b_0，进入浅水区后的间距变成 b_i，假设两波向线之间的波能无外逸且没有损失，同时也无其他能量进入，则相邻两波向线之间单位时间平均向前传播的波能不变，亦即

$$(EC \cdot n)_0 b_0 = (EC \cdot n)_i b_i = 常数 \tag{2.100}$$

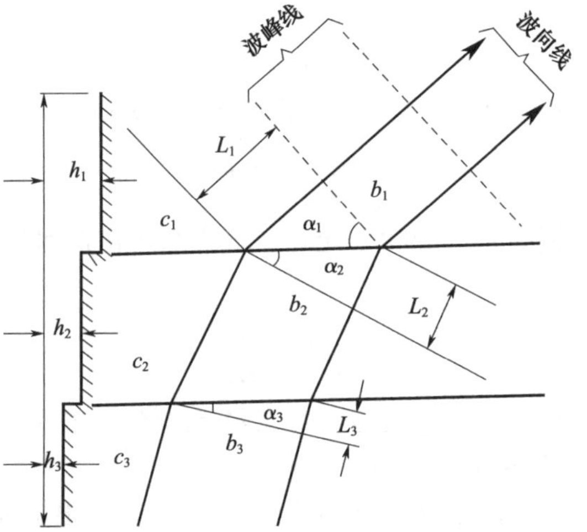

图 2.12　相邻波向线间距在传播中的变化

于是，可得

$$H_i = H_0 \sqrt{\frac{C_0}{2\,(C \cdot \mathrm{n})_i}} \sqrt{\frac{b_0}{b_i}} = H_0 k_s k_r \tag{2.101}$$

式中，H_0为深水波高，k_s为浅水变形系数，k_r为波浪折射系数，即

$$k_r = \sqrt{\frac{b_0}{b_i}} \tag{2.102}$$

任意位置处的折射系数 k_r可由波浪折射图确定。当等深线平行时，根据斯奈尔折射定律，任意水深处的波向角 α_i为

$$\sin\alpha_i = \sin\alpha_0\left(\frac{C}{C_0}\right) = \sin\alpha_0\tanh(kd) \tag{2.103}$$

不难证明，相邻波向线之间的间距 $b_i/b_0 = \cos\alpha_i/\cos\alpha_0$，故折射系数 k_r可写为

$$k_r = \sqrt{\frac{b_0}{b_i}} = \sqrt{\frac{\cos\alpha_0}{\cos\alpha_i}} \tag{2.104}$$

根据折射图可以直观地得到沿岸波高分布情况。在海岬岬角处，波向线集中，这种现象称为辐聚现象，如图 2.13 所示，此处 $k_r > 1$，波高因折射而增大；在海湾里，波向线将分散，称为辐散现象，如图 2.14 所示，此处 $k_r < 1$，波高因折射而减小。上述辐聚和辐散的结果，将使海岸上各处的波高不等，这对海岸上泥沙的运动有着重要影响。波浪辐聚处波能集中，可能会引起强烈的冲刷，反之，波浪辐散处波能分散，可能产生泥沙淤积。

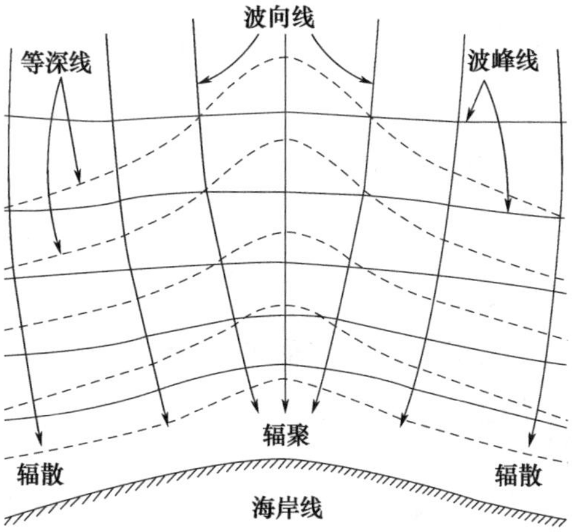

图 2.13　外凸海岸发生辐聚现象

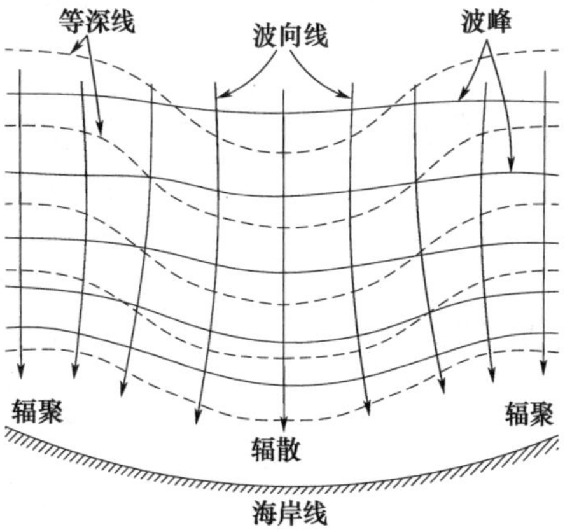

图 2.14　内凹海岸发生辐散现象

应该指出，上述折射原理是以规则波为基础的，而未考虑波浪的不规则特性。因此，实际海面上的波浪折射现象更为复杂，更合理的方法是将波浪频谱的概念引入波浪折射的计算中。

2.5.4　波浪的反射与绕射

波浪在传播过程中，当遇到陡峭的岸线或人工建筑物时，其全部或部分波能被反射从而形成反射波，这种现象称为波浪反射现象。当遇到防波堤、岛屿或大型墩柱等障碍物时，除可能在障碍物前产生波浪反射外，还将绕过障碍物继续传播，并在掩蔽区内发生波浪扩散，这是由于掩蔽区内波能横向传播所造成的，该现象称为波浪绕射现象。在港口或海岸工程中，港口建设或海岸保护均需布置防波堤或丁坝等水工建筑物，波浪的反射与绕

射现象对于上述水工建筑物的规划布置具有重要的意义。在海洋或近海工程中，计算大型海上结构物的波浪力或运动响应时，波浪反射与绕射作用会对结构物的受力产生显著影响。因此，波浪反射与绕射作用在港口与海岸工程，以及海洋或近海工程中，均具有重要的影响。

(1) 波浪的反射

对于波浪反射问题，反射波与入射波具有相同的波长和周期，但其波高的大小随反射波波能的大小而定。一般通过反射系数 K_r 对波浪反射现象进行描述，其定义为反射波高 H_r 与入射波高 H_i 之比（或反射波幅 A_r 与入射波幅 A_i 之比），其大小随岸坡或人工建筑物的坡度、透水率、糙率及波陡而异。入射波和反射波相互干涉而形成组合波，在线性假设前提下，可将组合波的速度势及波面函数写为入射波和反射波之和的形式，即

$$\Phi = \Phi_i + \Phi_r \tag{2.105}$$

$$\eta = \eta_i + \eta_r \tag{2.106}$$

当波浪正向入射作用于不透水直墙时，波浪将完全反射，反射波高等于入射波高，反射系数为 $K_r = 1$，这时的组合波相当于两个波向相反、波高和周期相等的行进波的叠加，此时的速度势和波面函数可以表示为

$$\Phi = \frac{gA}{\omega}\frac{\cosh k(z+d)}{\cosh kh}\sin(kx-\omega t) - \frac{gA}{\omega}\frac{\cosh k(z+d)}{\cosh kh}\sin(kx+\omega t) \tag{2.107}$$

$$\eta = A\cos(kx-\omega t) + A\cos(kx+\omega t) \tag{2.108}$$

利用和差化积公式，则叠加后的速度势和波面可以进一步写为

$$\Phi = -\frac{2gA}{\omega}\frac{\cosh k(z+d)}{\cosh kh}\cos(kx)\sin(\omega t) \tag{2.109}$$

$$\eta = 2A\cos(kx)\cos(\omega t) \tag{2.110}$$

进一步可以求得波场内任意点（x，z）处流体质点运动的水平与垂向速度分别为

$$u = \frac{\partial \Phi}{\partial x} = 2A\omega\frac{\cosh k(z+d)}{\sinh kh}\sin(kx)\sin(\omega t) \tag{2.111}$$

$$w = \frac{\partial \Phi}{\partial z} = -2A\omega\frac{\sinh k(z+d)}{\sinh kh}\cos(kx)\sin(\omega t) \tag{2.112}$$

根据式（2.109）～（2.112）可以看出，此时的组合波是完全反射立波（也称驻波）。水质点在波腹点和波节点的运动情况如图 2.15 所示。当 $x = n\pi/k = (n/2)L$，（$n = 0, 1, 2, \cdots$）时，水平速度 u 恒为零，垂向速度 w 和水面波动量 η 具有最大振幅，是入射波的两倍，这些点称为波腹点。当 $x = (n+1/2)\pi/k = (n+1/2)(L/2)$，（$n = 0, 1, 2, \cdots$）时，水平速度 u 具有最大振幅，垂向速度 w 和水面波动量 η 恒为零，这些点称为波节点。

完全反射所形成立波的动能和势能均为入射波的两倍，当 $\sin\omega t = 0$ 时，根据式（2.111）和式（2.112）可知，$u = w = 0$，故各点的动能均为零，此时，根据式（2.110）可知，η 达到最大值，故势能最大。反之，当 $\cos\omega t = 0$ 时，各点 η 均为零，u 和 w 达到最大值，故势能为零，动能最大。可见，立波能量的转化是周期性地由动能变为势能，或由势能变为动能。

当波浪不完全反射或波能在反射过程中有能量损失时，反射波高不等于入射波高，

反射系数 $K_r = H_r/H_i = A_r/A_i < 1$，入射波和反射波相互叠加后形成不完全立波，其波面函数可表示为

$$\eta = A_i\cos(kx - \omega t) + A_r\cos(kx + \omega t) \tag{2.113}$$

或

$$\eta = (A_i + A_r)\cos(kx)\cos(\omega t) + (A_i - A_r)\sin(kx)\sin(\omega t) \tag{2.114}$$

根据式（2.114）可知，当 $x = n\pi/k = (n/2)L$，（$n = 0, 1, 2, \cdots$）时，出现最大波幅 $A_{max} = A_i + A_r$；当 $x = (n + 1/2)\pi/k = (n + 1/2)(L/2)$，（$n = 0, 1, 2, \cdots$）时，出现最小波幅 $A_{min} = A_i - A_r$。将上述两组波幅关系联立，反推入射波与反射波波幅分别为 $A_i = (A_{max} + A_{min})/2$ 及 $A_r = (A_{max} - A_{min})/2$，从而可以得出不完全立波的反射系数计算公式为

$$K_r = \frac{A_r}{A_i} = \frac{A_{max} - A_{min}}{A_{max} + A_{min}} \tag{2.115}$$

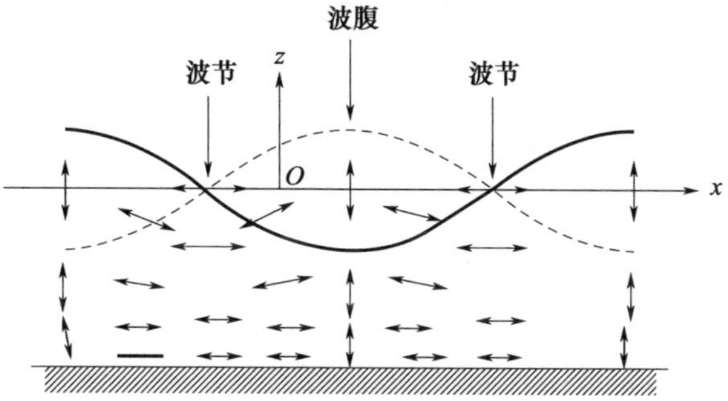

图 2.15　立波波形和水质点运动示意图

（2）波浪的绕射

相比于波浪反射问题，波浪绕射具有更强的三维性，如图 2.16 所示。绕射区内的波浪通常也称为绕射波。波浪绕射是波浪从能量高的区域向能量低的区域进行重新分布的过程，绕射波在同一波峰线上的波高是不同的，随着离绕射起点距离的增加，波高会随之减小，但周期保持不变。有关波浪绕射问题的详细讨论，读者可参阅本书第 7 章和第 8 章的内容或相关专著。这里仅对波浪绕射这一问题做简要的叙述。

基于线性理论假设，对于绕射问题，可以将速度势分解为入射势与绕射势之和的形式，即

$$\Phi(x, y, z, t) = \Phi_i(x, y, z, t) + \Phi_d(x, y, z, t) \tag{2.116}$$

其中，$\Phi_i(x, y, z, t)$ 为入射势，是无物体存在时的入射波的速度势，$\Phi_d(x, y, z, t)$ 为绕射势，是入射波遇到物体时产生的绕射波的速度势。入射波和绕射波将形成一个新的波动场，即因物体的存在对入射波扰动而形成的波浪场。由于入射势是已知的，所以对该波浪场的求解只需要对绕射势进行求解。在理想流体势流理论假设下，对于线性问题，当水深为恒定时，则绕射波满足下述控制方程与边界条件，

$$
\begin{cases}
\dfrac{\partial^2 \boldsymbol{\Phi}}{\partial x^2}+\dfrac{\partial^2 \boldsymbol{\Phi}}{\partial y^2}+\dfrac{\partial^2 \boldsymbol{\Phi}}{\partial z^2}=0 & \text{在 } \Omega \text{ 内} \\
\dfrac{\partial \boldsymbol{\Phi}_{\mathrm{d}}}{\partial n}=-\dfrac{\partial \boldsymbol{\Phi}_{\mathrm{i}}}{\partial n} & \text{在 } S_{\mathrm{b}} \text{ 上} \\
\dfrac{\partial^2 \boldsymbol{\Phi}_{\mathrm{d}}}{\partial t^2}+g\dfrac{\partial \boldsymbol{\Phi}_{\mathrm{d}}}{\partial z}=0 & \text{在 } S_{\mathrm{f}} \text{ 上} \\
\dfrac{\partial \boldsymbol{\Phi}_{\mathrm{d}}}{\partial z}=0 & \text{在 } S_{\mathrm{d}} \text{ 上} \\
\lim\limits_{r\to\infty}\sqrt{r}\left(\dfrac{\partial \boldsymbol{\Phi}}{\partial t}+C\dfrac{\partial \boldsymbol{\Phi}}{\partial r}\right)=0 & \text{在 } S_{\infty} \text{ 上}
\end{cases}
\tag{2.117}
$$

式中，Ω 为流体计算域，S_{b}、S_{f}、S_{d}、S_{∞} 分别为物体表面、自由水面、海底和无穷远。通过对上述控制方程与边界条件进行求解，即可求得绕射势 $\boldsymbol{\Phi}_{\mathrm{d}}(x, y, z, t)$。再由总速度势计算波浪场中各运动及力学特征，从而完成绕射问题的求解。

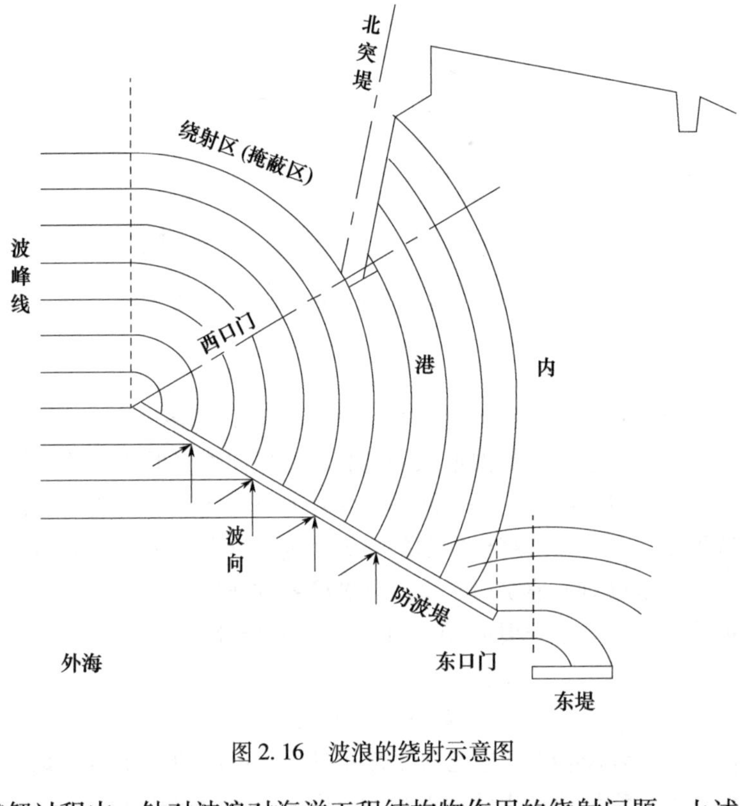

图 2.16　波浪的绕射示意图

在上述求解过程中，针对波浪对海洋工程结构物作用的绕射问题，上述控制方程与边界条件的求解通常在频域框架下进行，即考虑规则波作用的情况，将速度势分离出时间因子，即 $\boldsymbol{\Phi}=\mathrm{Re}[\phi \mathrm{e}^{-\mathrm{i}\omega t}]$，其中，Re 表示取实部，$\phi$ 为空间复速度势，从而将求解时域速度势 $\boldsymbol{\Phi}$ 的问题转换为求解频域速度势 ϕ 的问题。基于这一方法，对于规则物体（如圆柱等），可以通过解析方法进行求解；对于复杂不规则物体，则需要通过数值方法进行求解。有关上述问题可以分别参考本书第 7 章与第 8 章的相关内容。而对于波浪在港口与海岸中传播的绕射问题，目前则多采用波浪缓坡方程或 Boussinesq 方程等波浪模型进行数值求解，有关这一内容我们将在第4章中进行介绍。

2.5.5 水流对波浪的影响

波浪在进入水流较大的水域时，其波长、波速、波高以及波向均会发生改变，这种现象在较短的波浪骑在波长较长的海洋涌浪或潮波之上时也时有发生。而对于在河口海域或海峡外航道水域中，这种现象将更加显著：涨潮时，顺水流进入河口附近的波浪波长增大、波高减小；落潮时，逆水流进入河口附近的波浪波长减小，波高增大，从而使波陡增大，有时甚至会产生波浪破碎，导致航行困难。另外，由于实际的波浪是不规则的，波浪谱可以用于描述作为随机过程的波浪，而海流又会改变波浪谱。因此，研究水流对波浪的影响是非常有意义的。

我们仅以二维规则波为例对这一问题进行讨论，考虑水体本身是均匀流动的，当波流共线且同向沿 x 方向运动时，总的速度势函数可以写为

$$\Phi' = Ux + \Phi \tag{2.118}$$

式中，第一项为水流产生的速度势，其中，U 为水流速度，波流同向时为正，波流反向时为负；第二项则是水流影响下波浪产生的速度势。

总速度势满足的自由水面运动学边界条件为

$$\frac{\partial \eta}{\partial t} + \frac{\partial \Phi'}{\partial x}\frac{\partial \eta}{\partial x} = \frac{\partial \Phi'}{\partial z}, \qquad z = \eta(x,\ t) \tag{2.119}$$

将式（2.118）代入式（2.119），可以得出其线性假设下的一阶近似形式为

$$\frac{\partial \eta}{\partial t} + U\frac{\partial \eta}{\partial x} = \frac{\partial \Phi}{\partial z}, \qquad z = 0 \tag{2.120}$$

总速度势满足的自由水面动力学边界条件为

$$\frac{\partial \Phi'}{\partial t} + \frac{1}{2}\left[\left(\frac{\partial \Phi'}{\partial x}\right)^2 + \left(\frac{\partial \Phi'}{\partial z}\right)^2\right] + g\eta = f(t), \qquad z = \eta(x,\ t) \tag{2.121}$$

将式（2.118）代入式（2.121），可以得出其线性假设下的一阶近似形式为

$$\frac{\partial \Phi}{\partial t} + U\frac{\partial \Phi}{\partial x} + \frac{1}{2}U^2 + g\eta = f(t), \qquad z = 0 \tag{2.122}$$

在无穷远处，仅有水流而无波浪存在，即 $\Phi = 0$，将其代入式（2.122）中可以求得右端函数为 $f(t) = U^2/2$，从而可以将式（2.122）化为

$$\frac{\partial \Phi}{\partial t} + U\frac{\partial \Phi}{\partial x} + g\eta = 0, \qquad z = 0 \tag{2.123}$$

将一阶近似下的自由水面运动学边界条件式（2.120）与动力学边界条件式（2.123）合并，消去波面函数，可以得出仅包含速度势 Φ 的线性自由水面边界条件为

$$\left(\frac{\partial}{\partial t} + U\frac{\partial}{\partial x}\right)^2 \Phi + g\frac{\partial \Phi}{\partial z} = 0, \qquad z = 0 \tag{2.124}$$

由于速度势 Φ 仍满足拉普拉斯方程和海底条件，对于水平海底，式（2.124）的解仍具有线性波浪解［式（2.25）］的形式，可写为

$$\Phi(x,\ z,\ t) = \frac{A^* \cosh k(z+d)}{\cosh kh}\sin(kx - \omega t) \tag{2.125}$$

其中，波幅 A^* 为待定常数。波面函数仍为

$$\eta(x, t) = A\cos(kx - \omega t) \tag{2.126}$$

将速度势 Φ 的表达式（2.125）与波面函数 η 的表达式（2.126）代入自由水面运动学边界条件式（2.120）中，可以得出

$$A^* = \frac{gA}{\omega_r} \tag{2.127}$$

其中，ω_r为相对圆频率，在船舶工程领域也称为遭遇频率，其表达式为

$$\omega_r = \omega - kU \tag{2.128}$$

从而得出，存在水流时波浪速度势的表达式为

$$\Phi(x, z, t) = \frac{gA^*}{\omega_r} \cdot \frac{\cosh k(z+d)}{\cosh kd}\sin(kx - \omega_r t) \tag{2.129}$$

再将 Φ 的表达式代入自由水面边界条件式（2.124）中，可得

$$\omega_r^2 = gk\tanh kd \tag{2.130}$$

式（2.130）为水流存在时的波浪色散关系，式中 k 为波流共存时的波数。通过上述速度势与色散关系的表达式可以看出，它们与无水流时的形式是相同的，只是用相对圆频率（遭遇频率）ω_r代替了原来无水流时的圆频率 ω（刘应中等，1991）。

通过色散关系可以对比得出水流对波浪传播速度的影响，根据式（2.130）可得

$$\frac{\omega}{k} = U + \sqrt{\frac{g}{k}\tanh kd} \tag{2.131}$$

进一步可写为

$$C = U + C_r \tag{2.132}$$

其中，$C = \omega/k$ 是波浪相对于绝对坐标的速度，称为波浪的表现速度，C_r为波浪相对于水流的传播速度，其表达式为

$$C_r = \sqrt{\frac{g}{k}\tanh kd} \tag{2.133}$$

如果 $U = -C_r$，则波浪停滞。

根据式（2.132）和式（2.133）可求得波流共存中的波长 L 与无流时的波长 L_s之比为

$$\frac{L}{L_s} = \frac{C}{C_s} = \frac{\tanh(kd)}{(1 - U/C)^2\tanh(k_s d)} \tag{2.134}$$

式中，L_s、C_s和 k_s分别为无流时的波长、无流时的波速和无流时的波数。

对于波流共存时波高的变化，可以通过所谓波浪作用通量（E/ω）守恒来确定，即波能流守恒。Bretherton 和 Garret 得到稳态条件下波流共存时波浪作用通量守恒方程（邹志利，2009）为

$$\frac{\partial}{\partial x}\left[\frac{E}{\omega_r}(U + C_{gr})\right] + \frac{\varepsilon}{\omega_r} = 0 \tag{2.135}$$

式中，ω_r和 C_{gr}分别为相对于水流的波浪圆频率和波群速度，E 为波流共存时的波能，ε 为能量损失。当不考虑能量损失时，式（2.135）可写为

$$\frac{E}{\omega_r}(U + C_{gr}) = \frac{E_s}{\omega_s}C_{gs} \tag{2.136}$$

其中，下角标“s”均表示无流时的参量，将 $E=\rho gH^2/8$、$E_s=\rho gH_s^2/8$、$\omega_r=\omega_s(1-U/C)$，以及 $C_{gr}=(C-U_c)A/2$、$C_{gs}=C_sA_s/2$、$C_s=\sqrt{\frac{g}{k_s}\tanh k_sh}$ 和式（2.134）代入式（2.136），整理后得

$$\frac{H}{H_s}=\left(1-\frac{U_c}{C}\right)^{1/2}\left(\frac{L_s}{L}\right)^{1/2}\left(\frac{A_s}{A}\right)^{1/2}\left(1+\frac{U_c}{C}\frac{2-A_s}{A}\right)^{1/2} \tag{2.137}$$

式中，

$$A_s=1+\frac{2k_sd}{\sinh(2k_sd)};\quad A=1+\frac{2kd}{\sinh(2kd)} \tag{2.138}$$

以上结论仅考虑波流共线的情况，当波浪与水流不同向时，水流的存在除引起上述波高、波长和波速的改变外，还会引起波浪传播方向的改变，即存在水流引起的波浪折射。关于这方面的内容本书不做介绍，读者可以参考相关的书籍。

2.5.6 波浪的破碎

波浪破碎实际上属于强非线性运动，对于这一过程进行精确分析通常只有通过数值模拟才能量化分析波浪破碎作用。这里主要基于线性波浪运动特征对波浪破碎的原因做定性分析，并对相关概念及破碎指标做简要的介绍。

（1）波浪破碎的原因

运动学原因：前面在推导波浪的运动学边界条件时，使用了自由表面上各点的速度应等于位于自由表面上各水质点的运动速度。也就是说，组成自由表面的水质点一旦在表面，就永远在表面。这样，波浪不破碎条件是波峰处水质点水平速度 u 不大于波峰移动速度 C（相速度），即 $u\leqslant C$。一旦这一条件被破坏，波峰处流体质点将会逸出波面，波浪开始破碎，这是波浪破碎的运动学原因。

动力学原因：根据线性波浪理论知识，波浪的流体质点运动轨迹是椭圆形或圆形。以圆形运动为例，自由表面上流体质点的圆周运动半径为波浪振幅 A，流体质点圆周运动存在离心力 ω^2A，ω 为波浪圆频率。在波浪运动过程中，该离心力将由流体质点自身重力以及流体压力来平衡，但自由表面上波峰处该平衡力的最大值为重力加速度 g，一旦波浪运动过快，离心力过大，将导致流体质点逃离圆周运动轨迹而发生逃逸，从而产生波浪破碎，这是波浪破碎的动力学原因。

（2）波浪破碎的类型

波浪破碎的形态是多种多样的，主要取决于波浪在深水中的波陡和近岸海底的坡度，大致可分为 3 种类型。

① 崩破波：波浪首先在波峰顶部出现白色浪花，随着波浪的传播，白色浪花逐渐向波浪的前沿扩大而产生崩碎的波形。当深水波陡较大，且底坡较平缓时将会出现这种形态的破碎，如图 2.17(a) 所示。

② 卷破波：波峰的前沿首先变得陡立并随着波浪的传播不断变陡，然后波峰向前大量覆盖并卷曲成舌状，舌状波峰逐渐向下翻卷，最后投向水中发生破碎，且伴随着空气的

卷入。当深水波陡中等，且海底坡度较陡时将会出现这种破碎波，如图 2. 17(b) 所示。

③ 激破波：波的前沿逐渐变陡，波峰前后逐渐变得非常不对称，随着波浪的传播，波峰前沿的根部开始出现破碎，随后波峰前面大部分呈现非常杂乱的破碎状态，并沿斜坡上爬。如深水波陡较小，且海底坡度较陡时常出现此种破碎形式的波浪，如图 2. 17(c) 所示。

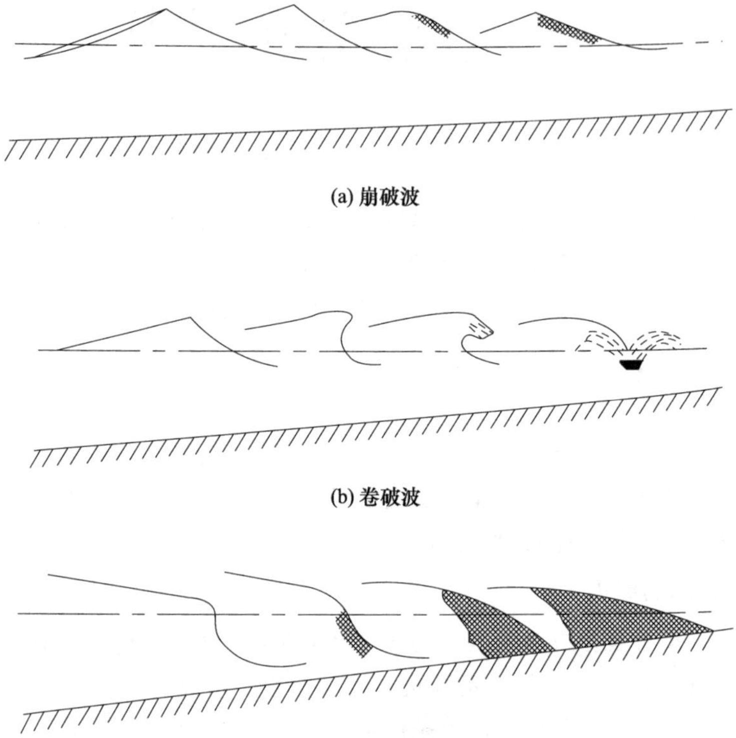

(a) 崩破波

(b) 卷破波

(c) 激破波

图 2. 17　破碎波类型

上述 3 种破碎波类型可以通过 Irribarren 数区分，该参数有两种表达式

$$\xi_0 = \frac{\tanh\beta}{(H_0/L_0)^{1/2}}; \quad \xi_b = \frac{\tanh\beta}{(H_b/L_b)^{1/2}} \tag{2.139}$$

式中，下角标“0”表示深水波浪要素，下角标“b”表示破碎点处波浪要素。Galvin (1968) 通过实验结果给出的破碎类型分界如表 2. 1 所示。另外，图 2. 18 也可以用于对不同破碎波类型的区分。需要注意的是，上述结果都是在实验室里用规则波试验得出的结果，实际上波浪破碎类型常常是互相交错的。而真实的波浪是不规则波，其破碎形态更为复杂。

表 2. 1　破碎波类型的区分

	ξ_0	ξ_b
崩破波	<0. 5	<0. 4
卷破波	0. 5 ~ 3. 3	0. 4 ~ 2. 0
激破波	>3. 3	>2. 0

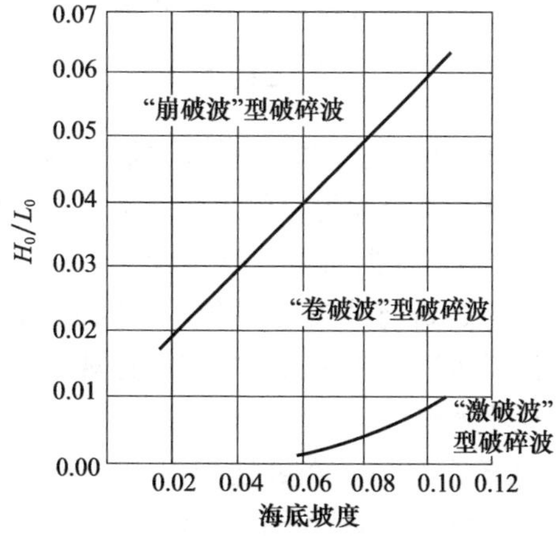

图 2.18　波浪破碎类型判别

(3) 极限波陡与破碎指标

深水波浪的最大波高受波形能保持稳定的最大波陡所限制，达到极限波陡时，波浪就行将破碎。Stokes（1880）指出，当波峰上的水质点水平轨迹速度刚好等于波速时，波陡达到极限，这时波峰尖陡且不稳定，波峰角等于 120°，如图 2. 19 所示。Michell（1893）根据这一指标提出深水推进波的极限波陡为

$$(\delta_0)_{\max} = (H_0/L_0)_{\max} = 0.142 \approx \frac{1}{7} \tag{2.140}$$

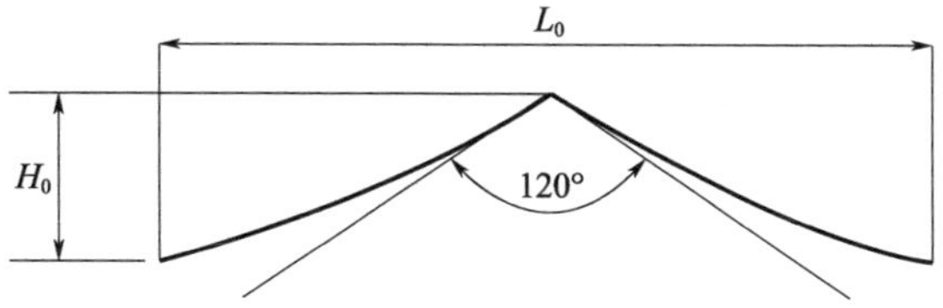

图 2. 19　深水波的极限波陡和波峰角

波浪进入浅水区后，极限波陡不是一个常数，它与相对水深 d/L 及岸滩的坡度 m 有关。Miche（1944）建议，有限水深和水平底坡条件下的极限波陡由下式确定，

$$\delta_{\max} = (H/L)_{\max} = 0.142 \tanh(kd) \tag{2.141}$$

对于浅水情况，$\tanh kd \approx kd$，式（2. 141）所给出的极限波陡可表示为

$$\delta_{\max} = (H/L)_{\max} = 0.142 \frac{2\pi d}{L} \tag{2.142}$$

将式（2. 142）两边的波长消去，从而得到波浪在浅水区破碎时破碎点的波高 H_b 与水深 d_b 之间的关系，可表示为

$$\gamma_b = \frac{H_b}{d_b} = 0.89 \tag{2.143}$$

式（2. 143）被普遍用于作用波浪接近海滩时的破碎指标。上述指标是由斯托克斯波浪理论推得的，对于不规则波，其通常要小，一般可取为 $\gamma_b = 0.55$。波浪在浅水地区破碎前的波形一般接近孤立波（solitary wave），因此，用孤立波理论来推求破碎指标较为合理，

McCowan（1891）用孤立波一阶近似求得海滩上的破碎指标为

$$\gamma_b = \frac{H_b}{d_b} = 0.78 \tag{2.144}$$

该指标也是工程中常用的孤立波的极限波高。有关孤立波的内容将在第4.3节进行介绍。

以上各式是根据水平底坡条件推导而得，仅当海滩上水深变化不大，即海滩坡度很小（$<1/50$）时才符合实际观测数值。根据实验，海滩坡度 $m = \tan\beta$（β 为底坡与水平轴的夹角）对于破碎指标有重要影响，目前虽然尚未找到严格的理论解，但有一些经验公式可以使用，有关这方面的公式读者可以查阅相关论文与设计规范。

另外，在海岸工程中，还将波浪破碎点至岸边这一地带称为破波带，它一般可以分为外破波区、内破波区和爬坡区3个区域。在破波带内，由于水深从破碎点向岸边不断减小，波浪始终处于破碎状态，水体的湍动与漩涡非常强烈，是波能的主要消耗区域，也是海岸上泥沙运动最剧烈的区域。因此，对这一区域的波浪结构与水流状态的研究，也是海岸动力学研究的一个重要的内容。

第3章　有限水深非线性波浪理论

第2章中详细介绍了线性波浪理论。在线性波浪理论中，基本假设是忽略了波陡的平方项（ε^2）和其他高阶项。但如果波陡较大，如实际海洋中的波高常达数米乃至数十米，则上述小振幅线性波浪理论假设会带来很大误差。这时需要求取第1章中水波问题摄动展开的二阶问题以及更高阶问题的解才能满足精度要求，采用上述理论所得到的永形波称为斯托克斯波，因此，有限水深波浪理论也称为斯托克斯波浪理论。该波浪理论最早由Stokes（1847，1880）提出有限水深二阶波浪理论，Levi-Civita（1925）和Struick（1926）分别证明了无限水深与有限水深条件下级数的收敛性。Borgman等（1958）、Skjelbreia（1959）建立了三阶波浪理论，Skjelbreia等（1962）建立了五阶波浪理论。本章将对有限水深非线性波浪理论进行介绍。

3.1　二阶斯托克斯波

3.1.1　二阶问题的解

根据第1章的分析，二阶问题所对应的二阶速度势应满足的控制方程与边界条件为

$$\frac{\partial^2\Phi^{(2)}}{\partial x^2}+\frac{\partial^2\Phi^{(2)}}{\partial z^2}=0,\qquad \text{在}\ \Omega\ \text{内} \tag{3.1}$$

$$\frac{\partial^2\Phi^{(2)}}{\partial t^2}+g\frac{\partial\Phi^{(2)}}{\partial z}=-2\nabla\Phi^{(1)}\cdot\nabla\frac{\partial\Phi^{(1)}}{\partial t}+\frac{1}{g}\frac{\partial\Phi^{(1)}}{\partial t}\left(g\frac{\partial^2\Phi^{(1)}}{\partial z^2}+\frac{\partial^3\Phi^{(1)}}{\partial t^2\partial z}\right),\qquad z=0 \tag{3.2}$$

$$\frac{\partial\Phi^{(2)}}{\partial z}=0,\qquad z=-d \tag{3.3}$$

二阶波面方程为

$$\eta^{(2)}=-\frac{1}{g}\left(\frac{\partial\Phi^{(2)}}{\partial t}+\frac{1}{2}\nabla\Phi^{(1)}\cdot\nabla\Phi^{(1)}-\frac{1}{g}\frac{\partial\Phi^{(1)}}{\partial t}\frac{\partial^2\Phi^{(1)}}{\partial t\partial z}\right),\qquad z=0 \tag{3.4}$$

可以看出，二阶问题定解条件与一阶问题定解条件最主要的区别在于自由水面边界条件式（3.2）不再是齐次的，而是一个由一阶速度势组成的强迫项，这也是二阶问题求解的主要难点。为明确各项表达式，将强迫项中的算子展开，写成分量形式，对于垂向二维问题，自由水面边界条件式（3.2）可以表示为

$$\frac{\partial^2\Phi^{(2)}}{\partial t^2}+g\frac{\partial\Phi^{(2)}}{\partial z}=-2\left(\frac{\partial\Phi^{(1)}}{\partial x}\frac{\partial^2\Phi^{(1)}}{\partial x\partial t}+\frac{\partial\Phi^{(1)}}{\partial z}\frac{\partial^2\Phi^{(1)}}{\partial z\partial t}\right)+\frac{1}{g}\frac{\partial\Phi^{(1)}}{\partial t}\left(g\frac{\partial^2\Phi^{(1)}}{\partial z^2}+\frac{\partial^3\Phi^{(1)}}{\partial z\partial t^2}\right),\quad z=0 \tag{3.5}$$

在第2章中我们已经求得了线性波的速度势表达式，即

$$\Phi^{(1)}(x,z,t)=\frac{gA}{\omega}\cdot\frac{\cosh k(z+d)}{\cosh kh}\sin\theta,\qquad \theta=kx-\omega t \tag{3.6}$$

将式（3.6）代入自由水面边界条件式（3.5）中，并考虑在静水面处 $z=0$，则强迫项中各项可以化为

$$\begin{aligned}
&\frac{\partial\Phi^{(1)}}{\partial x}=\frac{gAk}{\omega}\cos\theta, &&\frac{\partial^2\Phi^{(1)}}{\partial x\partial t}=gAk\sin\theta,\\
&\frac{\partial\Phi^{(1)}}{\partial z}=\frac{gAk}{\omega}\tanh kd\sin\theta, &&\frac{\partial^2\Phi^{(1)}}{\partial z\partial t}=-gAk\tanh kd\cos\theta,\\
&\frac{\partial\Phi^{(1)}}{\partial t}=-gA\cos\theta, &&\\
&\frac{\partial^2\Phi^{(1)}}{\partial z^2}=\frac{gAk^2}{\omega}\sin\theta, &&\frac{\partial^3\Phi^{(1)}}{\partial z\partial t^2}=-gA\omega k\tanh kd\sin\theta
\end{aligned} \tag{3.7}$$

进而可以得出二阶问题的定解条件为

$$\frac{\partial^2\Phi^{(2)}}{\partial x^2}+\frac{\partial^2\Phi^{(2)}}{\partial z^2}=0,\qquad \text{在 }\Omega\text{ 内} \tag{3.8}$$

$$\frac{\partial^2\Phi^{(2)}}{\partial t^2}+g\frac{\partial\Phi^{(2)}}{\partial z}=FA^2\sin 2(kx-\omega t),\qquad z=0 \tag{3.9}$$

$$\frac{\partial\Phi^{(2)}}{\partial z}=0,\qquad z=-d \tag{3.10}$$

式中，

$$F=g\left(-\frac{gk^2}{\omega}+\frac{gk^2}{\omega}\tanh^2 kd-\frac{gk^2}{2\omega}+\frac{1}{2}\omega k\tanh kd\right)=-\frac{3g^2k^2}{2\omega\cosh^2 kd} \tag{3.11}$$

可以看出，尽管自由水面边界条件的表达式（3.5）形式很复杂，但将一阶速度势代入强迫项后的表达式（3.9）的形式还是很简单的。

由于我们是求永形波解，因此仅考虑式（3.9）的特解。设该特解的表达式为

$$\Phi^{(2)}=GA^2\frac{\cosh 2k(z+d)}{\cosh 2kd}\sin 2(kx-\omega t) \tag{3.12}$$

式中，G 为与空间坐标和时间无关、自变量仅为 k 的待定函数。由于式（3.12）给出的 $\Phi^{(2)}$ 已满足拉普拉斯方程和海底条件，只需选择适当的 G 使二阶速度势 $\Phi^{(2)}$ 也满足自由表面边界条件即可。因而将式（3.12）代入式（3.9）可得

$$(-4\omega^2+2gk\tanh 2kd)G=F \tag{3.13}$$

于是，

$$G=\frac{F}{D} \tag{3.14}$$

式中，

$$D=2gk\tanh 2kd-4\omega^2=2\left(\frac{gk\sinh 2kd}{\cosh 2kd}-\frac{2gk\sinh kd}{\cosh kd}\right)=-\frac{4gk\sinh^3 kd}{\cosh 2kd\cosh kd} \tag{3.15}$$

进一步将 F 表达式（3.11）代入式（3.14），则有

$$G=\frac{\cosh 2kd\cosh kd}{4gk\sinh^3 kd}\,\frac{3g^2k^2}{2\omega\cosh^2 kd}=\frac{3\omega}{8}\,\frac{\cosh 2kd}{\sinh^4 kd} \tag{3.16}$$

将式（3.16）中 G 代入式（3.12），可得

$$\Phi^{(2)}=\frac{3A^2\omega\cosh 2k(z+d)}{8\sinh^4 kd}\sin 2(kx-\omega t) \tag{3.17}$$

式（3.17）即为二阶速度势的表达式。将上面得到的 $\Phi^{(2)}$ 和第 2 章的 $\Phi^{(1)}$ 的结果相加，得到二阶斯托克斯波理论的总速度势为

$$\Phi=\frac{\omega A}{k}\left[\frac{\cosh k(z+d)}{\sinh kd}\sin(kx-\omega t)+\frac{3}{8}kA\frac{\cosh 2k(z+d)}{\sinh^4 kd}\sin 2(kx-\omega t)\right] \tag{3.18}$$

注意，式（3.18）中一阶速度势表达式中使用了线性色散关系，因而形式上有所改变。

需要说明的是，对于二阶斯托克斯波，二阶波速 $C^{(2)}=0$，因此，二阶斯托克斯波的波速为

$$C=C^{(1)}+C^{(2)}=\sqrt{\frac{g}{k}\tanh kd} \tag{3.19}$$

对应波长为

$$L=\frac{gT^2}{2\pi}\tanh kd \tag{3.20}$$

波数为

$$\omega^2=gk\tanh kd \tag{3.21}$$

可以看出，二阶斯托克斯波的色散关系与线性波的色散关系是一致的。关于这一问题的原因将在第 3.2 节进行详细讨论。

3.1.2 二阶波面方程

二阶波面则需要由方程（3.4）确定，对于垂向二维问题，该式可以表示为

$$\eta^{(2)}=-\frac{1}{g}\left[\frac{\partial\Phi^{(2)}}{\partial t}+\frac{1}{2}\left(\frac{\partial\Phi^{(1)}}{\partial x}\frac{\partial\Phi^{(1)}}{\partial x}+\frac{\partial\Phi^{(1)}}{\partial z}\frac{\partial\Phi^{(1)}}{\partial z}\right)-\frac{1}{g}\frac{\partial\Phi^{(1)}}{\partial t}\frac{\partial^2\Phi^{(1)}}{\partial t\partial z}\right],\qquad z=0 \tag{3.22}$$

将二阶速度势式（3.17）代入式（3.22）中，并考虑静水面处 $z=0$，则第一项的二阶速度势时间导数项可以表示为

$$\left.\frac{1}{g}\frac{\partial\Phi^{(2)}}{\partial t}\right|_{z=0}=-\frac{3A^2\omega^2}{4g}\frac{\cosh 2kd}{\sinh^4 kd}\cos 2\theta=-\frac{3A^2k}{4\cosh kd}\frac{\cosh 2kd}{\sinh^3 kd}\cos 2\theta,\quad \theta=kx-\omega t \tag{3.23}$$

式（3.22）中一阶速度势的偏导数已在式（3.7）中给出，将其代入式（3.22），则有

$$\eta^{(2)}=\frac{3kA^2}{4\cosh kd}\frac{\cosh 2kd}{\sinh^3 kd}\cos 2\theta-g\frac{k^2A^2}{2\omega^2}(\cos^2\theta+\tanh^2 kd\sin^2\theta)+kA^2\tanh kd\cos^2\theta \tag{3.24}$$

由三角函数关系式

$$\sin^2\theta=\frac{1}{2}(1-\cos 2\theta),\quad \cos^2\theta=\frac{1}{2}(1+\cos 2\theta) \tag{3.25}$$

可以将式（3.24）分解为

$$\eta^{(2)}=\eta_0^{(2)}+\eta_2^{(2)}\cos 2\theta \tag{3.26}$$

式中，第一项称为二阶波面的定常分量，对应 $\eta_0^{(2)}$ 称为定常二阶波面升高；第二项为二阶

波面的倍频分量，对应 $\eta_2^{(2)}$ 为倍频二阶波面升高的幅值。式（3.24）经过一系列的推导简化，可以得出 $\eta_0^{(2)}$ 与 $\eta_2^{(2)}$ 的表达式，从而得出二阶波面方程的表达式为

$$\eta^{(2)} = \eta_0^{(2)} + \eta_2^{(2)}\cos 2\theta = -\frac{kA^2}{2\sinh 2kd} + \frac{kA^2}{4}\frac{\cosh kd(2\cosh^2 kd + 1)}{\sinh^3 kd}\cos 2(kx - \omega t) \quad (3.27)$$

值得一提的是，通过上述推导过程可以看出，二阶波面的表达式最终出现定常二阶波面升高 $\eta_0^{(2)}$ 与倍频二阶波面升高的幅值 $\eta_2^{(2)}$ 两项。两者产生的原因，本质上是由于波面方程（3.22）中包括了二阶速度势 $\Phi^{(2)}$ 的时间导数项和一阶速度势 $\Phi^{(1)}$ 以及相关求导运算后的自身相乘。前者表现在 $\eta_2^{(2)}$ 中，而后者则主要是 $\sin\theta$ 或 $\cos\theta$ 的相关表达式的乘积，根据积化和差公式，从而产生了 $\eta_0^{(2)}$ 与 $\eta_2^{(2)}$ 两项。上述推导过程实际上也反映了有限水深条件下波浪非线性的本质特征。

进一步将上面得到的二阶波面 $\eta^{(2)}$ 和第 2 章的线性波面 $\eta^{(1)}$ 的结果相加，得到二阶斯托克斯波的总波面方程为

$$\eta = \eta^{(1)} + \eta^{(2)} = A\cos(kx - \omega t) - \frac{kA^2}{2\sinh 2kd} + \frac{kA^2}{4}\frac{\cosh kd(2\cosh^2 kd + 1)}{\sinh^3 kd}\cos 2(kx - \omega t) \quad (3.28)$$

由式（3.28）可知，一阶波面升高正比于波幅 A，而二阶波面升高则正比于 εA（$\varepsilon = kA$），包括了 $\eta_0^{(2)}$ 与 $\eta_2^{(2)}$ 两项。所以当波陡很小时，二阶量相对一阶量较小，是可以忽略的，即第 2 章线性波理论成立。但当波陡较大时，二阶量的贡献具有可观量值。

需要注意的是，二阶斯托克斯波不适用于浅水情况，因为根据波面方程式（3.28），随着相对水深 kd 的减小，其二阶项与一阶项的比值趋于无穷大，即

$$kd \to 0 \Rightarrow \left[\frac{kA^2\cosh kd(2\cosh^2 kd + 1)}{4\sinh^3 kd}\right] \Big/ A \to \infty$$

我们可以从二阶问题定解条件的求解过程定性理解这一结论。对于浅水非线性波，z 方向的摄动小量应该取波面与水深之比 A/d，而不是有限水深理论中的波幅与波长之比 A/L。这也是导致有限水深斯托克斯波理论不适用于浅水情况的主要原因。关于不同水深条件下二阶斯托克斯波的成立条件，将在第 3.1.4 节详细讨论。

为深入理解二阶斯托克斯波的波面特征，根据式（3.28）与式（3.27），给出 $A/L = 0.07$、$d/L = 0.05$ 时斯托克斯波不同组成成分 $\eta^{(1)}$、$\eta_0^{(2)}$ 与 $\eta_2^{(2)}\cos 2\theta$ 的结果，如图 3.1 所示。从图中可以看出，二阶斯托克斯波实际上是在线性波基础上对波面进行了修正，即在余弦波的基础上叠加一个同相位但二倍频的余弦波，这是由倍频分量 $\eta_2^{(2)}\cos 2\theta$ 产生的，它会导致二阶斯托克斯波的波面波峰变尖，波谷变平坦，波面运动不再对称。同时，与线性波的波面升高 $\eta^{(1)}$ 相比，二阶斯托克斯波还存在一个平均水平面的下沉，这是由定常分量 $\eta_0^{(2)}$ 产生的。

二阶波面的定常分量所导致的平均自由水面下沉，在波群中表现为平均水面随波群中波高的变化而进行周期性波动，从而形成一种长波，通常称为 set down，如图 3.2 所示。set down 与波群包络同速传播，具有与波群同样的周期和波长。它的产生可解释为：波群每一个波峰可以看作一个具有同样波峰和周期的斯托克斯波，因而存在式（3.28）右端第二项的平均水面下沉，下沉与波高平方成正比，在波高较大处下沉较大，波高较小处下

沉较小。由于波群中波高是周期性变化的，平均水平面也随之产生周期性变化，即出现 set down 长波，如图 3.2 所示。该长波出现的物理原因是：根据表达能量守恒的伯努利方程，流动中动能较大时，则势能较小，反之亦然。在波群中波高较大处动能较大，因而伴随着势能的减少，这表现为平均水平面的下沉。波高越大，动能越大，则势能越小，即存在越大的水平面下沉，反之亦然。在工程实际中，由于 set down 波长较大，通常与港口内自振波波长相近，可诱导港口内发生长波共振。在海岸处随着波浪破碎，set down 可以从波群中释放出来，作为自由长波在海岸处传播和反射，成为海岸处破波拍（surf beat）的重要组成部分。破波拍对海岸处泥沙输运起着重要作用。

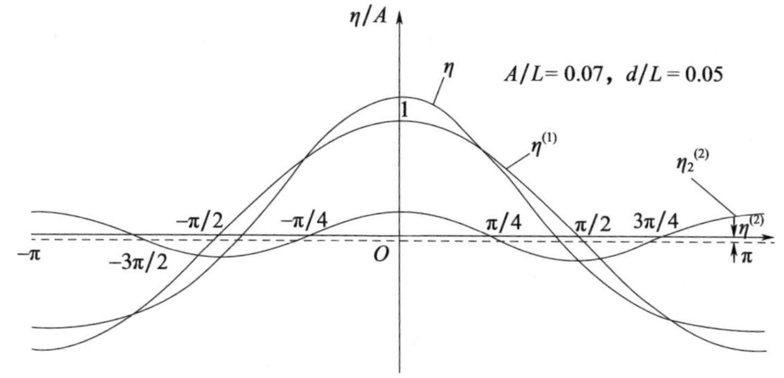

(a) 二阶斯托克斯波各波面组成成分的对比

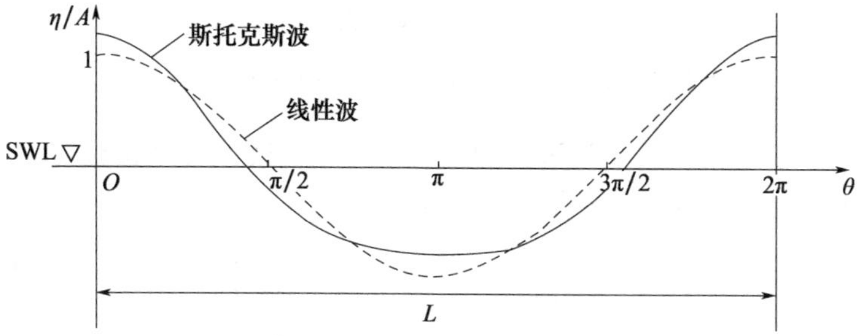

(b) 线性波与二阶斯托克斯波波面的对比

图 3.1　二阶斯托克斯波的波面特征

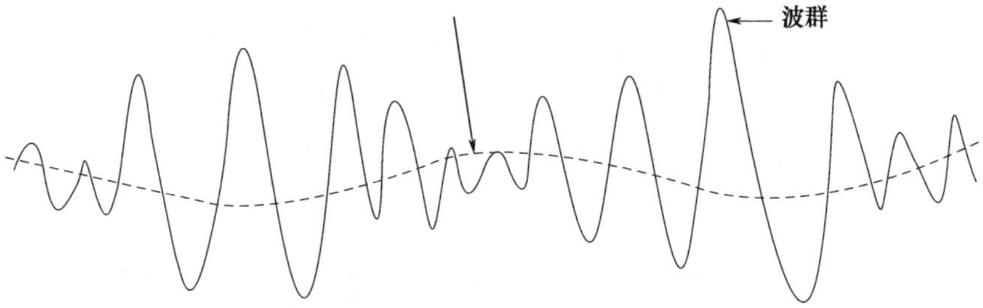

图 3.2　波群与 set down

3.1.3 速度场、水质点运动轨迹以及质量输移

对二阶斯托克斯波的速度势式（3.18）进行空间求导，即可得出欧拉观点下二阶速度的表达式，即

$$u=\frac{\partial \Phi}{\partial x}=A\omega\left[\frac{\cosh k(z+d)}{\sinh kd}\cos(kx-\omega t)+\frac{3}{4}Ak\frac{\cosh 2k(z+d)}{\sinh^4 kd}\cos 2(kx-\omega t)\right] \tag{3.29}$$

$$w=\frac{\partial \Phi}{\partial z}=A\omega\left[\frac{\sinh k(z+d)}{\sinh kd}\sin(kx-\omega t)+\frac{3}{4}Ak\frac{\sinh 2k(z+d)}{\sinh^4 kd}\sin 2(kx-\omega t)\right] \tag{3.30}$$

由上述表达式可以看出，二阶斯托克斯波水质点运动速度是不对称的，与线性波相比，波峰时水平速度增大，但历时变短；波谷时水平速度减小，但历时增大，如图 3.3 所示。上述速度特征与二阶斯托克斯波波面的波峰变尖、波谷变平坦是相对应的。

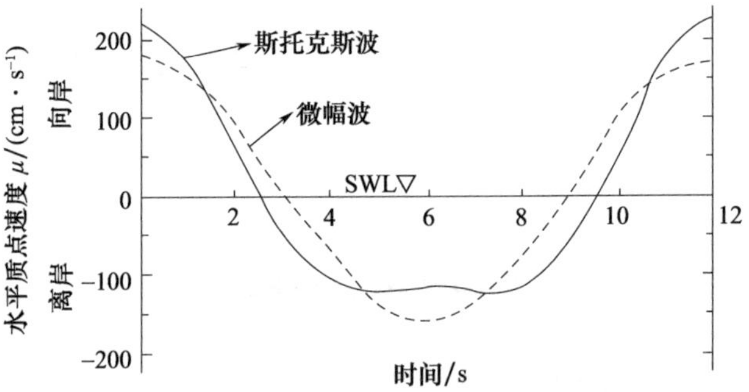

图 3.3　线性波与二阶斯托克斯波水质点水平速度对比

进一步将式（3.29）和式（3.30）的速度用水质点初始时刻位置（x_0，z_0）表达，以便于求水质点运动轨迹。通过泰勒展开，可得

$$\begin{aligned}
u(x,z,t)&=u(x_0,z_0,t)+\left(\frac{\partial u}{\partial x}\right)_{(x_0,z_0)}(x-x_0)+\left(\frac{\partial u}{\partial z}\right)_{(x_0,z_0)}(z-z_0)+O(A^3k^3)\\
&=A\omega\left[\frac{\cosh k(z_0+d)}{\sinh kd}\cos\theta_0+\frac{3}{4}Ak\frac{\cosh 2k(z_0+d)}{\sinh^4 kd}\cos 2\theta_0\right]+\\
&\quad(A\omega)(Ak)\left[\frac{\cosh^2 k(z_0+d)}{\sinh^2 kd}\sin^2\theta_0+\frac{\sinh^2 k(z_0+d)}{\sinh^2 kd}\cos^2\theta_0\right]+O(A^3k^3)\\
&=C\left[\frac{(Ak)^2}{2}\frac{\cosh^2 k(z_0+d)}{\sinh^2 kd}+Ak\frac{\cosh k(z_0+d)}{\sinh kd}\cos\theta_0+\right.\\
&\quad\left.\frac{(Ak)^2}{2\sinh^2 kd}\left(\frac{3}{2}\frac{\cosh 2k(z_0+d)}{\sinh^2 kd}-1\right)\cos 2\theta_0\right]+O(A^3k^3)
\end{aligned} \tag{3.31}$$

$$\begin{aligned}
w(x,z,t)&=w(x_0,z_0,t)+\left(\frac{\partial w}{\partial x}\right)_{(x_0,z_0)}(x-x_0)+\left(\frac{\partial w}{\partial z}\right)_{(x_0,z_0)}(z-z_0)+O(A^3k^3)\\
&=A\omega\left[\frac{\sinh k(z_0+d)}{\sinh kd}\sin\theta_0+\frac{3}{4}Ak\frac{\sinh 2k(z_0+d)}{\sinh^4 kd}\sin 2\theta_0\right]+
\end{aligned}$$

$$(A\omega)(Ak)\left[-\frac{\sinh 2k(z_0+d)}{4\sinh^2 kd}\sin 2\theta_0+\frac{\sinh 2k(z_0+d)}{4\sinh^2 kd}\sin 2\theta_0\right]+O(A^3k^3)$$

$$=C\left[Ak\frac{\sinh k(z_0+d)}{\sinh kd}\sin\theta_0+\frac{3}{4}(Ak)^2\frac{\sinh 2k(z_0+d)}{\sinh^4 kd}\sin 2\theta_0\right]+O(A^3k^3)$$

(3.32)

式中，$\theta_0=kx_0-\omega t$，$C=\omega/k$ 为波速。将式（3.31）和式（3.32）进行时间积分，可以得出水质点运动轨迹为

$$x-x_0=A\left\{\frac{Ak}{2}\frac{\cosh 2k(z_0+d)}{\sinh^2 kd}\omega t-\frac{\cosh k(z_0+d)}{\sinh kd}\sin\theta_0-\frac{Ak}{4\sinh^2 kd}\left[\frac{3}{2}\frac{\cosh 2k(z_0+d)}{\sinh^2 kd}-1\right]\sin 2\theta_0\right\} \tag{3.33}$$

$$z-z_0=A\left[\frac{\sinh k(z_0+d)}{\sinh kd}\cos\theta_0+\frac{3}{8}Ak\frac{\sinh 2k(z_0+d)}{\sinh^4 kd}\cos 2\theta_0\right] \tag{3.34}$$

由式（3.31）知，近似到二阶时，水平速度存在定常分量，即式（3.31）右端第一项。这一项速度分量引起水质点运动轨迹不再是封闭的，而是存在随波浪向前的净位移，净位移由式（3.33)展开后右端第一项给出。也就是说，与线性波理论不同，二阶斯托克斯波理论下水质点的运动轨迹不再是一个封闭的椭圆，而是在运动一个周期后有一个净水平位移，如图 3.4 所示。

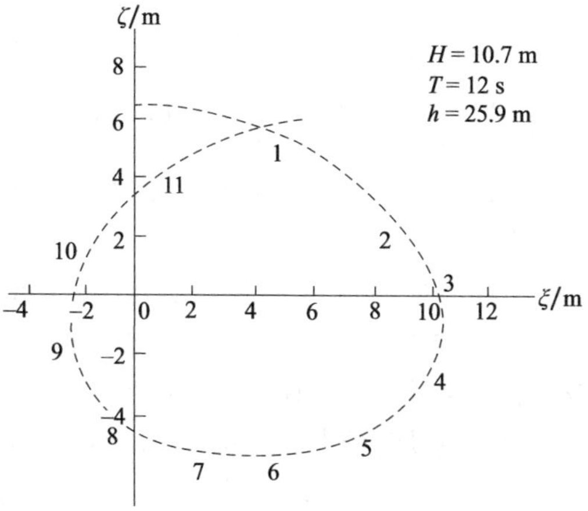

图 3.4 斯托克斯波水质点运动轨迹

上述水平速度所产生的净水平位移会造成一种水平流动，称为质量输移流。对应的，水平速度的定常分量称为质量输移速度，以 $\langle u\rangle$ 表示，由式（3.31）展开后右端第一项可得

$$\langle u\rangle=\frac{C}{2}(Ak)^2\frac{\cosh 2k(z_0+d)}{\sinh^2 kd} \tag{3.35}$$

式（3.31）和式（3.32）是以水质点初始时刻位置（x_0，z_0）来表达的，这种表示法称为拉格朗日法。而式（3.29）和式（3.30）是以流场中空间点坐标或水质点在 t 时刻坐标（x，y）表达的，这种表示法称为欧拉法。下面分别以两种表示法求沿水深断面上的该

质量输移所产生的流量 Q，以拉格朗日法，有

$$Q = \int_{-h}^{0} \langle u \rangle \mathrm{d}z_0 = \frac{C}{4k}(kA)^2 \frac{\sinh 2kd}{\sinh^2 kd} = \frac{E}{\rho C} \tag{3.36}$$

式中，$E = \frac{1}{2}\rho g A^2$ 为波能。以欧拉法，则有

$$Q = \overline{\int_{-h}^{\eta} u(x, z, t)\mathrm{d}z} \approx \overline{(u)_{z=0}\eta} = \frac{kA^2}{2}C\frac{\cosh kd}{\sinh kd} = \frac{E}{\rho C} \tag{3.37}$$

式中，上横线表示在一个波浪周期内做时间平均。可以看出，两种方法所计算的结果是相同的。

3.1.4 压力场、波能与波能流

斯托克斯波的二阶压力场可以根据二阶速度势表达式以及伯努利方程求得，经过一系列的推导，最终可以得出其表达式为

$$\begin{aligned}
p^{(2)} &= \frac{\rho g k A^2}{2\sinh 2kd} - \rho\frac{\partial \phi^{(2)}}{\partial t} - \frac{1}{2}\rho\left[\left(\frac{\partial \varphi^{(1)}}{\partial x}\right)^2 + \left(\frac{\partial \varphi^{(1)}}{\partial z}\right)^2\right] \\
&= \frac{\rho g k A^2}{2\sinh 2kd} - \rho g\frac{A^2 k}{2}\frac{\cosh 2k(z+d)}{\sinh 2kd} + \rho g\frac{3A^2 k}{2}\times \\
&\quad \frac{1}{\sinh 2kd}\left(\frac{\cosh 2k(z+d)}{\sinh 2kd} - \frac{1}{3}\right)\cos 2(kx - \omega t) \\
&= -\frac{\rho g A^2 k}{\sinh 2kd}\sinh^2 k(z+d) + \rho g\frac{3A^2 k}{2}\frac{1}{\sinh 2kd}\times \\
&\quad \left(\frac{\cosh 2k(z+d)}{\sinh 2kd} - \frac{1}{3}\right)\cos 2(kx - \omega t)
\end{aligned} \tag{3.38}$$

式（3.38）与一阶波浪压力式之和即为流场中的波浪压力。式（3.38）中右端第一项为定常压力，第二项为倍频压力。

正如前文对波群中由平均水平面下沉引起的长波 set down 所做的讨论一样，式（3.38）中的定常压力在波群中会产生随波群中波幅变化的压力波动。因波群中每一波峰都可以看作是具有相同波幅和周期的斯托克斯波，其产生式（3.38）中“定常压力”，该压力与波幅平方成正比。当波群经过流场中一空间点时，不同波幅的波浪将产生不同量值的“定常压力”，因而，在该点处将产生具有波群周期的低频压力波动。若流场中存在浮体，则该低频压力将使浮体受到低频波浪力的作用。这一低频波浪力可引起系泊浮体（如海洋平台或港口内系泊船）产生低频运动。虽然其量值不大，但其周期与系泊浮体运动固有周期接近，极易引发系泊浮体的大振幅共振运动。

单位面积自由表面下二阶斯托克斯波的平均势能和动能为

$$E_{\mathrm{p}} = \frac{1}{2}\rho g\overline{\eta^2} \tag{3.39}$$

$$E_{\mathrm{k}} = \frac{1}{2}\rho\overline{\int_{-\eta}^{\eta}(u^2 + w^2)\mathrm{d}z} \tag{3.40}$$

将近似到二阶的 η 的表达式（3.28）、u 和 w 的表达式（3.29）和式（3.30）代入到式（3.39）和式（3.40），可得

$$E_{\mathrm{p}}=\frac{1}{4}\rho gA^{2}\left[1+(Ak)^{2}\left(1+\frac{52\cosh^{4}kd-68\cosh^{2}kd+25}{16\sinh^{6}kd}\right)\right] \tag{3.41}$$

$$E_{\mathrm{k}}=\frac{1}{4}\rho gA^{2}\left[1+\frac{1}{16}(Ak)^{2}\frac{\cosh^{2}kd\,(2+\cosh 2kd)^{2}}{\sinh^{6}kd}\right] \tag{3.42}$$

进一步可以求得总波能为

$$E=E_{\mathrm{p}}+E_{\mathrm{k}}=\frac{1}{2}\rho gA^{2}\left[1+\frac{1}{8}(Ak)^{2}\left(5+\frac{68\sinh^{4}kd+57\sinh^{2}kd+18}{4\sinh^{6}kd}\right)\right] \tag{3.43}$$

由以上结果可见，二阶斯托克斯波的动能和势能并不相等，当 kd 较小时，势能较动能大；当 kd 较大时，则动能较势能大。当波陡 $2A/L<1/15$ 时，二阶斯托克斯波的总波能约比线性波波能大 10%。

二阶斯托克斯波的波能流为

$$P=EC_{\mathrm{g}}=\frac{1}{4}\rho gA^{2}C\left\{1+\frac{2kd}{\sinh 2kd}+\frac{1}{4}(Ak)^{2}\times\right.$$
$$\left.\left[3+\frac{2+15\cosh 2kd+\cosh^{2}2kd}{4\sinh^{4}kd}+\frac{9\tanh kd(4kd+\sinh 4kd)}{32\sinh^{8}kd}\right]\right\} \tag{3.44}$$

对于深水情况，在式（3.41）～（3.44）中，取 $kd\to\infty$，可以直接求出波能量和能流的表达式为

$$E_{\mathrm{k}}=\frac{1}{4}\rho gA^{2}(1+A^{2}k^{2}) \tag{3.45}$$

$$E_{\mathrm{p}}=\frac{1}{4}\rho gA^{2}\left(1+\frac{1}{4}A^{2}k^{2}\right) \tag{3.46}$$

$$E=E_{\mathrm{p}}+E_{\mathrm{k}}=\frac{1}{2}\rho gA^{2}\left(1+\frac{5}{8}A^{2}k^{2}\right) \tag{3.47}$$

$$P=EC_{\mathrm{g}}=\frac{1}{4}\rho gA^{2}C\left(1+\frac{5}{8}A^{2}k^{2}\right) \tag{3.48}$$

可见，与线性波能量相比，二阶斯托克斯波的波能量有所增加，增加量与 $(Ak)^2$ 成正比。对深水情况，$2A/L<1/15$，即在 $Ak<\pi/15$ 时，波能增加 2.7%。在极限波陡 $2A/L=1/7$ 时，波能增加 12.6%。可见对深水情况，考虑波浪的非线性后，波能量变化不大。

对浅水情况，$kd\ll1$，只有当

$$\frac{Ak}{(kd)^{3}}=\frac{A/d}{(kd)^{2}}\ll 1 \tag{3.49}$$

才能保证式（3.41）和式（3.42）中波浪非线性对波能的贡献项（即两式展开后右端除第一项外的其余项）小于线性波能量项（即两式展开后右端第一项）。式（3.49）成立时也可以保证式（3.18）和式（3.28）中二阶速度势和二阶波面升高分别小于一阶速度势和一阶波面升高。所以，式（3.49）是采用摄动展开所得到的结果成立的必要条件，即二阶斯托克斯波理论成立的必要条件。当条件式（3.49）不成立时，斯托克斯波理论失效，需要其他理论来描述波浪：当 $(A/d)/(kd)^2=O(1)$ 时，可由椭圆余弦波或孤立波理论描述波浪；当 $(A/d)/(kd)^2\gg1$ 时，可由完全非线性浅水波方程描述波浪，如采用特征线法求解该方程。

3.2 三阶斯托克斯波

有限水深波浪理论（斯托克斯波浪理论）有两个十分重要的结论：一是非线性波浪存在周期波浪解；二是非线性波浪存在依赖于波幅的离散关系，或者说非线性波浪传播速度也依赖于波幅。本章前面的内容已证明了第一个结论，但二阶斯托克斯波的周期仍然与线性波的周期一致，只存在频率离散而没有出现第二个结论中的波幅离散。在斯托克斯波浪理论中，波幅离散现象只有考虑三阶及三阶以上的斯托克斯波浪理论才会出现。本节将对三阶斯托克斯波浪理论进行介绍。

3.2.1 自由水面边界条件的奇异摄动展开

三阶斯托克斯波解，需要采用摄动展开方法进行到三阶，对于这一问题，采用前面所介绍的普通摄动展开方法会出现“长期项”问题。克服这一问题需要采用奇异摄动展开方法对问题进行处理，即考虑波浪的非线性会导致非线性波浪的周期不同于线性波的周期。做到这一点需要对波浪频率也做摄动展开。为了将频率引入到波浪求解问题的方程中，根据第 1.3 节所介绍的方法，对自由水面边界条件进行无因次化，得到如式（1.34）与式（1.35）的无因次化形式。对于垂直二维问题，该无因次化的自由水面边界条件可以写为

$$\begin{cases}\omega\dfrac{\partial\eta}{\partial t}+\varepsilon\dfrac{\partial\Phi}{\partial x}\dfrac{\partial\eta}{\partial x}-\dfrac{\partial\Phi}{\partial z}=0, & z=\varepsilon\eta\\[2ex] \eta+\omega\dfrac{\partial\Phi}{\partial t}+\dfrac{1}{2}\varepsilon\left[\left(\dfrac{\partial\Phi}{\partial x}\right)^2+\left(\dfrac{\partial\Phi}{\partial z}\right)^2\right]=0, & z=\varepsilon\eta\end{cases}\tag{3.50}$$

将包括频率在内的变量做摄动展开，即令

$$\begin{cases}\Phi=\Phi^{(1)}+\varepsilon\Phi^{(2)}+\varepsilon^2\Phi^{(3)}+\cdots\\ \eta=\eta^{(1)}+\varepsilon\eta^{(2)}+\varepsilon^2\eta^{(3)}+\cdots\\ \omega=\omega^{(1)}+\varepsilon\omega^{(2)}+\varepsilon^2\omega^{(3)}+\cdots\end{cases}\tag{3.51}$$

式中，$\varepsilon=kA\ll 1$。将以上三式代入方程（3.50）中，并将 Φ 及其导数在 $z=0$ 附近做泰勒展开。写出其无因次表达式，即

$$\begin{cases}\left.\dfrac{\partial\Phi}{\partial t}\right|_{z=\varepsilon\eta}=\left.\dfrac{\partial\Phi}{\partial t}\right|_{z=0}+\varepsilon\left.\dfrac{\partial^2\Phi}{\partial t\partial z}\right|_{z=0}\eta+\dfrac{1}{2}\varepsilon^2\left.\dfrac{\partial^3\Phi}{\partial t\partial z^2}\right|_{z=0}\eta^2+\cdots\\[2ex] \left.\dfrac{\partial\Phi}{\partial x}\right|_{z=\varepsilon\eta}=\left.\dfrac{\partial\Phi}{\partial x}\right|_{z=0}+\varepsilon\left.\dfrac{\partial^2\Phi}{\partial x\partial z}\right|_{z=0}\eta+\dfrac{1}{2}\varepsilon^2\left.\dfrac{\partial^3\Phi}{\partial x\partial z^2}\right|_{z=0}\eta^2+\cdots\\[2ex] \left.\dfrac{\partial\Phi}{\partial z}\right|_{z=\varepsilon\eta}=\left.\dfrac{\partial\Phi}{\partial z}\right|_{z=0}+\varepsilon\left.\dfrac{\partial^2\Phi}{\partial z^2}\right|_{z=0}\eta+\dfrac{1}{2}\varepsilon^2\left.\dfrac{\partial^3\Phi}{\partial z^3}\right|_{z=0}\eta^2+\cdots\end{cases}\tag{3.52}$$

令方程两端 ε 的同次幂项的系数相等，可得一阶问题至三阶问题的自由水面边界条件。

一阶问题：

$$\begin{cases}\omega^{(1)}\dfrac{\partial\eta^{(1)}}{\partial t}-\dfrac{\partial\Phi^{(1)}}{\partial z}=0\\ \eta^{(1)}+\omega^{(1)}\dfrac{\partial\Phi^{(1)}}{\partial t}=0\end{cases}\tag{3.53}$$

二阶问题：

$$\begin{cases}\omega^{(1)}\dfrac{\partial\eta^{(2)}}{\partial t}-\dfrac{\partial\Phi^{(2)}}{\partial z}=-\dfrac{\partial\eta^{(1)}}{\partial x}\dfrac{\partial\Phi^{(1)}}{\partial x}+\eta^{(1)}\dfrac{\partial^2\Phi^{(1)}}{\partial z^2}-\omega^{(2)}\dfrac{\partial\eta^{(1)}}{\partial t}\\ \eta^{(2)}+\omega^{(1)}\dfrac{\partial\Phi^{(2)}}{\partial t}=-\omega^{(2)}\dfrac{\partial\Phi^{(1)}}{\partial t}-\omega^{(1)}\eta^{(1)}\dfrac{\partial^2\Phi^{(1)}}{\partial t\partial z}-\dfrac{1}{2}\left(\dfrac{\partial\Phi^{(1)}}{\partial x}\dfrac{\partial\Phi^{(2)}}{\partial x}+\dfrac{\partial\Phi^{(1)}}{\partial z}\dfrac{\partial\Phi^{(2)}}{\partial z}\right)\end{cases}\tag{3.54}$$

三阶问题：

$$\begin{cases}\omega^{(1)}\dfrac{\partial\eta^{(3)}}{\partial t}-\dfrac{\partial\Phi^{(3)}}{\partial z}=-\dfrac{\partial\eta^{(2)}}{\partial x}\dfrac{\partial\Phi^{(1)}}{\partial x}-\dfrac{\partial\eta^{(1)}}{\partial x}\dfrac{\partial\Phi^{(2)}}{\partial x}+\eta^{(2)}\dfrac{\partial^2\Phi^{(1)}}{\partial z^2}+\eta^{(1)}\dfrac{\partial^2\Phi^{(2)}}{\partial z^2}-\omega^{(2)}\dfrac{\partial\eta^{(2)}}{\partial t}-\\ \qquad\omega^{(3)}\dfrac{\partial\eta^{(1)}}{\partial t}-\eta^{(1)}\dfrac{\partial^2\Phi^{(1)}}{\partial x\partial z}\dfrac{\partial\eta^{(1)}}{\partial x}+\dfrac{1}{2}\dfrac{\partial^3\Phi^{(1)}}{\partial z^3}\eta^{(1)2}\\ \eta^{(3)}+\omega^{(1)}\dfrac{\partial\Phi^{(3)}}{\partial t}=-\omega^{(1)}\left(\dfrac{\partial^2\Phi^{(1)}}{\partial t\partial z}\eta^{(2)}+\dfrac{\partial^2\Phi^{(2)}}{\partial t\partial z}\eta^{(1)}+\dfrac{1}{2}\dfrac{\partial^3\Phi^{(1)}}{\partial t\partial z^2}\eta^{(1)2}\right)-\omega^2\left(\dfrac{\partial\Phi^{(2)}}{\partial t}+\dfrac{\partial\Phi^{(1)}}{\partial t\partial z}\eta^{(1)}\right)-\\ \qquad\omega^{(3)}\dfrac{\partial\Phi^{(1)}}{\partial t}-\dfrac{\partial\Phi^{(1)}}{\partial x}\dfrac{\partial\Phi^{(2)}}{\partial x}-\dfrac{\partial\Phi^{(1)}}{\partial z}\dfrac{\partial\Phi^{(2)}}{\partial z}-\eta^{(1)}\left(\dfrac{\partial\Phi^{(1)}}{\partial x}\dfrac{\partial^2\Phi^{(1)}}{\partial x\partial z}+\dfrac{\partial\Phi^{(1)}}{\partial z}\dfrac{\partial^2\Phi^{(1)}}{\partial z^2}\right)\end{cases}\tag{3.55}$$

各阶速度势 $\Phi^{(i)}$（$i=1, 2, 3$）还要满足拉普拉斯方程和水底条件，即

$$\frac{\partial^2\Phi^{(i)}}{\partial x^2}+\frac{\partial^2\Phi^{(i)}}{\partial z^2}=0,\qquad 在\ \Omega\ 内\tag{3.56}$$

和

$$\frac{\partial\Phi^{(i)}}{\partial z}=0,\qquad z=-d\tag{3.57}$$

3.2.2 一阶问题和二阶问题的解

根据上述定解条件，可以依次对一阶问题至三阶问题进行求解。首先求一阶问题的解，根据式（3.53）可得

$$\omega^{(1)2}\frac{\partial^2\Phi^{(1)}}{\partial t^2}+\frac{\partial\Phi^{(1)}}{\partial z}=0,\qquad z=0\tag{3.58}$$

设无因次化形式的一阶速度势表达式为

$$\Phi^{(1)}=\mathrm{Re}[\phi^{(1)}(x, z)\mathrm{e}^{-it}]\tag{3.59}$$

类似于第 2 章的推导，可以得出一阶问题的解为

$$\Phi^{(1)}=\omega^{(1)}\frac{\cosh(z+d)}{\sinh d}\sin(x-t)\tag{3.60}$$

$$\eta^{(1)}=\cos(x-t)\tag{3.61}$$

$$\omega^{(1)2}=\tanh d\tag{3.62}$$

式（3.60）~（3.62）为一阶解的无因次表达式。

进一步对二阶问题进行求解，在式（3.54）中消去 $\eta^{(1)}$ 和 $\eta^{(2)}$，可得只包含速度势的二阶自由水面边界条件为

$$\omega^{(1)2}\frac{\partial^2\Phi^{(2)}}{\partial t^2}+\frac{\partial\Phi^{(2)}}{\partial z}=-2\omega^{(1)}\left(\frac{\partial\Phi^{(1)}}{\partial x}\frac{\partial^2\Phi^{(1)}}{\partial x\partial t}+\frac{\partial\Phi^{(1)}}{\partial z}\frac{\partial^2\Phi^{(1)}}{\partial z\partial t}\right)+\omega^{(1)}\frac{\partial\Phi^{(1)}}{\partial t}\left(\frac{\partial^2\Phi^{(1)}}{\partial z^2}+\frac{\partial^3\Phi^{(1)}}{\partial z\partial t^2}\right)+$$

$$\omega^{(2)}\left(\frac{1}{\omega^{(1)}}\frac{\partial\Phi^{(1)}}{\partial z}-\omega^{(1)}\frac{\partial^2\Phi^{(1)}}{\partial t^2}\right),\qquad z=0 \tag{3.63}$$

注意式（3.63）右端含有 $\omega^{(2)}$ 的项可表达为

$$\omega^{(2)}\left(\frac{1}{\omega^{(1)}}\frac{\partial\Phi^{(1)}}{\partial z}-\omega^{(1)}\frac{\partial^2\Phi^{(1)}}{\partial t^2}\right)=2\omega^{(2)}\sin(x-t) \tag{3.64}$$

由于式（3.63）对应齐次方程的固有解系为 $\Phi^{(2)}=\{\sin(x-t)\}$，因此，式（3.64）这一项的存在将使速度势 $\Phi^{(2)}$ 的解含有共振解或长期项，这是不符合实际情况的。为了消除长期项，只有令该项恒为零，因此有

$$\omega^{(2)}=0 \tag{3.65}$$

式（3.65）即为二阶斯托克斯波的色散关系，可以看出，由于 $\omega^{(2)}=0$，二阶斯托克斯波的色散关系与线性波的色散关系是一致的。另外，由于 $\omega^{(2)}=0$，二阶斯托克斯波的圆频率与一阶斯托克斯波的圆频率相同。因而，对二阶斯托克斯波的求解可以不考虑频率的摄动展开，即可以采用普通展开法。这也是应用普通展开能够正确求解一阶和二阶问题的原因。

进一步，类似第 3.1 节的推导过程，可得二阶问题的解为

$$\Phi^{(2)}=\frac{3}{8}\omega^{(1)}\frac{\cosh 2(z+d)}{\sinh^4 d}\sin 2(x-t) \tag{3.66}$$

$$\eta^{(2)}=-\frac{1}{2\sinh 2d}+\frac{1}{4}\frac{\cosh d(2\cosh^2 d+1)}{\sinh^3 d}\cos 2(x-t) \tag{3.67}$$

$$\omega^{(2)}=0 \tag{3.68}$$

式（3.66）~（3.68）为二阶解的无因次表达式。

3.2.3 三阶问题的解

下面对三阶问题进行求解，首先需要写出式（3.55）中两方程右端项的具体表达式。在 $z=0$ 处有

$$\eta^{(1)}=\cos\theta,\quad \frac{\partial\eta^{(1)}}{\partial t}=\sin\theta,\quad \frac{\partial\eta^{(1)}}{\partial x}=-\sin\theta,$$

$$\frac{\partial\Phi^{(1)}}{\partial t}=-\frac{\omega^{(1)}}{\tanh d}\cos\theta,\quad \frac{\partial\Phi^{(1)}}{\partial x}=\frac{\omega^{(1)}}{\tanh d}\cos\theta,\quad \frac{\partial\Phi^{(1)}}{\partial z}=\omega^{(1)}\sin\theta,$$

$$\frac{\partial^2\Phi^{(1)}}{\partial t\partial x}=\frac{\omega^{(1)}}{\tanh d}\sin\theta,\quad \frac{\partial^2\Phi^{(1)}}{\partial t\partial z}=-\omega^{(1)}\cos\theta,\quad \frac{\partial^2\Phi^{(1)}}{\partial x\partial z}=\omega^{(1)}\cos\theta,$$

$$\frac{\partial^2\Phi^{(1)}}{\partial z^2}=\frac{\omega^{(1)}}{\tanh d}\sin\theta,\quad \frac{\partial^3\Phi^{(1)}}{\partial t\partial z^2}=-\frac{\omega^{(1)}}{\tanh d}\cos\theta,\quad \frac{\partial^3\Phi^{(1)}}{\partial z^3}=\omega^{(1)}\sin\theta,$$

$$\eta^{(2)}=A_0+A_2\cos 2\theta,\quad \frac{\partial\eta^{(2)}}{\partial t}=2A_2\sin 2\theta,\quad \frac{\partial\eta^{(2)}}{\partial x}=-2A_2\sin 2\theta,$$

$$\frac{\partial \Phi^{(2)}}{\partial t} = -\frac{3}{4}\omega^{(1)}\frac{\cosh 2d}{\sinh^4 d}\cos 2\theta, \quad \frac{\partial \Phi^{(2)}}{\partial x} = \frac{3}{4}\omega^{(1)}\frac{\cosh 2d}{\sinh^4 d}\cos 2\theta,$$

$$\frac{\partial \Phi^{(2)}}{\partial z} = \frac{3}{4}\omega^{(1)}\frac{\sinh 2d}{\sinh^4 d}\cos 2\theta, \quad \frac{\partial^2 \Phi^{(2)}}{\partial z^2} = \frac{3}{2}\omega^{(1)}\frac{\cosh 2d}{\sinh^4 d}\sin 2\theta,$$

$$\frac{\partial^2 \Phi^{(2)}}{\partial t \partial z} = -\frac{3}{2}\omega^{(1)}\frac{\sinh 2d}{\sinh^4 d}\cos 2\theta$$

式中，

$$\theta = x - t$$

$$A_0 = -\frac{1}{\sinh 2d}$$

$$A_2 = \frac{\cosh d(2\cosh^2 d + 1)}{4\sinh^3 d}$$

将以上表达式代入式（3.55），整理得

$$\begin{cases} \omega^{(1)}\dfrac{\partial \eta^{(3)}}{\partial t} - \dfrac{\partial \Phi^{(3)}}{\partial z} = \omega^{(1)}(G_1 \sin\theta + G_3 \sin 3\theta) \\ \eta^{(3)} + \omega^{(1)}\dfrac{\partial \Phi^{(3)}}{\partial t} = \omega^{(1)2}(F_1 \cos\theta + F_3 \cos 3\theta) \end{cases} \tag{3.69}$$

式中，

$$G_1 = \frac{1}{8}\left(\frac{5\sinh^4 d + 9\sinh^2 d + 6}{\sinh^4 d} - \frac{8\omega^{(3)}}{\omega^{(1)}}\right)$$

$$G_3 = \frac{3}{8}\frac{3\sinh^4 d + 11\sinh^2 d + 6}{\sinh^4 d}$$

$$F_1 = -\frac{1}{8}\coth d \cdot \left[\frac{3(\sinh^4 d - \sinh^2 d + 1)}{\sinh^4 d} + \frac{2}{\cosh^2 d} - \frac{8\omega^{(3)}}{\omega^{(1)}}\right]$$

$$F_3 = \frac{1}{8}\coth d \cdot \frac{3\sinh^4 d + 15\sinh^2 d - 3}{\sinh^4 d}$$

将式（3.69）中的两式合并，消去 $\eta^{(3)}$，可以得到仅含有速度势的自由水面边界条件为

$$\omega^{(1)}\frac{\partial^2 \Phi^{(3)}}{\partial t^2} + \frac{\partial \Phi^{(3)}}{\partial z} = \omega^{(1)}\left\{[\omega^{(1)2}F_1 - G_1]\sin\theta + [3\omega^{(1)2}F_3 - G_3]\sin 3\theta\right\} \tag{3.70}$$

注意式（3.70）对应齐次方程的固有解系为 $\Phi^{(3)} = \{\sin\theta\}$，故展开后右端第一项将使 $\Phi^{(3)}$ 含有共振解或长期项，不符合实际情况。为了消除长期项，只有令 $\sin\theta$ 的系数为零，即

$$\omega^{(1)2}F_1 - G_1 = 0 \tag{3.71}$$

由此可得

$$\omega^{(3)} = \omega^{(1)}\left(\frac{8\sinh^4 d + 6\sinh^2 d + 9}{16\sinh^4 d} + \frac{1}{8\cosh^2 d}\right) \tag{3.72}$$

式（3.72）即为三阶斯托克斯波的色散关系。

在消除长期项以后，三阶速度势 $\Phi^{(3)}$ 的自由水面边界条件为

$$\omega^{(1)2}\frac{\partial^2 \Phi^{(3)}}{\partial t^2} + \frac{\partial \Phi^{(3)}}{\partial z} = \frac{3}{8}\frac{\omega^{(1)}}{\sinh^4 d}(4\sinh^2 d - 9)\sin 3(x - t), \qquad z = 0 \tag{3.73}$$

可以看出，尽管三阶自由水面边界条件的表达式（3.55）很复杂，但其最终形式还是很简单的。

进一步对三阶速度势进行求解，设

$$\Phi^{(3)} = G\cosh 3(z+d)\sin 3(x-t) \tag{3.74}$$

式（3.74）给出的 $\Phi^{(3)}$ 满足拉普拉斯方程（3.56）和水底条件式（3.57），适当选取常数 G，可使 $\Phi^{(3)}$ 也满足自由水面边界条件，为此将式（3.74）代入式（3.73），可得

$$G = -\frac{\omega^{(1)}}{64}\frac{4\sinh^2 d - 9}{\sinh^7 d}$$

其中应用了双曲函数关系式：

$$\sinh 3d = 4\sinh^3 d + 3\sinh d$$

$$\cosh 3d = 4\cosh^3 d - 3\cosh d$$

于是得到三阶速度势 $\Phi^{(3)}$ 的无因次表达式为

$$\Phi_3 = \frac{\omega^{(1)}}{64}\frac{9-4\sinh^2 d}{\sinh^7 d}\cosh 3(z+d)\sin 3(x-t) \tag{3.75}$$

三阶波面升高 $\eta^{(3)}$ 可由式（3.55）中第二式得到，即

$$\begin{aligned}\eta^{(3)} &= \omega^{(1)}\frac{\partial \Phi^{(3)}}{\partial t} + \omega^{(1)2}\left[F_1\cos(x-t) + F_3\cos^3(x-t)\right] \\ &= \omega^{(1)2}\left\{F_1\cos(x-t) + \left[F_3 + \frac{3(9-4\sinh^2 d)\cosh 3d}{64\sinh^7 d}\right]\cos 3(x-t)\right\}\end{aligned} \tag{3.76}$$

由式（3.69）中 F_1 和 F_3 的表达式以及 $\omega^{(3)}$ 和 $\omega^{(1)}$ 的表达式（3.72）和式（3.62），可得

$$\omega^{(1)2}F_1 = \frac{2\sinh^6 d + 12\sinh^4 d + 15\sinh^2 d + 3}{16\sinh^4 d\cosh^2 d}$$

和

$$\omega^{(1)2}\left[F_3 + \frac{3(9-4\sinh^2 d)\cosh(3d)}{64\sinh^7 d}\right] = \frac{3(8\cosh^6 d + 1)}{64\sinh^6 d}$$

于是得到三阶波面升高的无因次表达式，即

$$\eta^{(3)} = \frac{2\sinh^6 d + 12\sinh^4 d + 15\sinh^2 d + 3}{16\sinh^4 d\cosh^2 d}\cos(x-t) + \frac{3(8\cosh^6 d + 1)}{64\sinh^6 d}\cos 3(x-t) \tag{3.77}$$

至此，已求出了近似到三阶的斯托克斯波的解。这些解是无因次量表达式，利用有因次量与无因次量之间的关系，可以把它们写成有因次形式。下面给出三阶问题的各物理量的有因次表达，即

$$\varepsilon^2\Phi^{(3)} = (k^2A^2)\frac{A\omega}{64k}\frac{9-4\sinh^2 kd}{\sinh^7 kd}\cosh 3k(z+d)\sin 3(kx-\omega t) \tag{3.78}$$

$$\begin{aligned}\varepsilon^2\eta^{(3)} = k^2A^3\Bigg[&\frac{2\sinh^6 kd + 12\sinh^4 kd + 15\sinh^2 kd + 3}{16\sinh^4 kd\cosh^2 kd}\cos(kx-\omega t) + \\ &\frac{3(8\cosh^6 kd + 1)}{64\sinh^6 kd}\cos 3(kx-\omega t)\Bigg]\end{aligned} \tag{3.79}$$

根据式（3.79）可以看出，三阶斯托克斯波的波面升高 $\eta^{(3)}$，不但含有 $\cos 3(kx-\omega t)$ 项，而且含有 $\cos(kx-\omega t)$ 项，后者与线性波同相位，但波幅要小 k^2A^2 倍。该项的出现与二阶波面升高中含有定常 $\eta_0^{(2)}$ 项类似，反映了非线性的影响不但出现在 n 倍（$n \gg 2$）波浪频率的高频分量上，而且也出现在具有波浪频率或定常的低频分量上。

3.2.4 三阶斯托克斯波的色散关系

下面对三阶斯托克斯波的色散关系进行讨论，根据式（3.72）可知，$\omega^{(3)} \neq 0$，所以三阶斯托克斯波的圆频率与一阶或二阶斯托克斯波的圆频率是不相同的。将总的圆频率的表达式写为有因次的形式，即

$$\omega = \omega^{(1)}\left[1 + k^2A^2\left(\frac{1}{2} + \frac{6\sinh^2 kd + 9}{16\sinh^4 kd} + \frac{1}{8\cosh^2 kd}\right)\right] \tag{3.80}$$

和

$$\omega^{(1)} = (gk\tanh kd)^{1/2} \tag{3.81}$$

由式（3.81）可以看出，波浪频率不仅与波数有关，还与波幅有关，这一现象称作波幅离散现象。波幅离散是波浪理论中又一重要的非线性现象。由此，也可得到精确到三阶的斯托克斯波的波速，即

$$C = \frac{\omega}{k} = C^{(1)}\left[1 + k^2A^2\left(\frac{1}{2} + \frac{6\sinh^2 kd + 9}{16\sinh^4 kd} + \frac{1}{8\cosh^2 kd}\right)\right] \tag{3.82}$$

和

$$C^{(1)} = \left(\frac{g}{k}\tanh kd\right)^{1/2} \tag{3.83}$$

上述表明，近似到三阶，波速不仅取决于水深和波数（注意，这里波数或波长是事先给定的，其与线性波的波数或波长一致），而且还与波幅有关。这是非线性波的一个重要特点，但要近似到三阶才能显露出来。图 3.5 给出了不同相对波高 kA 条件下的 $C/C^{(1)}$ 值，从图中可以看出，波幅弥散的影响随着 kA 的增加而逐渐增大。

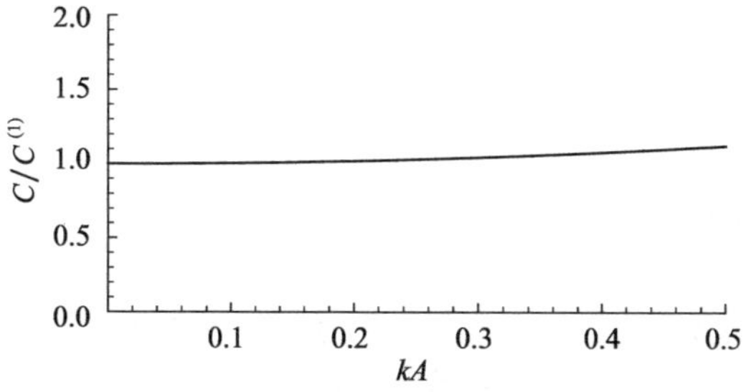

图 3.5 不同波陡条件下线性波与三阶斯托克斯波波浪相速度对比

3.3 五阶斯托克斯波

高于三阶的斯托克斯波的求解更加复杂，这里不再给出这些高阶解的具体推导过程，直接给出五阶斯托克斯波理论的主要结果，以供参考。

3.3.1 速度势函数

五阶斯托克斯波的速度势函数为

$$\Phi = \frac{C}{k}\sum_{n=1}^{5}\lambda_n \cosh nk(z+d)\sin n(kx-\omega t) \tag{3.84}$$

式中，

$$\begin{cases} \lambda_1 = \lambda A_{11} + \lambda^3 A_{13} + \lambda^5 A_{15} \\ \lambda_2 = \lambda^2 A_{22} + \lambda^4 A_{24} \\ \lambda_3 = \lambda^3 A_{33} + \lambda^5 A_{35} \\ \lambda_4 = \lambda^4 A_{44} \\ \lambda_5 = \lambda^5 A_{55} \end{cases} \tag{3.85}$$

速度势系数表达式中 λ 是一个比值，对每一个波是一个确定的常数。定义 $c \equiv \cosh kd$，$s \equiv \sinh kd$，系数 A_{ij}的表达式如下：

$$A_{11} = \frac{1}{s}$$

$$A_{13} = -\frac{c^2(5c^2+1)}{8s^5}$$

$$A_{15} = -\frac{1184c^{10} - 1440c^8 - 1992c^6 + 2641c^4 - 249c^2 + 18}{1536s^{11}}$$

$$A_{22} = \frac{3}{8s^4}$$

$$A_{24} = \frac{192c^8 - 424c^6 - 312c^4 + 480c^2 - 17}{768s^{10}}$$

$$A_{33} = \frac{-4c^2 + 13}{64s^7}$$

$$A_{15} = \frac{512c^{12} + 4224c^{10} - 6800c^8 - 12808c^6 + 16704c^4 - 3154c^2 + 107}{4096s^{13}(6c^2-1)}$$

$$A_{44} = \frac{80c^6 - 816c^4 + 1338c^2 - 197}{1536s^{10}(6c^2-1)}$$

$$A_{55} = -\frac{2880c^{10} - 72480c^8 + 324000c^6 - 432000c^4 + 163470c^2 - 16245}{61440s^{11}(6c^2-1)(8c^4-11c^2+3)}$$

3.3.2 波面方程

五阶斯托克斯波的波面方程为

$$\eta = \frac{1}{k}\sum_{n=1}^{5}\lambda_n \cos n(kx - \omega t) \tag{3.86}$$

式中，各项系数如下：

$$\lambda_1 = \lambda$$

$$\lambda_2 = \lambda^2 B_{22} + \lambda^4 B_{24}$$

$$\lambda_3 = \lambda^3 B_{33} + \lambda^5 B_{35}$$

$$\lambda_4 = \lambda^4 B_{44}$$

$$\lambda_5 = \lambda^5 B_{55}$$

上述各式中的 λ 与速度势表达式中的比值 λ 相同，系数 B_{ij}的表达式如下：

$$B_{22} = \frac{(2c^2+1)c}{4s^3}$$

$$B_{24} = \frac{(272c^8 - 504c^6 - 192c^4 + 322c^2 + 21)c}{384s^9}$$

$$B_{33} = \frac{3(8c^6+1)}{64s^6}$$

$$B_{35} = \frac{88\,128c^{14} - 208\,224c^{12} - 70\,848c^{10} + 54\,000c^8 - 21\,816c^6 + 6\,264c^4 - 54c^2 - 81}{12\,288s^{12}(6c^2-1)}$$

$$B_{44} = \frac{(768c^{10} - 488c^8 - 48c^6 + 48c^4 + 106c^2 - 21)c}{384s^9(6c^2-1)}$$

$$B_{55} = \frac{192\,000c^{16} - 262\,720c^{14} + 83\,680c^{12} + 20\,160c^{10} - 7\,280c^8 + 7\,160c^6 - 1\,800c^4 - 1\,050c^2 + 225}{12\,288s^{10}(6c^2-1)(8c^4-11c^2+3)}$$

3.3.3 波速与色散关系

五阶斯托克斯波的波速为

$$kC^2 = C_0^2(1 + \lambda^2 C_1 + \lambda^4 C_2) \tag{3.87}$$

式（3.87）也可以看作是五阶斯托克斯波的色散关系，其各项系数的定义如下：

$$C_0^2 = g\tanh kd$$

$$C_1 = \frac{8c^4 - 8c^2 + 9}{8s^4}$$

$$C_2 = \frac{3\,840c^{12} - 4\,096c^{10} + 2\,592c^8 - 1\,008c^6 + 5\,944c^4 - 1\,830c^2 + 147}{512s^{10}(6c^2-1)}$$

3.3.4 水质点速度和加速度

五阶斯托克斯波的水质点速度和加速度分别为

$$u_x = \frac{\partial \Phi}{\partial x} = C\sum_{n=1}^{5} n\lambda_n \cosh nk(z+d)\cos n(kx-\omega t) \tag{3.88}$$

$$u_z = \frac{\partial \Phi}{\partial z} = C\sum_{n=1}^{5} n\lambda_n \sinh nk(z+d)\sin n(kx-\omega t) \tag{3.89}$$

$$a_x = \frac{\partial u_x}{\partial t} = \omega C\sum_{n=1}^{5} n^2\lambda_n \cosh nk(z+d)\sin n(kx-\omega t) \tag{3.90}$$

$$a_z = \frac{\partial u_z}{\partial t} = -\omega C\sum_{n=1}^{5} n^2\lambda_n \sinh nk(z+d)\cos n(kx-\omega t) \tag{3.91}$$

在五阶斯托克斯波的表达式中，需要确定系数 λ 和波长 L（或 k）。根据波高和波面的关系，即 $H=\eta|_{\theta=0}-\eta|_{\theta=\pi}$ 可以得到

$$\frac{\pi H}{d} = \frac{1}{d/L}[\lambda + \lambda^3 B_{33} + \lambda^5(B_{35}+B_{55})] \tag{3.92}$$

同时根据色散关系式（3.87）可得

$$\frac{d}{L_0} = \frac{d}{L}\tanh kd(1+\lambda^2 C_1 + \lambda^4 C_2) \tag{3.93}$$

已知波高 H、周期 T 和水深 d，则可以联立求解方程（3.92）和方程（3.93），从而得到系数 λ 和波长 L。最终可以得到五阶斯托克斯的各项参数。

3.3.5 斯托克斯波解的对比

图 3.6 所示为线性波、二阶斯托克斯波、三阶斯托克斯波以及五阶斯托克斯波的波面方程的对比，可以看出，有限水深高阶波浪理论均可看作是对低阶波浪理论波面的修正。

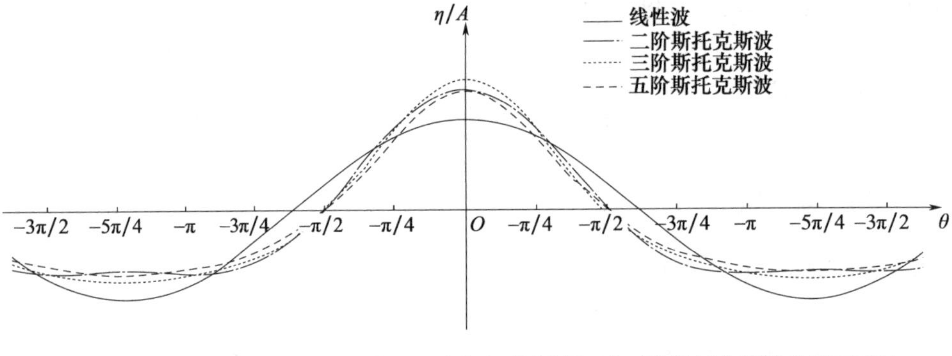

图 3.6 线性波、二阶斯托克斯波、三阶斯托克斯波以及五阶斯托克斯波的波面对比

通过图 3.6 还可以看出，高阶斯托克斯波理论下，最后实际波浪的波幅高于波幅 A。这是由于我们在推导过程中将 A 看作是一阶波的波幅。而在工程实际中，测出的波浪波幅 A 实际上是各阶波波幅之和，不是一阶波的波幅。对于这一问题，可以先认为一阶波波幅为 $A^{(1)}=A$，进一步依据非线性波浪理论波幅计算出总的波幅 A'，即

$$A' = \sum_{n阶} A^{(n)} \tag{3.94}$$

式中，n 为奇数。再令 $\alpha = A/A'$，计算出比例系数 α，再通过 α 即可求出各阶波的波幅 $A'^{(n)}$，即

$$A'^{(n)} = \alpha A^{(n)} \tag{3.95}$$

这样求得的 $A'^{(n)}$ 即可满足各阶波幅之和等于实测波幅 A 的要求。

3.4 二阶斯托克斯双色波

在实际的海洋中，波浪通常是不规则的，对于这种不规则波浪的处理方法，一般是将其看作是由许多不同波幅、频率和相位的线性波的叠加。这种直接叠加的方法实际上是认为各组分的波浪之间互不干扰，适用于线性不规则波问题，但不适用于非线性不规则问题。为了考虑非线性不规则波问题，应采用非线性自由水面条件考虑不同组成波之间的相互干扰。这就要像前面几节那样，采用摄动展开方法，对非线性问题进行处理。本节将以二阶问题为例，从含两个正弦波的波群入手，求解其二阶速度势和二阶波面升高，然后推广到一般的不规则波。

3.4.1 二阶双色波速度势的求解

设有两列不同频率的规则波沿 x 轴正向传播，线性理论条件下合成波的波面升高为

$$\eta^{(1)}(x,\ t) = A_1\cos(k_1x - \omega_1t) + A_2\cos(k_2x - \omega_2t) \tag{3.96}$$

式中，A_i、k_i和 ω_i（$i=1,\ 2$）分别为各规则波波幅、波数和圆频率。合成波的速度势为

$$\Phi^{(1)}(x,\ z,\ t) = \frac{gA_1}{\omega_1}\frac{\cosh k_1(z+d)}{\cosh k_1d}\sin(k_1x - \omega_1t) + \frac{gA_2}{\omega_2}\frac{\cosh k_2(z+d)}{\cosh k_2d}\sin(k_2x - \omega_2t) \tag{3.97}$$

下面对合成波的二阶速度势 $\Phi^{(2)}$ 进行求解，它应满足二阶自由表面条件式（3.5），将该式右端中所含 $\Phi^{(1)}$用式（3.97）表达，则二阶自由表面条件可写为

$$\frac{\partial^2\Phi^{(2)}}{\partial t^2} + g\frac{\partial\Phi^{(2)}}{\partial z} = \sum_{i=1}^{2}\sum_{j=1}^{2}A_iA_j[g_{ij}^{+}\sin(\theta_i + \theta_j) + g_{ij}^{-}\sin(\theta_i - \theta_j)] \tag{3.98}$$

式中，

$$\theta_i = k_ix - \omega_it$$

$$\theta_j = k_jx - \omega_jt$$

$$g_{ij}^{\pm} = g\left[\frac{gk_ik_j}{\omega_i}(\tanh k_id\tanh k_jd \mp 1) \pm \frac{1}{2}\omega_jk_j\tanh k_jd \mp \frac{gk_j^2}{2\omega_j}\right]$$

记

$$G^{\pm}(\omega_1,\ \omega_2) = g_{12}^{\pm} \pm g_{21}^{\pm} = -g^2\left[\frac{k_1k_2}{\omega_1\omega_2}\omega_{\pm}(1\mp\tanh k_1d\tanh k_2d) + \left(\frac{k_1^2}{2\omega_1\cosh^2k_1d} \pm \frac{k_2^2}{2\omega_2\cosh^2k_2d}\right)\right] \tag{3.99}$$

式中，$\omega_{\pm} = \omega_1 \pm \omega_2$。另外，记 $k_{\pm} = k_1 \pm k_2$，则式（3.98）可以表达为

$$\frac{\partial^2 \Phi^{(2)}}{\partial t^2}+g\frac{\partial \Phi^{(2)}}{\partial z}=A_1A_2G^{\pm}(\omega_1,\ \omega_2)\sin(k_{\pm}x-\omega_{\pm}t)+$$

$$\frac{1}{2}A_1^2G^{+}(\omega_1,\ \omega_1)\sin 2(k_1x-\omega_1t)+\frac{1}{2}A_2^2G^{+}(\omega_2,\ \omega_2)\sin 2(k_2x-\omega_2t) \tag{3.100}$$

式（3.100）右端第一项表示分别取“+”和“-”后求和。根据这一表达式，可以设二阶速度势解的表达式为

$$\begin{aligned}\Phi^{(2)}(x,\ z,\ t)=&A_1A_2E_{12}^{\pm}\frac{\cosh k_{\pm}(z+d)}{\cosh k_{\pm}d}\sin(k_{\pm}x-\omega_{\pm}t)+\\&\frac{1}{2}A_1^2E_{11}^{+}\frac{\cosh 2k_1(z+d)}{\cosh 2k_1d}\sin 2(k_1x-\omega_1t)+\\&\frac{1}{2}A_2^2E_{22}^{+}\frac{\cosh 2k_2(z+d)}{\cosh 2k_2d}\sin 2(k_2x-\omega_2t)\end{aligned} \tag{3.101}$$

式（3.101）给出的$\Phi^{(2)}$满足拉普拉斯方程和水底条件。将式（3.101）代入式（3.100），可得

$$E_{11}^{+}=\frac{G^{+}(\omega_1,\ \omega_1)}{D^{+}(\omega_1,\ \omega_1)},\qquad E_{12}^{\pm}=\frac{G^{\pm}(\omega_1,\ \omega_2)}{D^{\pm}(\omega_1,\ \omega_2)},\qquad E_{22}^{+}=\frac{G^{+}(\omega_2,\ \omega_2)}{D^{+}(\omega_2,\ \omega_2)}$$

式中，

$$D^{\pm}(\omega_1,\ \omega_2)=gk_{\pm}\tanh k_{\pm}d-\omega_{\pm}^2$$

于是得合成波二阶速度势为

$$\begin{aligned}\Phi^{(2)}(x,\ z,\ t)=&A_1A_2\frac{G^{\pm}(\omega_1,\ \omega_2)}{D^{\pm}(\omega_1,\ \omega_2)}\frac{\cosh k_{\pm}(z+d)}{\cosh k_{\pm}d}\sin(k_{\pm}x-\omega_{\pm}t)+\\&\frac{1}{2}A_1^2\frac{G^{+}(\omega_1,\ \omega_1)}{D^{+}(\omega_1,\ \omega_1)}\frac{\cosh 2k_1(z+d)}{\cosh 2k_1d}\sin 2(k_1x-\omega_1t)+\\&\frac{1}{2}A_2^2\frac{G^{+}(\omega_2,\ \omega_2)}{D^{+}(\omega_2,\ \omega_2)}\frac{\cosh 2k_2(z+d)}{\cosh 2k_2d}\sin 2(k_2x-\omega_2t)\end{aligned} \tag{3.102}$$

式（3.102）右端第一项表示分别取加号和减号之后将所得两项相加。

3.4.2 二阶双色波的波面函数

基于速度势表达式（3.102），可以求出合成波的二阶波面升高。根据波面方程

$$\eta^{(2)}=-\frac{1}{g}\left[\frac{\partial \Phi^{(2)}}{\partial t}+\frac{1}{2}\left(\frac{\partial \Phi^{(1)}}{\partial x}\frac{\partial \Phi^{(1)}}{\partial x}+\frac{\partial \Phi^{(1)}}{\partial z}\frac{\partial \Phi^{(1)}}{\partial z}\right)-\frac{1}{g}\frac{\partial \Phi^{(1)}}{\partial t}\frac{\partial^2 \Phi^{(1)}}{\partial t\partial z}\right],\qquad z=0 \tag{3.103}$$

将一阶速度势表达式代入，可以得出

$$\eta^{(2)}(x,\ t)=-\frac{1}{g}\frac{\partial \Phi^{(2)}}{\partial t}+\sum_{i=1}^{2}\sum_{j=1}^{2}A_iA_j[f_{ij}^{+}\cos(\theta_i+\theta_j)+f_{ij}^{-}\cos(\theta_i-\theta_j)],\qquad z=0 \tag{3.104}$$

式中，

$$f_{ij}^{\pm}=-\frac{g}{4}\frac{k_ik_j}{\omega_i\omega_j}(1\mp\tanh k_id\cdot\tanh k_jd)+\frac{1}{2}k_j\tanh k_jd$$

记

$$F^{\pm}(\omega_1,\ \omega_2)=f_{12}^{\pm}\pm f_{21}^{\pm}=-\frac{g}{2}\frac{k_1k_2}{\omega_1\omega_2}\frac{\cosh k_{\mp}d}{\cosh k_1d\cosh k_2d}+\frac{1}{2}(k_1\tanh k_1d+k_2\tanh k_2d) \tag{3.105}$$

进一步将 $\Phi^{(2)}$ 表达式（3.102）代入式（3.104），整理可得

$$\begin{aligned}\eta^{(2)}(x,\ t)=&A_1A_2H_2^{\pm}(\omega_1,\ \omega_2)\cos(k_{\pm}x-\omega_{\pm}t)+\\&\frac{1}{2}A_1^2H_2^{+}(\omega_1,\ \omega_1)\cos 2(k_1x-\omega_1t)+\\&\frac{1}{2}A_2^2H_2^{+}(\omega_2,\ \omega_2)\cos 2(k_2x-\omega_2t)\end{aligned} \tag{3.106}$$

式中，

$$H_2^{\pm}(\omega_1,\ \omega_2)=\frac{\omega_{\pm}}{g}\frac{G^{\pm}(\omega_1,\ \omega_2)}{D^{\pm}(\omega_1,\ \omega_2)}+F^{\pm}(\omega_1,\ \omega_2) \tag{3.107}$$

式（3.102）和式（3.104）右端第一项表示分别取加号和减号之后将所得两项相加。

$H_2^{\pm}(\omega_1,\ \omega_2)$ 一般称为波面升高的二阶传递函数，由其可以构造不规则波二阶波面升高。由式（3.106）可见，二阶波面升高不但包含倍频项（这是单一频率规则波产生的二阶波面升高所含有的非线性项），而且含有差频项 $\cos(k_{-}x-\omega_{-}t)$ 及和频项 $\cos(k_{+}x-\omega_{+}t)$。其中差频项为低频长波，称为 set down，与波群诱导的长波一致，其与波群包络同速传播，通常也称为锁项波，或约束长波。set down 的波数 k_1-k_2 与其振荡圆频率 $\omega_1-\omega_2$ 之间不满足色散关系 $\omega^2=gk\tanh kd$。但当遇到障碍物绕射后或在海岸处发生波浪破碎后，set down 将失去短波的约束，而成为自由波。该自由波振荡圆频率仍是 $\omega_1-\omega_2$，但波数不再是 k_1-k_2，而应是由 $(\omega_1-\omega_2)^2=gk\tanh kd$ 来决定。因而，自由长波的波速不同于 set down（约束长波）的波速。

当考虑二阶双色波对海洋工程结构的作用问题时，也会产生如本节内容所类似的差频项与和频项。其中，对于系泊海洋结构物，如系泊的海洋平台等，差频项通常会与系泊结构的水平运动自振频率相耦合，从而产生大振幅的慢漂运动。而和频项以及倍频项在某些情况下可能会产生大振幅的高频共振运动，如张力腿平台的 Spring 现象等。这些内容均为海洋结构设计中需要考虑的重要问题。

3.4.3 不规则波中的二阶非线性波

不规则波可以看作在式（3.96）中取不同频率 ω_1 和 ω_2 而得到的许多波群的组合。因而，可以用上面得到的波群的二阶速度势和二阶波面升高结果构造不规则波的二阶速度势和二阶波面升高。不规则波的一阶波面升高和速度势可由线性波的结果叠加得到，即

$$\eta^{(1)}(x,\ t)=\sum_i A_i\cos(k_ix-\omega_it+\varepsilon_i) \tag{3.108}$$

和

$$\Phi^{(1)}(x,\ z,\ t)=\sum_i\frac{gA_i}{\omega_i}\frac{\cosh k_i(z+d)}{\cosh k_id}\sin(k_ix-\omega_it+\varepsilon_i) \tag{3.109}$$

将式（3.108）中任意两个组成波选作式（3.96）波群，则可由前面推导结果得到对应这

一波群的二阶速度势和二阶波面升高，这由式（3.102）和式（3.106）给出。于是，不规则波的二阶速度势和二阶波面升高可由对这些波群的二阶速度势和二阶波面升高求和得到，即

$$\Phi^{(2)}(x,z,t)=\sum_{i}\sum_{j>i}A_iA_j\frac{G^{\pm}(\omega_i,\omega_j)}{D^{\pm}(\omega_i,\omega_j)}\frac{\cosh k_{\pm}(z+d)}{\cosh k_{\pm}d}\sin(k_{\pm}x-\omega_{\pm}t)+\frac{1}{2}\sum_{i}A_i^2\frac{G^{+}(\omega_i,\omega_i)}{D^{+}(\omega_i,\omega_i)}\frac{\cosh 2k_i(z+d)}{\cosh 2k_id}\sin 2(k_ix-\omega_it) \tag{3.110}$$

和

$$\eta^{(2)}(x,t)=\sum_{i}\sum_{j>i}A_iA_jH_2^{\pm}(\omega_i,\omega_j)\cos(k_{\pm}x-\omega_{\pm}t)+\frac{1}{2}\sum_{i}A_i^2H_2^{+}(\omega_i,\omega_i)\cos 2(k_ix-\omega_it) \tag{3.111}$$

式中，$\omega_{\pm}=\omega_i\pm\omega_j$，$k_{\pm}=k_i\pm k_j$。式（3.110）和式（3.111）中求和的一个下限取为$j>i$是因为通过式（3.99）和式（3.105）已将$j<i$的部分并入了$j>i$的部分，并且将$j=i$的部分由式（3.110）和式（3.111）右端第二项来表达。根据式（3.111）可以看出，非线性不规则波各组成成分的波浪均会产生相互作用，因此，其在海洋工程中可能产生更复杂的低频慢漂以及高频作用问题。

第 4 章　浅水波浪理论与缓坡方程

近岸与近海水域一直是港口工程与海岸工程的主要工作区域，近海工程中所涉及的海洋平台、风电平台、波浪能装置、近海养殖网箱等海洋装备也较多地涉及这一领域。因此，研究近岸与近海水域的波浪运动具有非常重要的意义。在实际工程中，通常需要考虑波浪在变水深水域传播时，波浪要素随传播距离的变化情况，由于近海海底地形通常是不规则的，且经常受水工建筑物或障碍物等复杂边界条件的影响，通常需要通过数值模型的方法预测。目前常用的波浪传播的变形数值模型，包括浅水波浪理论模型和缓坡方程模型。本章将对上述两种模型进行介绍。需要注意的是，缓波方程并不属于浅水波浪理论。

4.1　线性浅水波浪

在近岸与近海水域，由于水深较浅，且在浅水情况下水质点运动特征与波陡（A/L）关系减弱，而与波幅和水深之比（A/d）以及水深和波长之比（d/L）的关系增强，成为影响波浪性质的主要因素。这一特点使浅水波浪运动具有许多与第 3 章介绍的有限水深波浪运动所不具备的特点，也使研究浅水波浪的理论和方法与有限水深波浪不同。本节将对线性浅水波浪理论进行介绍，非线性浅水波浪理论将在第 4.2 节和第 4.3 节进行介绍。

4.1.1　浅水波浪的控制方程

本章将主要基于欧拉方程与无旋方程开展研究，记 $\boldsymbol{u}=(u, v)$ 为水平速度分量，w 为垂向速度分量，则连续方程、动量方程及无旋方程式可表达如下：

连续方程

$$\frac{\partial w}{\partial z}+\nabla\cdot\boldsymbol{u}=0 \tag{4.1}$$

动量方程

$$\frac{\partial \boldsymbol{u}}{\partial t}+(\boldsymbol{u}\cdot\nabla)\boldsymbol{u}+w\frac{\partial \boldsymbol{u}}{\partial z}=-\frac{\nabla p}{\rho} \tag{4.2}$$

$$\frac{\partial w}{\partial t}+\boldsymbol{u}\cdot\nabla w+w\frac{\partial w}{\partial z}=-\frac{1}{\rho}\frac{\partial p}{\partial z}-g \tag{4.3}$$

无旋方程

$$\frac{\partial \boldsymbol{u}}{\partial z}-\nabla w=\boldsymbol{0} \tag{4.4}$$

$$\frac{\partial u}{\partial y}-\frac{\partial v}{\partial x}=0 \tag{4.5}$$

式中，$\nabla=\left(\frac{\partial}{\partial x}, \frac{\partial}{\partial y}\right)$为水平梯度算子。注意到 $\boldsymbol{u}=\nabla\phi$ 和 $w=\frac{\partial\phi}{\partial z}$，则自由表面条件式（1.13）可写为

$$\frac{\partial\eta}{\partial t}+\boldsymbol{u}\cdot\nabla\eta=w, \quad z=\eta(x, y, t) \tag{4.6}$$

水底条件式（1.21）可写为

$$-\boldsymbol{u}\cdot\nabla d=w, \quad z=-d(x, y) \tag{4.7}$$

注意这里我们不做水深为常数的假设。

根据连续方程（4.1），对其沿水深积分，可得

$$[w]_{-d}^{\eta}+\int_{-d}^{\eta}\nabla\cdot\boldsymbol{u}\,\mathrm{d}z=0 \tag{4.8}$$

应用水面边界条件式（4.6）和海底条件式（4.7），并利用莱布尼兹公式，即

$$\frac{\mathrm{d}}{\mathrm{d}t}\int_{a(t)}^{b(t)}f(x, t)\,\mathrm{d}x=\int_{a(t)}^{b(t)}\frac{\partial f}{\partial t}\mathrm{d}x+\left\{f[b(t), t]\frac{\mathrm{d}b}{\mathrm{d}t}-f[a(t), t]\frac{\mathrm{d}a}{\mathrm{d}t}\right\} \tag{4.9}$$

可将式（4.8）写为

$$\frac{\partial\eta}{\partial t}+\nabla\cdot[(d+\eta)\bar{\boldsymbol{u}}]=0 \tag{4.10}$$

式中，$\bar{\boldsymbol{u}}$ 为水深平均速度，即

$$\bar{\boldsymbol{u}}=\frac{1}{d+\eta}\int_{-d}^{\eta}\boldsymbol{u}\,\mathrm{d}z \tag{4.11}$$

对于浅水波问题，仍可使用摄动展开方法对其进行处理，首先仍需对控制方程采用无因次化的方法对方程的各阶非线性进行识别。与有限水深斯托克斯波浪理论不同，浅水条件下波浪受 ε 和 μ 两个小参数控制，即

$$\varepsilon=\frac{A}{d_0}\ll 1 \tag{4.12}$$

$$\mu=\frac{d_0}{L}\ll 1 \tag{4.13}$$

式中，d_0 为特征水深，A 为波浪波幅，L 为特征波长。小参数 ε 表征了波幅与水深的关系，表达式（4.12）意味着波浪非线性较弱，即弱非线性假定；而小参数 μ 表征了水深与波长的关系，表达式（4.13）意味着水深较浅，即浅水假定。再引入如下无因次参量：

$$x'=\frac{x}{L}, \quad y'=\frac{y}{L}, \quad z'=\frac{z}{d_0}, \quad d'=\frac{d}{d_0}, \quad t'=\frac{\sqrt{gd_0}}{L}t,$$

$$\eta'=\frac{\eta}{d_0}, \quad p'=\frac{p}{\rho g d_0}, \quad \boldsymbol{u}'=\frac{\boldsymbol{u}}{\sqrt{gd_0}}, \quad w'=\frac{w}{\mu\sqrt{gd_0}} \tag{4.14}$$

值得注意的是，根据式（4.14），首先易知无因次波面 η' 为 $O(A/d_0)$ 量阶；进一步的，根据第2章中式（2.63）和式（2.64）浅水波速度的表达式，$\boldsymbol{u}$ 和 w 的幅值分别为$\frac{A}{d}\sqrt{gd}$ 和$\frac{A}{d}\sqrt{gd}(kd)$，无因次速度 $\boldsymbol{u}'$和 w'也是 $O(A/d_0)$ 量阶。水平梯度算子的无因次式为

$$\nabla' = L\,\nabla = \left(\frac{\partial}{\partial x'},\ \frac{\partial}{\partial y'}\right) \tag{4.15}$$

将各无因次表达式（4.14）与式（4.15）代入控制方程式（4.10）及式（4.2）~（4.5）中，为了表达式的简单，略写表示无因次量的撇号，可得无因次方程：

连续方程

$$\frac{\partial \eta}{\partial t} + \nabla \cdot [(d+\eta)\overline{\boldsymbol{u}}] = 0 \tag{4.16}$$

动量方程

$$\frac{\partial \boldsymbol{u}}{\partial t} + (\boldsymbol{u} \cdot \nabla)\boldsymbol{u} + w\frac{\partial \boldsymbol{u}}{\partial z} = -\nabla p \tag{4.17}$$

$$\mu^2 \frac{\partial w}{\partial t} + \mu^2(\boldsymbol{u} \cdot \nabla)w + \mu^2 w\frac{\partial w}{\partial z} = -\frac{\partial p}{\partial z} - 1 \tag{4.18}$$

无旋方程

$$\frac{\partial \boldsymbol{u}}{\partial z} - \mu^2 \nabla w = \boldsymbol{0} \tag{4.19}$$

$$\frac{\partial u}{\partial y} - \frac{\partial v}{\partial x} = 0 \tag{4.20}$$

式（4.20）为浅水波理论的无因次的控制方程，在以后叙述中将主要对该无因次形式的方程进行讨论。

4.1.2 线性浅水波解

首先对最简单浅水波，即线性浅水波浪进行介绍。由式（4.14）可知，以上方程中无因次波面 η、无因次速度 $\boldsymbol{u}$ 和 w，以及它们的导数均为 $O(\varepsilon)$ 量级，即高阶小量。当考虑线性问题时可以忽略不计。进一步的，根据浅水假定 $\mu \ll 1$，μ 也是高阶小量，控制方程中含 μ^2 的项也可以忽略不计，于是，方程（4.16）~(4.20）可以简化为

$$\frac{\partial \eta}{\partial t} + \nabla \cdot (d\overline{\boldsymbol{u}}) = 0 \tag{4.21}$$

$$\frac{\partial \boldsymbol{u}}{\partial t} = -\nabla p \tag{4.22}$$

$$0 = -\frac{\partial p}{\partial z} - 1 \tag{4.23}$$

$$\frac{\partial \boldsymbol{u}}{\partial z} = \boldsymbol{0} \tag{4.24}$$

进一步对上述偏微分方程组进行化简，根据式（4.24）可知 $\boldsymbol{u}$ 与垂向坐标 z 无关，即线性假设下浅水波的水平速度沿水深为常数，即

$$\overline{\boldsymbol{u}} = \boldsymbol{u} \tag{4.25}$$

再根据式（4.23)，取自由表面上压力为零，并化为有因次的形式，可得压力表达式为

$$p = -\rho g(z - \eta) \tag{4.26}$$

可以看出，线性假设下浅水波压力为流体静压力。将式（4.26）代入式（4.22)，式（4.25)代入式（4.21)，并将所得方程写成有因次形式，可得

$$\frac{\partial \eta}{\partial t}+\nabla \cdot (d\boldsymbol{u})=0 \tag{4.27}$$

$$\frac{\partial \boldsymbol{u}}{\partial t}+g\,\nabla \eta=\boldsymbol{0} \tag{4.28}$$

式（4.27）和式（4.28）即为线性浅水波方程或线性长波方程。通过该方程可以看出，首先，该方程的未知量 $\boldsymbol{\eta}$ 和 $\boldsymbol{u}$ 是随时间变化的，且水深 d 实际为 $d(x, y)$，它满足变水深水底条件式（4.7），因而可以处理波浪在变化海底地形的传播与演化问题；其次，与斯托克斯波不同，该方程可以摆脱周期性边界条件的限制，可以解决各种类型的边界条件；最后，方程组与变量 z 无关，从而可以将三维问题转化为水平二维问题，显著减小计算难度与计算量。上述 3 个特点实际上也是本章所描述的浅水波浪方程以及缓坡方程的特征。

在式（4.27）与式（4.28）中消去 $\boldsymbol{u}$ 或 $\boldsymbol{\eta}$，可以分别得出仅含有一个未知量的方程，即

$$\frac{\partial^2 \eta}{\partial t^2}-\nabla \cdot (gd\,\nabla \eta)=0 \tag{4.29}$$

或

$$\frac{\partial^2 \boldsymbol{u}}{\partial t^2}-\nabla[\nabla \cdot (gd\boldsymbol{u})]=\boldsymbol{0} \tag{4.30}$$

上述方程无法构成定解条件，还需确定对应的边界条件。对于刚性固壁边界条件，以上方程的边界条件为壁面上法向速度为零，即

$$\boldsymbol{u}\cdot \boldsymbol{n}=0 \tag{4.31}$$

或利用式（4.28）将其表达为

$$\nabla \eta \cdot \boldsymbol{n}=\frac{\partial \eta}{\partial n}=0 \tag{4.32}$$

对无穷远处，则可以使用辐射边界条件。

4.1.3 线性浅水波浪的特征

下面对线性浅水波浪的主要特征进行讨论。如前所述，线性浅水假设下，波浪的水平速度沿水深分布为常数，波动压力为流体静压力。浅水波的另一个特征是非色散的，为说明这一问题，以方程（4.29）为依托，考虑常水深的情况，可得

$$\frac{\partial^2 \eta}{\partial t^2}-gd\,\nabla^2 \eta=0 \tag{4.33}$$

对于线性波，可设波面方程为

$$\eta=A\cos(kx-\omega t) \tag{4.34}$$

式中，k 和 ω 分别为浅水波的波数和圆频率。将式（4.34）代入式（4.33）中，可得

$$\frac{\omega}{k}=C=\sqrt{gd} \tag{4.35}$$

式中，C 为浅水波的相速度。式（4.35）实际上为浅水线性波的色散关系，可以看出，浅水波是非色散波。这一结论与第 2 章有限水深线性波浪在浅水条件下的近似解是一致的。

最后，将式（4.35）代入式（4.33）中，可得

$$\frac{\partial^2\eta}{\partial t^2}-C^2\nabla^2\eta=0 \tag{4.36}$$

该方程也称为波动方程。

4.2 Boussinesq 方程

第 4.1 节推导了浅水波的控制方程与摄动展开结果，并对线性浅水波的解进行简要的讨论。从前述推导可以看出，浅水线性波实际上是忽略了控制方程中的含参数 ε 和 μ^2 项，这种假设仅在波幅与水深之比（A/d）很小且波长与水深之比（L/d）很大的情况下才成立。另外，线性波理论在垂向动量方程中忽略了所有的运动加速度项，仅考虑了重力加速度对流体压力的贡献，所得的压力分布为静压分布。最后，该理论的波浪水平速度分量沿水深为常数，垂向速度为零。上述假设使浅水波浪理论的适用范围受到了很大的限制。本节将在 $O(\varepsilon)\ll 1$ 和 $O(\mu^2)\ll 1$ 的限定下对线性波浪理论进行修正，即考虑弱非线性与弱色散性波浪的运动特征。

4.2.1 Boussinesq 方程的建立

本节仍采用第 4.1 节的无因次化方法，即从无因次的连续方程（4.16）、动量方程（4.17）和无旋方程（4.20）出发，建立考虑弱非线性与弱色散性的波浪运动控制方程，即 Boussinesq 方程。首先，将无因次化的连续方程（4.16）改写为

$$\frac{\partial\eta}{\partial t}+\nabla\cdot\boldsymbol{Q}=0 \tag{4.37}$$

式中，$\boldsymbol{Q}$ 为沿水深断面上的流量，由于存在 x 和 y 两个方向，因此它是矢量。它可以通过对水平速度的水深积分求得，即

$$\boldsymbol{Q}=\int_{-d}^{\eta}\boldsymbol{u}\mathrm{d}z \tag{4.38}$$

根据式（4.12）和式（4.13），现在有两个小参数 ε 和 μ，即

$$\varepsilon=\frac{A}{d_0}\ll 1 \quad 和 \quad \mu=\frac{d_0}{L}\ll 1 \tag{4.39}$$

假定 ε 和 μ^2 是同量阶，即

$$O(\varepsilon)=O(\mu^2)\ll 1 \tag{4.40}$$

这样，在下面推导中诸如 $\varepsilon\mu^2$ 阶的量与 μ^4 阶的量将成为同阶量，将 $\boldsymbol{u}$、w、p、η 和 $\boldsymbol{Q}$ 依小参数 ε 进行摄动展开，得

$$\boldsymbol{u}=\boldsymbol{u}_0+\varepsilon\boldsymbol{u}_1+\varepsilon^2\boldsymbol{u}_2+\cdots \tag{4.41}$$

$$w=w_0+\varepsilon w_1+\varepsilon^2 w_2+\cdots \tag{4.42}$$

$$p=p_0+\varepsilon p_1+\varepsilon^2 p_2+\cdots \tag{4.43}$$

$$\eta=\eta_0+\varepsilon\eta_1+\varepsilon^2\eta_2+\cdots \tag{4.44}$$

$$\boldsymbol{Q}=\boldsymbol{Q}_0+\varepsilon\boldsymbol{Q}_1+\varepsilon^2\boldsymbol{Q}_2+\cdots \tag{4.45}$$

由于仅考虑波浪作用，零阶量对应于流体静止状态，除零阶压强为静水压强外，其他零阶量均为零，即

$$\boldsymbol{u}_0=\boldsymbol{0} \tag{4.46}$$

$$w_0=0 \tag{4.47}$$

$$p_0=-z \tag{4.48}$$

$$\eta_0=0 \tag{4.49}$$

$$\boldsymbol{Q}_0=\boldsymbol{0} \tag{4.50}$$

将上述展开式以及零阶量的值代入方程（4.17）~（4.20）和式（4.37）中，合并相同量阶的项，并注意 ε 和 μ^2 是同量阶，可以得到各阶的摄动方程，从而推导出 Boussinesq 方程。这一推导过程可以分为两个步骤进行，下面我们对其进行简要的介绍。

（1）速度沿水深的分布

在连续方程（4.1）中，仍采用前述无因次化形式，其无因次表达式还可写为

$$\frac{\partial\omega}{\partial z}+\nabla\cdot\boldsymbol{u}=0 \tag{4.51}$$

将式（4.41）和式（4.42）代入无旋方程（4.19）和连续方程（4.51）中，得

$$\varepsilon\left(\frac{\partial\boldsymbol{u}_1}{\partial z}\right)+\varepsilon\left(\varepsilon\frac{\partial\boldsymbol{u}_2}{\partial z}-\mu^2\nabla w_1\right)+\cdots=\boldsymbol{0} \tag{4.52}$$

和

$$\varepsilon\left(\frac{\partial w_1}{\partial z}+\nabla\cdot\boldsymbol{u}_1\right)+\varepsilon^2\left(\frac{\partial w_2}{\partial z}+\nabla\cdot\boldsymbol{u}_2\right)+\cdots=0 \tag{4.53}$$

推导中已使用式（4.46）和式（4.47）。式（4.52）和式（4.53）左端的第一个括号为一阶量，第二个括号为二阶量（由于 ε 和 μ^2 是同量阶）。由于 ε 取值的任意性，当以上两式成立时，式中括号中的各量应为零，于是可以得到各阶的摄动方程。

一阶方程

$$\begin{cases}\dfrac{\partial\boldsymbol{u}_1}{\partial z}=\boldsymbol{0}\\[2ex]\dfrac{\partial w_1}{\partial z}+\nabla\cdot\boldsymbol{u}_1=0\end{cases} \tag{4.54}$$

二阶方程

$$\begin{cases}\varepsilon\dfrac{\partial\boldsymbol{u}_2}{\partial z}-\mu^2\nabla w_1=\boldsymbol{0}\\[2ex]\dfrac{\partial w_2}{\partial z}+\nabla\cdot\boldsymbol{u}_2=0\end{cases} \tag{4.55}$$

在上述方程的推导过程中使用了 $O(\varepsilon)$ 和 $O(\mu^2)$ 是同阶量的假定。

首先求一阶速度的表达式，根据式（4.54）中的第一式，可知水平速度 $\boldsymbol{u}_1$ 与 z 无关，即

$$\boldsymbol{u}_1=\boldsymbol{u}_1(x,\ y) \tag{4.56}$$

再将式（4.56）代入式（4.54）中的第二式，做垂向积分，并结合水底条件式（4.7）的

无因次形式，可以得出垂向速度 w_1 的表达式为

$$w_1 = -\nabla \cdot (d\boldsymbol{u}_1) - z\nabla \cdot \boldsymbol{u}_1 \tag{4.57}$$

这样求出了一阶速度沿水深分布的表达式。

下面求二阶速度的表达式，将 w_1 的表达式（4.57）代入式（4.55）的第一式，并做垂向积分，可得

$$\boldsymbol{u}_2 = \boldsymbol{U}_2(x, y, t) - \frac{\mu^2}{\varepsilon}\left\{z\nabla[\nabla \cdot (d\boldsymbol{u}_1)] + \frac{1}{2}z^2\nabla(\nabla \cdot \boldsymbol{u}_1)\right\} \tag{4.58}$$

式中，$\boldsymbol{U}_2$ 为待定函数。该式即为二阶水平速度沿水深的分布，为二次多项式。将式（4.58）中 $\boldsymbol{u}_2$ 的表达式代入式（3.55）中的第二式，对 z 积分可以得出 w_2 的表达式。由于该表达式在后面的推导中没有应用，这里不写出其具体形式。

由上面 $\boldsymbol{u}_1$ 与 $\boldsymbol{u}_2$ 沿水深的分布，可以得到精确到二阶的水平速度沿水深的分布 $\boldsymbol{u}$，即

$$\boldsymbol{u} = \varepsilon\boldsymbol{u}_1 + \varepsilon^2\boldsymbol{u}_2 = \varepsilon\boldsymbol{u}_1(x, y) + \varepsilon^2\boldsymbol{U}_2(x, y, t) - \varepsilon\mu^2\left\{z\nabla[\nabla \cdot (d\boldsymbol{u}_1)] + \frac{1}{2}z^2\nabla(\nabla \cdot \boldsymbol{u}_1)\right\} \tag{4.59}$$

式（4.59）中，$\boldsymbol{u}$ 是由两个待求函数 $\boldsymbol{u}_1$ 和 $\boldsymbol{U}_2$ 表达的。实际上，经典 Boussinesq 方程中速度 $\boldsymbol{u}$ 常用水深平均速度 $\bar{\boldsymbol{u}}$ 来表示。为此，先求精确到二阶的流量 $\boldsymbol{Q}$，即

$$\begin{aligned}\boldsymbol{Q} &= \int_{-d}^{0}(\varepsilon\boldsymbol{u}_1 + \varepsilon^2\boldsymbol{u}_2)\mathrm{d}z + \int_{0}^{\varepsilon\eta_1}\varepsilon\boldsymbol{u}_1\mathrm{d}z \\ &= \varepsilon d\boldsymbol{u}_1 + \varepsilon^2\left\{\eta_1\boldsymbol{u}_1 + d\boldsymbol{U}_2 + \frac{\mu^2}{\varepsilon}\left[\frac{1}{2}d^2\nabla(\nabla\cdot(d\boldsymbol{u}_1)) - \frac{1}{6}d^3\nabla(\nabla\cdot\boldsymbol{u}_1)\right]\right\}\end{aligned} \tag{4.60}$$

再将式（4.60）与式（4.45）对比后可得

$$\boldsymbol{Q}_1 = d\boldsymbol{u}_1 \tag{4.61}$$

$$\boldsymbol{Q}_2 = \eta_1\boldsymbol{u}_1 + d\boldsymbol{U}_2 + \frac{\mu^2}{\varepsilon}\left\{\frac{1}{2}d^2\nabla[\nabla \cdot (d\boldsymbol{u}_1)] - \frac{1}{6}d^3\nabla(\nabla \cdot \boldsymbol{u}_1)\right\} \tag{4.62}$$

根据式（4.60）可以求得水深平均速度 $\bar{\boldsymbol{u}}$ 的表达式为

$$\bar{\boldsymbol{u}} = \frac{\boldsymbol{Q}}{d+\eta} = \varepsilon\boldsymbol{u}_1 + \varepsilon^2\boldsymbol{U}_2 + \varepsilon\mu^2\left\{\frac{1}{2}d\nabla[\nabla \cdot (d\boldsymbol{u}_1)] - \frac{1}{6}d^2\nabla(\nabla \cdot \boldsymbol{u}_1)\right\} \tag{4.63}$$

将式（4.63）代入式（4.59）中，从而可以得出用 $\bar{\boldsymbol{u}}$ 表示的速度 $\boldsymbol{u}$ 为

$$\boldsymbol{u} = \bar{\boldsymbol{u}} + \varepsilon\mu^2\left\{\left(d^2 - \frac{1}{2}z^2\right)\nabla(\nabla \cdot \boldsymbol{u}_1) - \left(\frac{1}{2}d + z\right)\nabla[\nabla \cdot (d\boldsymbol{u}_1)]\right\} \tag{4.64}$$

由此可见，二阶近似假定下，水平速度沿水深是呈二次多项式分布的。

对于垂向速度 w，由式（4.57）可以得到其在一阶近似条件下的表达式为

$$w = \varepsilon w_1 = -\varepsilon[\nabla \cdot (d\boldsymbol{u}_1) + z\nabla \cdot \boldsymbol{u}_1] \tag{4.65}$$

保持同样的精度，用水深平均速度 $\bar{\boldsymbol{u}}$ 取代上式中 $\varepsilon\boldsymbol{u}_1$，则有

$$w = -[\nabla \cdot (d\bar{\boldsymbol{u}}) + z\nabla \cdot \bar{\boldsymbol{u}}] \tag{4.66}$$

可见，垂向速度在一阶近似条件下沿水深呈线性分布。

（2）控制方程的建立

将摄动展开式（4.41）~（4.45）代入连续方程式（4.37）、动量方程式（4.17）和

式（4.18）中，经过类似的推导，可以得到各阶的摄动方程。

一阶方程

$$\begin{cases}\dfrac{\partial \eta_1}{\partial t}+\nabla\cdot \boldsymbol{Q}_1=0\\ \dfrac{\partial \boldsymbol{u}_1}{\partial t}+\nabla p_1=\boldsymbol{0}\\ \dfrac{\partial p_1}{\partial z}=0\end{cases} \tag{4.67}$$

二阶方程

$$\begin{cases}\dfrac{\partial \eta_2}{\partial t}+\nabla\cdot \boldsymbol{Q}_2=0\\ \dfrac{\partial \boldsymbol{u}_2}{\partial t}+(\boldsymbol{u}_1\cdot\nabla)\boldsymbol{u}_1+\nabla p_2=\boldsymbol{0}\\ \dfrac{\mu^2}{\varepsilon}\dfrac{\partial w_1}{\partial t}=-\dfrac{\partial p_2}{\partial z}\end{cases} \tag{4.68}$$

在上述方程的推导过程中使用了 $O(\varepsilon)$ 和 $O(\mu^2)$ 是同阶量的假定。

对式（4.67）中的第三式进行垂向积分，并根据伯努利方程可知 $p_1\big|_{z=0}=\eta_1$，于是有

$$p_1=\eta_1 \tag{4.69}$$

将式（4.69）及式（4.61）代入式（4.67）中的前两式，可得

$$\begin{cases}\dfrac{\partial \eta_1}{\partial t}+\nabla\cdot(d\boldsymbol{u}_1)=0\\ \dfrac{\partial \boldsymbol{u}_1}{\partial t}+\nabla \eta_1=\boldsymbol{0}\end{cases} \tag{4.70}$$

式（4.70）即为一阶问题控制方程，其有因次形式与第4.1.2节中浅水波控制方程是相同的。由此可见，线性浅水波理论与本节摄动展开的一阶问题相对应，是一阶近似。

将 w_1 的表达式（4.57）代入式（4.68）中的第三式，进行垂向积分，并注意到 $p_2\big|_{z=0}=\eta_2$，可得

$$p_2=\eta_2+\frac{\mu^2}{\varepsilon}\left[z\frac{\partial}{\partial t}\nabla\cdot(d\boldsymbol{u}_1)+\frac{1}{2}z^2\frac{\partial}{\partial t}\nabla\cdot\boldsymbol{u}_1\right] \tag{4.71}$$

将式（4.71）以及 $\boldsymbol{u}_2$ 的表达式（4.58）代入式（4.68）中的第二式，可以得到二阶问题的控制方程为

$$\begin{cases}\dfrac{\partial \eta_2}{\partial t}+\nabla\cdot \boldsymbol{Q}_2=0\\ \dfrac{\partial \boldsymbol{U}_2}{\partial t}+(\boldsymbol{u}_1\cdot\nabla)\boldsymbol{u}_1+\nabla \eta_2=\boldsymbol{0}\end{cases} \tag{4.72}$$

式中，$\boldsymbol{Q}_2$ 由式（4.62）给出，$\boldsymbol{u}_1$ 和 η_1 可以通过求解一阶问题获得，因而，方程（4.72）是关于二阶量的控制方程，未知量为 $\boldsymbol{U}_2$ 和 η_2。

下面考虑控制方程（4.70）和方程（4.72）的解的问题，根据前几章介绍的摄动展开方法，可以先根据一阶方程求出一阶解，然后将一阶解作为已知量代入二阶方程，求出

二阶解。但是，在该问题中，采用上述方法会使二阶问题的解出现共振解或长期项问题。这主要是由于一阶方程（4.70）与二阶方程的齐次方程形式上是一致的，从而导致二阶方程（4.72）的非齐次项在周期波情况下与方程的一般解满足相同的色散关系，因而使方程的特解为共振解，这是浅水效应所导致的。当共振解存在时，经过一段时间后，二阶解的大小将与一阶解大小相当，即随着时间项的增大二阶解产生了一阶效应。其物理意义是：当 $O(\varepsilon)$ 和 $O(\mu^2)$ 是同阶量时，不但低阶量会对高阶量产生作用，而且高阶量也会对低阶量产生作用。通过前述摄动法则只能考虑低阶量对高阶量产生作用，无法考虑高阶量对低阶量的作用，从而产生了共振解，导致解在较长的时间范围内失效。

为克服上述摄动法的不足，我们不再对一阶方程和二阶方程分别求解，而是将这两个方程分别乘以 ε 和 ε^2后，把一阶连续方程和二阶连续方程，以及一阶动量方程和二阶动量方程分别相加，即 $\varepsilon\times$[式（4.70）]$+\varepsilon^2\times$[式（4.72）]，组成以一阶量和二阶量之和为未知量的方程，即

$$\frac{\partial}{\partial t}(\varepsilon\eta+\varepsilon^2\eta_2)+\nabla\cdot(\varepsilon d\boldsymbol{u}_1+\varepsilon^2\boldsymbol{Q}_2)=0 \tag{4.73}$$

$$\frac{\partial}{\partial t}(\varepsilon\boldsymbol{u}_1+\varepsilon^2\boldsymbol{U}_2)+\varepsilon^2(\boldsymbol{u}_1\cdot\nabla)\boldsymbol{u}_1+\nabla(\varepsilon\eta_1+\varepsilon^2\eta_2)=\boldsymbol{0} \tag{4.74}$$

利用式（4.44）可将以式（4.73）和式（4.74）的 $\varepsilon\eta_1+\varepsilon^2\eta_2$用 η 来表达，利用式（4.59）将 $\varepsilon\boldsymbol{u}_1+\varepsilon^2\boldsymbol{U}_2$用 $\boldsymbol{u}$ 来表达，将并利用 $\boldsymbol{Q}_2$的表达式（4.62），可得

$$\frac{\partial\eta}{\partial t}+\nabla\cdot[(d+\eta)\boldsymbol{u}]+\mu^2\nabla\cdot\left\{\left(z+\frac{d}{2}\right)d\,\nabla[\nabla\cdot(d\boldsymbol{u})]+\left(\frac{z^2}{2}-\frac{d^2}{6}\right)d\,\nabla(\nabla\cdot\boldsymbol{u})\right\}=0 \tag{4.75}$$

$$\frac{\partial\boldsymbol{u}}{\partial t}+(\boldsymbol{u}\cdot\nabla)\boldsymbol{u}+\nabla\eta+\mu^2\left\{z\frac{\partial}{\partial t}\nabla[\nabla\cdot(d\boldsymbol{u})]+\frac{z^2}{2}\frac{\partial}{\partial t}\nabla(\nabla\cdot\boldsymbol{u})\right\}=0 \tag{4.76}$$

可以看出，方程式（4.75）和方程式（4.76）以一阶量和二阶量（$\boldsymbol{u}$ 和 η）之和为未知量，可以考虑一阶量对二阶量的作用，也可以考虑二阶量对一阶量的作用，这样就克服了上述摄动法仅考虑低阶量对高阶量的作用，而不考虑高阶量对低阶量的作用的不足。

利用式（4.63），可以写出由 η 和 $\bar{\boldsymbol{u}}$ 表达的方程为

$$\frac{\partial\eta}{\partial t}+\nabla\cdot[(d+\eta)\bar{\boldsymbol{u}}]=0 \tag{4.77}$$

$$\frac{\partial\bar{\boldsymbol{u}}}{\partial t}+(\bar{\boldsymbol{u}}\cdot\nabla)\bar{\boldsymbol{u}}+\nabla\eta-\mu^2\left\{\frac{1}{2}\frac{\partial}{\partial t}\nabla[\nabla\cdot(d\bar{\boldsymbol{u}})]-\frac{d^2}{6}\frac{\partial}{\partial t}\nabla(\nabla\cdot\bar{\boldsymbol{u}})\right\}=0 \tag{4.78}$$

再利用式（4.14），可以将以上方程写成有因次的形式，即

$$\frac{\partial\eta}{\partial t}+\nabla\cdot[(d+\eta)\bar{\boldsymbol{u}}]=0 \tag{4.79}$$

$$\frac{\partial\bar{\boldsymbol{u}}}{\partial t}+(\bar{\boldsymbol{u}}\cdot\nabla)\bar{\boldsymbol{u}}+g\,\nabla\eta=\frac{d}{2}\frac{\partial}{\partial t}\nabla[\nabla\cdot(d\bar{\boldsymbol{u}})]-\frac{d^2}{6}\frac{\partial}{\partial t}\nabla(\nabla\cdot\bar{\boldsymbol{u}}) \tag{4.80}$$

方程式（4.79）和方程式（4.80），或方程式（4.75）和方程式（4.76）称为 Boussinesq 方程。与第 4.1.1 节的线性浅水波方程相比，Boussinesq 方程的动量方程增加了非线

性项和色散项，前者是动量方程左端的迁移加速度项，后者是动量方程等号的右端项。这使该方程可以应用于中等长度的长波和弱的非线性波，并且水平速度 $\boldsymbol{u}$ 沿水深分布不再是常数，而是抛物线形的，见式（4.66）；垂向速度也不再是零，而是沿水深呈线性分布，见式（4.64）；压力也不再是静水压力，由式（4.43）、式（4.48）、式（4.69）和式（4.71）可得

$$p = p_0 + \varepsilon p_1 + \varepsilon^2 p_2 = -z + \eta + \mu^2 \left[z \frac{\partial}{\partial t} \nabla \cdot (d\bar{\boldsymbol{u}}) + \frac{1}{2} z^2 \frac{\partial}{\partial t} \nabla \cdot \bar{\boldsymbol{u}} \right] \tag{4.81}$$

由此可见，Boussinesq 方程的压力沿水深呈抛物线形分布。

4.2.2 浅水波浪的非线性与色散性

本小节将基于有因次形式的 Boussinesq 方程式（4.79）和方程式（4.80），对浅水波的非线性与色散性进行阐述。考虑常数水深的一维波浪，则 Boussinesq 方程可以简化为

$$\frac{\partial \eta}{\partial t} + \frac{\partial}{\partial x}[(d+\eta)\bar{u}] = 0 \tag{4.82}$$

$$\frac{\partial \bar{u}}{\partial t} + \bar{u}\frac{\partial \bar{u}}{\partial x} + g\frac{\partial \eta}{\partial x} = \frac{d^2}{3}\frac{\partial^3 \bar{u}}{\partial t \partial x^2} \tag{4.83}$$

为了对上述方程进行分析，将方程中未知量 η 和 $\bar{u}$ 依小参数 ε 做摄动展开，即

$$\eta = \varepsilon \eta_1 + \varepsilon^2 \eta_2 + \cdots \tag{4.84}$$

$$\bar{u} = \varepsilon \bar{u}_1 + \varepsilon^2 \bar{u}_2 + \cdots \tag{4.85}$$

但以上展开不考虑 $O(\varepsilon) = O(\mu^2)$ 的情况，仅考虑方程对 ε 的摄动解。将式（4.84）和式（4.85）代入式（4.82）和式（4.83）中，可得

一阶方程

$$\frac{\partial \eta_1}{\partial t} + d\frac{\partial \bar{u}_1}{\partial x} = 0 \tag{4.86}$$

$$\frac{\partial \bar{u}_1}{\partial t} + g\frac{\partial \eta_1}{\partial x} - \frac{d^2}{3}\frac{\partial^3 \bar{u}_1}{\partial t \partial x^2} = 0 \tag{4.87}$$

二阶方程

$$\frac{\partial \eta_2}{\partial t} + d\frac{\partial \bar{u}_2}{\partial x} = -\frac{\partial(\eta_1 \bar{u}_1)}{\partial x} \tag{4.88}$$

$$\frac{\partial \bar{u}_2}{\partial t} + g\frac{\partial \eta_2}{\partial x} - \frac{d^2}{3}\frac{\partial^3 \bar{u}_2}{\partial t \partial x^2} = -\bar{u}_1\frac{\partial \bar{u}_1}{\partial x} \tag{4.89}$$

下面我们基于摄动展开方法对上述一阶方程和二阶方程进行求解，分析 Boussinesq 方程的色散性和非线性特征。需要说明的是，如第 4.2.1 节所描述，采用摄动展开法对上述方程求解将会产生共振解或长期项问题，导致方程的解在较长时间范围内失效。实际上，Boussinesq 方程在常数水深一维情况下的永形波解是孤立波和椭圆余弦波，这是无法使用摄动展开方法求解的。本节中仍采用摄动展开法对方程求解的目的仅仅是为了对 Boussinesq 方程的色散性和非线性进行描述，而不是真正地对方程进行求解。

(1) 色散性

在一阶方程中消去 $\bar{u}_1$，可以得出关于 η_1 的控制方程，即

$$\frac{\partial^2 \eta_1}{\partial t^2} - gd\frac{\partial^2 \eta_1}{\partial x^2} - \frac{1}{3}d^2 \frac{\partial^4 \eta_1}{\partial x^2 \partial t^2} = 0 \tag{4.90}$$

设一阶波面 η_1 的形式为

$$\eta_1 = d\cos(kx - \omega t) \tag{4.91}$$

式中，水深 d 的出现是由于实际的一阶波面升高为 $\varepsilon\eta_1$，见式（4.84）。将式（4.91）代入式（4.90）中，得到色散关系为

$$\omega^2 = \frac{gdk^2}{1 + \frac{1}{3}k^2 d^2} \tag{4.92}$$

进一步可以得出波浪的相速度 C 和群速度 C_g，分别为

$$C = \frac{\omega}{k} = \sqrt{\frac{gd}{1 + \frac{1}{3}k^2 d^2}} \tag{4.93}$$

$$C_g = \frac{d\omega}{dk} = \frac{C}{1 + \frac{1}{3}k^2 d^2} \tag{4.94}$$

根据上述表达式可以看出，二阶近似条件下的色散方程，以及波浪速度与波群速度，实际上是线性浅水方程的修正。与精确色散关系相比，则是二阶近似。因此，Boussinesq 方程实际上是弱色散性的。图 4.1 和图 4.2 分别给出了式（4.93）和式（4.94）计算出的无因次相速度和无因次波群速度与有限水深线性波浪理论无因次相速度和无因次波群速度的对比，从图 4.1 和图 4.2 中可以看出，只有当水深较小时，两者才比较接近。当水深增大时，两者具有明显的差别。这一差别反映了经典 Boussinesq 方程在波浪色散性上的近似性，即 Boussinesq 方程仅在浅水时才能够给出接近有限水深线性波浪理论的相速度和波群速度。

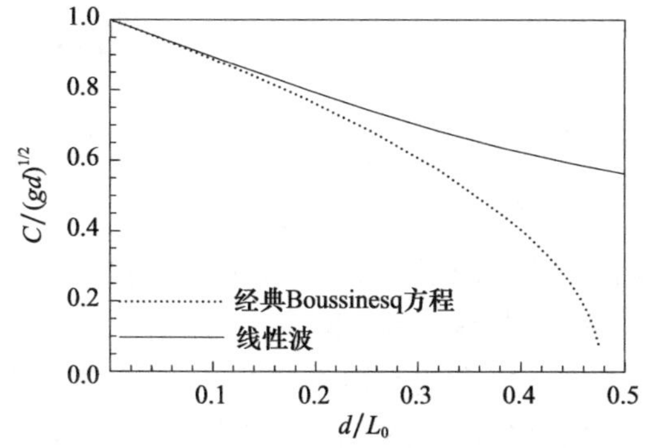

图 4.1 波浪相速度的对比

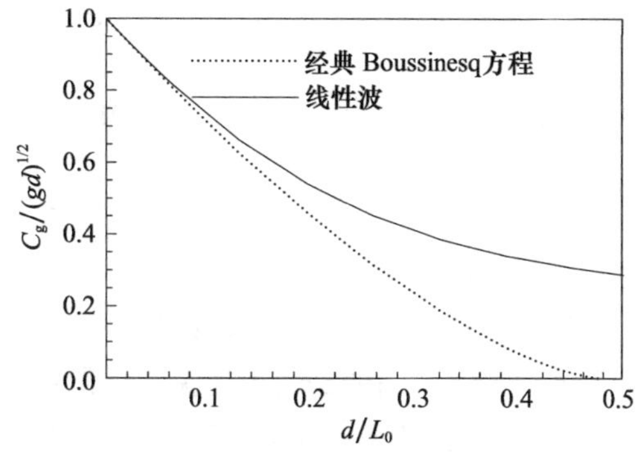

图 4.2 波浪群速度的对比

(2) 非线性

在二阶方程中消去 $\bar{u}_2$，可以得出关于 η_2 的控制方程，即

$$\frac{\partial^2\eta_2}{\partial t^2}-gd\frac{\partial^2\eta_2}{\partial x^2}-\frac{1}{3}d^2\frac{\partial^4\eta_2}{\partial x^2\partial t^2}=\frac{1}{2}d\frac{\partial^2(\overline{u}_1^2)}{\partial x^2}-\frac{\partial^2(\eta_1\overline{u}_1)}{\partial x\partial t}+\frac{1}{3}d^2\frac{\partial^4(\eta_1\overline{u}_1)}{\partial x^3\partial t} \tag{4.95}$$

式中，右端项所含 $\overline{u}_1$ 可以通过将一阶波面 η_1 的表达式（4.91）代入式（4.86）求得，即

$$\overline{u}_1=\frac{\omega}{k}\cos(kx-\omega t) \tag{4.96}$$

将 $\overline{u}_1$ 和 η_1 的表达式代入方程（4.95）的右端，整理可得

$$\frac{\partial^2\eta_2}{\partial t^2}-gd\frac{\partial^2\eta_2}{\partial x^2}-\frac{1}{3}d^2\frac{\partial^4\eta_2}{\partial x^2\partial t^2}=-d\omega^2\left(3+\frac{8}{3}k^2d^2\right)\cos 2(kx-\omega t) \tag{4.97}$$

同二阶斯托克斯波的情况，我们只计算行进波解，即只考虑其特解，设其形式为

$$\eta_2=G_2d\cos 2(kx-\omega t) \tag{4.98}$$

将式（4.98）代入方程（4.97）中，可得

$$G_2=\frac{\omega^2\left(3+\frac{8}{3}k^2d^2\right)}{4\left[\left(1+\frac{4}{3}k^2d^2\right)\omega^2-gdk^2\right]}=\frac{1}{4k^2d^2}\left(3+\frac{8}{3}k^2d^2\right) \tag{4.99}$$

在式（4.99）的推导过程中，应用了色散关系式（4.92）。实际上，在式（4.98）右端加上任何常数，该式仍为方程（4.97）的特解，将这一常数取为 $-d/4$。这样，将一阶波面和二阶波面代入方程（4.84）中，可以写出精确到二阶的总波面的表达式，即

$$\eta=\varepsilon\eta_1+\varepsilon^2\eta_2=-\frac{A^2}{4d}+A\cos(kx-\omega t)+\frac{A^2}{d}G_2\cos 2(kx-\omega t) \tag{4.100}$$

根据这一结果，结合二阶斯托克斯波理论，可以看出，二阶解是线性浅水波解的修正，其零频项将导致静水面降低（set down），倍频项将导致波面的波峰变高和波谷变平坦。这是典型的非线性特征。

值得注意的是，式（4.100）中的 G_2 称为波面升高的二阶传递函数。将式（4.100）与第 2 章有限水深斯托克斯波的二阶理论进行对比，可以得到斯托克斯波波面升高的二阶传递函数为

$$G_2^S=\frac{kd}{4}\frac{\cosh kd(2\cosh^2 kd+1)}{\sinh^3 kd} \tag{4.101}$$

在 $kd\ll 1$ 的浅水假设下，式（4.101）可近似表达为

$$G_2^S=\frac{1}{4k^2d^2}(3+2k^2d^2) \tag{4.102}$$

将式（4.102）与式（4.99）进行对比，可以看出，两者的第一项是一致的，而第二项是不一致的，这也说明了浅水非线性波浪与有限水深非线性波浪的不同。

最后需要说明的是，上述关于色散性与非线性的讨论仅是针对经典 Boussinesq 方程进行的。实际上，Boussinesq 方程已经发展到可满足精确色散关系及高阶非线性，感兴趣的读者可以参阅文献邹志利（2005）等。

4.3 孤立波

Boussinesq 方程在常数水深一维情况下的永形波解是孤立波和椭圆余弦波，这是不同于斯托克斯波的两种波浪形态。图 4. 3 给出了这两种波浪的形状，也给出了正弦波和斯托克斯波的波形作为对比。

Boussinesq 方程可以描述多方向传播的波浪，因而可以用于模拟不同海底地形条件下的波浪传播与演化等问题。如果只考虑单方向传播的行进波，则可以通过 Boussinesq 方程推导出 KdV 方程，即 Korteweg-de Vries 方程，该方程由 Korteweg 等（1895）导出，并根据此方程求出了孤立波与椭圆余弦波解。由于 KdV 方程形式上比 Boussinesq 方程简单，因此，较多地被应用于研究孤立波解析解等理论分析问题。本书将从 KdV 方程出发，对孤立波和椭圆余弦波进行推导。

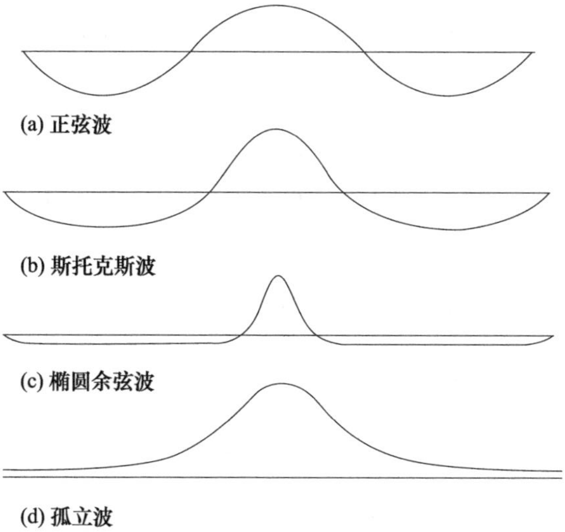

图 4. 3　不同波浪理论的波浪形态

4. 3. 1　KdV 方程

为了在无因次 Boussinesq 方程中明确地表示非线性项的量阶，我们用 $\varepsilon\eta$ 和 $\varepsilon\bar{u}$代替方程中的 η 和 $\bar{u}$，这相当于重新定义无因次水平速度、垂向速度和波面升高，分别为

$$\boldsymbol{u}' = \frac{\boldsymbol{u}}{\varepsilon\sqrt{gd}},\quad w' = \frac{w}{\varepsilon u\sqrt{gd}},\quad \eta' = \frac{\eta}{A} \tag{4.103}$$

注意通过上述无因次化处理后，η'、$\boldsymbol{u}'$和 ω'均为 $O(1)$ 量阶。又在常水深情况下，无因次水深为

$$d' = 1 \tag{4.104}$$

于是，无因次 Boussinesq 方程在常水深一维情况下可写为（略写表示无因次的撇号）

$$\eta_t + [(1+\varepsilon\eta)\bar{u}]_x = 0 \tag{4.105}$$

$$\bar{u}_t + \varepsilon \bar{u}\bar{u}_x + \eta_x - \mu^2 \frac{1}{3}\bar{u}_{xxt} = O(\varepsilon^2, \varepsilon\mu^2, \mu^4) \tag{4.106}$$

式中，下角标“t”和“x”分别为对变量求导。

下面基于方程式（4.105）和方程式（4.106）对 KdV 方程的推导过程进行简要的介绍。首先，忽略方程中非线性项和色散项，即等式左端最后一项，可得

$$\begin{aligned} &\eta_t + \bar{u}_x = 0 \\ &\bar{u}_t + \eta_x = 0 \end{aligned} \tag{4.107}$$

在式（4.107）中消去 $\bar{u}$，且只考虑右行波的情况，则有

$$\eta_x = -\eta_t \tag{4.108}$$

将式（4.108）代入式（4.107），可得

$$\eta = \bar{u} \tag{4.109}$$

式（4.109）是在式（4.105）和式（4.106）中忽略了 $O(\varepsilon)$ 和 $O(\mu^2)$ 项的结果，即一次近似解。基于摄动展开的理念，当考虑二次近似解时，可以在线性解的基础上考虑高阶的影响，故可将二阶解写为其关于小参数 ε 和 μ^2 做摄动展开的形式，即

$$\eta = \bar{u} + A\varepsilon + B\mu^2 + O(\varepsilon^2, \varepsilon\mu^2, \mu^4) \tag{4.110}$$

于是，

$$\bar{u} = \eta - A\varepsilon - B\mu^2 + O(\varepsilon^2, \varepsilon\mu^2, \mu^4) \tag{4.111}$$

式中，A 和 B 为待定参数。将式（4.110）和式（4.111）代入式（4.105）和式（4.106）中，得

$$\begin{cases} \eta_t + \eta_x + \varepsilon(2\eta\eta_x - A_x) - \mu^2 B_x = O(\varepsilon^2, \varepsilon\mu^2, \mu^4) \\ \eta_t + \eta_x + \varepsilon(\eta\eta_x - A_t) - \mu^2\left(B_t + \dfrac{1}{3}\eta_{xxt}\right) = O(\varepsilon^2, \varepsilon\mu^2, \mu^4) \end{cases} \tag{4.112}$$

欲使该方程组相容，则对应 ε 和 μ^2 的项应相等，故有

$$\begin{cases} 2\eta\eta_x - A_x = \eta\eta_x - A_t + O(\varepsilon, \mu^2) \\ B_x = \dfrac{1}{3}\eta_{xxt} + B_t + O(\varepsilon, \mu^2) \end{cases} \tag{4.113}$$

或将式（4.113）写为

$$\begin{cases} A_x - \dfrac{1}{2}\eta\eta_x = A_t + \dfrac{1}{2}\eta\eta_x + O(\varepsilon, \mu^2) \\ B_x - \dfrac{1}{6}\eta_{xxt} = B_t + \dfrac{1}{6}\eta_{xxt} + O(\varepsilon, \mu^2) \end{cases} \tag{4.114}$$

由式（4.108）可将式（4.114）改写为

$$\begin{cases} A_x - \dfrac{1}{2}\eta\eta_x = A_t - \dfrac{1}{2}\eta\eta_t + O(\varepsilon, \mu^2) \\ B_x + \dfrac{1}{6}\eta_{xxx} = B_t + \dfrac{1}{6}\eta_{xxt} + O(\varepsilon, \mu^2) \end{cases} \tag{4.115}$$

或

$$\begin{cases}\left(A-\frac{1}{4}\eta^2\right)_x=\left(A-\frac{1}{4}\eta^2\right)_t+O(\varepsilon,\ \mu^2)\\ \left(B+\frac{1}{6}\eta_{xx}\right)_x=\left(B+\frac{1}{6}\eta_{xx}\right)_t+O(\varepsilon,\ \mu^2)\end{cases}\tag{4.116}$$

式（4.116）成立时可取

$$A=\frac{1}{4}\eta^2,\quad B=-\frac{1}{6}\eta_{xx}\tag{4.117}$$

再将式（4.117）代入式（4.112）中的第一式，并略去量阶为 $O(\varepsilon^2,\ \varepsilon\mu^2,\ \mu^4)$ 的项，可得

$$\eta_t+\eta_x+\frac{3}{2}\varepsilon\eta\eta_x+\frac{1}{6}\mu^2\eta_{xxx}=0\tag{4.118}$$

式（4.118）即为 KdV 方程。式（4.118）也可由 $\bar{u}$ 表达，将式（4.117）代入式（4.110）中，可得

$$\eta=\bar{u}+\frac{\varepsilon}{4}\eta^2-\frac{\mu^2}{6}\eta_{xx}\tag{4.119}$$

将式（4.119）代入式（4.118），并略去量阶为 $O(\varepsilon^2,\ \varepsilon\mu^2,\ \mu^4)$ 的项，可得

$$\bar{u}_t+\bar{u}_x+\frac{3}{2}\varepsilon\bar{u}\bar{u}_x+\frac{1}{6}\mu^2\bar{u}_{xxx}=0\tag{4.120}$$

即 η 和 $\bar{u}$ 都满足 KdV 方程。将 KdV 方程写成有因次形式，即

$$\eta_t+C_0\eta_x+\frac{3}{2}\frac{C_0}{d}\eta\eta_x+\frac{1}{6}d^2C_0\eta_{xxx}=0\tag{4.121}$$

式中，$C_0=\sqrt{gd}$。

4.3.2 孤立波方程

孤立波和椭圆余弦波可通过直接对 KdV 方程积分求其以常速度传播的永形波解得到。为此，对方程（4.121）做变换，

$$X=(x-Ct)/d,\quad T=t,\quad \xi=\eta/d\tag{4.122}$$

C 为波浪传播速度，为常数。所以，新坐标系为以速度 C 随波浪一起前进的动坐标系。在新坐标系中观察波浪，波浪是静止不动的，即有 $\eta_T=0$。于是在新坐标系中，KdV 方程（4.121）可写为

$$\xi_{XXX}+9\xi\xi_X-6\left(\frac{C}{C_0}-1\right)\xi_X=0\tag{4.123}$$

对式（4.123）积分得

$$\xi_{XX}+\frac{9}{2}\xi^2-6\left(\frac{C}{C_0}-1\right)\xi+G'=0\tag{4.124}$$

G'为积分常数。乘以 $2\xi_X$，再进行积分，并记 $G=2G'/3$，可得

$$\xi_X^2=-3\left[\xi^3-2\left(\frac{C}{C_0}-1\right)\xi^2+G\xi+F\right]=-3f$$

则

$$f=\xi^3-2\left(\frac{C}{C_0}-1\right)\xi^2+G\xi+F \tag{4.125}$$

式中，F 为积分常数。进而可以通过 G 与 F 的值，导出孤立波和椭圆余弦波的表达式。

首先考虑孤立波的情况，孤立波首先由 J S Russell 在 1832 年发现。他在运河边观察到由岸上两匹马拉动的河道中快速行进的船突然停止时，由船带动的河道中水体并没有停止，而是积聚于船首形成一个凸起于静水面之上的波峰，它迅速离开船首，以几乎不变的速度沿河前进。他骑马追赶一二英里，直至其消失在河流拐弯处。10 年后，他在水槽中做实验，通过在水槽一端突然放水制造出这样的波浪。而第一次从理论上考察孤立波的人是 Boussinesq（1872）。以后，Rayleigh（1876）和 McCowan（1891）进一步发展了这一理论，并得到了更高阶的近似。这里基于 KdV 方程对孤立波解进行推导，其表达式与 Boussinesq 方程是一致的。

在图 4.4 坐标系中，孤立波波面具有以下几何条件：

$$\xi,\ \xi_X,\ \xi_{XX}\ \rightarrow\ 0, \qquad |X|\rightarrow\infty \tag{4.126}$$

$$\xi_X=0\ 且\ \xi=H/d, \qquad X=0 \tag{4.127}$$

式（4.126）意味着孤立波波长 L 趋向于无穷大，式（4.127）意味着在 $X=0$ 处孤立波存在值为 $\xi=H/d$ 的极值点，其中，H 为孤立波波高。根据式（4.126）可得

$$G=F=0 \tag{4.128}$$

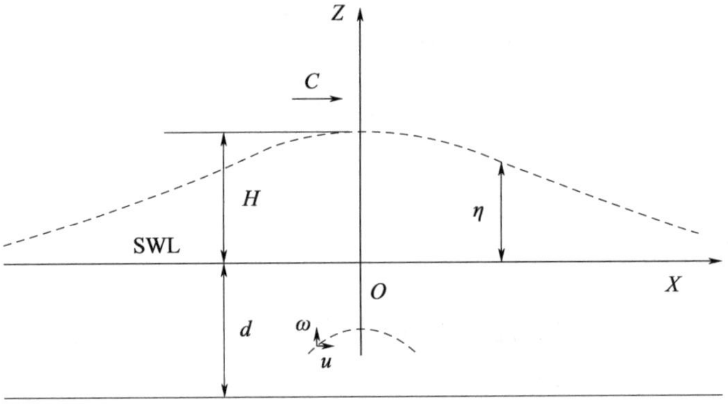

图 4.4　坐标系

根据式（4.127）和式（4.125）可得

$$\frac{H}{d}=2\left(\frac{C}{C_0}-1\right) \tag{4.129}$$

于是，得到孤立波波速为

$$C=C_0\left(1+\frac{1}{2}\frac{H}{d}\right) \tag{4.130}$$

式中，$C_0=\sqrt{gd}$ 为线性浅水波波速。可见，孤立波波速依赖于波幅，即存在波幅离散，波高较大的波，传播得较快。

下面求解孤立波波面函数，由式（4.125）及式（4.128），可得

$$\xi_X=\pm\sqrt{3\xi^2(\alpha-\xi)} \tag{4.131}$$

式中，$\alpha = H/d$。在式（4.131）中取正号，积分可得

$$\sqrt{3}X = -\frac{1}{\sqrt{\alpha}}\ln\frac{1+\sqrt{1-\xi/\alpha}}{1-\sqrt{1-\xi/\alpha}} = -\frac{2}{\sqrt{\alpha}}\operatorname{arctanh}\sqrt{1-\xi/\alpha} \tag{4.132}$$

由式（4.132）解出 ξ，即

$$\xi = \alpha\,\mathrm{sech}^2\sqrt{\frac{3\alpha}{4}}X \tag{4.133}$$

进一步根据变换式（4.122），可得一阶孤立波解为

$$\eta = H\,\mathrm{sech}^2\left[\sqrt{\frac{3H}{4d^3}}(x - C\cdot t)\right] \tag{4.134}$$

式（4.134）中，η 为孤立波波面升高，传播速度 C 由式（4.130）确定。

需要说明的是，上述孤立波解是通过求解 KdV 方程得到的，实际上，孤立波解也可以通过直接求解 Boussinesq 方程得到，所得的波面函数不变，仍为公式（4.134）。但同样是近似到一阶，孤立波传播速度 C 的表达式略有不同，为

$$C = \sqrt{g(d+H)} \tag{4.135}$$

研究发现，表达式（4.135）更接近实验结果。

4.3.3 孤立波的运动特征

有了波面表达式，即可对孤立波的运动特征进行研究。根据式（4.119）可以得到孤立波关于水深平均速度表达式，再根据式（4.64）和式（4.66）可得常数水深情况下速度沿水平方向的分布，进而可以计算出一阶孤立波流体质点运动的水平与垂向速度为

$$u = \sqrt{gd}\,\frac{\eta}{d} \tag{4.136}$$

$$w = -\sqrt{gd}\left(1+\frac{z}{d}\right)\frac{\partial\eta}{\partial x} \tag{4.137}$$

将式（4.134）代入式（4.137），可得

$$u = \sqrt{gd}\,\frac{H}{d}\,\mathrm{sech}^2 X \tag{4.138}$$

$$w = -\sqrt{3gd}\left(1+\frac{z}{d}\right)\left(\frac{H}{d}\right)^{\frac{3}{2}}\mathrm{sech}^2 X\tanh X \tag{4.139}$$

式中，$X = \sqrt{\frac{3H}{4d^3}}\ (x - Ct)$。

与第 2 章和第 3 章的振荡波不同，孤立波是一种推移波，流体质点只向前运动而不向后运动。在波峰到来之前，离波峰 $x = 10d$ 处的水质点实际上尚未开始运动，几乎处于静止状态。随着波峰的到来，水质点作向上和向前运动（u 和 w 均为正值），在波峰通过时刻（$x = 0$），水质点水平速度达到最大值，垂向速度为 0，水质点向上的位移达到最大。在波峰通过以后，水质点开始下降，水质点速度逐渐缓下来，最后回复到原来水质点深度的位置上。但是，在水平方向上，水质点有一个净向前位移，如图 4.5 所示。因此，孤立

波在波浪前进方向上有一水体的净输送。在单宽波峰线长度内，整个孤立波通过时，通过某一固定垂直断面的总输送水量等于静水位以上孤立波波面曲线所占有的体积，即

$$Q=\int_{-\infty}^{+\infty}\eta\mathrm{d}x=4d^2\sqrt{\frac{H}{3d}} \tag{4.140}$$

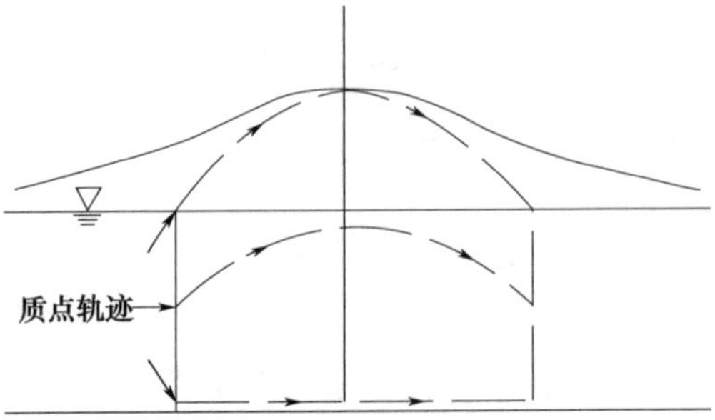

图 4.5　孤立波的流体质点运动轨迹

孤立波的总能量也是由动能和势能两部分构成，整个孤立波所包含的势能为

$$E_{\mathrm{p}}=\frac{\rho g}{2}\int_{-\infty}^{+\infty}\eta^2\mathrm{d}x \tag{4.141}$$

动能为

$$E_{\mathrm{k}}=\rho\int_{-\infty}^{+\infty}\int_{0}^{\eta+d}\frac{1}{2}(u^2+w^2)\mathrm{d}z\mathrm{d}x \tag{4.142}$$

将式（4.137）和式（4.138）代入式（4.142），忽略高阶项，可得

$$E_{\mathrm{k}}=\frac{\rho g}{2}\int_{-\infty}^{+\infty}\eta^2\mathrm{d}x+\frac{\rho g}{2}\frac{H}{d}\int_{-\infty}^{+\infty}\eta^2\tanh^2X\mathrm{d}x+\frac{\rho g}{2d}\int_{-\infty}^{+\infty}\eta^3\mathrm{d}x \tag{4.143}$$

式（4.143）中，等号右端的第二项与第三项相对于第一项属于高阶小量，可以略去，从而可以近似认为孤立波的动能和势能相等，其总波能为

$$E=E_{\mathrm{k}}+E_{\mathrm{p}}=\rho g\int_{-\infty}^{+\infty}\eta^2\mathrm{d}x \tag{4.144}$$

再将孤立波波面表达式（4.134）代入，可得

$$E=\frac{8}{3\sqrt{3}}\rho gH^{\frac{3}{2}}d^{\frac{3}{2}} \tag{4.145}$$

可以看出，孤立波的波能不仅与波高 H 有关，还与水深 d 有关。

在上述输运体积与波能的推导过程中，积分上下限取为 $\pm\infty$，这是因为孤立波的波面曲线在距离波峰 $\pm\infty$ 的地方均无限地趋向于静水表面。但实际上，几乎大部分的输送体积和能量均集中在波峰附近。如对于一个 $H/d=0.4$ 的孤立波，90% 的体积集中在 $x=\pm2.7d$ 范围内，90% 的能量集中在 $x=\pm1.7d$ 范围内。因此，对于两个相邻波峰之间的距离大于 $6d$，亦即波长 $L\geqslant6d$ 的浅水波列，可近似地当作孤立波处理。

在一定的水深条件下，孤立波所能达到的最大波高称为孤立波的极限波高，对于这一问题，目前比较通用的是 McCowan（1891）所给出的指标

$$\left(\frac{H}{d}\right)_{\max}=0.78 \tag{4.146}$$

一般而言，该孤立波极限波高条件一般更为人们所接受。

4.4 椭圆余弦波

椭圆余弦波是周期波，由于其波面升高由椭圆余弦函数表达，因此而得名。Korteweg 等（1895）首先基于 KdV 方程提出椭圆余弦波理论。后来，Keulegan 等（1940）、Keller（1948）、Wiegel（1960）等进一步对其进行了研究并应用于工程实际。Laitone（1961）和 Chappelear（1961）分别得到二阶和三阶椭圆余弦波，Fenton（1979）给出了五阶椭圆余弦波。邱大洪（1985）详细地讨论了椭圆余弦波理论及其工程应用。这里给出的是基于 KdV 方程的一阶椭圆余弦波。

4.4.1 椭圆余弦波方程求解

椭圆余弦波仍可以基于式（4.125）求得，对于周期波，波浪剖面上必然存在波峰与波谷，因此，必有某些值使得 $\xi_X=0$，故式（4.125）右端多项式应该有根存在。令此三次多项式的 3 个根分别为 ξ_1、ξ_2 和 ξ_3，则 f 可写成

$$f=(\xi-\xi_1)(\xi-\xi_2)(\xi-\xi_3)$$

即

$$\xi^3-2\left(\frac{C}{C_0}-1\right)\xi^2+G\xi+F=(\xi-\xi_1)(\xi-\xi_2)(\xi-\xi_3)$$

由三次方程根与系数的关系，可得

$$\begin{cases}\xi_1+\xi_2+\xi_3=2(C/C_0-1)\\ \xi_1\xi_2+\xi_2\xi_3+\xi_3\xi_1=G\\ \xi_1\xi_2\xi_3=-F\end{cases} \tag{4.147}$$

当 $\xi=0$ 时，由式（4.125）得 $\xi_X^2=-3F$，故必有 $F<0$，因而 $\xi_1\xi_2\xi_3>0$。不妨设 ξ_1 为 3 个根中最大的，则上述 3 个根有如下 3 种情形：

（1）3 个根均为正；

（2）$\xi_1>0$，ξ_2 与 $\xi_3<0$；

（3）$\xi_1>0$，ξ_2 与 ξ_3 为共轭复数。

情形（3）是指仅存在唯一正实数值，那么，当波面升高等于该值时其空间导数为零，这对于周期性波动是不可能的，该情形应予以排除。对于情形（1）的情况，则波谷处的波面高度也为正值，即波谷也在静水位以上，由于我们的坐标系取静水面位置，故这种情况也应予以排除。因此，ξ 的根只能是情形（2）的情况。设

$$\xi_1>\xi_2>\xi_3$$

由于式（4.125）中 $f\leqslant 0$，所以有 $\xi\leqslant\xi_3$ 或 $\xi_2\leqslant\xi\leqslant\xi_1$。对于周期波解，$\xi\leqslant\xi_3$ 是不成立

的，故只能是$\xi_2 \leqslant \xi \leqslant \xi_1$，即$\xi$在$\xi_1$和$\xi_2$之间变化，如图4.6所示。于是，式（4.125）可写为

$$\xi_X^2 = -3(\xi - \xi_1)(\xi - \xi_2)(\xi - \xi_3) \tag{4.148}$$

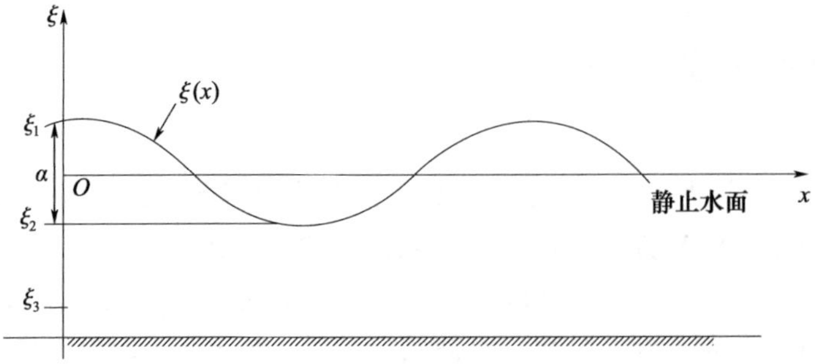

图4.6 ξ随x的变化

当波高为H时，由常数水深、变水深 KdV 方程中的定义可知，

$$\xi_1 - \xi_2 = \frac{H}{d} \equiv \alpha \tag{4.149}$$

另外，记

$$\xi_2 - \xi_3 \equiv \beta \tag{4.150}$$

$$\xi - \xi_2 = S \tag{4.151}$$

从而可以将式（4.148）改写为

$$S_X^2 = 3(\alpha - S)S(S + \beta)$$

从而

$$S_X = \pm\sqrt{3(\alpha - S)S(S + \beta)}$$

对上式进行求解，令$S = \alpha\cos^2\theta$，则$S_X = -2\alpha\sin\theta\cos\theta\theta_X$，代入上式可得

$$2\theta_X = \mp\sqrt{3(\alpha\cos^2\theta + \beta)} = \mp\sqrt{3}\sqrt{(\alpha + \beta)\left(1 - \frac{\alpha}{\alpha + \beta}\sin^2\theta\right)}$$

从而

$$\mp\frac{\sqrt{3}}{2}\sqrt{(\alpha + \beta)}X_\theta = \frac{1}{\sqrt{\left(1 - \frac{\alpha}{\alpha + \beta}\sin^2\theta\right)}} \tag{4.152}$$

记

$$m^2 = \frac{\alpha}{\alpha + \beta} = \frac{\xi_1 - \xi_2}{\xi_1 - \xi_3} \tag{4.153}$$

且有$0 < m < 1$。在式（4.152）中取正号，并积分，且注意到$\alpha + \beta = \xi_1 - \xi_3$，得

$$\frac{\sqrt{3}}{2}\sqrt{\xi_1 - \xi_3}X = \int_0^\theta \frac{d\theta}{\sqrt{1 - m^2\sin^2\theta}} \tag{4.154}$$

式中，积分是模为m的第一类椭圆积分。式（4.154）给出了θ与X之间的函数关系，由此关系可进一步给出

$$\cos\theta = \mathrm{cn}\left(\frac{\sqrt{3}}{2}\sqrt{\xi_1 - \xi_3}\,X,\ m\right) \tag{4.155}$$

式中，cn 称为椭圆余弦函数（类似地，也可定义椭圆正弦函数 sn）。将式（4.155）代入式（4.151）可得

$$\xi = \xi_2 + (\xi_1 - \xi_2)\mathrm{cn}^2\left(\frac{\sqrt{3}}{2}\sqrt{\xi_1 - \xi_3}X,\ m\right) \tag{4.156}$$

ξ 随 X 的变化如图 4.6 所示。式（4.156）中，由于 cn 是以 $4K(m)$ 为周期，cn^2是以 $2K(m)$ 为周期，$K(m)$ 为第一类完全椭圆积分，即

$$K(m) = \int_0^{\frac{\pi}{2}} \frac{\mathrm{d}\theta}{\sqrt{1 - m^2\sin^2\theta}} \tag{4.157}$$

于是，记 L 和 T 分别为波浪的波长和周期，则式（4.156）可以写成

$$\xi = \xi_2 + (\xi_1 - \xi_2)\mathrm{cn}^2\left[2K(m)\left(\frac{x}{L} - \frac{t}{T}\right)\right] \tag{4.158}$$

将 $X = (x - Ct)/d$ 和 $C = L/T$ 代入式（4.156），并将所得表达式与式（4.158）对比，可得

$$\frac{\sqrt{3}}{2}\sqrt{\xi_1 - \xi_3}\left(\frac{L}{d}\right) = 2K(m) \tag{4.159}$$

由式（4.153）和式（4.149）得

$$\xi_1 - \xi_3 = \frac{\xi_1 - \xi_2}{m^2} = \frac{H}{m^2 d} \tag{4.160}$$

代入式（4.159），整理可得

$$\frac{16}{3}[mK(m)]^2 = \left(\frac{L}{d}\right)^2\frac{H}{d} \tag{4.161}$$

m 确定之后可由上式求波长 L。为了确定 m，需先确定 ξ_1、ξ_2 和 ξ_3。通常波浪的波高 H 和周期 T 是事先知道的，这样可将 ξ_1、ξ_2 和 ξ_3 用 H 和 T 来表达。为此，应用质量守恒定律，当坐标原点取在静水面上时，应有

$$\int_0^L \xi\mathrm{d}X = 0 \tag{4.162}$$

式（4.162）也可表达为对 θ 的微分，因为，

$$\mathrm{d}X = \frac{\mathrm{d}X}{\mathrm{d}\theta}\mathrm{d}\theta = \frac{2}{\sqrt{3}}\frac{1}{\sqrt{\xi_1 - \xi_3}\sqrt{1 - m^2\sin^2\theta}}\mathrm{d}\theta \tag{4.163}$$

和

$$\xi = \xi_2 + (\xi_1 - \xi_2)\cos^2\theta = \xi_3 + (\xi_1 - \xi_3)(1 - m^2\sin^2\theta) \tag{4.164}$$

代入式（4.162），得

$$\int_0^{\pi} \frac{\xi_3 + (\xi_1 - \xi_3)(1 - m^2\sin^2\theta)}{\sqrt{1 - m^2\sin^2\theta}}\mathrm{d}\theta = 0 \tag{4.165}$$

利用$\sin^2\theta$ 关于 θ 的对称性，式（4.165）等于从 0 ~ π/2 积分的两倍，再利用第一类完全椭圆积分式（4.157）和第二类完全椭圆积分，即

$$E(m) = \int_0^{\frac{\pi}{2}} \sqrt{1 - m^2 \sin^2\theta} \mathrm{d}\theta \tag{4.166}$$

可将式（4.165）写为

$$\xi_3 K(m) + (\xi_1 - \xi_3) E(m) = 0 \tag{4.167}$$

即

$$\xi_3 = -\frac{E}{K}(\xi_1 - \xi_3) = -\frac{H}{d}\frac{E}{m^2 K} \tag{4.168}$$

$$\xi_1 = -\xi_3\left(\frac{K}{E} - 1\right) = \frac{H}{m^2 d}\left(1 - \frac{E}{K}\right) \tag{4.169}$$

推导中利用了式（4.160）。又由式（4.149）得

$$\xi_2 = \xi_1 - \frac{H}{d} = \frac{H}{m^2 d}\left(1 - m^2 - \frac{E}{K}\right) \tag{4.170}$$

由式（4.147）中的第一式得

$$C = C_0\left[1 + \frac{1}{2}(\xi_1 + \xi_2 + \xi_3)\right] \tag{4.171}$$

将 ξ_1、ξ_2 和 ξ_3 表达式代入式（4.171），得波速

$$C = C_0\left[1 + \left(\frac{H}{d}\right)\left(\frac{1}{m^2} - \frac{1}{2} - \frac{3E}{2m^2 K}\right)\right] \tag{4.172}$$

波浪周期为

$$T = \frac{L}{C} = \sqrt{\frac{d}{g}} \frac{4mK\sqrt{\frac{d}{3H}}}{1 + \left(\frac{H}{d}\right)\left(\frac{1}{m^2} - \frac{1}{2} - \frac{3E}{2m^2 K}\right)} \tag{4.173}$$

式中，$C_0 = \sqrt{gd}$。将式（4.170）、式（4.149）和式（4.159）代入式（4.156），并将其写成有因次形式

$$\eta = \eta_2 + H\,\mathrm{cn}^2\left[\frac{2K}{L}(x - Ct)\right] \tag{4.174}$$

式中，

$$\eta_2 = d\xi_2 = H\left(\frac{1}{m^2} - 1 - \frac{E}{m^2 K}\right) \tag{4.175}$$

式（4.175）为椭圆余弦波波面升高表达式。图 4.7 给出了 η 在 m 取不同值时的形状，由图可见，m 是决定椭圆余弦波剖面形状的参数，在已知波高 H、周期 T 和水深 d 时，可由式（4.173）求出。若周期未知，而波长已知，则可由式（4.161）求出 m。m 值确定后，由式（4.172)确定波速 C。图 4.8 给出了椭圆余弦波、孤立波和正弦波波形以及 Taylor（1955）的椭圆余弦波实验结果。

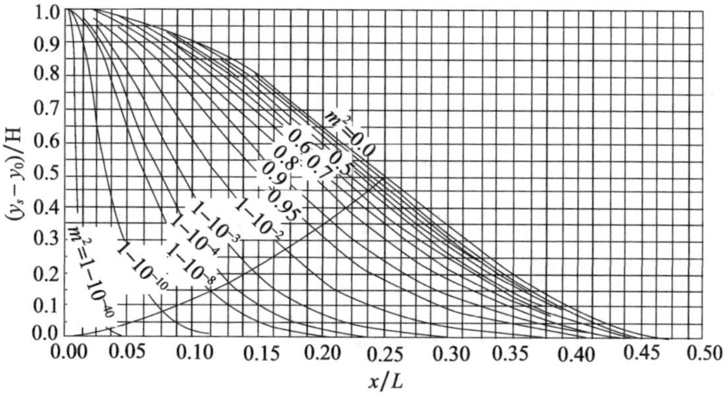

图 4.7 椭圆余弦波剖面形状

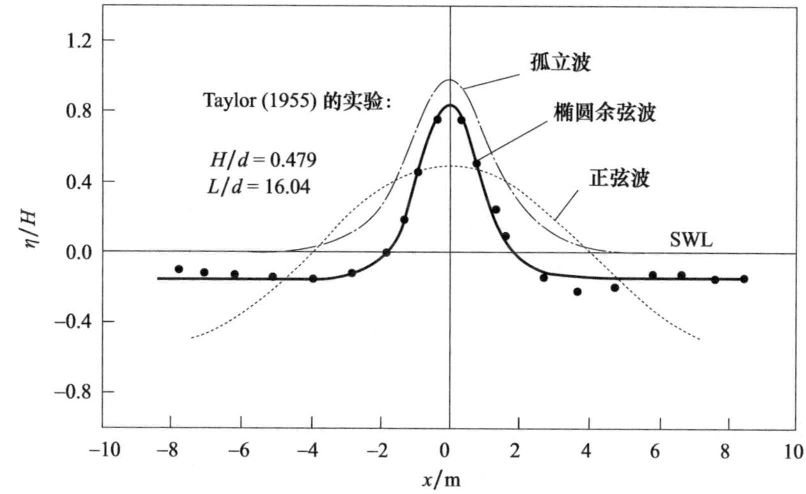

图 4.8 椭圆余弦波、孤立波和正弦波波形及椭圆余弦波实验结果（黑点）

对于椭圆余弦波的极限波高，如果采用波峰顶处水质点水平分量 $u_{max}>C$ 的条件作为波浪破碎的界限，当采用一阶椭圆余弦波理论时，可求得不同 d/L 条件下的指标近似为

$$\left(\frac{H}{d}\right)_{max}\approx 0.70 \tag{4.176}$$

但在一般的工程设计上，常采用孤立波理论所给出的界限，即

$$\left(\frac{H}{d}\right)_{max}=0.78 \tag{4.177}$$

这主要是由于波浪在浅水地区破碎前的波形一般更接近于孤立波。

4.4.2 椭圆余弦波的两种极限情况

如上所述，参数 m 的大小决定椭圆余弦波波形。本小节将考虑椭圆余弦波的两种极限情况。

（1）$m\to1$。在这种情况下，$K(1)\to\infty$，$E(1)=1$，结果 $\eta_2\to0$，$\mathrm{cn}(r,1)\to\mathrm{sech}\,r$，$L\to\infty$，但

$$\frac{K(1)}{L}=\frac{1}{4d}\sqrt{\frac{3H}{d}}$$

于是，式（4.174）成为

$$\eta = H\ \text{sech}^2\sqrt{\frac{3H}{4d^3}}(x-Ct) \tag{4.178}$$

式（4.178）即是孤立波波面升高。所以，孤立波式椭圆余弦波具有无限长波长的极限情况。这时由式（4.172）得波速

$$C=C_0\left[1+\frac{1}{2}\left(\frac{H}{d}\right)\right] \tag{4.179}$$

式（4.179）与孤立波波速式（4.130）一致。

（2）$m\to 0$。在这种情况下，$K(0)=E(0)=\pi/2$，由式（4.130）得 $H\to 0$，即对应无穷小波幅波浪。$\text{cn}(r,0)\to\cos r$，$\eta_2=-H$。于是，式（4.172）成为

$$\begin{aligned}\eta &= -H+H\cos^2\left[\frac{\pi}{L}(x-Ct)\right]\\ &= -H+\frac{H}{2}\left\{1+\cos\left[\frac{2\pi}{L}(x-Ct)\right]\right\}\\ &= -\frac{H}{2}+\frac{H}{2}\cos\left[\frac{2\pi}{L}(x-Ct)\right]\end{aligned} \tag{4.180}$$

这时是正弦波波面升高，由式（4.161）可得

$$\frac{H}{m^2 d}=\frac{4\pi^2}{3}\left(\frac{d}{L}\right)^2 \tag{4.181}$$

代入式（4.172）可得 $m\to 0$ 时的波速

$$C=\sqrt{gd}\left[1-\frac{1}{6}\left(\frac{2\pi d}{L}\right)^2\right]=\sqrt{gd}\left(1-\frac{1}{6}k^2d^2\right) \tag{4.182}$$

式（4.182）与 Boussinesq 方程的波速关于 k^2d^2 的泰勒展开式前两项一致，式（4.182）中 $2\pi d/L$ 与式（4.93）中 kd 对应。所以，椭圆余弦波在 $m\to 0$ 时成为弱色散性的线性波（正弦波）。

以上两种情况的分析表明了椭圆余弦波理论的适用范围是 $0<m\leqslant 1$，但 m 值的计算也很不方便。由式（4.161）知，m 由 Ursell 数 $(L/d)^2H/d$ 唯一确定，所以，可用该参数作为椭圆余弦波理论适用范围的判据。Longuet-Higgins（1956）指出，$L^2H/d^3\geqslant 32\pi^2/3$，可采用椭圆余弦波理论。反之，可采用线性波浪理论或斯托克斯波理论。Housley 等（1957）根据理论波速与实验波速的比较，用 H/d 与 $T\sqrt{g/d}$ 的函数关系确定了孤立波与振动波理论的适用范围，其分界线方程为

$$\frac{H}{d}=\frac{1600}{(T/\sqrt{g/d})^{5/2}} \tag{4.183}$$

可作为孤立波与椭圆余弦波理论的分界线。

4.4.3 波浪理论的适用性

到目前为止，我们对线性波、斯托克斯波、孤立波以及椭圆余弦波波浪理论进行了介绍，根据前述推导过程可以看出，这些波浪理论都是通过某些假设与简化，特别是对自由水面边界条件进行简化而得到的，因此，在不同条件下，上述波浪理论具有不同的计算结果，也具有各自的计算精度与适用范围。

线性波浪理论在一般的工程中较为常用，它适用于 $H/d \ll 1$ 的情况且 Ursell 数 $U_R = (\eta_0/L)(L/d)^3 \ll 1$ 的情况，这里 η_0为波峰顶在水面以上的升高。在上述参数的使用过程中，一般取 $H/d < 0.04$。

所谓 U_R数最先是由 Korteweg 等（1895）提出的，它与非线性波浪理论中的二阶项与一阶项的比值成正比，因此，当 U_R数逐渐增大时，非线性二阶项的比重逐渐增大。这时，即使相对波高 H/d 较小，线性波浪理论也是不适用的，需要考虑采用非线性理论对波浪进行描述。

当 $U_R < 10$ 且相对水深 d/L 处于有限水深范围时，可采用斯托克斯高阶波浪理论进行描述，该理论通常适用于大水深和大波陡的情况。

当相对波高 H/d 接近且小于 1，相对水深处于浅水范围，即 $d/L < 1/8 \sim 1/10$ 时，这时需采用椭圆余弦波理论对波浪进行描述。而当相对水深 d/L 进一步减小，即相对波长 $L/d \to \infty$ 时，椭圆余弦波理论就趋向于孤立波理论，这是一个极限的有限振幅波，当水深继续变小时，波浪将不能维持其波形而发生破碎。

Le Mehaute（1969）采用两个无因次独立参数 d/gT^2和 H/gT^2为横纵坐标，把各种波浪理论的适用范围通过图的形式近似表示，如图 4.9 所示。

在图 4.9 中，首先对极限波浪进行了划分，以波浪破碎界限作为边界，深水波的破碎界限为

$$\left(\frac{H_0}{L_0}\right)_{\max} = 0.142 \approx \frac{1}{7} \tag{4.184}$$

而浅水波的破碎界限为

$$\left(\frac{H}{d}\right)_{\max} = 0.78 \tag{4.185}$$

从而将图分为了破碎波和非破碎波两部分。

进一步，通过横坐标 d/gT^2的取值，图 4.9 给出了深水界限 $d/L = 0.50$ 和浅水界限 $d/L = 0.04$ 两条平行的虚线。最右侧部分为深水波，该范围可以通过线性波和斯托克斯波理论对波浪进行描述，其中，斯托克斯波理论阶数越高适用范围则越大，且适用范围仅依赖于纵坐标 H/gT^2的取值。

在浅水与有限水深的范围内，图 4.9 通过 U_R数给出了椭圆余弦波与斯托克斯波之间的界限，即

$$U_R = \frac{HL^2}{d^3} \approx 26 \tag{4.186}$$

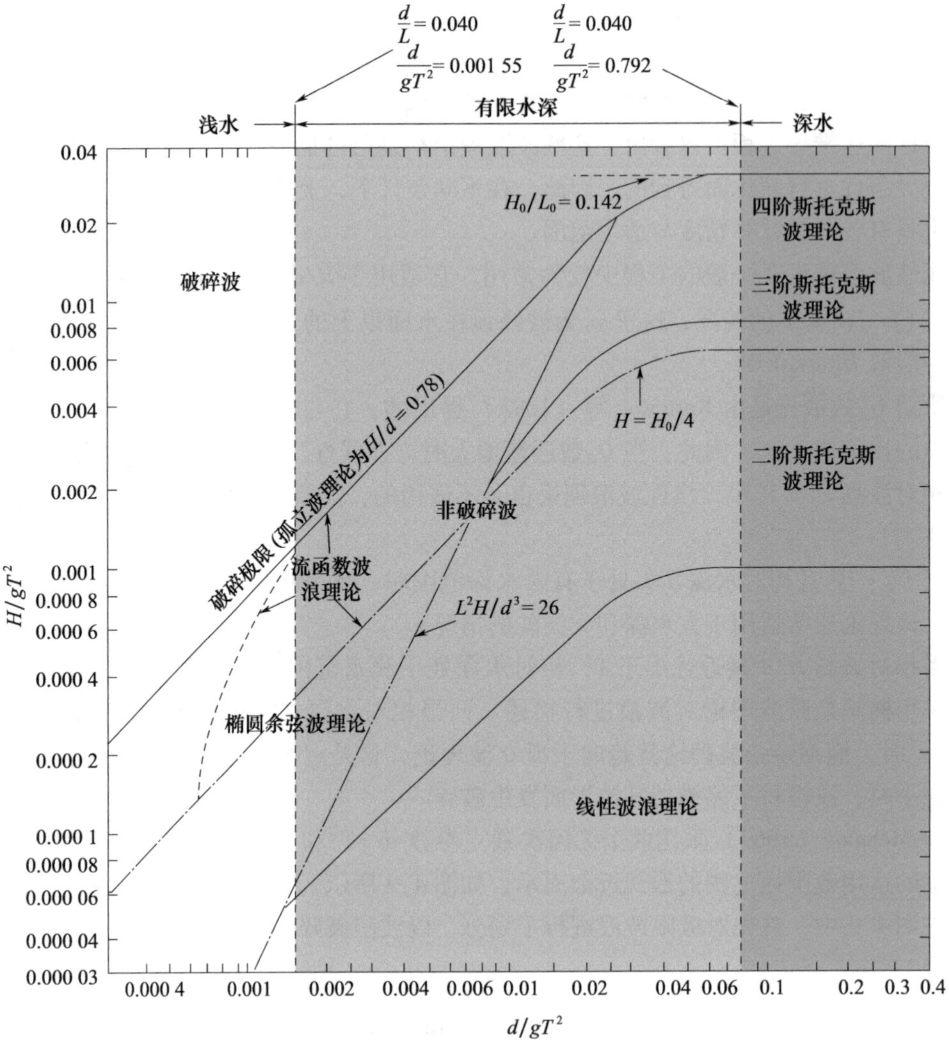

图 4.9　各种波浪理论的适用范围

左侧为椭圆余弦波和孤立波，以及流函数波浪理论的适用范围。有关流函数波浪理论本书未做介绍，感兴趣的读者可以参考相关的著作或文献。右侧为线性波和斯托克斯波理论的适用范围。与深水波情况不同，在有限水深的范围内，线性波和不同阶斯托克斯波的适用范围不仅依赖于纵坐标 H/gT^2，还依赖于横坐标 d/gT^2，即受到 H/L 和 d/L 两个参数指标的限制。

图 4.9 中左侧给出了的椭圆余弦波与孤立波的界限，为

$$\frac{d}{L}=0.04 \text{ 或 } \frac{d}{gT^2}=0.0015 \tag{4.187}$$

右侧为椭圆余弦波的适用范围，左侧为孤立波的适用范围。

4.5 缓坡方程

如前所述，波浪在变水深水域传播时，受水底变化的影响，其传播方向、大小以及剖面形状都会发生变化。对于上述波浪在变化海底地形的传播与演化问题，到目前为止，本书已介绍了 3 种模拟方法，分别是第 2.5 节所讨论的波浪折射方法（射线方程），第 4.1 节的线性浅水波方程和第 4.2 节的 Boussinesq 方程。其中，射线方程仅能够考虑波浪的单方向传播，当波浪在固体边界上、海岸处或在岛礁及障碍物附近存在反射或绕射时，该方法不适用；本章两种方法可以对上述情况进行计算，其中线性浅水波浪理论的适用范围较小，Boussinesq 方程由于考虑了波浪的色散性与非线性，有更宽的适用范围。

缓坡方程是解决上述波浪传播与演化问题的另一种常用方法。缓坡方程的基本假定是水底变化是缓慢的，方程最终将满足线性自由水面边界条件与精确色散关系。需要说明的是，由于其满足精确色散关系，因此，缓坡方程并不属于浅水波浪理论范围。

如前所述，缓坡方程的基本假定是水底变化是缓慢的，即

$$\sigma = O\left(\frac{\nabla d}{kd}\right) = \left(\frac{L}{\Lambda}\right) \ll 1 \tag{4.188}$$

则水深以及空间坐标可以表达为以下慢变坐标的形式

$$\bar{x} = \sigma x, \quad \bar{y} = \sigma y \tag{4.189}$$

即

$$d = d(\bar{x}, \bar{y}) \tag{4.190}$$

进一步将速度势表达为

$$\Phi(x, y, z, t) = \phi(x, y, z)\mathrm{e}^{-\mathrm{i}\omega t} \tag{4.191}$$

其中，ϕ 满足的方程和边界条件为

$$\begin{cases} \dfrac{\partial^2 \phi}{\partial x^2} + \dfrac{\partial^2 \phi}{\partial y^2} + \dfrac{\partial^2 \phi}{\partial z^2} = 0, & \text{在 } \Omega \text{ 内} \\ \dfrac{\partial \phi}{\partial z} - \dfrac{\omega^2}{g}\phi = 0, & z = 0 \\ \dfrac{\partial \phi}{\partial z} + \sigma\left(\dfrac{\partial \phi}{\partial x}\dfrac{\partial d}{\partial \bar{x}} + \dfrac{\partial \phi}{\partial y}\dfrac{\partial d}{\partial \bar{y}}\right) = 0, & z = -d(\bar{x}, \bar{y}) \end{cases} \tag{4.192}$$

缓坡方程是将以上方程所表达的三维问题简化为水平二维问题，下面给出推导过程。

4.5.1 椭圆型缓坡方程

基于式（4.192）对缓坡方程进行推导，首先将其写为水平梯度算子的形式，即

$$\begin{cases} \nabla^2 \phi + \dfrac{\partial^2 \phi}{\partial z^2} = 0, & \text{在 } \Omega \text{ 内} \\ \dfrac{\partial \phi}{\partial z} - \dfrac{\omega^2}{g}\phi = 0, & z = 0 \\ \dfrac{\partial \phi}{\partial z} + \sigma(\nabla \phi \cdot \bar{\nabla} d) = 0, & z = -d(\bar{x}, \bar{y}) \end{cases} \tag{4.193}$$

式中，$\nabla=\left(\frac{\partial}{\partial x}, \frac{\partial}{\partial y}\right)$，$\bar{\nabla}=\left(\frac{\partial}{\partial \bar{x}}, \frac{\partial}{\partial \bar{y}}\right)$，$\sigma=\frac{\partial \bar{x}}{\partial x}=\frac{\partial \bar{y}}{\partial x}$。缓坡方程的推导大概分为以下 3 个步骤进行。

(1) 垂向特征函数的分离

进一步将速度势 $\phi(x, y, z)$ 分解为

$$\phi(x, y, z)=w(d, z)\varphi(x, y, z) \tag{4.194}$$

式中，

$$w(d, z)=\frac{\cosh k(z+d)}{\cosh kd} \tag{4.195}$$

将表达式（4.194）代入方程组（4.193）中，可以对控制方程和边界条件化简。

将表达式（4.195）代入控制方程中，即式（4.193）中的第一式，可以得出

$$\nabla^2\phi=\nabla^2(w\varphi)=w\,\nabla^2\varphi+2\nabla w\cdot\nabla\varphi+\varphi\,\nabla^2 w \tag{4.196}$$

$$\frac{\partial^2\phi}{\partial z^2}=\frac{\partial^2(w\varphi)}{\partial z^2}=w\frac{\partial^2\varphi}{\partial z^2}+2\frac{\partial w}{\partial z}\cdot\frac{\partial\varphi}{\partial z}+\varphi\frac{\partial^2 w}{\partial z^2} \tag{4.197}$$

由此可以将控制方程写为

$$\omega\nabla^2\varphi+2\nabla w\cdot\nabla\varphi+\varphi\,\nabla^2 w+\varphi\frac{\partial^2 w}{\partial z^2}+2\frac{\partial w}{\partial z}\frac{\partial\varphi}{\partial z}+w\frac{\partial^2\varphi}{\partial z^2}=0,\qquad \text{在 }\Omega\text{ 内} \tag{4.198}$$

将表达式（4.194）代入自由水面边界条件，即式（4.193）中的第二式，可以得出

$$\frac{\partial\phi}{\partial z}=\frac{\partial w\varphi}{\partial z}=\varphi\frac{\partial w}{\partial z}+w\frac{\partial\varphi}{\partial z}=\varphi k\tanh kd+w\frac{\partial\varphi}{\partial z} \tag{4.199}$$

$$\frac{\omega^2}{g}\phi=\frac{\omega^2}{g}w\varphi=\frac{\omega^2}{g}\varphi \tag{4.200}$$

在式（4.199）和式（4.200）的推导过程中，利用了 w 的表达式（4.195），以及 $z=0$ 时 $w=1$。进一步可以将自由水面边界条件写为

$$\varphi k\tanh kd+w\frac{\partial\varphi}{\partial z}-\frac{\omega^2}{g}\varphi=0,\qquad z=0 \tag{4.201}$$

利用色散关系，第一项和第三项可以相互抵消，从而可以得出

$$\frac{\partial\varphi}{\partial z}=0,\qquad z=0 \tag{4.202}$$

将表达式（4.195）代入水底条件，即式（4.193）中的第三式，可以得出

$$\frac{\partial\phi}{\partial z}=\frac{\partial w\varphi}{\partial z}=\varphi\frac{\partial w}{\partial z}+w\frac{\partial\varphi}{\partial z}=\varphi\frac{\partial w}{\partial z} \tag{4.203}$$

$$\sigma(\nabla\phi\cdot\bar{\nabla}d)=\sigma[(\nabla w\cdot\bar{\nabla}d)\varphi+w(\nabla\varphi\cdot\bar{\nabla}d)] \tag{4.204}$$

在式（4.203）的推导过程中，使用了 w 的表达式（4.195），以及 $z=-d$ 时，$\partial w/\partial z=0$。从而可以将水底边界条件写为

$$w\frac{\partial\varphi}{\partial z}+\sigma[(\nabla w\cdot\bar{\nabla}d)\varphi+w(\nabla\varphi\cdot\bar{\nabla}d)],\qquad z=-d(\bar{x}, \bar{y}) \tag{4.205}$$

进一步将方程组（4.193）化为

$$\begin{cases}\omega\nabla^2\varphi+2\,\nabla w\cdot\nabla\varphi+\varphi\,\nabla^2 w+\varphi\,\dfrac{\partial^2 w}{\partial z^2}+2\,\dfrac{\partial w}{\partial z}\dfrac{\partial\varphi}{\partial z}+w\,\dfrac{\partial^2\varphi}{\partial z^2}=0, & \text{在 }\Omega\text{ 内}\\ \dfrac{\partial\varphi}{\partial z}=0, & z=0\\ w\,\dfrac{\partial\varphi}{\partial z}+\sigma[(\nabla w\cdot\overline{\nabla}d)\varphi+w(\nabla\varphi\cdot\overline{\nabla}d)]=0, & z=-d(\bar{x},\bar{y})\end{cases}\tag{4.206}$$

继续对方程组（4.206）化简，根据高等数学知识，易知如下关系。

$$\nabla w=\sigma\,\frac{\partial w}{\partial d}\overline{\nabla}d\tag{4.207}$$

$$\nabla^2 w=\sigma^2\left[\frac{\partial^2 w}{\partial d^2}(\overline{\nabla}d\cdot\overline{\nabla}d)+\frac{\partial w}{\partial d}\overline{\nabla}^2 d\right]\tag{4.208}$$

再根据 w 的表达式（4.195），可得

$$\frac{\partial^2 w}{\partial z^2}=k^2 w\tag{4.209}$$

将以上表达式代入方程组（4.206）中，并忽略 σ^2 项，得

$$\begin{cases}\sigma\left[2\,\dfrac{\partial w}{\partial d}(\overline{\nabla}d\cdot\nabla\varphi)\right]+w\,\nabla^2\varphi+k^2 w\varphi+2\,\dfrac{\partial w}{\partial z}\dfrac{\partial\varphi}{\partial z}+w\,\dfrac{\partial^2\varphi}{\partial z^2}=0, & \text{在 }\Omega\text{ 内}\\ \dfrac{\partial\varphi}{\partial z}=0, & z=0\\ \sigma[w(\nabla\varphi\cdot\overline{\nabla}d)]+w\,\dfrac{\partial\varphi}{\partial z}=0, & z=-d(\bar{x},\bar{y})\end{cases}\tag{4.210}$$

式（4.210）的特点是将垂向特征函数 $w(d,z)$ 分离出来，得到关于 $\varphi(x,y,z)$的方程组。

（2）控制方程的水深积分

利用垂向特征函数 w 表达式已知的条件，对控制方程进行化简。将式（4.210）的第一式两边乘以 w，并且沿水深积分，得

$$\sigma\left[\int_{-d}^{0}2w\,\frac{\partial w}{\partial d}(\overline{\nabla}d\cdot\nabla\varphi)\,\mathrm{d}z\right]+\int_{-d}^{0}[w^2(\nabla^2\varphi+k^2\varphi)]\,\mathrm{d}z+\int_{-d}^{0}\left[2w\,\frac{\partial w}{\partial z}\frac{\partial\varphi}{\partial z}+w^2\,\frac{\partial^2\varphi}{\partial z^2}\right]\mathrm{d}z=0\tag{4.211}$$

进一步将式（4.211）的第三项展开，得

$$\int_{-d}^{0}\left[2w\,\frac{\partial w}{\partial z}\frac{\partial\varphi}{\partial z}+w^2\,\frac{\partial^2\varphi}{\partial z^2}\right]\mathrm{d}z=\int_{-d}^{0}\frac{\partial}{\partial z}\left(w^2\,\frac{\partial\varphi}{\partial z}\right)\mathrm{d}z=w^2\,\frac{\partial\varphi}{\partial z}\bigg|_{-d}^{0}=-w^2\,\frac{\partial\varphi}{\partial z}\bigg|_{-d}\tag{4.212}$$

式（4.212）推导中利用了式（4.210）中的第一式。进一步可以将式（4.210）中的第三式代入式（4.212）中，可得

$$-w^2\,\frac{\partial\varphi}{\partial z}\bigg|_{-d}=\sigma[w^2(\nabla\varphi\cdot\overline{\nabla}d)]\big|_{z=-d}\tag{4.213}$$

从而式（4.211）可以写为

$$\sigma\left[\int_{-d}^{0}\frac{\partial w^2}{\partial d}(\overline{\nabla}d\cdot\nabla\varphi)\mathrm{d}z\right]+\int_{-d}^{0}[w^2(\nabla^2\varphi+k^2\varphi)]\mathrm{d}z+\sigma[w^2(\nabla\varphi\cdot\overline{\nabla}d)]|_{z=-d}=0$$

(4.214)

(3) 速度势的渐进展开

在缓坡假定下，可以设 φ 随 z 的变化非常缓慢，因此，可以将其展开为

$$\varphi(x,\ y,\ z)=\varphi_0(x,\ y)+\mu^2z^2\varphi_1(x,\ y)+\cdots \tag{4.215}$$

将式（4.215）代入式（4.214）中，忽略 $O(\mu^2)$ 项，这样 $\varphi(x,\ y,\ z)=\varphi_0(x,\ y)$，注意 φ_0只是 x 和 y 的函数。为简化，我们将 φ_0仍记为 φ，并使用$\overline{\nabla}d=\nabla d/\sigma$，可得

$$\int_{-d}^{0}\frac{\partial w^2}{\partial d}\mathrm{d}z\cdot(\nabla d\cdot\nabla\varphi)+\int_{-d}^{0}w^2\mathrm{d}z\cdot(\nabla^2\varphi+k^2\varphi)+w^2|_{z=-d}\cdot(\nabla d\cdot\nabla\varphi)=0 \tag{4.216}$$

根据莱布尼兹公式，即

$$\frac{\mathrm{d}}{\mathrm{d}t}\int_{a(t)}^{b(t)}f(x,\ t)\mathrm{d}x=\int_{a(t)}^{b(t)}\frac{\mathrm{d}f}{\mathrm{d}t}\mathrm{d}x+\left\{f[b(t),\ t]x\frac{\mathrm{d}b}{\mathrm{d}t}-f[a(t),\ t]\frac{\mathrm{d}a}{\mathrm{d}t}\right\} \tag{4.217}$$

式（4.216）的第一项的积分可以展开为

$$\int_{-d}^{0}\frac{\partial w^2}{\partial d}\mathrm{d}z=\frac{\partial}{\partial d}\int_{-d}^{0}w^2\mathrm{d}z-w^2|_{z=-d} \tag{4.218}$$

注意到

$$\frac{\partial}{\partial d}\int_{-d}^{0}w^2\mathrm{d}z\cdot(\nabla d\cdot\nabla\varphi)=\frac{\partial}{\partial d}\int_{-d}^{0}w^2\mathrm{d}z\,\nabla d\cdot\nabla\varphi=\nabla\left(\int_{-d}^{0}w^2\mathrm{d}z\right)\cdot\nabla\varphi \tag{4.219}$$

将式（4.218）与式（4.219）代入式（4.216）中，可得

$$\nabla\left(\int_{-d}^{0}w^2\mathrm{d}z\right)\cdot\nabla\varphi+\int_{-d}^{0}w^2\mathrm{d}z\cdot(\nabla^2\varphi+k^2\varphi)=0 \tag{4.220}$$

再根据公式

$$\nabla\cdot(\phi\boldsymbol{a})=\phi\nabla\cdot\boldsymbol{a}+\nabla\phi\cdot\boldsymbol{a} \tag{4.221}$$

因此，有

$$\nabla\left(\int_{-d}^{0}w^2\mathrm{d}z\right)\cdot\nabla\varphi=\nabla\cdot\left[\int_{-d}^{0}w^2\mathrm{d}z\,\nabla\varphi\right]-\int_{-d}^{0}w^2\mathrm{d}z\,\nabla^2\varphi \tag{4.222}$$

将式（4.222）代入式（4.220）中，有

$$\int_{-d}^{0}w^2\mathrm{d}z\cdot k^2\varphi+\nabla\cdot\left(\int_{-d}^{0}w^2\mathrm{d}z\,\nabla\varphi\right)=0 \tag{4.223}$$

再根据

$$\int_{-d}^{0} w^2 \mathrm{d}z = \int_{-d}^{0} \frac{\cosh^2 k(z+d)}{\cosh^2 kd} \mathrm{d}z = \frac{C^2}{2g}\left(1 + \frac{2kd}{\sinh 2kd}\right) = \frac{C \cdot C_{\mathrm{g}}}{g} \tag{4.224}$$

可得

$$\nabla \cdot (CC_{\mathrm{g}} \nabla \varphi) + k^2 CC_{\mathrm{g}} \varphi = 0 \tag{4.225}$$

式（4.225）即为缓坡方程。由于该方程是椭圆型的，因此也称为椭圆型缓坡方程。根据其推导过程可知，该方程主要使用了两个近似。第一个近似是忽略了量阶为 $O(\sigma^2)$ 的项，由于$\sigma = O(\nabla d/kd)$，因此，当水深和波长一定时，σ 正比于水底坡度∇d，因此理论上讲，上述缓坡方程仅适用于水底底坡较小的情况。Booij(1983) 计算表明，该方程可适用的海底坡度最大可达1：3。另一个近似是忽略了量阶为 $O(\mu^2)$ 的项，即认为 φ 与 z 无关，则根据式（4.194）和式（4.195）可知，速度势沿水深变化是 $\cosh k(z+d)$，即波浪只有传播模态，无局部扰动的非传播模态，这使得该方程只适用于坐底物体的情况。有关这一问题的原因在第7章中阐述。根据式（4.194）和式（4.195）还可以看出，该方程在垂向上满足精确色散关系。另外，缓坡方程（4.225）中 φ 实际为$\varphi(x, y)$，即与变量 z 无关，因此，与线性浅水方程及 Boussinesq 方程相同，缓坡方程也是将三维问题转化为水平二维问题。

4.5.2 抛物型缓坡方程

第4.5.1节给出的缓坡方程是椭圆型的，当考虑较大范围波浪运动时，该方程的数值求解有很大的工作量，因此，求解较为容易的表达形式是十分有意义的。抛物化近似是解决这一问题的有效方法之一。该方法适用于波浪主要沿一个方向传播，而在其他方向波浪的传播量值很小。速度势 φ 表达为

$$\varphi(x, y) = A\mathrm{e}^{\mathrm{i}(k_x x + k_y y)} \tag{4.226}$$

当 x 方向为波浪主要传播方向时，有

$$\frac{k_y}{k} \ll \frac{k_x}{k} \tag{4.227}$$

式中，$k = \sqrt{k_x^2 + k_y^2}$。于是有以下泰勒展开成立：

$$\frac{k_x}{k} = \sqrt{1 - \left(\frac{k_y}{k}\right)^2} \approx 1 - \frac{1}{2}\left(\frac{k_y}{k}\right)^2 - \frac{1}{8}\left(\frac{k_y}{k}\right)^2 - \cdots \tag{4.228}$$

对水深为常数情况，式中 k_x和 k_y都为常数。于是可在上式两端乘以 i，然后应用算子对应法，可得

$$\frac{1}{k}\frac{\partial \varphi}{\partial x} = \mathrm{i}\varphi + \frac{\mathrm{i}}{2k^2}\frac{\partial^2 \varphi}{\partial y^2} - \frac{\mathrm{i}}{8k^4}\frac{\partial^4 \varphi}{\partial y^4} - \cdots \tag{4.229}$$

仅取式（4.229）右端前两项做近似，则有

$$\frac{\partial \varphi}{\partial x} = \mathrm{i}k\varphi + \frac{\mathrm{i}}{2k}\frac{\partial^2 \varphi}{\partial y^2} \tag{4.230}$$

式（4.230）为水深为常数时的抛物型缓坡方程。

为了进一步说明这一点，令水深为常数，可得

$$\nabla^2\varphi + k^2\varphi = 0 \tag{4.231}$$

$k = \omega / C$ 为波数。将波浪速度势写为

$$\varphi(x,\ y) = A(x,\ y)\mathrm{e}^{\mathrm{i}kx} \tag{4.232}$$

代入式（4.231），得

$$\frac{\partial^2 A}{\partial x^2} + \frac{\partial^2 A}{\partial y^2} + 2\mathrm{i}k\frac{\partial A}{\partial x} = 0 \tag{4.233}$$

式（4.233）中二阶偏导数项表达波浪反射和绕射作用。当在波浪传播方向波浪反射和绕射很小时，A 对 x 二阶偏导数项可以忽略，但保留 A 对 y 的二阶偏导数项以考虑波浪在 y 方向的绕射作用，得

$$\frac{\partial^2 A}{\partial y^2} + 2\mathrm{i}k\frac{\partial A}{\partial x} = 0 \tag{4.234}$$

利用式（4.232）有 $A = \varphi\mathrm{e}^{-\mathrm{i}kx}$，代入式（4.234），得

$$\frac{\partial^2 \varphi}{\partial y^2} + 2\mathrm{i}k\frac{\partial \varphi}{\partial x} + 2k^2\varphi = 0 \tag{4.235}$$

式（4.235）可写为式（4.230）形式。所以式（4.230）实际上是在缓坡方程中忽略掉波浪在传播方向上的反射作用的结果。

以上讨论是针对水深为常数的情况。对变水深情况，可首先采用 Liouville 变换，即设

$$\overline{\varphi} = \sqrt{CC_{\mathrm{g}}}\varphi \tag{4.236}$$

将方程式（4.225）变换为

$$\nabla^2\overline{\varphi} + K^2\overline{\varphi} = 0 \tag{4.237}$$

$$K^2 = k^2 - \frac{\nabla^2\sqrt{CC_{\mathrm{g}}}}{\sqrt{CC_{\mathrm{g}}}} \tag{4.238}$$

然后可推导出 $\overline{\varphi}$ 近似满足方程（Radder，1979）：

$$\frac{\partial\overline{\varphi}}{\partial x} = \left(\mathrm{i}K - \frac{1}{2K}\frac{\partial K}{\partial x}\right)\overline{\varphi} + \frac{\mathrm{i}}{2K}\frac{\partial^2\overline{\varphi}}{\partial y^2} \tag{4.239}$$

式（4.239）与式（4.230）相比较，差别在于多了含 $\partial K/\partial x$ 的项，但当水深为常数时两式相同。式（4.239）即为变水深情况的抛物型缓坡方程，这里不再给出其详细推导，有兴趣的读者可参考有关文献。

抛物型缓坡方程（4.239）的求解要比椭圆型缓坡方程的求解容易得多。因为可以把式（4.239）左端项看作“时间”t，在数值计算中可采用时间步进的办法，即在 $x = 0$ 和 $y_1 < y < y_2$ 的一端边界上先计算出方程右端项的值，然后用差分方法对 x 积分，求出在 $x = \Delta x$（Δx 为步长）上的 $\overline{\varphi}$ 值。利用这些值又可以计算出方程右端项在 $x = \Delta x$ 处的值，这样又可用差分方法对 x 积分，求出在 $x = 2\Delta x$ 上的 $\overline{\varphi}$ 值。依此类推，可以计算出所需要 $\overline{\varphi}$ 的数值。由式（4.236）可进一步计算出速度势 φ 的值。

4.5.3 双曲型缓坡方程

双曲型缓坡方程由 Copeland（1985）给出，他考虑了方程

$$\frac{\partial\eta}{\partial t} + \frac{C}{C_{\mathrm{g}}}\nabla\cdot\boldsymbol{Q} = 0 \tag{4.240}$$

$$\frac{\partial \boldsymbol{Q}}{\partial t}+CC_{\mathrm{g}}\nabla\boldsymbol{\eta}=0 \tag{4.241}$$

式中，$\boldsymbol{Q}$ 为人为引入的一个变量。对线性浅水波 $C_{\mathrm{g}}\approx C$，以上方程退化为线性浅水波方程，式中 $\boldsymbol{Q}$ 成为波浪水平速度沿水深的积分，即

$$\boldsymbol{Q}=d\,\overline{\boldsymbol{u}} \tag{4.242}$$

$\overline{\boldsymbol{u}}$ 为水深平均速度。另外，当 $\nabla C_{\mathrm{g}}=0$ 时（水深为常数或深水情况），由式（4.240）和式（4.241）可得

$$\boldsymbol{Q}=C_{\mathrm{g}}\boldsymbol{\eta} \tag{4.243}$$

在式（4.240）和式（4.241）中消去 $\boldsymbol{Q}$ 可得

$$\nabla\cdot(CC_{\mathrm{g}}\nabla\boldsymbol{\eta})-\frac{C_{\mathrm{g}}}{C}\frac{\partial^2\boldsymbol{\eta}}{\partial t^2}=0 \tag{4.244}$$

将 $\boldsymbol{\eta}$ 表示为

$$\boldsymbol{\eta}=\zeta(x,\ y)\mathrm{e}^{-\mathrm{i}\omega t} \tag{4.245}$$

代入式（4.244），得

$$\nabla\cdot(CC_{\mathrm{g}}\nabla\zeta)-\omega^2\frac{C_{\mathrm{g}}}{C}\zeta=0 \tag{4.246}$$

式（4.246）与由 ζ 表达的缓坡方程（4.225）相同，所以方程（4.240）和方程（4.241）与缓坡方程是等价的，称之为双曲型缓坡方程。该方程的双曲型特征使得它在数值求解上比椭圆型缓坡方程更为快捷，因为它是一个描述瞬变波运动的方程，可以通过时间步进法数值求解。求解时可假设计算域内流体在初始时刻是静止的，波浪由计算域的部分边界（入射边界）传入域内。在时间域数值求解方程（4.240）和方程（4.241），便可得到整个计算域内波浪的传播过程。与椭圆型缓坡方程相同，双曲型缓坡方程也只能考虑周期性的波浪运动。所以双曲型缓坡方程的数值求解要一直达到波浪运动成为稳态时才可结束，这样得到的波浪振幅应与椭圆型缓坡方程计算结果 $\zeta(x,\ y)$ 一致。

第5章　随机波浪理论

第1~4章介绍了波浪理论相关的内容，这些波浪理论均将波浪看作一种理想的规则波动，其波高、周期和波长等参数是固定不变的，这种理想化的波浪可称为规则波。然而，自然界中的波浪是一种非常复杂的物理现象，波浪是由风生成的，由于风速风向多变，海面附近的风场结构复杂，海面对风场还具有反作用，再加上波浪运动本身的复杂性，如波浪破碎等现象的影响，使海上波浪成为一种高度不规则的和不可重复的现象，实际上是一种不规则波浪或随机波浪。本章将对随机波浪理论进行简单的介绍。

5.1 随机波浪运动概述

波浪运动是指海洋水表面在外界因素（风）以及重力作用下的运动。同一海域的两个不同海面区域，虽然看上去极不相同，但在统计学上却可以认为它们是表示大致相同的海面状态的两个样本。波浪运动是随机的，但是，并非杂乱无章，有其“内在规律”，或者说，规律寓于大量的不确定的变化之中。表征随机现象的变量为随机变量，不能以确定性的数字标定，只能以统计平均或概率的数学语言来描述。海上波浪运动虽然具有随机性，但可以认为其具有确定的统计分布特征，可以通过统计学方法对其进行描述。应用随机过程和概率论的数学方法，讨论波浪运动的规律，寻求波浪运动的数字特征，用以区别不同类型的随机波浪运动，这是随机波浪理论研究的主要目的。

5.1.1 波浪运动的分类

海洋的波动按照其周期和成因可以分成不同类型，从广义上讲，海洋波动的周期范围很宽，从周期小于0.1s的毛细波，到周期长达12~24h的潮波，都属于海洋波动的范围，如图5.1所示。不同成因的波浪运动可进一步分为不同类型。具体来说分为以下几种：①表面张力波：也称毛细波，波高为1~2mm，周期小于0.1s，主要恢复力为表面张力。②风生波：波高为2~5m，波陡为0.03~0.05，周期为0.1~30s，包括：超短重力波和重力波（即一般波浪）。③涌浪：波陡为0.01~0.02，周期为10~30s，涌浪的传播距离极远，可跨过大洋传播上万千米。④海啸波：是一种周期介于潮波和涌浪之间的重力长波，其波长约为几十千米至几百千米，周期为2~200min，波高可达20~30m。⑤风暴潮（波）：也称“风暴海啸”或“气象海啸”，周期为1~100h，空间范围一般由几十千米至上千千米。风暴潮引起的海水水位升高一般为1~3m，最高可达7m。⑥潮汐：周期为12.42h（太阴半日潮）或12.00h（太阳半日潮）。

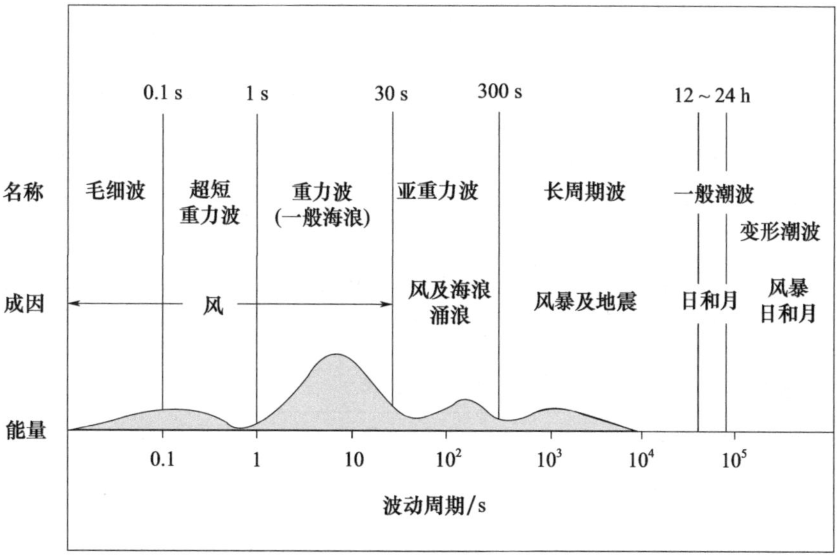

图 5.1　波浪运动的分类

而通常所说的海洋波浪一般指风生波和涌浪。风生波周期为 0.1 ~ 30 s，常见范围为 5 ~ 7 s；涌浪周期在 10 ~ 30 s 的范围，一般大于 10 s 的浪统称为涌浪。

实际工程应用时，通常根据波浪的波高情况，对波浪海况的危险程度进行等级划分。表 5.1 为海上蒲福风级与海况等级表。

5.1.2　随机过程的基本概念

自然界中的变化过程分为两种：一种是确定性过程，即可以预先知道其变化的过程。这类变化过程可以用确定的函数表示，如自由落体运动的速度 $v(t) = gt$；静水压力随水深的变化规律 $p(z) = \gamma gz$，等等。另一种是随机变化过程（随机过程）。随机过程的特点：①预先无法知道其变化过程；②每次可以测得一个确定的过程（一个现实或一个样本）；③每次测得的结果各不相同；④为了得到随机过程的统计特性，必须进行大量的独立测量。这类变化过程必须用随机函数描述。实际生产生活中随机过程的例子很多，如波浪、风速、水流、地震等。

随机过程所得的结果称为一个现实（或样本函数），是确定的非随机函数，但各个样本函数各不相同。因此，为了得到随机过程的统计特性，必须对样本函数做大量（n 次）的独立测量。如在同一条件海域内，布置 n 个同一类型浪高仪，可同时测得 n 个记录，$x_1(t)$，$x_2(t)$，…，$x_n(t)$，得到 n 个样本函数，总称为总体 $X(t)$。在某固定时刻 t_1，可读得各样本的瞬时高度 $x_1(t_1)$，$x_2(t_1)$，…，$x_n(t_1)$，它们是一组随机变量。在时刻 $t_1+\tau$，可得另一组随机变量 $x_1(t_1+\tau)$，$x_2(t_1+\tau)$，…，$x_n(t_1+\tau)$，依此类推。因此，我们也可以这样来定义随机函数：对自变量的每一个给定值（如 $t=t_1$），函数 $X(t)$ 的值（与 $t=t_1$ 相对应的每一个截口）为随机变量，这样的函数称为自变量 t 的随机函数。也就是说，随机函数是随机变量随时间的变化，是随机变量系的推广。因此，可近似地用研究多元随机变量来代替研究随机函数。此外，随机函数的自变量并非一定是时间，且可以不只有一个自变量。

表 5.1 蒲福风级与海况等级表

风：蒲福风级	风：名称	风速：中国气象局地面气象观测范围（1964）/kn	风速：中国气象局地面气象观测范围（1964）/(m·s⁻¹) 括号内为中数	风速：国际气象组织（1964）/kn	风速：国际气象组织（1964）/(m·s⁻¹)	参考波高/m：一般	参考波高/m：最大	全发展海况（理论计算）*：计算风速/kn	波高/m：平均 $\overline{H}$	波高/m：$H_{\frac{1}{3}}^{**}$	波高/m：$H_{\frac{1}{10}}^{***}$	波浪周期/s：主要范围	波浪周期/s：$+T_{max}$	波浪周期/s：平均 $\overline{T}$	波长/m 平均 $L_{\overline{W}}$	全发展条件：最短风区/n mile	全发展条件：最短吹风时间/h	说明	相当海况级（风浪）：等级	相当海况级（风浪）：名称
0	无风	<1	0.0~0.2（0.1）	<1	0.0~0.3													海面如镜	0	无波
1	软风	1~3	0.3~1.5（0.9）	1~4	0.3~1.6	0.1	0.1	2	0.015	0.024	0.031	≤1.2	0.7	0.5	0.25	5	0.30	鱼鳞涟漪		
2	轻风	4~6	1.6~3.3（2.5）	4~7	1.6~3.4	0.2	0.3	5	0.055	0.088	0.113	0.4~2.8	2.0	1.4	2.04	8	0.65	短微浪，波峰光滑	1	涟波
3	微风	7~10	3.4~5.4（4.4）	7~11	3.4~5.5	0.6	1	8.5	0.183	0.305	0.366	0.8~5.0	3.4	2.4	6.10	9.8	1.70	略大微浪，波峰开始有碎沫		
4	和风	11~16	5.5~7.9（6.7）	11~17	5.5~8.0	1	1.5	13.5	0.549	0.884	1.128	1.4~7.6	5.4	3.9	15.85	24	4.8	小浪，渐增长，常现白沫	2 3	小浪 轻浪
5	劲风	17~21	8.0~10.7（9.4）	17~22	8.0~10.8	2	2.5	19	1.311	2.103	3.652	2.8~10.6	7.7	5.4	30.18	65	9.2	中浪，波长波高比较大，出现白沫	4	中浪
6	强风	22~27	10.8~13.8（12.3）	22~28	10.8~13.9	3	4	24.5	2.500	3.962	5.182	3.8~13.6	9.9	7.0	50.00	140	15.0	开始出现大浪，白沫普遍，有时飞溅	5	强浪
7	疾风	28~33	13.9~17.1（15.5）	28~34	13.9~17.2	4	5.5	30.5	4.450	7.010	8.839	4.8~17.0	12.4	8.7	78.64	290	24.0	海浪涌起，波峰碎溅，顺风成条状沫	6	巨浪
8	大风	34~40	17.2~20.7（19.0）	34~41	17.2~20.8	5.5	7.5	37.0	7.010	11.28	14.16	6.0~20.5	14.9	10.5	114.60	530	37.0	浪较长，高度中等，波峰碎溅，顺风成条状沫，影响视线	7	狂浪
9	烈风	41~47	20.8~24.4（22.6）	41~48	20.8~24.5	7	10	44.0	10.97	17.68	22.25	7.0~24.2	17.7	12.5	162.76	960	52.0	波高加大，顺风有密集条状浪花，海面翻滚，影响视线	8	怒涛
10	狂风	48~55	24.5~28.4（26.5）	48~56	24.5~28.5	9	12.5	51.5	15.85	25.30	32.31	8.0~28.2	20.8	14.7	224.33	1560	73.0	翻花大浪，白沫成片，顺风成条状，海面白色，剧烈翻滚，影响视线	9	汹涛
11	暴风	56~63	28.5~32.6（30.6）	56~64	28.5~32.7	11.5	16	59.5	22.25	35.36	45.11	10.0~32.0	24.0	17.0	300.23	2500	101.0	浪高大，中小型船在波谷时可能在一段时间内看不到，海面白色，波峰边缘吹成飞沫，较严重地影响视线		
12	飓风	64~71	>32.6（>30.6）	64~72	32.7~37.0	14		>64	>24.38	>39.01	>49.99	10.0~(35.0)	(26.0)	(18.0)				海面空气充满飞沫，全呈白色，飞沫顺风狂吹，严重影响视线		

注：1）*一般情况，风力不恒定，在 10 级风力以上，海况往往未能全发展，实际达不到本表所列相应海况；在 12 级风时，海面极不规则；** $H_{1/3}$——代表波高，将波高数据按大小次序排列，取大端的前 1/3 数据平均值；*** $H_{1/10}$——同前取法，取大端的前 1/10 数据平均值；$+T_{max}$——相应与波能谱最大波能点的周期。

2）在风级风行内波浪周期栏内的（）号，表示只是理论计算结果，实际不易测出。

真实的波浪运动由于其复杂的成因，正是一个典型的随机过程。开展随机波浪运动相关理论的学习和研究是处理非规则波及其对结构物作用问题的前提和基础。研究随机波浪运动所涉及的主要问题包括：①如何描述获得的样本，即获得的样本是否可以代表真实的不规则波；②如何通过获得的样本描述随机波浪的内在规律，即如何根据样本获取随机函数，该随机函数能否推广用来描述真实的不规则波；③如何在实验室准确重现真实海洋的随机波浪运动，即实验室生成的不规则波浪是否具有与真实海洋不规则波同样的统计特征。

5.2 随机波浪要素的统计分析

5.2.1 随机波浪模型

为了从理论上描述随机波浪的特性，目前普遍应用的是 Longuet-Higgins 提出的一种线性波叠加的波浪模型。按该模型的假定，海上某一固定点的波动可以由许多相位不同、振幅也不同的余弦波叠加而得到（图 5.2）。其表达式如下：

$$\eta(t) = \sum_{n=1}^{\infty} A_n \cos(\omega_n t + \varepsilon_n) \tag{5.1}$$

式中，A_n为第 n 个余弦波的振幅，ω_n为其圆频率，ε_n为其随机相位。

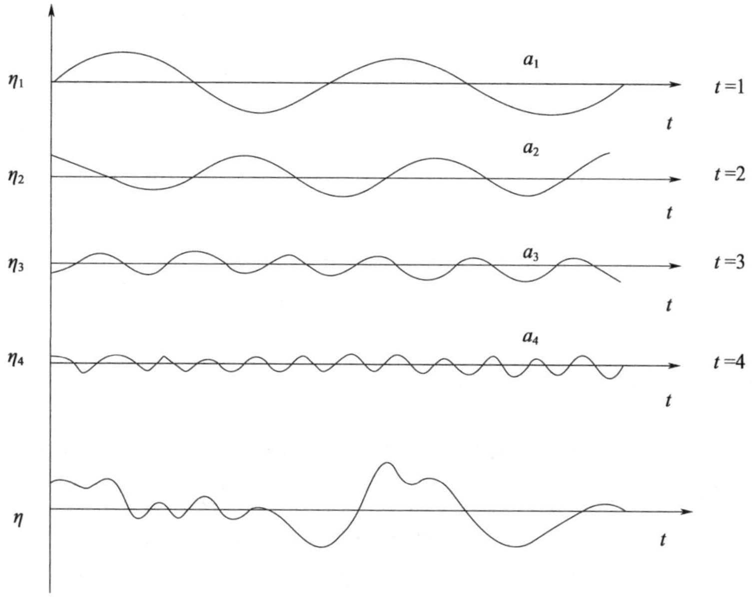

图 5.2 波浪的线性叠加

基于以上线性波叠加的波浪模型，随机波浪序列具有以下特征。

（1）波动过程关于静止水面基本对称，上波峰大致等于下波峰，或波高等于两倍上波峰或下波峰。在波动的一个周期中只有一峰一谷。瞬时值关于时间的平均值近似为零，即等于静止水面。

（2）波动的周期亦呈随机性，但是，大体上等于平均周期。因此，可以认为，波动的能量高度集中于某一个频率，即所谓窄带过程，其能量谱为窄谱（线谱）。

（3）随机变量总体关于时间的平均值大体上同时间无关，也同子样本无关。

具有上述物理与数学特征的随机过程，在数学上称作平稳的各态历经的随机过程。需要注意的是最后一个特征，其说明了海上的随机波浪过程可以用一个样本来代替整体。

5.2.2 随机波浪要素

在随机波浪理论中，单个波浪的要素仍然用周期 T 与波高 H 描述。对于不规则波形，通常采用的波浪要素统计方法为上跨零点法和下跨零点法。取平均水位为零线，波面上升与零线相交的点称为上跨零点；反之，波面下降与零线相交的点称为下跨零点。将两个上跨零点之间的波面取为一个波浪的方法称为上跨零点法。与之相对，将两个下跨零点之间的波面取为一个波浪的方法称为下跨零点法。目前两种方法都有采用。实际上，由于天然波浪具有不对称性，最大波浪力常发生在波前拍击结构时，1986 年国际水力学研究协会（IAHR）建议采用下跨零点法。但是，由于早期随机波浪学科发展的积累，很多相关理论均采用上跨零点法对波浪要素进行统计，本书也采用上跨零点法。

图 5.3 为一波浪的波面时间历程线，由图可知：波高 H 为波峰到相邻部分波谷的垂直空间距离；过零周期 T_z 为上跨零点到相邻上跨零点的水平时间距离；波面瞬时升高 $\eta(t)$ 为在时间轴上 t 时刻的波面垂直空间距离；波向为波浪传播运动的主方向。

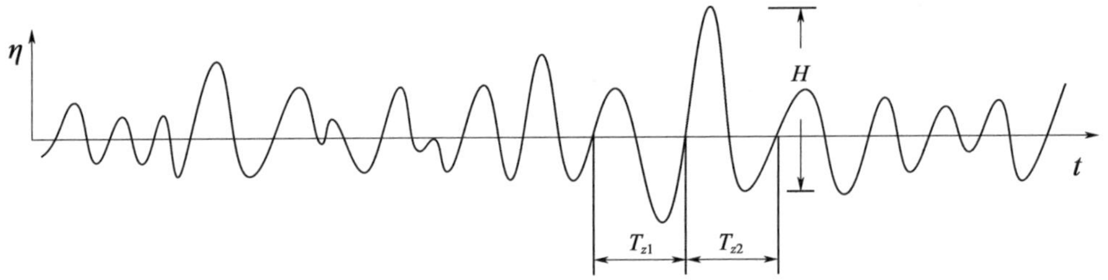

图 5.3 波面时间历程线

5.2.3 随机波浪的样本统计

在讨论波浪外观特征中常用到统计分析和概率分布的名词，二者是有区别的。统计分析是以实测资料为依据，对观测的波浪要素作出直方图或累积频率曲线，并以经验方法外推概率曲线来预估未来可能发生的事件。而概率分布则是在理论的波浪模型基础上，以概率论为工具，推导分析各种不同事件的出现概率。多年波浪的概率分布属于长期分布，本小节主要讨论波浪的短期分布规律。所谓短期是指波浪过程的一个完整的样本，若样本中包含有数百个大小起伏的波浪，时段长度为 10 ~ 30 min，则该样本基本上反映了随机波浪总体的概率特性。

统计一个波浪样本的短期分布特征时，需要对样本中的单个波浪的波高和周期进行采样记录。通常的海洋资料观测中，一个完整的波浪样本，观测时间间隔为 3 h，每次观测 10 ~ 30 min，最少记录单波 100 个。在对波浪样本的特征进行具体描述时，通常用到以下 3 种统计特征值。

（a）波高和跨零周期的平均值（表示波动的算术平均水平）

$$\overline{H} = \frac{1}{N}\sum_{i=1}^{N} H_i \tag{5.2}$$

$$\overline{T}_z = \frac{1}{N}\sum_{i=1}^{N} T_{zi} \tag{5.3}$$

式中，H_i和T_{zi}分别为单个波浪的波高和跨零周期；$i=1, 2, \cdots, N$；且$N \geqslant 100$。

（b）波高和跨零周期的均方根值（表示波动的能量平均水平）

$$H_{\mathrm{rms}} = \sqrt{\frac{1}{N}\sum_{i=1}^{N} H_i^2} \tag{5.4}$$

$$T_{\mathrm{zrms}} = \sqrt{\frac{1}{N}\sum_{i=1}^{N} T_{zi}^2} \tag{5.5}$$

（c）波高的有义值（表示波动的可视平均水平）

$$H_s = H_{1/3} = \frac{1}{\frac{N}{3}}\sum_{j=1}^{\frac{N}{3}} H_j^* \tag{5.6}$$

式中，H_j^*为H_i的有序排列，自最大端向前取总数的1/3波高。

5.2.4 随机波浪的概率特征

在波浪研究中，大都是假定深水波浪波面概率密度分布为高斯分布，根据Kinsman（1960）的观测，实际波浪的波面高度的概率密度分布与高斯分布十分接近，如图5.4所示。当然，严格地讲，它不是正态分布（高斯分布），而更接近于偏态的Gram-Charlier分布。但是，一般波浪的研究中，仍假定它是正态分布的。大量工程应用证明了该方法的有效性。

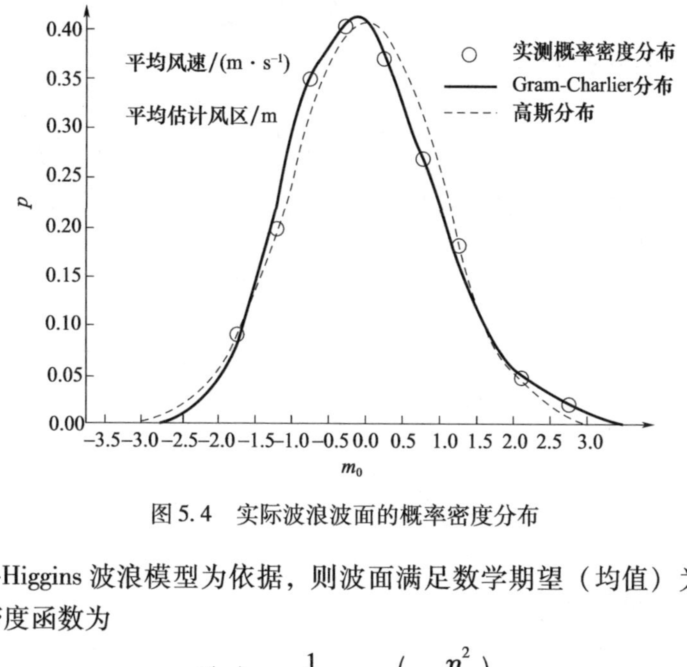

图5.4 实际波浪波面的概率密度分布

以Longuet-Higgins波浪模型为依据，则波面满足数学期望（均值）为零的高斯正态分布。其概率密度函数为

$$f(\eta) = \frac{1}{\sqrt{2\pi}\sigma}\exp\left(-\frac{\eta^2}{2\sigma^2}\right) \tag{5.7}$$

式中，η 为波面高程；σ^2为波面方差，其等效于波浪谱的零阶谱矩 m_0。以式（5.7）为依据可得波面极值、波高及波浪周期的概率分布。若波浪是窄带的平稳的各态历经的随机过程，波高的概率密度函数满足瑞利分布，即

$$p(H) = \frac{\pi}{2}\frac{H}{\overline{H}^2}\exp\left[-\frac{\pi}{4}\left(\frac{H}{\overline{H}}\right)^2\right] = \frac{2H}{H_{\mathrm{rms}}^2}\exp\left[-\left(\frac{H}{H_{\mathrm{rms}}}\right)^2\right] \tag{5.8}$$

式中，H 为波浪的波高；$\overline{H}$ 为波高的数学期望（均值）；H_{rms}为波高的均方根值。图 5.5 所示为波高的概率密度函数。

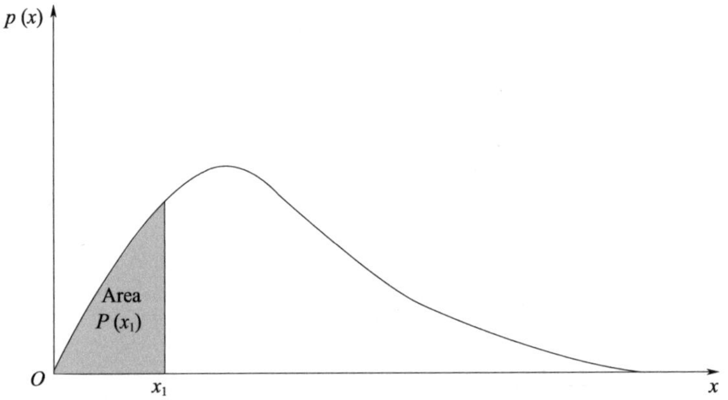

图 5.5　波高的概率密度函数

对波高的概率密度函数进行积分，可以得到波高的累积概率分布函数为

$$P(H_P) = \int_0^{H_P} p(H)\mathrm{d}H = 1 - \exp\left[-\frac{\pi}{4}\left(\frac{H_P}{\overline{H}}\right)^2\right] = 1 - \exp\left[-\left(\frac{H_P}{H_{\mathrm{rms}}}\right)^2\right] \tag{5.9}$$

与其对应的超值累积概率分布函数为

$$P(H > H_P) = \int_{H_P}^{\infty} p(H)\mathrm{d}H = \exp\left[-\frac{\pi}{4}\left(\frac{H_P}{\overline{H}}\right)^2\right] = \exp\left[-\left(\frac{H_P}{H_{\mathrm{rms}}}\right)^2\right] \tag{5.10}$$

式中，H_P为波高出现超值累计概率为 P 的波高值，P 通常用百分数表示，图 5.6 所示为波高的累积概率分布曲线。

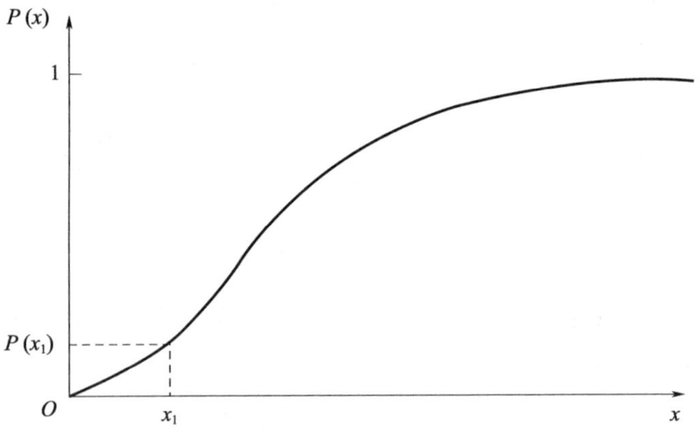

图 5.6　波高的累积概率分布

5.2.5 特征波及其转换

对于特征波的定义，西方国家多采用部分大波的平均值，苏联采用超值累积率法，我国则两者兼用。通常对约100个连续的波作为一个标准段进行统计分析。

（1）特征波的定义

特征波的两种定义方法。

（a）按部分大波波高平均值定义的特征波。最大波 H_{max}，T_{max}：一组波浪序列中的波高值最大的波浪的波高及其周期；1/10大波 $H_{1/10}$，$T_{1/10}$：一组按波高大小排列的波浪序列中，自最大端取总数的1/10波浪的平均波高和平均周期；有效波（也称1/3大波、有义波）$H_{1/3}$，$T_{1/3}$：即一组有序排列的波浪序列中，自最大端向前取总数的1/3波浪的波高的平均波高和平均周期；平均波 $\overline{H}$，$\overline{T}$：即一组波浪序列中的平均波高和平均周期。

（b）按超值累积率定义的特征波。常用的超值累积率波高有 $H_{1\%}$、$H_{4\%}$、$H_{5\%}$ 和 $H_{13\%}$。如：$H_{1\%}$ 是指在波列中超过此波高的累积概率为1%的波高。大量结果表明，$H_{1/10}$ 约等于 $H_{4\%}$；$H_{1/3}$ 约等于 $H_{13\%}$。

（2）特征波的概率密度表示方法

利用概率密度函数可以确定随机波浪的各种特征波高。

（a）波高的众值：即最可能出现的波高，相当于拥有最大概率密度的波高。根据式（5.8），令 $\mathrm{d}p(H)/\mathrm{d}H=0$，可得

$$H_m=\frac{\sqrt{2}}{\sqrt{\pi}}\overline{H}=\frac{1}{\sqrt{2}}H_{rms} \tag{5.11}$$

（b）平均波高：即波高的数学期望（均值）。根据概率论中对数学期望的定义，平均波高为所有波高与其概率密度乘积之和。具体表达式如下：

$$\overline{H}=E(H)=\int_0^\infty Hp(H)\mathrm{d}H=\int_0^\infty H\frac{2H}{H_{rms}^2}\exp\left[-\left(\frac{H}{H_{rms}}\right)^2\right]\mathrm{d}H=\frac{\sqrt{\pi}}{2}H_{rms} \tag{5.12}$$

（c）均方根波高：即波高的标准差，可通过波高的方差计算。波高的方差根据概率论定义为所有波高的平方与其概率密度乘积之和。具体表达式如下：

$$H_{rms}^2=\int_0^\infty H^2p(H)\mathrm{d}H=\int_0^\infty H^2\frac{\pi}{2}\frac{H}{\overline{H}^2}\exp\left[-\frac{\pi}{4}\left(\frac{H}{\overline{H}}\right)^2\right]\mathrm{d}H=\frac{4}{\pi}\overline{H}^2 \tag{5.13}$$

（d）N 分之一大波：为波列中大于超值累积率为 $P=1/N\times100\%$ 的波高的所有大波的统计平均值。设超值累积率为 $P=1/N\times100\%$，则由式（5.10）可得

$$P(H>H_P)=\int_{H_P}^\infty p(H)\mathrm{d}H=\frac{1}{N} \tag{5.14}$$

求解式（5.14）可得，超值累积率为 $P=1/N\times100\%$ 的波高公式，即

$$H_P=\sqrt{\ln N}\,H_{rms}=\sqrt{\frac{2}{\pi}\ln N}\;\overline{H} \tag{5.15}$$

对波列中大于该波高的所有大波取平均值，可得

$$\overline{H}_{P=1/N\times100\%}=\frac{\int_{H_P}^{\infty}Hp(H)\,\mathrm{d}H}{\int_{H_P}^{\infty}p(H)\,\mathrm{d}H}=\frac{1}{P}\int_{H_{1/N}}^{\infty}Hp(H)\,\mathrm{d}H \tag{5.16}$$

(e) 有义波高：即 1/3 大波，为波列中大于超值累积率为 $P=1/3\times100\%$ 的波高的所有大波的统计平均值。首先，由式（5.14）求解超值累积率为 $P=1/3\times100\%$ 的波高为

$$H_P=\sqrt{\ln(1/P)}\,H_{\mathrm{rms}} \tag{5.17}$$

然后，对波列中大于该波高的所有大波取平均值，可得

$$H_S=\overline{H}_P=\frac{\int_{H_P}^{\infty}Hp(H)\,\mathrm{d}H}{\int_{H_P}^{\infty}p(H)\,\mathrm{d}H}=\frac{1}{P}\int_{H_P}^{\infty}\frac{2H^2}{H_{\mathrm{rms}}^2}\exp\left[-\left(\frac{H}{H_{\mathrm{rms}}}\right)^2\right]\mathrm{d}H\approx\sqrt{2}H_{\mathrm{rms}} \tag{5.18}$$

利用以上各种概率密度关系式，可以实现不同特征波的波浪统计参数之间的转换，常用的一些转换关系如表 5.2 所示。

表 5.2　特征波换算关系

深水	浅水
$H_{1\%}=2.421\overline{H}$	$H_{1\%}=1.502H_{13\%}$
$H_{4\%}=2.024\overline{H}$	$H_{4\%}=1.256H_{13\%}$
$H_{5\%}=1.953\overline{H}$	$H_{5\%}=1.212H_{13\%}$
$H_{13\%}=1.612\overline{H}$	

5.2.6　波浪的长期分布

前面叙述的统计方法以及瑞利分布等实际上研究的是波浪的短期分布，可以看出，它只是对已知的不规则波波列进行统计。短期分布对应波浪持续时间为几十分钟到几小时，用特征波高描述。海工建筑物的使用寿命一般为几十年甚至上百年，为了结构物的安全，它必须要抗御使用期内的最大波浪作用。实际上，海洋工程中通常采用多年一遇的大波进行设计，这些数据属于波浪长期分布范畴。长期分布对应的波浪持续时间为数十年到几百年，用重现期波浪描述。而波浪的重现期是指发生超过该波浪波高的平均时间间隔（年）。海洋中结构物的设计一般采用百年一遇或五十年一遇的极端大波；通常这一事件的出现概率仅十亿分之一；但计算表明，对于一个设计寿命为 20 年的结构物，遭遇百年一遇的极端海况的概率高达 18%。因此，确定极端海况条件对结构响应和强度设计都十分重要。通常来说，波高的极值统计是最常见的波浪长期分布问题，本小节只对该问题进行介绍。

波浪的长期分布问题可分为 3 类：一是单个波高的长期分布，可用于周期性波浪荷载作用下的建筑物疲劳分析，得到最大的单个波高的重现期；二是波高的极值统计，每年取一个有效波高进行统计分析；三是最大的单个波的极值统计，每年取一个最大波高进行统计分析。

为了确定一定重现期的设计波浪，要对波高进行极值统计分析。统计上较合理的方法是仅使用暴风浪波高的极值。考虑到各个暴风浪是独立的，暴风浪的极值系列构成极值波浪的基础。有义波高或最大波高的极值的概率密度函数是通过对一定时间间隔内（一般取一年）累积起来的实测资料，采用经验方法进行分析而获得的，无法从理论上推导出来。

从每年内分方向的暴风浪资料中抽出一个有义波高（或最大波高）的极值，构成年极值系列。将 N 个极值资料由大到小依次排列，则排列顺序为 H_M 的波高出现累积概率为

$$F(H_M)=\frac{M}{N+1}\times 100\% \tag{5.19}$$

波高的极值统计中主要存在以下 3 个问题：一是长期的波浪不是一个平稳的随机的过程；二是资料年限有限，选取几十年一遇的波高任意性太大，而且通常情况下大波无法测得；三是怎样根据仅有的小波资料获取五十年一遇或百年一遇的极端的大波。需要注意的是，我们现在研究的是波浪长期分布，不是前述根据波列做的波浪统计值，它既不满足平稳性和各态历经性的假设，也不符合瑞利分布。

工程中常用耿贝尔（Gumble）分布和韦布尔（Weibull）分布函数对极值波浪的统计特征进行描述。

（1）耿贝尔分布，也叫极值分布

$$F(H\geqslant x)=1-\exp\{-\exp[-\alpha_N(x-u_N)]\} \tag{5.20}$$

式中，α_N为尺度参数，$\alpha_N=\sigma_N/\overline{H}$；$u_N$为位置参数，$u_N=\overline{H}-y_N/\alpha_N$；$\overline{H}$ 为极值波高 H 的平均值；y_N和 σ_N分别为 $y=\alpha_N(x-u_N)$ 的平均偏差和标准差，可根据波高极值的个数 N 由耿贝尔分布的参数表（Hounmb，1989）查得。

（2）韦布尔分布

$$F(H\geqslant x)=\exp\left[-\frac{(x-\gamma)^{\alpha}}{\beta}\right] \tag{5.21}$$

式中，α 为形状参数，决定分布的基本形状，通常赋值 0.75 ~ 2.0；β 为尺度参数，控制沿变量轴的延伸程度；γ 为位置参数，描述概率沿横坐标的位置。

此外，还有皮尔逊Ⅲ型分布和对数正态分布等。目前没有适用于所有波浪情况的理论分布。在“极值统计”数据的基础上，通过拟合选取合适的理论分布函数，外延得到重现期波高。工程中采用的方法为求矩适线法，属于工程水文学范畴，这里不再赘述。

5.3 随机过程的谱分析

5.3.1 谱密度函数

实际波浪是极其复杂的，只能将波浪作为一个随机过程加以研究，即略去个别波的特征，从总体上加以把握。谱的概念就是从波浪的能量分布上描述波浪的特性。波浪能量相对于组成波频率的分布，构成波浪这一随机过程的频域特性（频率结构），有时它比时域

特性更能说明问题。频域特性通常用谱来表示。谱分析的作用是将一个时域的随机过程转换成频谱，即谱密度函数，获取随机过程的频域特征。通过谱分析，可以得到各个简谐波相对于组成波频率的分布。平稳的各态历经的随机过程可以用一个样本代替整体，因此，可以认为根据某个样本获取的频谱具有整体的一般性。

谱密度函数的物理意义是表示随机过程的波动能量在频率域的分布。简单地说，即认为随机波分为 n 个频率组分的组成波构成，波浪谱表示的是每个组成波对应的能量。考虑频谱的物理意义，以波浪问题为例，波浪的能量正比于波高的平方。

$$E=\frac{1}{2}\rho gA^2 \tag{5.22}$$

该随机波的总能量由所有的组成波提供，因此可以表示为

$$E=\sum_{n=1}^{\infty}\frac{1}{2}\rho gA_n^2 \tag{5.23}$$

需要注意的是，这里是组成波的平方，不是统计波的平方。去掉系数，只保留组成波的波幅 A，在随机过程 t 时刻，频率在单位区间内，波动的能量可以表示为

$$e=A^2(t,\ \omega_n+\Delta\omega) \tag{5.24}$$

式中，$e=2E/\rho g$，该能量在测量周期 T 时间范围内的平均值为

$$\bar{e}=\lim_{T\to\infty}\frac{1}{T}\int_0^T A^2(t,\ \omega_n+\Delta\omega)\,\mathrm{d}t \tag{5.25}$$

再对 $\Delta\omega$ 取极限，表示该能量关于频率区间的平均值，即为能量谱密度函数（图 5.7），

$$S(\omega)=\lim_{\Delta\omega\to 0}\frac{1}{\Delta\omega}\left[\lim_{T\to\infty}\frac{1}{T}\int_0^T A^2(t,\ \omega_n+\Delta\omega)\,\mathrm{d}t\right] \tag{5.26}$$

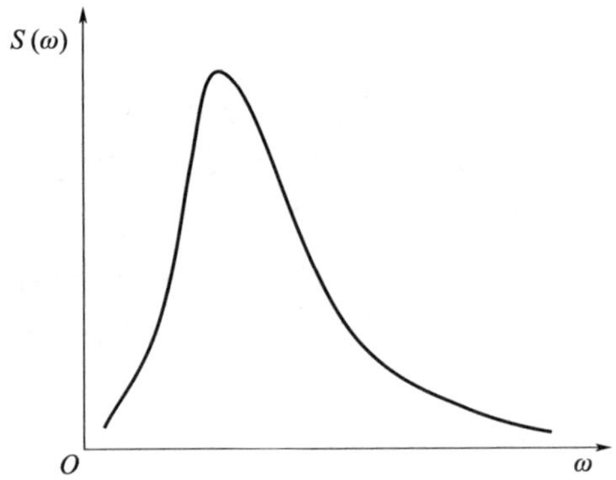

图 5.7　能量谱密度函数

在以上讨论中，谱是以圆频率 ω 表示的，若取频率 f 为周期的倒数，则有 $\omega=2\pi f$。因此，谱可以用频率 f 表示为

$$S(f)\delta f=S(\omega)\delta\omega \tag{5.27}$$

故有

$$S(f)=S(\omega)\partial\omega/\partial f=2\pi S(2\pi f)=2\pi S(\omega) \tag{5.28}$$

从式（5.28）可以看出：谱的量纲为 $\mathrm{L}^2\cdot\mathrm{T}$（L 表示长度量纲，T 表示时间量纲）。频谱的

常用单位为 $m^2 \cdot s$ 或 $cm^2 \cdot s$。

5.3.2 自相关函数

自相关函数是用以描述随机过程不同时刻的相似程度的函数。对于各态历经的随机过程，自相关函数（图 5.8）可以写为

$$R(\tau) = \lim_{T\to\infty}\frac{1}{2T}\int_{-T}^{T}\eta(t)\eta(t+\tau)\,\mathrm{d}t \tag{5.29}$$

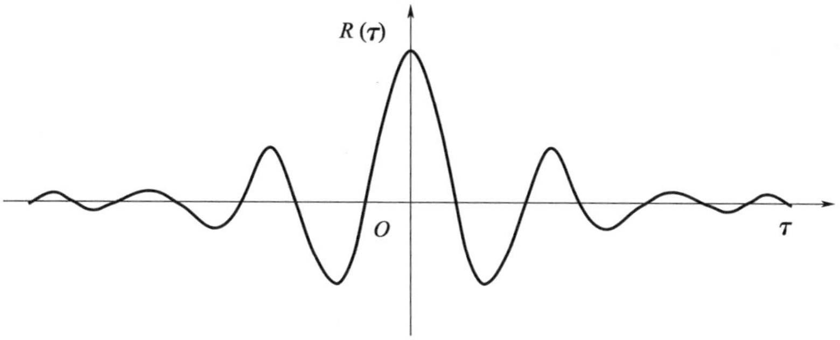

图 5.8　自相关函数

对于各态历经的随机过程，其自相关函数（图 5.8）有如下特点。

（1）自相关函数可正可负。

（2）自相关函数在 $t=0$ 处有最大值，即 $R(0)\geqslant R(\tau)$。证明过程如下：

$$\begin{aligned}
&\lim_{T\to\infty}\frac{1}{2T}\int_{-T}^{T}[\eta(t)-\eta(t+\tau)]^2\mathrm{d}t \\
&= \lim_{T\to\infty}\frac{1}{2T}\int_{-T}^{T}[\eta(t)]^2\mathrm{d}t - 2\lim_{T\to\infty}\frac{1}{2T}\int_{-T}^{T}\eta(t)\eta(t+\tau)\,\mathrm{d}t + \lim_{T\to\infty}\frac{1}{2T}\int_{-T}^{T}\eta^2(t+\tau)\,\mathrm{d}t \\
&= R(0) - 2R(\tau) + R(0) = 2[R(0)-R(\tau)] \geqslant 0
\end{aligned} \tag{5.30}$$

（3）自相关函数为偶函数，即 $R(\tau)=R(-\tau)$。证明过程如下：

$$R(-\tau) = \lim_{T\to\infty}\frac{1}{2T}\int_{-T}^{T}\eta(t)\eta(t-\tau)\,\mathrm{d}t$$

令 $u=t-\tau,\ t=u+\tau,\ \mathrm{d}t=\mathrm{d}u$

$$R(-\tau) = \lim_{T\to\infty}\frac{1}{2T}\int_{-T}^{T}\eta(u+\tau)\eta(u)\,\mathrm{d}u = R(\tau) \tag{5.31}$$

自相关函数是一个时域的概念，自相关函数越大，说明该随机过程这两个不同时刻（时间截口）的相关度越高。从而可以理解窄谱随机过程自相关函数衰减较慢的原因，因为自相关函数所表示的是两个时间截口的相关程度，对于窄谱来说，由于频率分布范围很小，因此，不同时间的相关程度一定很高，自相关函数自然衰减较慢。

5.3.3 维纳－辛钦定理

维纳－辛钦定理：若随机过程是平稳的随机过程，则自相关函数与谱密度函数之间存在着傅里叶变换对的关系。具体关系如下：

$$S(\omega) = \frac{2}{\pi}\int_0^{\infty} R(\tau)\cos(\omega\tau)\,\mathrm{d}\tau \Leftrightarrow R(\tau) = \int_0^{\infty} S(\omega)\cos(\omega\tau)\,\mathrm{d}\omega \tag{5.32}$$

由于工程应用中，负频率没有意义的缘故，故在做傅里叶变换处理之后，也习惯性地舍去负频率，将正频率处分量加倍。实际上，将傅里叶变换化成三角函数形式，即可得到单边谱，如图5.9所示。

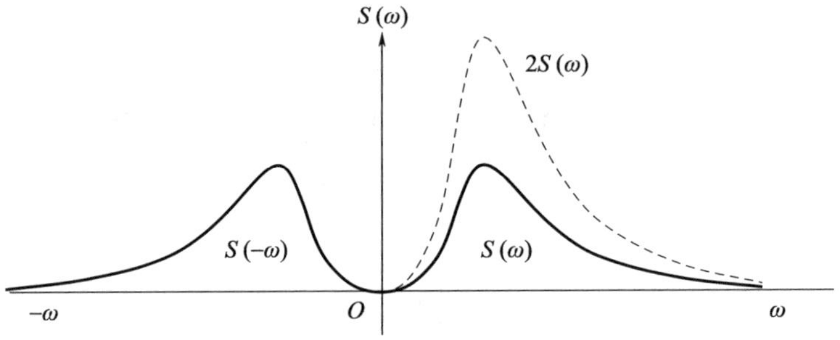

图5.9 双边谱－单边谱

因此，可以先根据不规则波波列时间过程线计算自相关函数，再通过自相关函数的傅里叶变换计算出波浪谱。波浪谱也可以基于时间过程线通过傅里叶变换方法直接求得。

自相关函数的离散表达式为

$$R_n(\tau) = \int_0^{2\pi} [\eta_n(t)\eta_n(t+\tau)]p(\varphi)\,\mathrm{d}\varphi = \frac{A_n^2}{2}\cos(\omega_n\tau) \tag{5.33}$$

$$R(\tau) = \sum_{n=1}^{\infty} S(\omega_n)\cos(\omega_n\tau)\Delta\omega \tag{5.34}$$

比较式（5.33）和式（5.34），可以得出某频率组分频谱值与该波浪频率组分的波幅关系为

$$S(\omega_n) = \frac{A_n^2}{2\Delta\omega} \tag{5.35}$$

从而找到了波浪谱与波高的对应关系，并解释了谱密度分布函数的物理意义。$S(\omega_n)$ 表示单位频率间隔内的能量。波浪的总能量由各组成波提供，$S(\omega)$ 代表波浪能量相对于组成波频率的分布，故称为能量谱。

5.3.4 谱密度函数的特征

（1）谱密度函数的特点

波能谱密度函数表示不规则波浪中各种频率波的能量在总波能中所占的分量，谱密度函数为非负函数，恒大于或等于零。波能谱曲线在低频和高频端都趋于零，这表明实际上特别长和特别短的波的波能在总波能中几乎没有作用。波能谱曲线峰值邻近区表示相对波

能量比较大的成分波，窄而尖的波能谱代表波能集中在范围较小的频带内，其波浪比较有规律，例如涌浪的波能谱接近这类谱型；波能谱比较平缓，谱峰不突出代表波能较分散，波浪的不规则性较强，海上风波的波能谱通常属于这类谱型。

（2）窄带谱

窄带谱随机过程，即频率集中在一非常小的范围内的随机过程，有如下特征：谱形较窄，自相关函数衰减较慢，波动过程一般为单峰，窄带谱随机过程如图 5.10(a) 所示，波形曲线都是单峰单谷，周期几乎相同，振幅变化也不大。理想化的规则波可视为窄带谱随机过程的极限情况，其能量集中在某一频率上，频带宽度无限小，其谱密度函数也可用脉冲函数来表示，如图 5.11 所示。

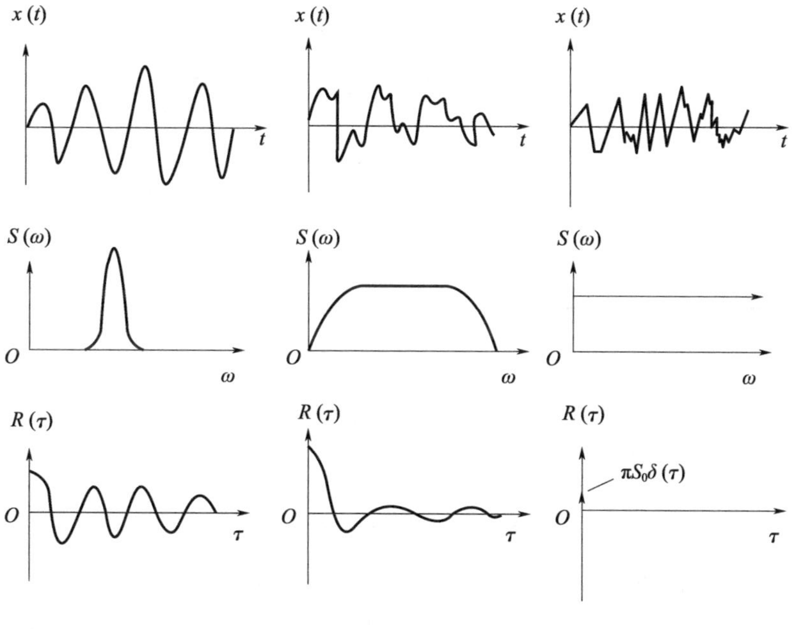

图 5.10　各种谱宽的随机过程的谱和自相关函数

（3）宽带谱

宽带谱随机过程的谱密度存在于较宽的频带内，其时间过程是由整个频带中各种频率信号叠加而成的，波形极不规则，波峰波谷上常有小波，如图 5.10(b) 所示。

方谱为宽带谱的一种特殊情况，如图 5.12 所示，其自相关函数为

$$R(\tau)=\frac{2S_0}{\tau}\cos\frac{\omega\tau}{2}\sin\frac{\omega\tau}{2}=\frac{S_0}{\tau}\sin\omega\tau \tag{5.36}$$

白噪声是一种常用的随机过程（例如，用于模拟波浪等），其谱均匀地分布在整个频域上，是宽带谱的极限情况，如图 5.10(c) 所示，其自相关函数为

$$R(\tau)=\frac{1}{2}\int_{-\infty}^{\infty}S_0e^{i\omega t}d\omega=\pi F^{-1}\{S_0\}=\pi S_0\delta(\tau) \tag{5.37}$$

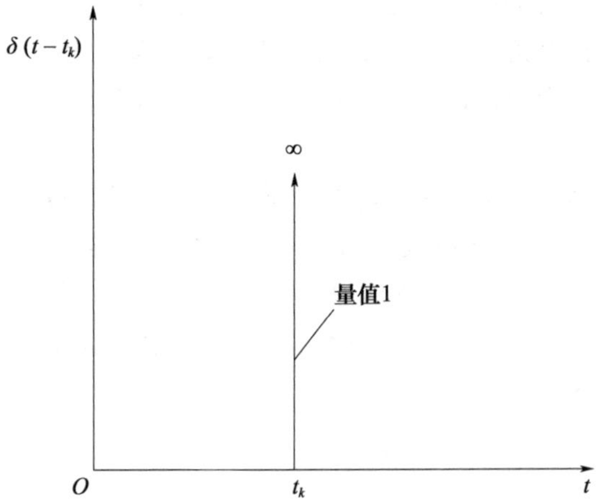

图 5.11　单位脉冲函数

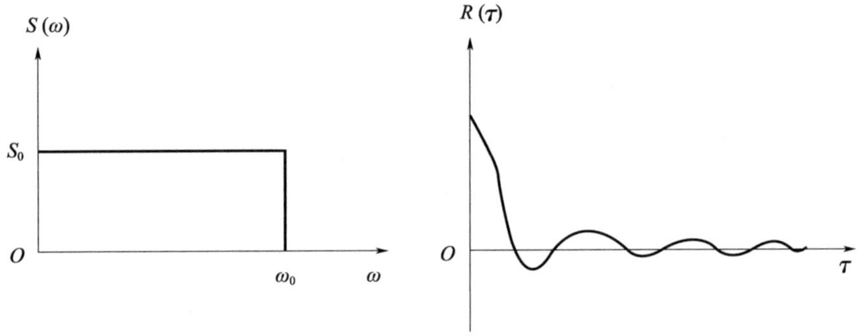

图 5.12　方谱及其自相关函数

以上讨论的为二因次波能谱，只局限于长峰不规则波浪，即认为波浪只沿单一方向传播，只有涌浪可近似地认为是长峰不规则波。实际上，海面的风浪是来自多方向的不规则波浪混合而成，海面呈现小丘状的波，即为三因次波或称短峰波。三因次波能谱描绘风波更接近实际，但这方面的研究还不成熟。目前，对海浪的描述仍然是以二因次波能谱为基础。

（4）波浪的谱宽参数

通常波浪的谱介于上述两种极限情况之间，具有如图 5.13 所示的形状，但其宽窄程度各不相同。

由于波谱的宽窄能影响到波浪的一些重要特性，现已提出几种表示波浪谱宽度的参数。Cartwright 等（1956）建议采纳谱宽参数

$$\varepsilon = \left(1 - \frac{m_1^2}{m_0 m_2}\right)^{1/2} \tag{5.38}$$

Longuet-Higgins（1957）建议谱宽度参数为

$$\nu = \left(\frac{m_0 m_2}{m_1^2} - 1\right)^{1/2} \tag{5.39}$$

式中，m 为谱的各阶矩。定义谱的 r 阶矩为

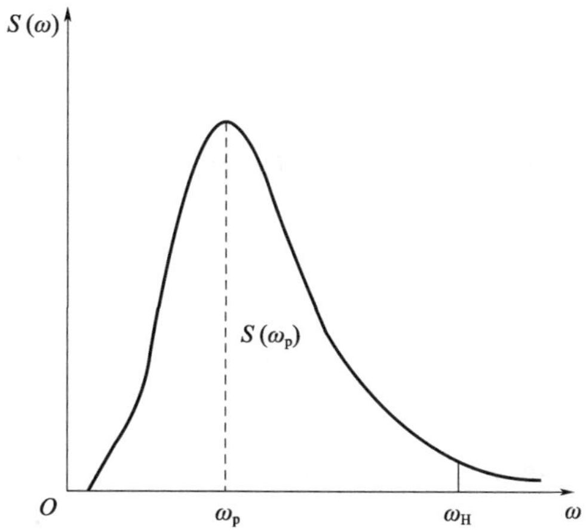

图 5.13　波浪谱

$$m_r = \int_0^\infty \omega^r S(\omega)\,\mathrm{d}\omega \tag{5.40}$$

ε 和 ν 的值均介于 0 和 1 之间，其值越大，谱越宽。显然，余弦波（规则波）时均为 0。顺便指出，如以 f 表示波频，谱 $S(f)$ 的 r 阶矩表示为

$$m_{rf} = \int_0^\infty f^r S(f)\,\mathrm{d}f \tag{5.41}$$

对于同一个谱，由式（5.40）和式（5.41）算得的谱矩值是不同的，且有下列关系

$$m_r = (2\pi)^r m_{rf} \tag{5.42}$$

对此，使用时应予以注意，ε 和 ν 为无因次数，不受谱矩表示方法的影响。虽然理论上波浪谱的最大频率为无限大，但在高频侧谱密度随频率增大而迅速减小，当式（5.40）不能积分时，实用上都采用某个频率 ω_H 作为上限数值积分。Rye（1982）的研究表明，虽然对于 JONSWAP 谱 $\gamma=7.0$ 时要比 $\gamma=1.0$ 时窄得多，但由于计算所得的 ε 差别很小，而且它们都随 ω_H/ω_P 的值变化，如图 5.14 所示，说明 ε 往往不能确切地表征谱能量集中的程度。这种情况也被实测资料分析结果所证实（Goda，1999）。

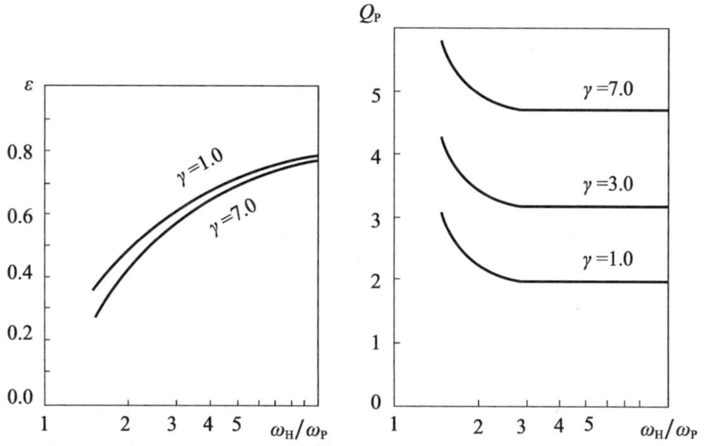

图 5.14　谱宽度的参数随 ω_H/ω_P 的变化情况

Goda（1970）建议用尖度 Q_P来表示谱的尖窄程度

$$Q_P = \frac{2}{m_0^2}\int_0^{\infty} fS^2(f)\,\mathrm{d}f \tag{5.43}$$

如图 5.14 所示，Q_P受 ω_H的影响很小。白噪声的 $Q_P = 1$；通常风浪时，$Q_P \approx 2$；一般波浪的 $Q_P = 1 \sim 4$。

5.4 波浪谱

波浪是一种复杂的随机过程。20 世纪 50 年代初，皮尔逊（Pierson）最先将瑞斯（Rice）关于无线电噪声的理论应用于波浪，从此，利用谱以随机过程描述波浪成为主要的研究途径。至今已提出多种描述波浪的方式（波浪模型），如朗盖特 - 希金斯模型、皮尔逊模型和广义傅里叶变换模型等（文圣常等，1984）。它们都把波浪看作平稳正态过程，而且具有各态历经性。

5.4.1 Neumann 谱

Neumann（1953）用半经验的方法，假定波浪的某些外观特征反映其内部结构，由观测到的波高和周期间的关系推导出 Neumann 谱，如图 5.15 所示。其表达式如下：

$$S(\omega) = \frac{A}{\omega^p}\exp\left(-\frac{B}{\omega^q}\right) \tag{5.44}$$

其中：A，B，p，q 有不同的形式与相关变量，指数 p 通常取 4 ~ 6，q 取 2 ~ 4，参数 A 和参数 B 中通常以风要素（风速、风时、风距）或者波要素（波高、周期）为参量。这些变量同样也包括有义波高、水域遮蔽形式、水深以及波浪频率分布参数等。这些参数可以通过实测资料经验公式拟合、半经验半理论方法以及解析的方法获得。

在研究波浪的统计特性时，往往用到谱的各阶矩：

$$m_r = \int_0^{\infty} \omega^r S(\omega)\,\mathrm{d}\omega \tag{5.45}$$

对于 Neumann 谱，可求得矩为

$$m_r = AB^{(r-p+1)/q}\frac{1}{q}\Gamma\left(\frac{p-r-1}{q}\right) \tag{5.46}$$

$$m_0 = \frac{A}{q}\frac{\Gamma[(p-1)/q]}{B^{(p-1)/q}} \tag{5.47}$$

式中，Γ 为伽马函数。由$\partial S(\omega)/\partial\omega = 0$ 可得谱峰频率为

$$\omega_m = \left(\frac{Bq}{p}\right)^{1/q} \tag{5.48}$$

Neumann 谱优点是结构简单、使用方便、可以积分，易于表示成不同参数的表示形式（如用波高、周期表示），缺点是 Neumann 谱属于经验公式，不存在高阶矩，且属于宽谱。Neumann 谱的最重要意义在于它给出了一种谱的通用形式，因此，虽然不常用，但是它是

一种非常具有代表意义的谱的形式。

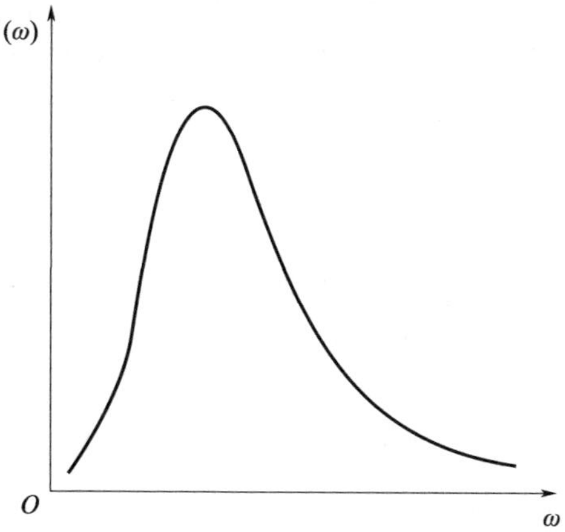

图 5.15 Neumann 谱

5.4.2 P-M 谱（Pierson-Moscowitz 谱）

根据北大西洋的实测资料（Moscowitz，1964），通过筛选挑出属于充分成长的 54 个谱，又依风速分成 5 组（20～40 kn），每组求一平均谱，再加以无因次化，如图 5.16所示，得无因次谱表达式为

$$S(\omega)=\frac{\alpha g^2}{\omega^5}\exp\left[-\beta\left(\frac{g}{U\omega}\right)^4\right] \tag{5.49}$$

式中，$\alpha=0.0081$，$\beta=0.74$，$\alpha g^2=0.781$。式（5.49）只含有一个参数 U，为海面上 19.5 m 高处的风速。

根据窄谱假定，可以将风速转换为有义波高，从而将 P-M 谱改写为

$$S(\omega)=\frac{0.78}{\omega^5}\exp\left(-\frac{3.11}{\omega^4H_S^2}\right) \tag{5.50}$$

对式（5.50）求导，即$\partial S(\omega)/\partial\omega=0$，可以求得谱峰频率为：$\omega_m=1.253/\sqrt{H_S}$。

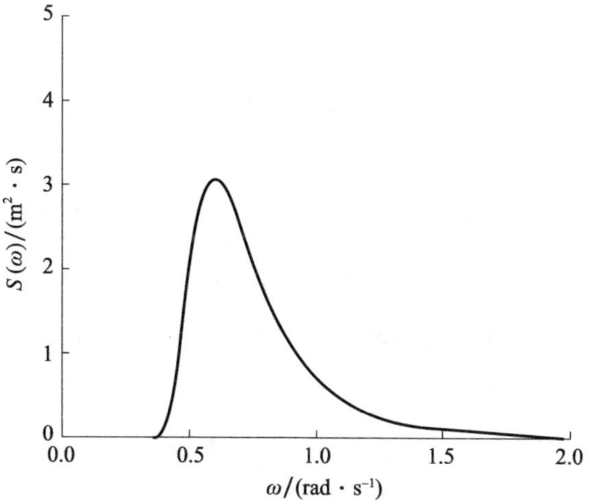

图 5.16 P－M 谱（无限风距波浪谱）

P-M 谱为经验谱，由于所依据的资料比较充分，分析方法比较合理，使用也比较方便，而且可以直接积分，自 20 世纪 60 年代中期以后，在海洋工程和船舶工程中得到广泛应用。但另一方面，P-M 谱只有一个参数，不足以表征复杂的波浪情况，故在此基础上提出了下面的波浪谱。

5.4.3 ITTC 谱

1972 年第 13 届国际拖曳水池会议（ITTC）对 P-M 谱进行了修改，得到 ITTC 谱，如图 5.17 所示。具体推导基于 P-M 谱，有

$$m_0 = \int_0^\infty S(\omega)\mathrm{d}\omega = \int_0^\infty \frac{A}{\omega^5}\exp\left(-\frac{B}{\omega^4}\right)\mathrm{d}\omega = \frac{A}{4B} \tag{5.51}$$

根据有义波高与零阶谱矩存在如下关系

$$H_S = 4\sqrt{m_0} \Rightarrow m_0 = \frac{H_S^2}{16} \tag{5.52}$$

将式（5.52）代入式（5.51）可得

$$B = \frac{4A}{H_S^2} \tag{5.53}$$

由于 P-M 谱中

$$A = 0.78 \Rightarrow B = \frac{4A}{H_S^2} = \frac{3.12}{H_S^2}$$

代入式（5.51）后得 ITTC 谱

$$S(\omega) = \frac{0.78}{\omega^5}\exp\left(-\frac{3.12}{H_S^2\omega^4}\right) \tag{5.54}$$

式中，H_S为有义波高。

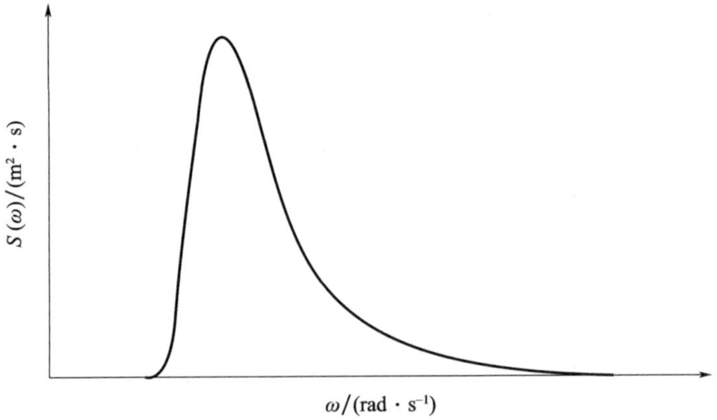

图 5.17　ITTC 谱

1978 年第 15 届 ITTC 采用了双参数谱，双参数谱改进了 ITTC 谱，对成长中的波浪也适用。基于 ITTC 单参数谱，有

$$m_1 = \int_0^\infty S(\omega)\omega\mathrm{d}\omega = \int_0^\infty \frac{A}{\omega^4}\exp\left(-\frac{B}{\omega^4}\right)\mathrm{d}\omega = \frac{1}{3}\frac{A}{B^{3/4}}\Gamma\left(1+\frac{3}{4}\right) = 0.30638\frac{A}{B^{3/4}} \tag{5.55}$$

用谱距表达的平均周期，并将式（5.46）和式（5.50）代入得

$$\overline{T}=\frac{2\pi m_0}{m_1}=\frac{5.127}{B^{1/4}} \Rightarrow B=\frac{691}{\overline{T}^4}$$

资料不足时可近似取观察的平均周期

$$A=4Bm_0=\frac{BH_{1/3}^2}{4}=\frac{173H_{1/3}^2}{\overline{T}^4}$$

代入式（5.55）后得双参数谱

$$S(\omega)=\frac{173H_{1/3}^2}{\overline{T}^4\omega^5}\exp\left(-\frac{691}{\overline{T}^4\omega^4}\right) \tag{5.56}$$

5.4.4 布氏谱

布氏谱（Bretschneider 谱）又称 B 谱，是以外部观测到的各种频率（波长）的波浪所贡献的能量代替各组成波提供的能量，所给出的谱实质上是波能在各种外观波长之间的分布。它适用于成长阶段或充分成长的波浪。通过基于满足波高与谱矩关系的修正，以及满足平均频率和谱矩关系的修正，得到 B 谱关于平均波高 $\overline{H}$ 和平均频率 $\overline{\omega}$ 表达式（Bretschneider，1959）为

$$S(\omega)=0.278\frac{\overline{\omega}^4}{\omega^5}\overline{H}^2\exp\left[-0.437\left(\frac{\overline{\omega}}{\omega}\right)^4\right] \tag{5.57}$$

或用有义波高 H_S 和谱峰频率 ω_m 表示

$$S(\omega)=\frac{1.25}{4}\frac{\omega_m^4}{\omega^5}H_S^2\exp\left[-1.25\left(\frac{\omega_m}{\omega}\right)^4\right] \tag{5.58}$$

该谱有波高和频率两个参数。

B 谱也符合 Neumann 一般式，其中 $p=5$，$q=4$。参量 A 和参量 B 中包含两个参数，因此，除了要知道设计波高以外，还要确定平均波频或波峰频率。Ochi（1978）对北大西洋的实测风浪资料进行统计分析，得到一组谱峰频率与有效波高的关系，见表 5.3，表中同时给出各组关系出现的可能性，由此对任一有效波高，可得到一族 9 个谱形。图 5.18 为 $H_S=3.0\,\mathrm{m}$ 时的谱族。

表 5.3　布氏谱谱峰频率与有义波高的关系

ω_m 值	权因素	ω_m（$H_S=3.0\,\mathrm{m}$ 时）
$0.048(8.75-\ln H_S)$	0.0500	0.367
$0.054(8.44-\ln H_S)$	0.0500	0.396
$0.061(8.07-\ln H_S)$	0.0875	0.425
$0.069(7.77-\ln H_S)$	0.1875	0.460
$0.079(7.63-\ln H_S)$	0.2500	0.516（最可能值）
$0.099(6.87-\ln H_S)$	0.1875	0.571

续表

ω_m值	权因素	ω_m（$H_S=3.0\,m$时）
$0.111(6.67-\ln H_S)$	0.0875	0.618
$0.119(6.65-\ln H_S)$	0.0500	0.661
$0.134(6.41-\ln H_S)$	0.0500	0.712

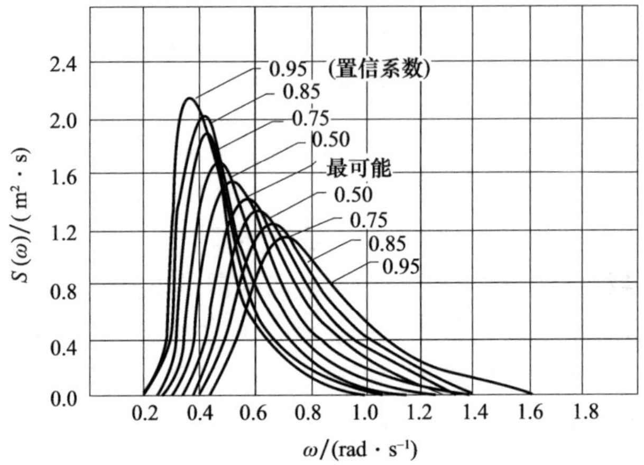

图 5.18　$H_S=3.0\,m$时的布氏谱族

日本光易恒等（Mitsuyasu 等，1975）将谱改进，称为布－光易谱（B-M 谱），是日本规范采用的谱，适用于充分成长的风浪，即

$$S(f)=0.257\left(\frac{H_S}{T_{1/3}^2}\right)^2\frac{1}{f^5}\exp\left[-1.03\left(\frac{1}{T_{1/3}f}\right)^4\right] \tag{5.59}$$

或

$$S(\omega)=400.5\left(\frac{H_S}{T_{1/3}^2}\right)^2\frac{1}{\omega^5}\exp\left[1605\left(\frac{1}{T_{1/3}\omega}\right)^4\right] \tag{5.60}$$

国际船舶结构工程会议（ISSC）推荐 ISSC 谱为

$$S(f)=0.1107\left(\frac{H_S}{\overline{T}^2}\right)^2\frac{1}{f^5}\exp\left[-0.4427\left(\frac{1}{\overline{T}f}\right)^4\right] \tag{5.61}$$

5.4.5　斯科特谱

Scott（1965）对于充分发展的波浪建议用下列谱公式：

$$S(\omega)=\begin{cases}0.214H_S^2\exp\left[-\dfrac{(\omega-\omega_m)^2}{0.065(\omega-\omega_m+0.26)}\right]^{1/2}, & -0.26<(\omega-\omega_m)<1.65\\ 0, & \text{其他情况}\end{cases} \tag{5.62}$$

式中包含两个参数：有义波高H_S和谱峰频率ω_m。能量分布在（$\omega_m-0.26$）到（$\omega_m+1.65$）的范围内，它和北大西洋 Persian 站以及印度西海岸的实测谱吻合得很好（图 5.19）。

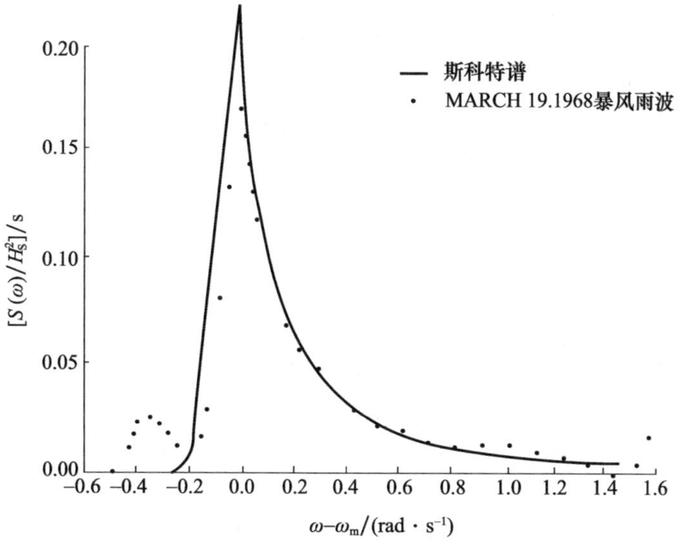

图 5.19　标准化的斯科特谱和北大西洋实测的平均谱

5.4.6　六参数谱

实测的一些波浪谱（如由涌浪和风浪叠加而成时）常呈双峰形，有时还出现第三个峰，即使对于单峰形的谱，有时高频部分谱形比较平缓，要用上述单参数或双参数公式描述其整个谱形也是困难的。由此，可以增加参数来模拟更复杂的情况，因此，Ochi 等（1976）提出六参数谱。

六参数谱的基本思路：

$$S(\omega)=\frac{A}{\omega^5}\exp(-B\omega^{-4}) \tag{5.63}$$

$$m_0=\int_0^{\infty}S(\omega)\mathrm{d}\omega=\frac{A}{4B} \tag{5.64}$$

标准化，得

$$S(\omega)/m_0=S'(\omega)=\frac{4B}{\omega^5}\exp(-B\omega^{-4}) \tag{5.65}$$

满足一般形式的伽马概率分布函数

$$f(x)=\frac{4B}{\Gamma(\lambda)}\lambda^m x^{m-1}\mathrm{e}^{-\lambda x} \tag{5.66}$$

可令

$$S'(\omega)=\frac{4}{\Gamma(\lambda)}\frac{B^{\lambda}}{\omega^{4\lambda+1}}\mathrm{e}^{-B/\omega^4}=S(\omega)/m_0 \tag{5.67}$$

根据有义波高的谱距表达式

$$H_S=4\sqrt{m_0}\Rightarrow m_0=H_S^2/16 \tag{5.68}$$

将式（5.68）代入式（5.67）得

$$S(\omega) = S'(\omega) m_0 = \frac{1}{4}\frac{B^{\lambda}}{\Gamma(\lambda)}\frac{H_S^2}{\omega^{4\lambda+1}}e^{-B/\omega^4} \tag{5.69}$$

在谱峰频率 ω_m 处有

$$\frac{dS(\omega)}{d\omega} = 0 \Rightarrow B = \left(\frac{4\lambda+1}{4}\right)\omega_m^4$$

得

$$S(\omega) = \frac{1}{4}\frac{\left(\frac{4\lambda+1}{4}\right)^{\lambda}}{\Gamma(\lambda)}\frac{H_S^2}{\omega^{4\lambda+1}}\exp\left[-\left(\frac{4\lambda+1}{4}\right)\left(\frac{\omega_m}{\omega}\right)^4\right] \tag{5.70}$$

把分别表示低频和高频部分的两个三参数谱组合起来，得到六参数谱（图 5.20），即

$$S(\omega) = \frac{1}{4}\sum_{j=1}^{2}\frac{\left(\frac{4\lambda_j+1}{4}\omega_{mj}{}^4\right)^{\lambda_j}}{\Gamma(\lambda_j)}\frac{H_{Sj}^2}{\omega^{4\lambda_j+1}}\exp\left[-\left(\frac{4\lambda_j+1}{4}\right)\left(\frac{\omega_{mj}}{\omega}\right)^4\right] \tag{5.71}$$

式中共有 6 个参数：H_{S1}，H_{S2}，ω_{m1}，ω_{m2}，λ_1，λ_2。其中：$H_S^2 = H_{S1}^2 + H_{S2}^2$。

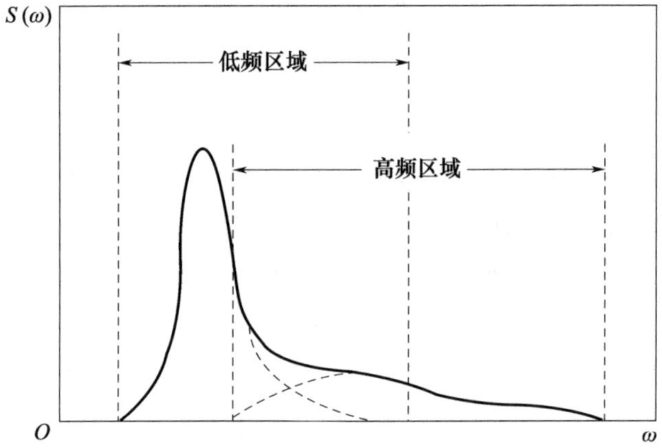

图 5.20　六参数谱示意图

Ochi 等（1976）对北大西洋实测的 800 个谱统计分析，得到 6 个参数与有效波高的关系，见表 5.4，表中对于同一 H_S，得出一族 11 个谱，第一行为最可能的谱形参数。

表 5.4　作为 H_S 的函数的 6 个参数值

	H_{S1}	H_{S2}	ω_{m1}	ω_{m2}	λ_1	λ_2
最可能谱	$0.84H_S$	$0.54H_S$	$0.70e^{-0.046H_S}$	$1.15e^{-0.039H_S}$	3.00	$1.54e^{-0.062H_S}$
0.95 置信度谱	$0.95H_S$	$0.31H_S$	$0.70e^{-0.046H_S}$	$1.50e^{-0.046H_S}$	1.35	$2.48e^{-0.102H_S}$
	$0.65H_S$	$0.76H_S$	$0.61e^{-0.039H_S}$	$0.94e^{-0.036H_S}$	4.95	$2.48e^{-0.102H_S}$
	$0.84H_S$	$0.54H_S$	$0.93e^{-0.056H_S}$	$1.50e^{-0.046H_S}$	3.00	$2.77e^{-0.112H_S}$
	$0.84H_S$	$0.54H_S$	$0.41e^{-0.016H_S}$	$0.88e^{-0.026H_S}$	2.55	$1.82e^{-0.089H_S}$
	$0.90H_S$	$0.44H_S$	$0.81e^{-0.052H_S}$	$1.60e^{-0.033H_S}$	1.80	$2.95e^{-0.105H_S}$
	$0.77H_S$	$0.64H_S$	$0.54e^{-0.039H_S}$	0.61	4.50	$1.95e^{-0.082H_S}$

续表

	H_{S1}	H_{S2}	ω_{m1}	ω_{m2}	λ_1	λ_2
0.95 置信度谱	$0.73H_S$	$0.68H_S$	$0.70e^{-0.046H_S}$	$0.99e^{-0.039H_S}$	6.40	$1.78e^{-0.069H_S}$
	$0.92H_S$	$0.39H_S$	$0.70e^{-0.046H_S}$	$1.37e^{-0.039H_S}$	0.70	$1.78e^{-0.069H_S}$
	$0.84H_S$	$0.54H_S$	$0.74e^{-0.052H_S}$	$1.30e^{-0.039H_S}$	2.65	$3.90e^{-0.085H_S}$
	$0.84H_S$	$0.54H_S$	$0.62e^{-0.039H_S}$	$1.03e^{-0.030H_S}$	2.60	$0.53e^{-0.069H_S}$

使用时，根据实测资料，每改变一个参数，得到一个适于相同波高的谱，得到一个谱族（11 个谱）如图 5.21 所示，95% 概率的谱将在此范围内。

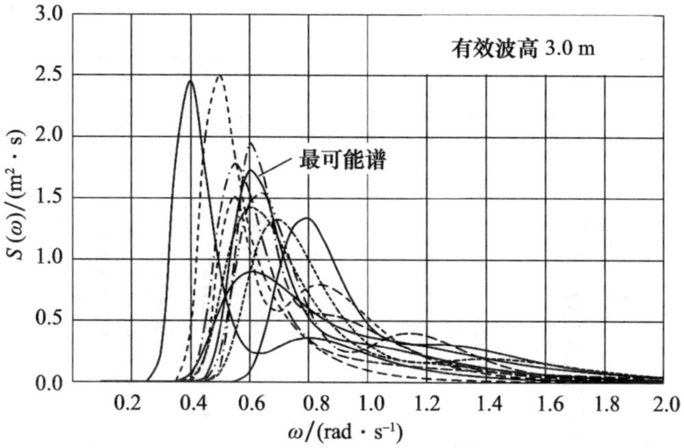

图 5.21　六参数谱族谱示例

六参数谱可以描述任何发展阶段的风浪谱。常用于描述风浪和涌浪组合成的混合浪，也是目前的研究热点。

5.4.7　JONSWAP 谱

1968—1969 年，由英国、荷兰、美国、德国等国家的有关单位实施了“联合北海波浪计划”（Joint North Sea Wave Project，JONSWAP）（Hasselmann，1973），从丹麦和德国交界处西海岸的舒尔脱（Sylt）岛沿西偏北方向布置一个测波断面伸入北海达 160 km，沿断面共布置 13 个测站（图 5.22）。其特点有：观测断面长（160m），测站多（13 个）；观测仪器多，5 种：小浮子式、水下压力式、电阻式测波杆、波浪骑士式浮标和纵摇及横摇式浮标；资料多：2500 个谱。

通过上述资料进行拟合，得到有限风距的风浪谱（JONSWAP 谱，简称 J 谱）公式，即

$$S(\omega) = \alpha g^2 \frac{1}{\omega^5} \exp\left[-\frac{5}{4}\left(\frac{\omega_m}{\omega}\right)^4\right] \gamma^{\exp[-(\omega-\omega_m)^2/(2\sigma^2\omega_m^2)]} \tag{5.72}$$

式中，系数 α 是表示能量尺度的参量，系数 ω_m 为谱峰频率，系数 γ 为谱峰升高因子，与波浪的群性有关，实测 $\gamma = 1 \sim 7$，通常情况取平均值为 3.3，σ 为峰形参数，$\sigma = \sigma_a$（当 $\omega \leqslant \omega_m$ 时），$\sigma = \sigma_b$（当 $\omega \geqslant \omega_m$ 时），因此，该谱有 5 个参量。

对于平均 JONSWAP 谱：$\alpha = 0.076\,(\overline{X})^{-0.22}$，其中，无因次风距 $\overline{X} = gX/U^2$，而 X 为风

区长度，U 为等效风速，即 10 m 高度处的风速；$\omega_m = 22(g/U)(\bar{X})^{-0.33}$；$\gamma$ 取平均值为 3.3；$\sigma_a = 0.07$，$\sigma_b = 0.09$。

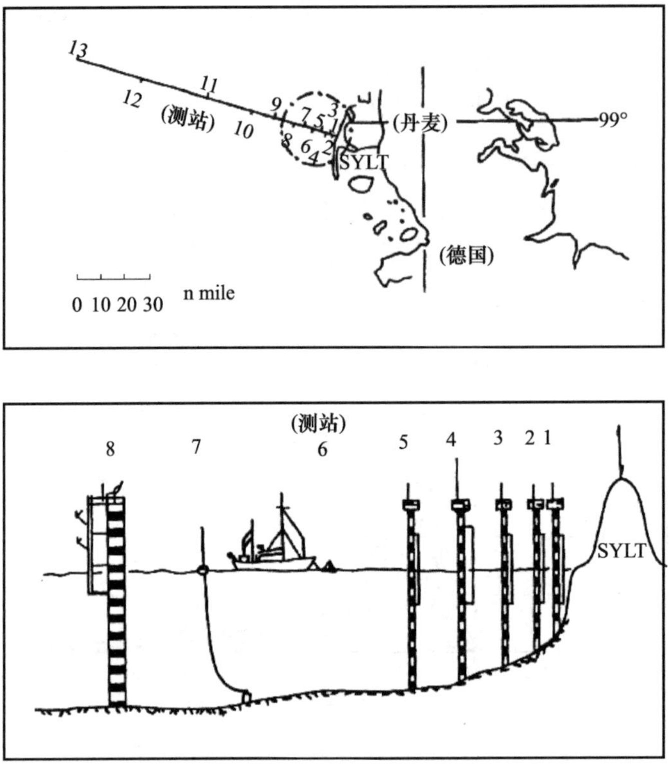

图 5.22　JONSWAP 的测波断面图

光易恒由实测资料（俞聿修等，2011）得

$$
\begin{cases}
\gamma = 7.0\ (\bar{X})^{-0.143} \\
\sigma_a = 0.07,\ \sigma_b = 0.09 \\
\alpha = 0.0817\ (\bar{X})^{-0.286} \\
\omega_m = 18.35(g/U)(\bar{X})^{-0.33}
\end{cases}
\tag{5.73}
$$

实际上，峰高因子 γ 是一个随机变量，原观测值介于 1 ~ 7。根据观测资料的统计分析，在表 5.5 中给出的 5 个 γ 值及其相应的权值。所以，对于同一种风况可能产生一族 5 组 JONSWAP 谱。但另一些观测者曾测得 $\gamma > 10$。

表 5.5　JONSWAP 谱族的 γ 值及权重

γ 值	权值
1.75	0.081
2.64	0.256
3.30（平均 JONSWAP 谱）	0.326
3.96	0.256
4.85	0.081

可以将 JONSWAP 谱变成两个参数——风距和风速的函数。在工程实际上如已知有效波高 H_S和风距 X，可用下式计算等效风速

$$U = kX^{-0.615}H_S^{1.08} \tag{5.74}$$

常数 k 见表 5.6，对于平均 JONSWAP 谱，常数 k 常取为 83.7。

表 5.6　不同 γ 时的 k 值

γ 值	k 值	
	X/(n mile) U/kn	X/km U/(m·s^{-1})
1.75	128.1	96.2
2.64	117.6	88.3
3.3	111.4	83.7
3.96	106.6	80.1
4.85	101.7	76.4

人们常认为，JONSWAP 谱是 P-M 谱的改进形式，且定义 γ 为其谱峰值比 P-M 谱峰值加大的倍数，如图 5.23 所示，即 $\gamma = S_{max}^{J}(\omega)/S_{max}^{P-M}(\omega)$。它们都具有相同的峰频 ω_m，对比式（5.50）和式（5.72），它们的第一部分形式是相同的。同时应注意，这样由式（5.72）JONSWAP 谱得到的有效波高 H_S常比输入的要求值大，其差别随着 γ 值增大而增大。

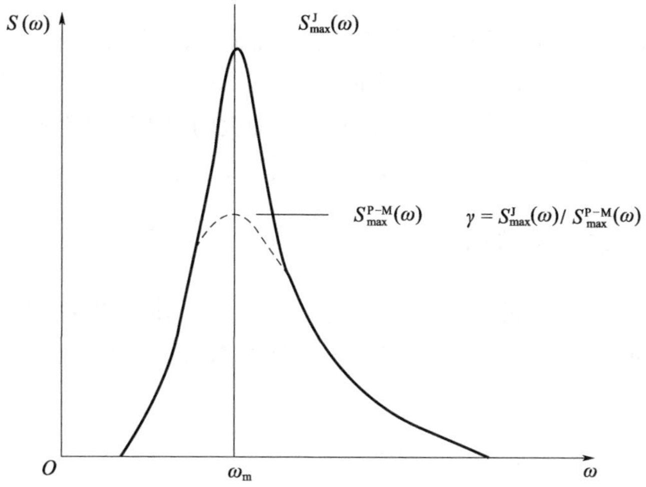

图 5.23　JONSWAP 谱与 P-M 谱对比

为了便于工程应用，合田良实（Goda，1999）改进了 JONSWAP 谱，可以用波浪参数表示为

$$S(f) = \beta_J H_{1/3}^2 T_P^{-4} f^{-5} \exp\left[-\frac{5}{4}(T_P f)^{-4} \right] \cdot \gamma^{\exp[-(f/f_P-1)^2/2\sigma^2]} \tag{5.75}$$

式中，各参数为

$$\beta_J = \frac{0.06238}{0.230 + 0.0336\gamma - 0.185\ (1.9+\gamma)^{-1}}[1.094 - 0.01915\ln\gamma]$$

$$T_P=\frac{T_{1/3}}{1-0.132\,(\gamma+0.2)^{-0.559}} \text{或} T_P=\frac{\overline{T}}{1-0.532\,(\gamma+0.25)^{-0.569}}$$

该谱的优点在于一旦选定 γ 值，即可由设计波要素确定谱形。

JONSWAP 谱的优点是资料可靠，3 个主要参数的调整空间大。但 JONSWAP 谱为纯经验谱，一些参数难以确定，且未考虑水深的影响。

5.4.8 Wallops 谱

1981 年，Huang 等基于理论研究和美国航空航天局（NASA）Wallops 飞行中心风浪流水槽的实验资料，提出一个通用的二参数谱，叫 Wallops 谱。他们认为此谱适用于波浪发展、成熟和衰减各个阶段。合田良实将其改进成下列形式，建议用于工程设计（Goda，1999）：

$$S(f)=\beta_W H_{1/3}^2 T_P^{1-m} f^{-m}\exp\left[-\frac{m}{4}(T_P f)^{-4}\right] \tag{5.76}$$

式中，

$$\left.\begin{aligned}
\beta_W&=\frac{0.06238m^{(m-1)/4}}{4^{(m-5)/4}\Gamma(m-1)}\left[1-0.7458\,(m+2)^{-1.057}\right]\\
T_P&=\frac{T_{1/3}}{1-0.238\,(m-1.5)^{-0.684}}\\
\text{或 } T_P&=\frac{\overline{T}}{1-1.259\,(m-0.5)^{-1.072}}
\end{aligned}\right\}$$

式中，m 为形状参数，改变 m 即可改变谱的宽窄形状，β_W 用于调整谱面积，使之等于波浪总能量。形状参数 m 和 JONSWAP 谱中的 γ 一样，其选用依靠工程师的经验和判断。一般小的无因次风距 gX/U^2 和大的 γ 或 m 值相关，而大的无因次风距 gX/U^2 值导致 $\gamma=1$ 或 $m=5$。但在浅水，上述谱采用 $m=3$ 或 $m=4$ 是合适的。

5.4.9 浅水风浪谱和涌浪谱

波浪传入浅水后，受海底影响，波谱产生变形，一个显著的变化是高频部分的坡度变得缓于 f^{-5}。Kitaigorodoskii 等（1975）给出一个通用的无因次函数 Φ 以表示水深 h 对波谱的影响

$$\Phi(2\pi f,\,h)=\begin{cases}0.5\omega_h^2, & \omega_h<1\\ 1-0.5\,(2-\omega_h)^2, & 1\leqslant\omega_h\leqslant 2\\ 1, & \omega_h>2\end{cases} \tag{5.77}$$

式中，$\omega_h=\omega\sqrt{h/g}$。Bouws 等（1985）利用实测资料证实了上式的适用性，建议了有限水深的风浪谱——TMA 谱：

$$S(f)=S_J(f)\cdot\Phi(kd) \tag{5.78}$$

$$\Phi(kd)=\frac{\tanh^3 kd}{\tanh kd+kd-kd\tanh^2 kd}=\frac{\tanh^2 kd}{1+2kd/\sinh 2kd} \tag{5.79}$$

式中，k 为波数，在水深 d 处与频率 f 满足色散关系。此谱表征在深水产生后传入浅水的

波浪，基本上代表了成长阶段的风浪。

一些观测结果表明浅水中的谱除具有一个主峰外有时在高频侧出现一个低得多的次峰，Basinsk 等还建议了一个无因次谱形式（俞聿修等，2010），即

$$\frac{\overline{\omega}S(\omega)}{\overline{H}^2}=0.345\exp\left[-42\left(\frac{\omega}{\overline{\omega}}-0.52\right)^2\right]+0.157\left(\frac{\omega}{\overline{\omega}}\right)^{-5}\exp\left[-0.625\left(\frac{\omega}{\overline{\omega}}\right)^{-4}\right] \tag{5.80}$$

式中，$\overline{H}$ 为平均波高，$\overline{\omega}$ 为平均频率。次峰约出现于 $\omega=2\omega_m$ 处。

当风浪传出生波区后形成涌浪，低频组成波要比高频组成波传播得快，产生速度弥散现象。涌浪谱与风浪谱相比，波能集中在窄的频率范围内。由于目前涌浪谱的观测资料相当有限，尚未提出涌浪谱模型。合田良实对已经传播了几千千米的涌浪记录进行了分析，结果认为：$\gamma=7\sim10$ 的 JONSWAP 谱形可作为这种涌浪谱的一个好的近似。

5.4.10 波浪的方向谱

实际的波浪是多方向的，海面是三维的，其能量不仅分布在一定的频率范围内，而且分布在相当宽的角度范围内，用方向谱 $S(\omega,\theta)$ 来描述，它可由多个振幅 a_n、频率为 ω_n、初相为 ε_n，并且在 xOy 平面上沿与 x 轴成 θ_n 角方向传播的余弦波叠加而成，如图 5.24 所示，斜向余弦波可写成

$$\eta(x,y,t)=A\cos[k(x\cos\theta+y\sin\theta)-\omega t] \tag{5.81}$$

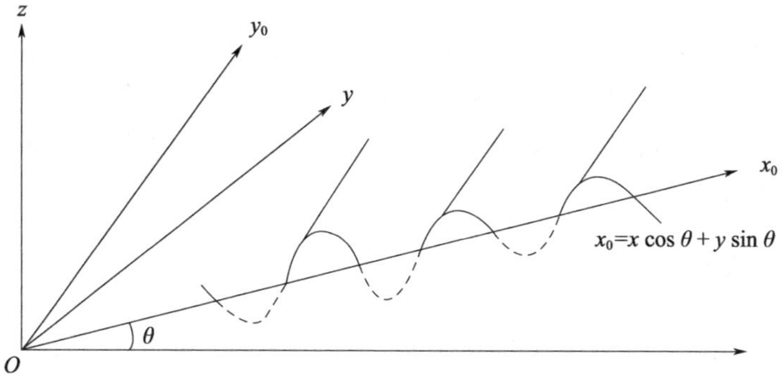

图 5.24 斜向波示意图

由无限个斜向传播的余弦波可组成多向不规则波，即

$$\eta(x,y,t)=\sum_{n=1}^{\infty}A_n\cos[k_n(x\cos\theta_n+y\sin\theta_n)-\omega_n t+\varepsilon_n] \tag{5.82}$$

根据线性波浪理论中有限水深色散关系

$$\omega_n^2=gk_n\tanh k_n d \tag{5.83}$$

对于深水波，$\omega_n^2=gk_n$。将其代入多向波中可得

$$\eta(x,y,z)=\sum_{n=1}^{\infty}A_n\cos\left[\frac{\omega_n^2}{g}(x\cos\theta_n+y\sin\theta_n)-\omega_n t+\varepsilon_n\right] \tag{5.84}$$

式（5.84）表明，在时刻 t 时的波面，由具有各种方向角 θ_n（$-\pi\leqslant\theta_n\leqslant\pi$）和各种频率 ω_n（$0\leqslant\omega_n\leqslant\infty$）的无限个波面叠加而成。

考虑 $\Delta\omega$ 频率区间和 $\Delta\theta$ 区间的能量，则

$$\eta(x, y, t) = \sum_{\Delta\omega}\sum_{\Delta\theta}\frac{1}{2}A_n^2 S(\omega, \theta)\mathrm{d}\omega\mathrm{d}\theta \qquad (0 \leqslant \omega \leqslant \infty, -\pi \leqslant \theta \leqslant \pi) \tag{5.85}$$

方向谱的一般形式为

$$S(\omega, \theta) = S(\omega)G(\theta) \tag{5.86}$$

其中，G 为方向扩展系数

$$\int_{-\pi}^{\pi} G(\theta)\mathrm{d}\theta = 1 \tag{5.87}$$

方向谱 $S(\omega, \theta)$ 给出不同方向上各组成波的能量相对于频率的分布，或就给定的频率而言，$S(\omega, \theta)$ 说明组成波能量相对于方向的分布。

5.5 随机波浪谱的生成与波浪谱的估计

水池试验是一种常用的研究手段，在实验室进行物理模型试验，需要生成满足一定要求的随机波浪，并证明该波浪满足设计要求。下面将依托一个典型工程实例介绍采用线性叠加法对随机波浪谱的生成与波浪谱的估计的具体过程。

已知某工程设计波高 $H_S = 4.5\,\mathrm{m}$，谱峰周期 $T_p = 7.0\,\mathrm{s}$，水深 $d = 20\,\mathrm{m}$，风距为 $X = 220\,\mathrm{km}$（该数据通常根据波浪长期分布，通过极值统计方法获得），计划在实验室进行物理模型试验，试用线性波浪叠加法生成满足上述要求的随机波浪，并证明该波浪满足设计要求。确定合适的频率范围，取 $\Delta t = 0.5\,\mathrm{s}$，采用平均 JONSWAP 谱，计算波浪个数大于 150 个的时间序列，然后对波面用自相关函数法估计谱密度值，并与目标谱进行比较，画出自相关函数和目标谱的图形。

5.5.1 不规则波波面的生成

根据工程实际情况，可以选取不同的波浪谱作为目标波浪谱（耙谱）。在本例中，由于已知资料中有风距因素存在，因此，选取平均的 JONSWAP 谱作为耙谱，即

$$S(\omega) = \alpha g^2 \frac{1}{\omega^5} \exp\left[-\frac{5}{4}\left(\frac{\omega_m}{\omega}\right)^4\right]\gamma^{\exp[-(\omega/\omega_m)^2/(2\sigma^2\omega_m^2)]} \tag{5.88}$$

其中，各谱参数如下：

$$\begin{cases} \gamma = 3.3, \ \sigma_a = 0.07, \ \sigma_b = 0.09, \\ \alpha = 0.076(\bar{X})^{-0.22}, \ \bar{X} = gX/U^2, \\ U = kX^{-0.615}H_S^{1.08}, \ k = 83.7, \\ \omega_m = 22(g/U)(\bar{X})^{-0.33} \end{cases}$$

将已知条件代入，可以得出目标波浪谱，如图 5.25 所示。

采用线性波浪叠加法生成不规则波波面，根据波浪谱与波面函数的关系，有

$$\eta(t) = \sum_{i=1}^{M}\sqrt{2S_{\eta\eta}(\hat{\omega}_i)\Delta\omega_i}\cos(\tilde{\omega}_i t + \varepsilon_i) \tag{5.89}$$

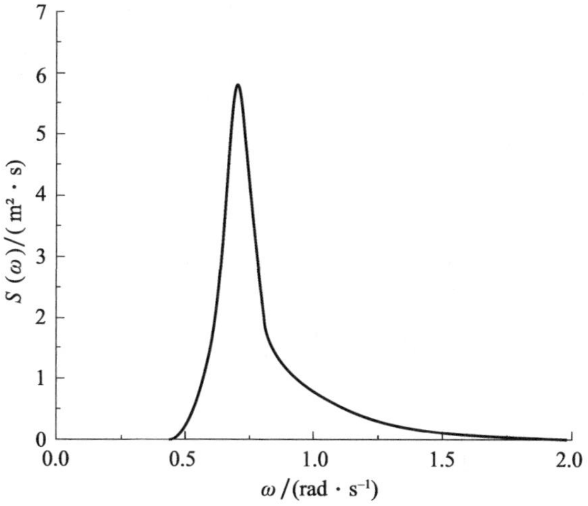

图 5.25　目标 JONSWAP 谱

其中，M 代表具频率区间的分段数（频率的具体分段方法有等分频率法和等分能量法），$S_{\eta\eta}(\hat{\omega}_i)$ 为目标波浪谱，$\hat{\omega}_i$ 为各频率区段的频率均值，$\tilde{\omega}_i$ 为第 i 个组成波的代表频率，ε_i 为第 i 个组成波的初相位。

以平均 JONSWAP 谱为靶谱，总时间历程为 1 500 s，时间步长取 $\Delta t = 0.5\,\mathrm{s}$，根据式（5.89）计算波面时间序列。其中，频谱范围 ω_{L} 和 ω_{H} 参考 P-M 谱的频率范围确定方法，即

$$\omega_{\mathrm{L}} = \left(-\frac{3.11}{H_{1/3}^2 \ln\mu}\right)^{1/4};\quad \omega_{\mathrm{H}} = \left(-\frac{3.11}{H_{1/3}^2 \ln(1-\mu)}\right)^{1/4}$$

其中，$\mu = 0.002$，即高低频部分忽略 P-M 谱的 2‰（代表高低频部分允许忽略的部分占总能量比例）。同时为了满足 $\omega_{\mathrm{H}} = (3\sim4)\omega_{\mathrm{m}}$ 的范围，取 $\omega_{\mathrm{H}} \leqslant 4\omega_{\mathrm{m}}$。$M$ 取值按照合田良实（Goda，1970）的建议取 200，得出波面的时间序列 $\eta(t)$，如图 5.26 所示。经过统计，一共生成波浪个数为 201，满足需大于 150 个波浪的要求，同时也满足随机波浪的平稳性与各态历经性的要求。

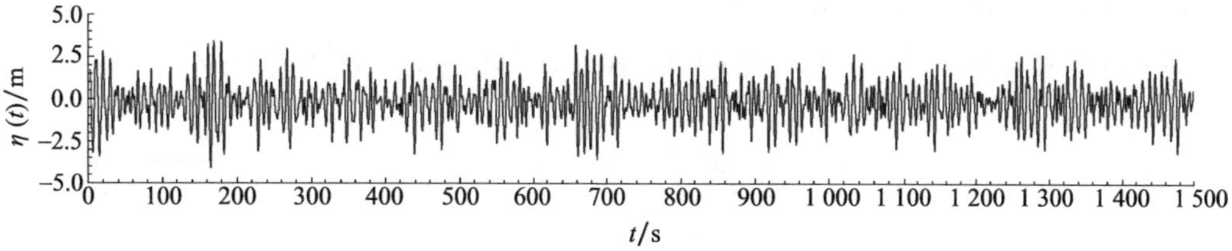

图 5.26　时间序列

5.5.2　波浪谱的估计及其与目标谱的对比

采用自相关函数法对不规则波波面的波浪谱进行计算，自相关函数的计算公式如下：

$$R(\tau) = R(\nu\Delta t) = \frac{1}{N-\nu}\sum_{n=1}^{N-\nu} x(t_n + \nu\Delta t)x(t_n),\quad \nu = 0, 1, 2, 3, \cdots, m \tag{5.90}$$

其中，m 值的确定会对计算结果产生影响。国家海洋局《海洋调查规范》（1975）建议选

取 $m=N/(25\sim30)$，($\Delta t=0.5\sim1.5\,\text{s}$)；在《随机波浪及其工程应用》(俞聿修等，2010) 中建议选取 $m=N/(15\sim20)$，($\Delta t=0.5\,\text{s}$)；$m=N/(20\sim40)$，($\Delta t=1.0\,\text{s}$)。这里按照后者进行计算，取 $m=N/15$。计算求出的自相关函数如图 5.27 所示。

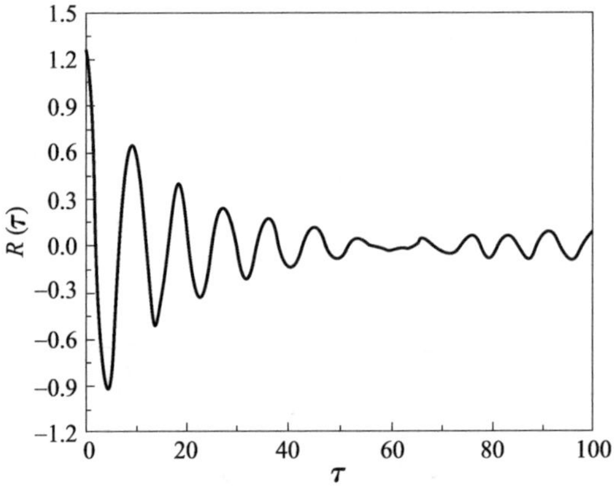

图 5.27 自相关函数

从图 5.27 中可以看出，该图形满足自相关函数性质，如在零点最大。因此，可以作为一个必要性的验证。

进一步计算这组波列实际的波浪谱，计算的谱密度函数为单侧谱，计算分为两部分，首先是粗谱的计算，然后是谱的光滑。粗谱的计算采用如下公式进行：

$$L_n=\frac{2}{\pi}\left[\frac{1}{2}R(0)+\sum_{\nu=1}^{m-1}R(\nu\Delta t)\cos(2\pi f_n\nu\Delta t)+\frac{1}{2}R(m\Delta t)\cos(2\pi f_n m\Delta t)\right]\Delta t \tag{5.91}$$

其中，$\Delta f=f_N/m=\dfrac{1}{2m\Delta t}$，$\Delta f=f_N/m=\dfrac{1}{2m\Delta t}$，$n=0,1,2,3,\cdots,m$。

仅计算出粗谱是不满足要求的，需要对粗谱加窗函数进行光滑，常用的窗函数包括哈明窗与哈宁窗两种。

$$\text{哈明窗：}\quad S(\omega_n)=0.23L_{n-1}+0.54L_n+0.23L_{n+1} \tag{5.92}$$

$$\text{哈宁窗：}\quad S(\omega_n)=0.25L_{n-1}+0.50L_n+0.25L_{n+1} \tag{5.93}$$

对于两个端点的频率，系数取 0.5。

选取低频截断频率为 $\omega_L=0.198\,\text{rad/s}$，计算获得的波浪谱如图 5.28 所示。

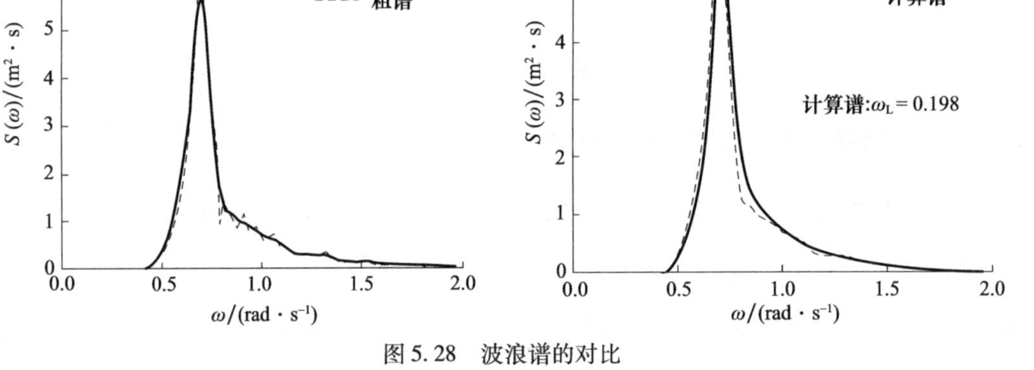

图 5.28 波浪谱的对比

可见谱峰频率和峰值明显要比靶谱略小。

通过上述分析，可以说明生成的不规则波序列满足该工程的设计要求。根据波浪的线性叠加原理，非规则波波面可表示为不同频率和相位的规则波的波面之和，即

$$\eta(t) = \sum_{i=1}^{M} \sqrt{2S_{\eta\eta}(\hat{\omega})\Delta\omega}\cos(\tilde{\omega}_i t + \varepsilon_i) \tag{5.94}$$

根据式（5.94），可以得出组成该规则波中各频率的组成波为

$$\eta_m(t) = \sqrt{2S_{\eta\eta}(\hat{\omega}_m)\Delta\omega}\cos(\tilde{\omega}_m t + \varepsilon_m) \Rightarrow H_m = \sqrt{2S_{\eta\eta}(\hat{\omega}_m)\Delta\omega} \tag{5.95}$$

基于预定的比尺，如1∶50，即可将不同组成波 η_m 转换为物理模型试验中的波面 $\eta_m^{\exp}(t)$，再通过造波机生成不同的组成波 $\eta_m^{\exp}(t)$，即可获得随机波面 $\eta^{\exp}(t)$。

5.5.3 不规则波列波浪要素的统计分析

将获得的波高从大到小排列，可得波高序列及对应周期序列，如图5.29所示取前1/3的波高求其平均值得到 H_S 以及其对应的周期。对波浪样本进行统计，可以得出表5.7所示的统计特征值。

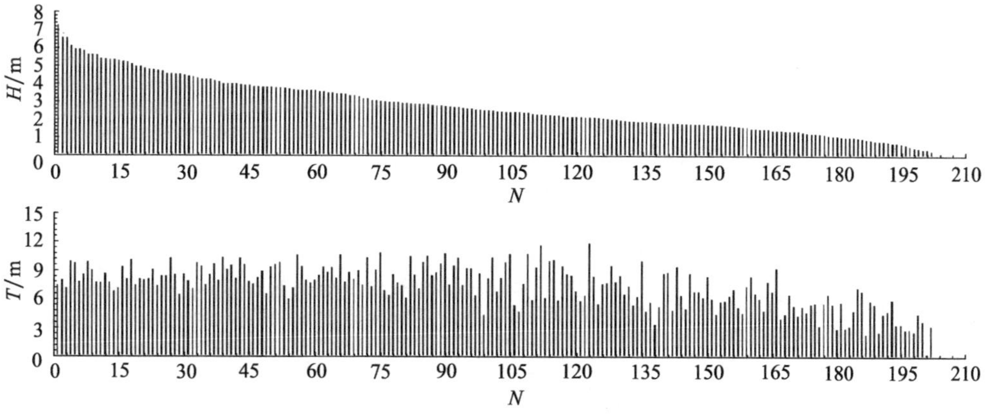

图5.29 波高序列及对应周期序列

表5.7 统计特征值

	H_{max}	$H_{1/10}$	$H_{1/3}$（H_S）	H_{ave}	$H_{1\%}$	$H_{5\%}$	$H_{4\%}$	$H_{13\%}$
波高/m	7.24	5.56	4.39	2.78	6.57	5.39	5.58	4.49
对应周期/s	7.50	8.46	8.58	7.42	7.00	9.00	10.00	9.50

从表5.7中数据可以得到：

（1）有义波高 H_S =4.39m，与实际波浪4.5m相对符合。

（2）波浪参数满足统计规律的 $H_{1/10} \approx H_{4\%}$，以及 $H_{1/3} \approx H_{13\%}$。

（3）对应周期8.58s，与实际周期7s略有差别，但工程上偏于保守。

（4）从统计规律上看，不规则波列满足设计要求。

按照窄谱假定以及瑞利分布，有如下的关系：

$$\overline{H} = \sqrt{2\pi m_0};\quad H_S = 4.0\sqrt{m_0};\quad H_{F\%} = \sqrt{8m_0\ln(1/F)}$$

谱的 r 阶矩

$$m_r = \int_0^\infty \omega^r S(\omega)\,\mathrm{d}\omega \tag{5.96}$$

将上述模拟波面的统计特征值代入式（5.96）中，计算出不同特征波的零阶谱矩 m_0，并进行比较，如表 5.8 所示。

表 5.8　不同统计值的 m_0

F	H_{ave}	$H_{1/3}$（H_S）	$H_{1\%}$	$H_{4\%}$	$H_{5\%}$	$H_{13\%}$
m_0	1.231	1.204	1.172	1.209	1.212	1.235

从表 5.8 中可以看出，所有特征波的零阶谱矩 m_0 计算结果基本一致，仅 $H_{1\%}$ 误差略大，分析其主要原因是由于样本中波的个数不足所致。本例中，样本组成波有 201 个，而对应于其特征波 $H_{1\%}$ 则仅有两个波被统计，因而，其统计的规律性较弱。

第6章　波浪对小尺度物体的作用

6.1 概述

在海洋与海岸工程中，如何确定结构物所受到的波浪荷载，是工程设计中的重要问题。在海上各类浮式和固定结构物中，多种形式的杆件和柱状结构应用普遍，如导管架平台的导管结构、半潜平台的支撑柱、SPAR 平台的主浮筒、养殖网箱的浮架结构、各类采油平台上的立管结构及系泊缆索，乃至跨海桥梁的桥墩等。这些以不同方向布置的各类杆件、浮筒、管道、缆索、支柱等，根据其截面特征尺度与入射波长的比值都可以区分为小尺度构件和大尺度构件。其波浪力的计算按照其尺度大小和受力特性的不同，采用两种不同方法。

（1）对于小尺度构件计算目前仍主要采用莫里森方程。这是一个半经验半理论方法，由美国加利福尼亚州伯克利大学的 Morison 等（1950）提出。当构件直径 D 与波长 L 相比很小（$D/L \leqslant 0.15$）时，波浪场传播基本不受桩柱存在的影响。这时其所受波浪力可仅考虑两部分：一部分是由未扰动的波浪速度场所产生的速度力；另一部分是由波浪加速度场所产生的惯性力。

（2）对于大尺度构件通常采用绕射理论。该理论由美国工程兵团的 MacCamy 等（1954）提出。它假定水体为无黏性，波浪做有势运动，并取线性化后的自由水面边界条件，因而其适用条件大体为：首先是符合线性化条件。一般认为，当 $D/L > 0.25$ 时，线性化误差不大；其次是流体绕过柱体时不发生分离现象。为此要求 $H/D \leqslant 1.0$，即波高与柱径之比较小，此时可采用无黏性的假定（图6.1）。根据 D/L 及 H/D 两个参数的不同组合可以划分为4个区域：

1区：$D/L<0.15$ 及 $H/D<1.0$，不考虑黏性及绕射的影响，可按莫里森方程进行计算。

2区：$D/L>0.15$ 及 $H/D<1.0$，不考虑黏性，但考虑绕射作用，可按线性绕射理论进行计算。

3区：$D/L<0.15$ 及 $H/D>1.0$，不考虑绕射影响，可按莫里森方程进行计算。

4区：$D/L>0.15$ 及 $H/D>1.0$，既考虑黏性又考虑绕射的影响，而波浪的极限波陡为 $(H/L)_{max}=1/7\approx0.15$，所以此区的波浪已经破碎，实际上不存在，可不予考虑。

本章将以柱状结构为例，对小尺度结构在波浪作用下的受力问题进行介绍。

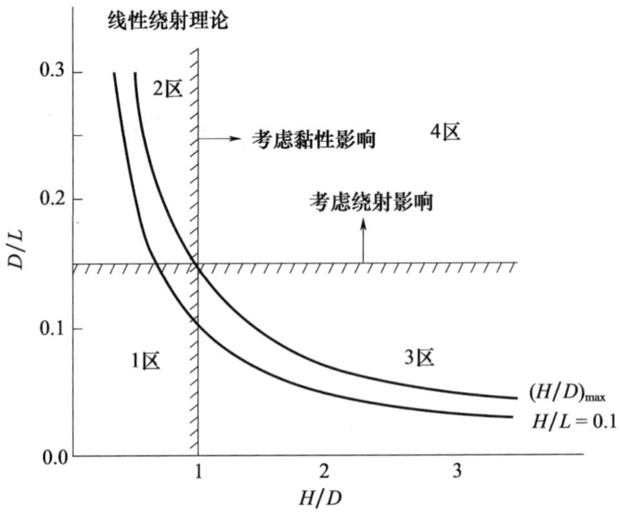

图 6.1　对不同结构物尺度下的波浪力考虑

6.2　水流对圆柱作用的绕流现象

圆柱绕流问题是流体与柱状结构作用的经典问题，对其相关现象进行充分了解有利于掌握波浪与小尺度物体作用的相关概念，本节将对该问题进行简要的介绍。

6.2.1　达朗伯尔悖论

使用经典势流理论考虑一均匀流对圆柱的作用问题，可以通过均匀直线流与偶极流叠加的方法处理。设均匀直线流动的速度为 U，沿 x 轴正方向，偶极中心位于坐标原点、强度为 M、偶极轴沿负 x 方向。叠加后流动的速度势函数和流函数分别为

$$\begin{cases} \phi = Ur\cos\theta + \dfrac{M\cos\theta}{2\pi r} \\ \psi = Ur\sin\theta - \dfrac{M\sin\theta}{2\pi r} \end{cases} \tag{6.1}$$

复合流动的流线方程为常数，则

$$Ur\sin\theta - \frac{M\sin\theta}{2\pi r} = C(\text{常数}) \tag{6.2}$$

取不同的 C 值得到的流线如图 6.2 所示。当 $C=0$ 时，该流线成为零流线，零流线方程为

$$\left(Ur - \frac{M}{2\pi r}\right)\sin\theta = 0 \tag{6.3}$$

解方程式（6.3），得

$$(1)\ \theta = 0,\text{或}\ \theta = \pi$$

$$(2)\ r = \left(\frac{M}{2\pi U}\right)^{1/2} = R$$

可见零流线由 x 轴和圆心在坐标原点半径为 R 的圆组成。由于流动中速度矢量与流线相切，流体不能跨越流线，因此，零流线可以表示固体边界，上述流动可以看作绕圆柱的无环量流动。

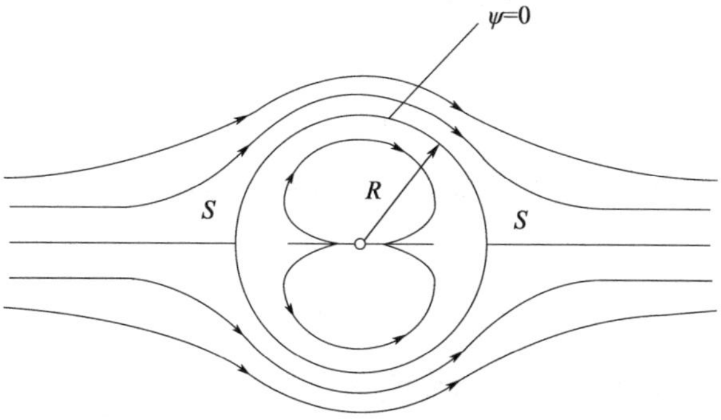

图 6.2　绕圆柱的无环量流动

将 $M=2\pi UR^2$ 代入式（6.1），得均匀来流绕半径为 R 的圆柱流动的速度势函数和流函数分别为

$$\phi = U\left(r + \frac{R^2}{r}\right)\cos\theta \tag{6.4}$$

$$\psi = U\left(r - \frac{R^2}{r}\right)\sin\theta \tag{6.5}$$

相应的速度场（速度方向定义如图 6.3 所示），为

$$\begin{cases} V_r = \dfrac{\partial\varphi}{\partial r} = U\left(1 - \dfrac{R^2}{r^2}\right)\cos\theta \\ V_\theta = \dfrac{\partial\varphi}{r\partial\theta} = -U\left(1 + \dfrac{R^2}{r^2}\right)\sin\theta \end{cases} \tag{6.6}$$

在圆柱表面上，$r=R$，此时

$$\begin{cases} V_r = 0 \\ V_\theta = -2U\sin\theta \end{cases} \tag{6.7}$$

当 $r\to\infty$ 时

$$\begin{cases} V_r = U\cos\theta \\ V_\theta = -U\sin\theta \end{cases} \tag{6.8}$$

由式（6.7）可知，在圆柱表面上，只有沿圆柱表面的切向速度而无径向速度，流体质点不离开圆柱表面，即无分离现象发生。当 $\theta\in(0,\ \pi)$，$\sin\theta>0$，V_θ 为负值，流动为顺时针方向；当 $\theta\in(\pi,\ 2\pi)$，$\sin\theta<0$，V_θ 为正值，流动为逆时针方向；当 $\theta=0$ 和 $\theta=\pi$ 时，$V=V_\theta=0$，这两点分别称为前、后滞止点或驻点，而当 $\theta=\pm\pi/2$ 时，速度达到最大值，$V_{max}=2U$，这两点称为舷点。

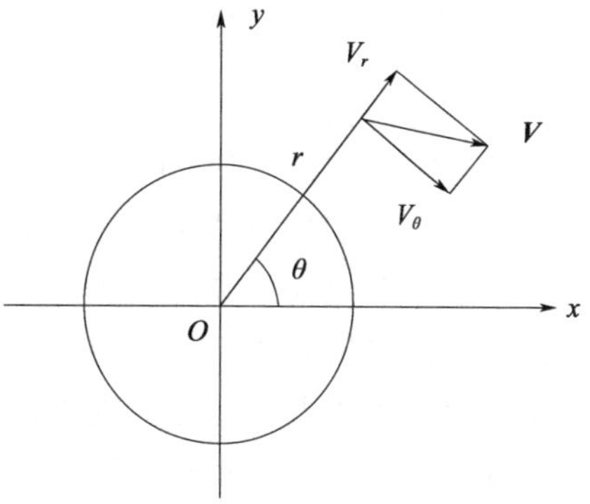

图 6.3　流场中一点速度的矢量表示

圆柱表面上任一点的压强可由势流的伯努利方程求得，即

$$p = p_\infty + \frac{1}{2}\rho U^2 - \frac{1}{2}\rho V^2 \tag{6.9}$$

式中，p_∞和 U 为无穷远处的压强和速度。在圆柱表面上，$V = V_\theta = -2U\sin\theta$，所以，压强分布为

$$p = p_\infty + \frac{1}{2}\rho U^2(1 - 4\sin^2\theta) \tag{6.10}$$

习惯上，物体表面的压强分布以无量纲的压强系数 C_p表示，压强系数定义为

$$C_p = \frac{p - p_\infty}{\frac{1}{2}\rho U^2} \tag{6.11}$$

由式（6.11）可知，圆柱表面的压强系数可表示为

$$C_p = 1 - 4\sin^2\theta \tag{6.12}$$

由式（6.12）可以看出，压强系数仅与 θ 值有关，进一步给出圆柱表面压强系数的分布情况，如图 6.4 所示。可以看出，圆柱表面压强分布关于 x 轴和 y 轴是对称的，因此，运动流体作用在圆柱表面上压力的合力为零。根据运动相对性原理，即圆柱体在静止流体中匀速运动时，作用在圆柱上的合力为零。这个结论与实验观察到的现象相矛盾，就是著名的达朗伯尔悖论。这一悖论在很长一段时间构成发展经典流体力学的障碍，其产生的主要原因是使用了理想流体及运动无旋的假定。真实流体是具有黏性的，并且即使是低黏性的流体，运动流体在靠近圆柱体表面的范围内摩擦作用也不能忽略，流动是有旋的，在黏性作用下圆柱表面下游某处会发生分离并形成尾迹区，在尾迹区压强的变化与理想流体完全不同，作用力将不再为零。

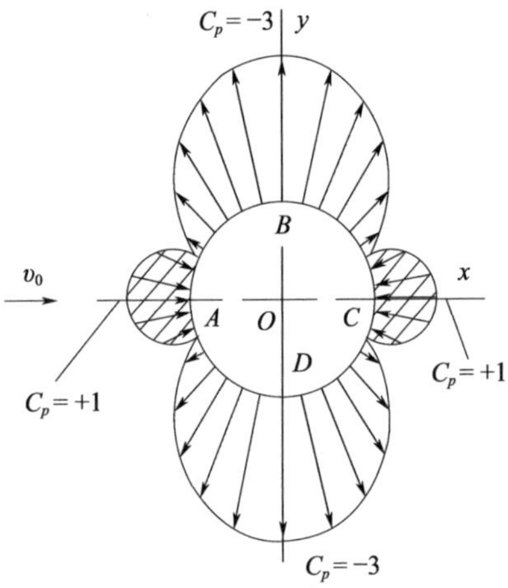

图 6.4　圆柱表面压强系数的分布

6.2.2　圆柱绕流的流动分离现象

达朗伯尔悖论产生的主要原因是使用了流体无黏且运动无旋的理想流体的势流理论假定。实际上，由于流体黏性的存在，在固体边界附近将产生流体的边界层。边界层内水流受固体界面影响而流速减小，反过来水流对固体有一剪切力作用，也可称之为表面摩阻力。当雷诺数很小时，该力与水流的速度成正比。对圆柱而言，此雷诺数 $Re = UD/\nu < 1$，ν 为流体运动黏滞系数，这是柱体受力的第一种情况。当流体运动的雷诺数很大时，边界层沿柱壁逐渐发展并产生分离现象，分离的水流形成紊动而在圆柱体后方产生尾流及涡旋，形成一个负压区，而前方为一正压区，前后的压力差形成一个作用力。边界层的流态也可分为层流与紊流两种（图 6.5）。

边界层产生分离现象时的分离点角度 θ 随流态而异，层流边界时，$\theta \approx 82°$，紊流边界时，$\theta = 10° \sim 130°$。此时单位长度柱体所产生的力 f_d 与速度 U 的平方成正比，通常采用阻力系数的方法计算，其公式为

$$f_d = \frac{1}{2}\rho C_d A U^2 = \frac{1}{2}\rho C_d D U^2 \tag{6.13}$$

式中，ρ 为流体密度，A 为迎流面积，D 为桩柱直径，U 为来流速度，C_d 为阻力系数或速度力系数。阻力系数可表达为雷诺数和物面的粗糙度的函数

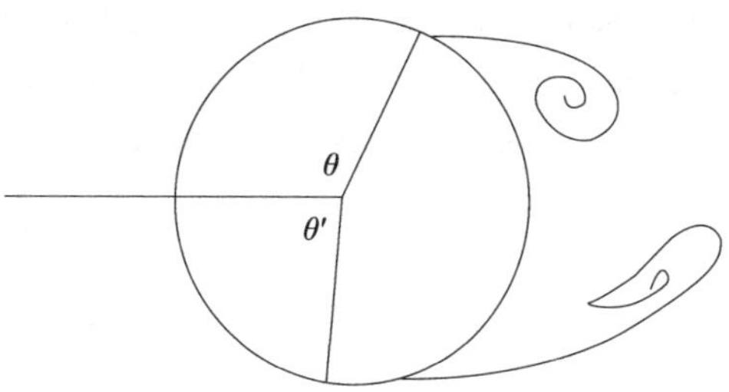

图 6.5　柱体绕流的分离

$$C_d = f\left(Re = \frac{UD}{\nu}, \frac{\Delta}{D}\right) \tag{6.14}$$

式中，Re 为雷诺数，ν 为流体的运动黏度，Δ 为物体表面粗糙度。已经证实阻力系数 C_d 与雷诺数 Re 有更强的相关性。如图 6.6 所示，在亚临界区（水流呈层流状态），$Re < 2.0 \times 10^5$，C_d 值约为常数，可取为 1.2；临界区（阻力下降区）$Re = 2 \times 10^5 \sim 5 \times 10^5$，此区域内阻力系数迅速下降；超临界区时柱体后形成强烈涡旋，$Re > 5 \times 10^5$，此区 C_d 值也大体稳定，可取为 0.6 ~ 0.7。

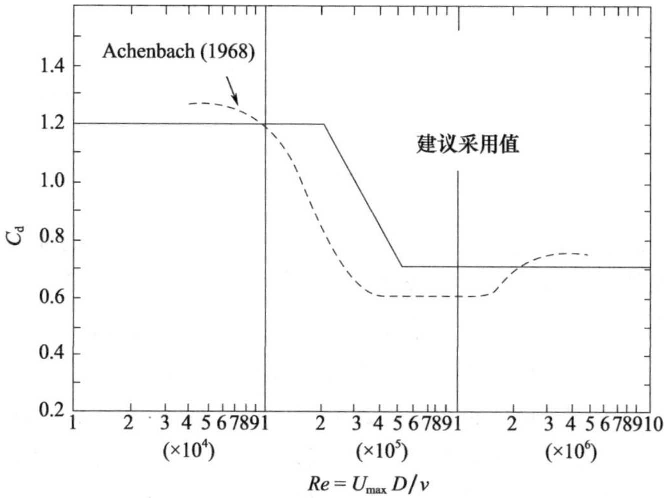

图 6.6　稳定流时阻力系数

尾流区所释放的涡流可能有如下几种状态：① 对称地同步释放等强的涡源；② 不对称释放，可以是不等强度也可以是不同步的。此时，由于涡旋的不对称性就产生垂直于水流方向的横向力，也可称为升力。特别在不同步的涡释时，柱体后水流方向两侧交替地周期性地出现涡旋（也称卡门涡街），就形成了与涡释交替周期相同的周期性横向力。横向力的数值虽然比水流纵向力小，但由于它是振动的，会造成海上细长杆件（如立管）的振动与疲劳问题。

由此可以看出，当流体横向流经圆柱体时，流体作用在柱体上的作用力因为流动分离

现象可以分解为与来流方向一致的绕流阻力（或称流向力、曳力）和与来流方向垂直的升力（或称横向力、举力）。水流对小尺度物体作用所产生的与来流方向垂直的力即为升力。升力的脉动主要是由于涡旋交替自柱体脱落而使柱体两侧压力产生交替变化引起的，如图6.5所示。由此单位长度柱体产生的绕流升力为

$$f_l = \frac{1}{2}\rho C_l D U^2 \sin(2\pi f_s t) \tag{6.15}$$

式中，C_l为升力系数，f_s为卡门涡街释放频率，t为流动时间，卡门涡街的影响范围常用斯特劳哈尔数St描述，通常取$St=0.2$，此时$UT_s=U/f_s=5D$，即在一个卡门涡街释放周期内水流流过5倍的圆柱直径的距离。图6.7为圆柱的斯特劳哈尔数St与雷诺数Re之间的关系。

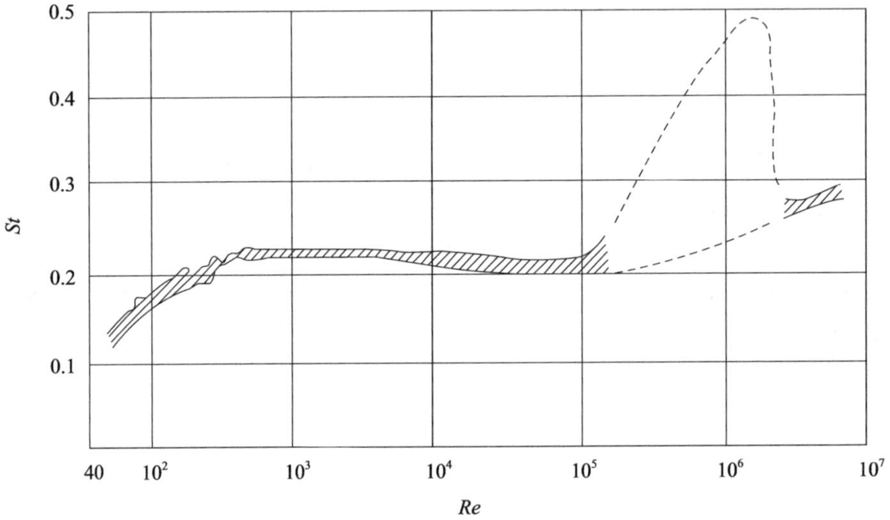

图6.7　圆柱的斯特劳哈尔数St与雷诺数Re之间的关系

以上是稳定流的情况。当为振荡流时，水流系往复振荡，有别于稳定流状态。首先由于往复振荡，原来处于下游位置的已释放并下移的涡体有可能随水流的回荡而带回。在回移过程中可能出现多种情况：一些原来发育不良的涡体可能消失；一些较弱的涡体在回移时不一定沿原路且不一定通过柱体；一些涡体回移并通过柱体又将释放新的涡体，从而造成了振荡水流的不稳定性，进而将影响水流力的变化。所以，此时的水流力将有别于稳定流情况，同时这种差异也将影响其升力的变化情况。另外，由于振荡流的水流强度是随时间而变的，其雷诺数也随时间而变，在不同时间其流态（包括边界层状况）以及涡释条件均有所变化。此外可以看出，由于涡旋的往复运动，上一时刻的流态对现在及以后时间的流态将产生影响，这是一个重要特点。

实际的波动水流与上述两种流态都有所区别。按线性波理论，水质点沿椭圆或圆运动，则波动水流绕过柱体运动时就需同时考察沿椭圆轨迹两个轴向的影响。这种影响对于水平构件的影响更为明显。

由于流态不同，水流绕过柱体的状态也不同，从而将影响构件所受的力。所以，可以这样说，正确合理地确定柱体所受的流体力，其关键之一在于合理选择作用力系数，而该系数的正确性有利于正确地了解和分析水流现象，主要是水流绕过柱体后的水流分离现

象。迄今为止，试验研究和原体观测仍是解决这一问题的一种有效手段，同时随着计算和计算机技术的发展，高速、高效的数值模拟也是一个重要发展趋向。

6.3 波浪对小尺度圆柱作用的莫里森方程

6.3.1 莫里森方程

莫里森方程的基本假定是柱体的存在不影响波浪的运动。因此，波浪速度及加速度仍可按原来的入射波浪尺度参数计算而不考虑柱体的绕射。以小尺度直立圆柱体为例，所产生的波浪力由两部分组成。

（1）惯性力 F_i：由于柱体的存在，使柱体所占空间的水体必须由原处于波浪运动之中变为静止不动，因而对柱体产生一个惯性力。它等于这部分水体质量乘以它的加速度。由于这部分体积中各点的加速度并不相同，为此可取柱体中轴线处的加速度以代表该范围的平均加速度。另外，除了柱体本身所占据的水体外，其附近一部分水体也将随之运动，即附连水会增加水体的总质量。因此，作用于柱体上的质量应乘以一惯性力系数 C_m。

$$F_i = f_i \Delta Z = C_m \rho \Delta V \frac{\partial u}{\partial t} = C_m \rho \frac{\pi D^2}{4} \frac{\partial u}{\partial t} \Delta Z \tag{6.16}$$

则

$$f_i = C_m \rho \frac{\pi D^2}{4} \frac{\partial u}{\partial t} \tag{6.17}$$

其中

$$C_m = 1 + C'_m \tag{6.18}$$

式中，f_i为单位高度柱体上所受的惯性力；D 为柱体直径；C'_m为附连水质量系数。

（2）速度力 F_d：在稳定流条件下，当为紊流时，参考圆柱绕流公式，速度力为

$$F_d = f_d \Delta Z = C_d \frac{\rho}{2} D u^2 \Delta Z \tag{6.19}$$

则

$$f_d = \frac{1}{2} \rho C_d D u^2 \tag{6.20}$$

莫里森将式（6.20）应用于波浪运动中，考虑波浪速度的往复性，速度力也有往复性，即有正有负，因而式中的 u^2项应改为 $u|u|$，同时速度力系数 C_d也应按不同流态取用适当的数值。则速度力公式可表述为

$$f_d = \frac{1}{2} \rho C_d D u |u| \tag{6.21}$$

则作用于单位高度柱体上的总波浪力 f 为

$$f = f_i + f_d \tag{6.22}$$

式（6.17）、式（6.21）及式（6.22）即为莫里森方程求柱体波浪力的几个基本方程。其中速度力系数 C_d及惯性力系数 C_m为经验系数，通常取自模型试验及原型观测。由

于其随雷诺数 Re 的改变而有剧烈的变化，因而目前强调在工程实际中必须取测自原型的数据。另外，由于速度及加速度场的观测比较困难，所谓实测的 C_d 及 C_m 值是指由实测波浪力和波要素按一定的波浪理论计算速度及加速度，再推求而得。所以 C_d 及 C_m 值的应用必须对应于一定的波浪理论。

线性微幅波理论是目前最为常用的波浪理论，取如图 6.8 所示的坐标系，根据微幅波理论可得总波浪力为

$$f_x = f_{xi} + f_{xd} = -f_{ximax}\sin\omega t + f_{xdmax}\cos\omega t|\cos\omega t| \tag{6.23}$$

式中，

$$f_{ximax} = C_m \frac{\gamma\pi D^2 kH}{8}\frac{\cosh k(z+d)}{\cosh kd} \tag{6.24}$$

$$f_{xdmax} = C_d \frac{\gamma DkH^2}{4}\frac{\cosh^2 k(z+d)}{\sinh 2kd} \tag{6.25}$$

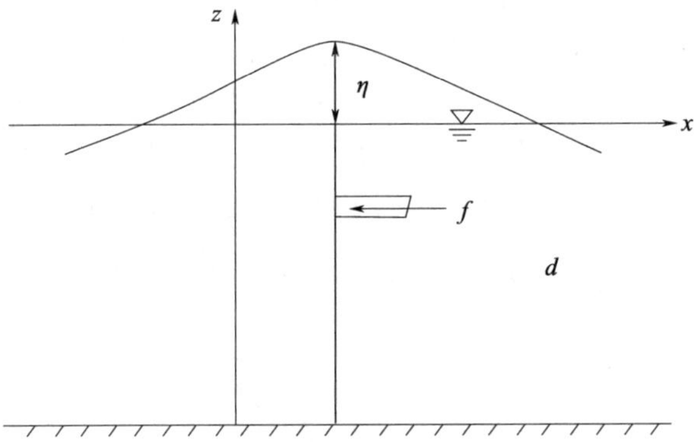

图 6.8　坐标系

利用式（6.23）即可求得作用于任意高度柱体上的总波浪力。从式（6.23）可以看出，惯性力与速度力之间的相位差为 90°，因此，对总波浪力最大值出现的时间和其数值应进行具体分析。对式（6.23）求导并将导数设置为零，即可求得最大波浪力出现的时间并进而求出其极值，得

$$\frac{\mathrm{d}f_x}{\mathrm{d}t} = -\omega\cos\omega t(f_{ximax} + 2f_{xdmax}\sin\omega t) = 0 \tag{6.26}$$

式（6.26）能够成立的条件为

$$\cos\omega t = 0 \tag{6.27}$$

$$f_{ximax} + 2f_{xdmax}\sin\omega t = 0 \tag{6.28}$$

由于 $|\sin\omega t|\leqslant 1$，则 f_{xdmax} 必须等于或大于 $0.5f_{ximax}$，因而可得：

（1）当 $f_{xdmax} < 0.5f_{ximax}$ 时，最大波浪力出现的时间应符合式（6.27），即在 $\cos\omega t = 0$ 时出现。在线性波理论中此时间对应于质点的水平速度为 0，即波面刚通过静水面，此时有

$$f_{xmax} = f_{ximax} \tag{6.29}$$

（2）当 $f_{xdmax} = 0.5f_{ximax}$ 时，$\sin\omega t = -1$，$\cos\omega t = 0$，则此情况同（1）。因而可归结为在 $f_{xdmax}\leqslant 0.5f_{ximax}$ 条件下最大波浪力在水平分速度等于 0 时出现，此时存在式（6.28），即求最大波浪力可不计速度力项。

（3） 当$f_{x\mathrm{dmax}} > 0.5 f_{x\mathrm{imax}}$时，出现最大波浪力的时刻为

$$\sin \omega t = -\frac{1}{2}\frac{f_{x\mathrm{imax}}}{f_{x\mathrm{dmax}}} \tag{6.30}$$

此时最大波浪力为

$$f_{x\max} = f_{x\mathrm{dmax}}\left[1 + \frac{1}{4}\left(\frac{f_{x\mathrm{imax}}}{f_{x\mathrm{dmax}}}\right)^2\right] \tag{6.31}$$

由式（6.31）可知，当$f_{x\mathrm{dmax}} > 2 f_{x\mathrm{imax}}$时，$(f_{x\mathrm{imax}}/f_{x\mathrm{dmax}})^2 < 1/4$，式（6.31）略去此平方项所产生的误差小于6.0%，则这种情况下可略去惯性力项。

综上所述，当$f_{x\mathrm{dmax}} \leqslant 0.5 f_{x\mathrm{imax}}$时可不计速度力影响；当$f_{x\mathrm{dmax}} > 2 f_{x\mathrm{imax}}$时可不计惯性力影响；当$2 f_{x\mathrm{imax}} > f_{x\mathrm{dmax}} > 0.5 f_{x\mathrm{imax}}$时为中间状态，此时应同时考虑速度力与惯性力的作用。

6.3.2 莫里森方程系数的影响因素

在莫里森方程中，速度力系数C_d及惯性力系数C_m对计算结果具有重要影响，其取值一般来自模型试验与原型观测，且其应用必须对应于一定的波浪理论，是莫里森方程中最难确定的参数。本节主要对其影响因素进行简要介绍。

根据量纲分析法，柱体所受的波浪力及其相关参数满足下列函数关系：

$$\frac{2F}{\rho L D U_\mathrm{m}^2} = f\left(\frac{U_\mathrm{m} T}{D}, \frac{U_\mathrm{m} D}{\nu}, \frac{\Delta}{D}, \frac{t}{T}\right) \tag{6.32}$$

式中，F为柱体所受波浪力；L为柱体长度；U_m为波浪最大质点速度；T为波周期；ν为流体的运动黏度；Δ为柱壁粗糙度。

进一步引入各相似准则数，并将波浪力分解为阻力和升力分别表示可得

$$C_\mathrm{d} = f_1(Kc, Re, \Delta/D, t/T) \tag{6.33}$$

$$C_\mathrm{m} = f_2(Kc, Re, \Delta/D, t/T) \tag{6.34}$$

由式（6.33）和式（6.34）可知，C_d及C_m为雷诺数Re、Kc为Keulegan-Carpenter数、相对糙度Δ/D及时间t/T的函数。然而目前习惯认为C_d及C_m与时间无关（该假定尚待讨论）。如果暂不计时间因素的影响，可得

$$\left\{\begin{matrix} C_\mathrm{d} \\ C_\mathrm{m} \end{matrix}\right. = f_\mathrm{i}(Kc, Re, \Delta/D) \tag{6.35}$$

Kc为Keulegan-Carpenter数：

$$Kc = \frac{U_\mathrm{m} T}{D}$$

即水质点按水平速度幅值在一个震荡周期所移动的距离与圆柱直径之比。根据Kc可将流动分类：①振荡流：$Kc < 5$，惯性力为主要成分；②准均匀流：$Kc > 25$，阻力为主要成分；③中间流：$5 \leqslant Kc \leqslant 25$，惯性力与阻力成分相当。

对于波动流或振荡流，美国学者Sarpkaya等（1981）建议用频率参数β代替雷诺数Re：

$$\beta = Re/Kc = D^2/\nu T \tag{6.36}$$

则式（6.35）可转化为

$$(C_d, C_m) = f_i(Kc,\ \beta,\ \Delta/D) \tag{6.37}$$

在式（6.36）中参数β及Re二者是互相可以置换的，即

$$Re = \beta Kc \tag{6.38}$$

以上述影响因素的分析为依托，再根据原型观测或模型试验结果，即可获得C_d及C_m的取值。原型观测的优点是：观测条件符合实际使用情况，流态的雷诺数很高。其缺点是：波浪很不规则，数据的离散性大；天然情况往往同时存在着水流和波动流，由于波动流速场的观测比较麻烦，所以，造成波浪流与水流二者分离困难；环境条件难以控制，不易进行因素分离的系统研究；迄今为止，设计计算多以规则波考虑，在国外也是如此，与现场观测条件也不符。所以，尽管原型观测是研究C_d及C_m值的十分重要的手段，但至今仍未取得良好的结果。表6.1为若干原型观测的有关资料。此外，Sarpkaya利用“U”形水洞对振荡流进行了系统的工作，得到了C_d及C_m值与Kc及β两个参数的相关关系。

表6.1　系数C_m与C_d的若干原型观测值（李玉成等，2015）

观测分析者	C_d	C_m	观测条件
Kim和Hibbard（1975）	0.61	1.2	澳大利亚巴斯海峡， 桩径32.39 cm，长11.59 m 只测到小浪
Heideman和Olsen（1979）	0.6～2.0 （$8 < Kc < 20$）	1.51 （最小二乘法） 1.65（瞬态法）	墨西哥湾，$Re = 2\times10^5 \sim 6\times10^5$， 水深4.58 m，桩径40.6 cm
Bishop（1979）	0.73（测波杆） 1.65（主杆）	1.22～1.66（测波杆） 1.85（主杆）	克力斯丘奇（Christchurch）大海湾， $Re = 10^5 \sim 10^6$，$Kc = 2 \sim 30$
Ohmart和Gratz（1979）	0.7	1.5～1.7	伊迪斯（Edith）飓风，$Re = 3\times10^5 \sim 3\times10^6$

最后，上述数据的处理过程中，还涉及分析计算C_d与C_m值的方法，由于波浪中水质点速度和加速度均随时间变化，因而，产生了不同的分析计算方法，目前大体上包括利用瞬时值计算法、傅里叶分析法和最小二乘法等，相关的详细介绍可以参考李玉成等（2015）的《波浪对海上建筑物的作用》一书。

6.3.3　工程中莫里森方程系数的选取

随着工程实践的深入开展，对于莫里森方程的相关系数，各国石油协会或相关部门给出相关规范。具体情况如下。

（1）美国石油协会

对于作用在小尺度构件上的波浪力，建议采用莫里森公式进行计算。典型的C_m和C_d值分别给定为1.5～2.0，以及0.6～1.0。结构的自然频率接近主要结构分量频率时，要求做动力分析。

（2）英国劳氏规范

波浪载荷用具有适当系数值的莫里森方程计算。当采用斯托克斯波理论时，在飞溅区

$C_d=0.8$，其他区域除非用绕射分析方法发现可用较低的值，$C_d=0.6$，而 $C_m=2.0$。如果采用线性波理论，$C_d=1.0$。涡发放对立管或生产管线的影响必须重视。波浪对平均水面附近的水平构件的砰击可作为阻力，用 $C_d=3.5$ 确定。

（3）挪威石油管理局

在计算波浪载荷时，必须使用适当的线性或非线性波浪理论。小构件 $D/L<0.2$ 必须采用包括流和结构运动的相对运动形式的莫里森方程。C_m、C_d和 C_l值是 *Re*、*Kc*、*St*、粗糙度和其他构件或边界的靠近程度的函数。光滑柱体的 C_d最小值为0.9。$Re<3\times10^5$、$Kc<60$时，C_l最小值为0.2。高 *Re* 和 *Kc* 数时，推荐采用 C_d和 C_l的定常流值。计算作用在小构件上的波浪载荷、惯性力和阻力系数必须根据模型试验结果、已发表的数据或实体测量确定。

各国有关规范建议采用的圆柱体的 C_d及 C_m值可见表6.2。如前所述，由于 C_d及 C_m值与所采用的波浪理论有关，所以规范中都同时对 C_d及 C_m值和采用的波浪理论做了规定。我国除港口工程规范外，中华人民共和国船舶检验局的《海上移动式钻井船入级与建造规范》（1982）中规定采用线性波理论与五阶斯托克斯波理论，C_d值取1.0，C_m值取2.0；而中华人民共和国船舶检验局的《海上固定平台入级与建造规范》（1984）中规定当$d/L>0.2$及 $H/d\leq0.2$ 时，采用线性波理论；当$0.1<d/L<0.2$ 及 $H/d>0.2$ 时，采用五阶斯托克斯波理论；当$0.05<d/L\leq0.1$ 时采用椭圆余弦波理论，C_d值取0.6~1.2，C_m值取2.0。

表6.2　各国规范所采用的 C_d及 C_m值（俞聿修等，2010）

	海港水文规范（2013）	美国 API 规范（1981）	挪威船检局规范（1974）	英国 DTI 指导（1974）
采用的波浪理论	线性波理论	五阶斯托克斯波理论及流函数理论	五阶斯托克斯波理论	对应水深采用适当的波浪理论
阻力系数 C_d	1.2	0.6~1.0（$\nless0.6$）	0.5~1.2	取可靠的观测值
惯性力系数 C_m	2.0	1.5~2.0（$\nless1.5$） C_d，C_m 与采用的波浪理论有关	2.0 采用其他波浪理论时可取其他适当的 C_d和 C_m值，高雷诺数时 $C_d>0.7$	

从表6.2及上述讨论中可以看到：迄今为止，在实用上认为 C_d及 C_m与相位角无关并视为常数；规定的 C_d及 C_m值在相当大的范围内变动。这种变动的主要原因是：①已有的观测数据十分分散且高雷诺数的观测值比较少；②所获观测资料的取用的条件与设计标准取用的条件有差异；③对莫里森方程所存在的问题尚有不清楚之处。

Sarpkaya 和 Isaacson（1981）提出的总结中认为：对于光滑的圆形桩柱，可以采用诸如五阶斯托克斯波理论或是流函数理论等适当的波浪理论计算雷诺数 *Re* 及 *Kc* 数，然后查图6.9（a）及图6.9（b）求得 C_d及 C_m值；如果 $Re>1.5\times10^6$，即 *Re* 超过图6.9中雷诺数的上限，可取 $C_d=0.62$ 及 $C_m=1.8$。对于粗糙的桩柱，附着生物的生长情况应按当地经验适当地予以考虑。有效直径应取附着于生物的平均直径处，然后采用适当的波浪理论，按粗糙壁面雷诺数公式 $Re_k=U_m k/\nu$，其中 k 为壁面粗糙度。由图6.10查取 C_d及 C_m

值；对于其他的 k 值，可由两图内插求得。

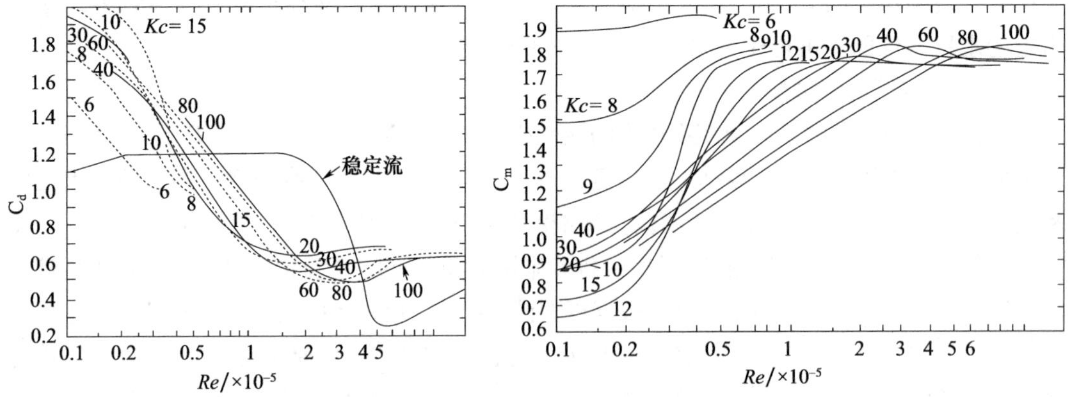

(a) C_d、Kc及Re相关图　　(b) C_m、Kc及Re相关图

图 6.9　莫里森方程系数与 Kc 数和 Re 数的变化关系

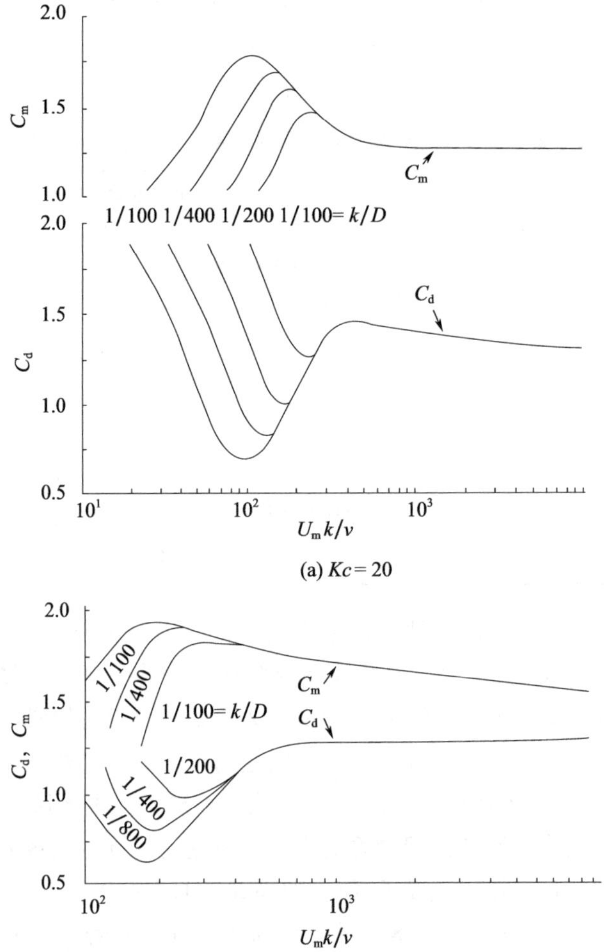

(a) Kc = 20

(b) Kc = 100

图 6.10　粗糙壁的 C_d 及 C_m 值

6.3.4 对莫里森方程的评价

莫里森方程自1950年提出以来，在工程上得到了广泛应用。工程界对其评论呈现两种截然不同的态度。一方面持否定态度，认为该方法缺乏严密的理论基础，应用中存在问题，认为应发展新的理论方法来取代它。另一方面持肯定态度，并寻求克服其缺点的办法。但目前仍没有理论能够完全替代莫里森方程。问题的关键在于人们对绕柱状结构的水流分离、涡发展等现象认识不足。可以预见，随着紊流理论和计算技术的发展，必将出现更加完善的理论和方法。目前，应用莫里森方法首先要确定其适用范围及超限后的更精确的修正方法。

如前面章节所述，在 $Kc<8$ 惯性力显著区及 $Kc>25$ 阻力显著区内应用莫里森方程并无问题，在 $8 \leqslant Kc \leqslant 25$ 惯性与速度力均起作用的过渡区内必须对莫里森方程加以修正。引入一个修正项，如下式：

$$\frac{2F}{\rho D U_{\mathrm{m}}^{2}}=\frac{\pi^{2}}{Kc}C_{\mathrm{m}}\sin\theta-C_{\mathrm{d}}\cos\theta\left|\cos\theta\right|+\Delta R \tag{6.39}$$

式中，ΔR 为修正项，其表达式为

$$\Delta R=2[A_3\sin 3\theta+A_5\sin 5\theta+\cdots]+2[B_3\cos 3\theta+B_5\cos 5\theta+\cdots] \tag{6.40}$$

当 ΔR 很大时，可利用式（6.40）通过傅里叶分析法计算 A_n 及 B_n。Keulegan-Carpenter 只取 A_3 及 B_3 两项以代表 ΔR，即便如此，也可使莫里森方程在 $10 \leqslant Kc \leqslant 25$ 的区域内较好地符合实际。此时待定常数不仅为 C_{d} 及 C_{m}，还包括 A_3 及 B_3。有时只计 A_3 及 B_3 的精度还不够，须进一步引入 A_5 及 B_5 两项，但此时需求解6个系数，其过程比较烦琐而难以实际应用。也正是因为此，虽然人们早已了解莫里森方程的问题，却至今仍不加修正地沿用着。Sarpkaya（1980）提出了一个供修正用的改进方法，即

$$\frac{2F}{\rho D U_{\mathrm{m}}^{2}}=\frac{\pi^{2}}{Kc}C_{\mathrm{m}}\sin\theta-C_{\mathrm{d}}\cos\theta\left|\cos\theta\right|+C_3\cos(3\theta-\phi_3) \tag{6.41}$$

分析表明，式中，C_3 及 ϕ_3 影响圆柱体的 C_{m} 值，C_3 是使 C_{m} 偏离2.0的重要的因素。将 C_3 及 ϕ_3 表示为 $(2-C_{\mathrm{m}})$、Kc 及 Re 的函数，则

$$\begin{aligned}\frac{2F}{\rho D U_{\mathrm{m}}^{2}}=&\frac{\pi^{2}}{Kc}C_{\mathrm{m}}\sin\theta-C_{\mathrm{d}}\cos\theta\left|\cos\theta\right|+\\&\beta^{3/4}[(2-C_{\mathrm{m}})/(100Kc)]\cos[3\theta+(Kc-4)(2-C_{\mathrm{m}})\pi/2Kc]\end{aligned} \tag{6.42}$$

这一方法几乎可以将误差项减小超过一半，如图6.11所示。这表明，采用式（6.42）进行修正可获良好的结果。

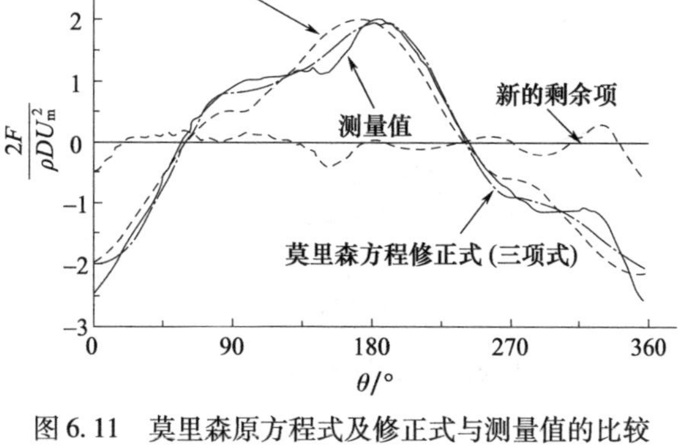

图6.11 莫里森原方程式及修正式与测量值的比较

$Kc=14$，$Re=27\,800$

6.4 波浪对小尺度物体的横向力

波浪在作用于小尺度物体上时，除了存在来浪方向的作用力，还会在垂直于来浪方向产生横向力作用。参考水流横向作用力的计算方法，可以给出单位长度波浪作用下的横向荷载为

$$f_y = \frac{1}{2}\rho u_m^2 D C_l \cos(2\pi f_s t + \varepsilon) \tag{6.43}$$

式中，u_m为水质点速度；ε 为相位角；C_l为升力系数；f_s为卡门涡街释放频率。

$$C_l = f(Re, Kc, \Delta/D) \tag{6.44}$$

工程中，升力系数 C_l参照规范或试验确定。

当水流绕过柱体的分离水流产生不对称的涡旋时，在垂直于水流的方向（横向）就产生了振荡的横向力或称升力。根据流体力学原理，单位长桩柱上的横向力可按下式计算：

$$f_l = \frac{1}{2}\rho C_l D u^2 \tag{6.45}$$

试验发现横向力的振荡频率是波浪流或振荡流的倍频，至少是二倍频，故柱体所受的横向力也可写为

$$f_l = f_{l\max} \cos 2(kx - \omega t) \tag{6.46}$$

其中

$$f_{l\max} = C_l \frac{\gamma D H^2}{2} K_z \tag{6.47}$$

$$K_z = \frac{2kz_2 - 2kz_1 + \sinh 2kz_2 - \sinh 2kz_1}{8\sinh 2kd} \tag{6.48}$$

式（6.48）中 z_2及 z_1分别为该柱体微元两端的垂向坐标。

Sarpkaya 对振荡流情况下的升力系数做过不少工作，测得升力系数 C_l与 Re 及 Kc 两个参数的关系如图 6.12 所示。

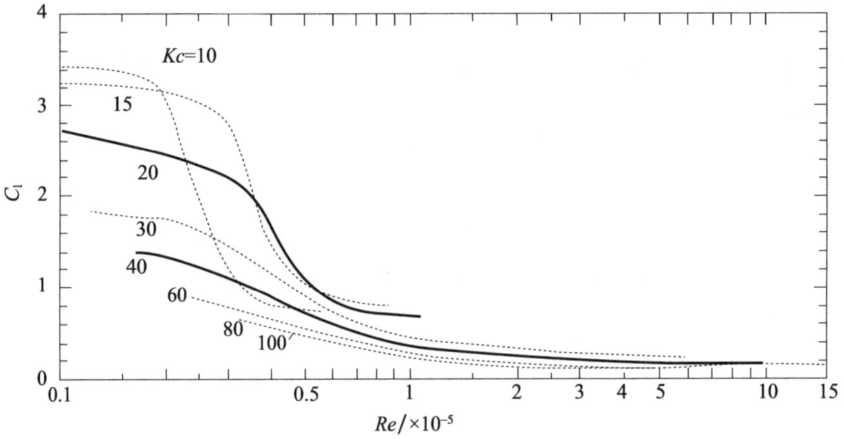

图 6.12　C_l与 Re 及 Kc 的关系

试验表明，只有 Kc 值超过一定数值后才能出现横向力。当 $Kc=4$ 时，仅有5%的概率可能出现横向力，而当 $Kc=5$ 时，该概率增长为90%。在 $Kc\approx12$ 时，C_l有极大值，随后将随 Kc 值的增加而迅速减小。由图6.12还可以发现，当 $Re\times10^{-3}<20$ 时，C_l值主要决定于 Kc 数；$Re\times10^{-3}=20\sim100$ 时，C_l值同时取决于 Re 及 Kc 两个参数；而当 $Re\times10^{-3}>100$ 时，C_l值趋近于常数。因而，当 $Re>1.5\times10^6$时，可取 $C_l=0.2$。

迄今为止，有关 C_m、C_d和 C_l的已有资料，没有一组数据能令人信服地用于各种实际情形。把试验结果用于实际设计时，必须极其小心。因为，现有的资料都是在特定状态下得到的，所介绍的比较和证实方法都有自身的规定，尚无普遍适用的具体准则。

6.5 波浪对复杂小尺度物体作用

6.5.1 考虑物体运动效应影响的波浪作用力

波浪对较长柱状结构物作用时，由于结构物的长度较大刚度相对较小，会在其端部产生明显的流向和横向运动。此时，对小尺度物体的波浪力计算则需要考虑物体运动的影响。

如图6.13所示，单根桩腿单位长度所受的波流力为

$$\begin{aligned} f_w &= f_d + f_i \\ &= C_d\rho D|U|U/2 + C_m\rho\pi aD^2/4 \\ &= C_d\rho D|u+v|(u+v)/2 + C_m\rho\pi aD^2/4 \end{aligned} \tag{6.49}$$

式中，U 为垂直于构件轴线的水质点相对于构件的总速度分量；u 为垂直于构件轴线的波浪引起的水质点相对于构件的速度分量；v 为垂直于构件轴线的海流引起的水质点速度分量。计算中海流的方向取和波浪相同的方向；a 为垂直于构件轴线的水质点相对于构件的加速度分量。

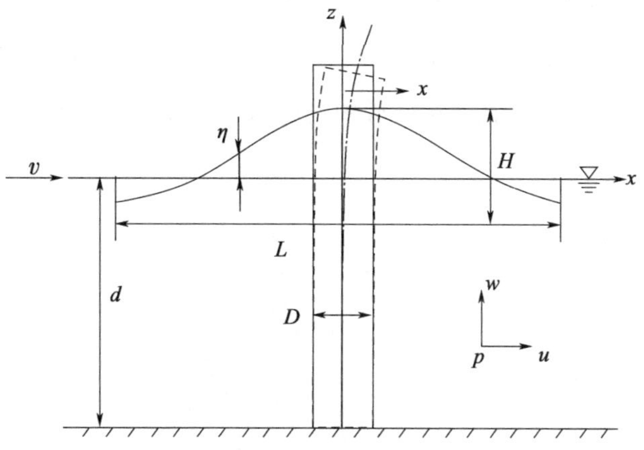

图6.13　单桩受波流作用示意图

考虑构件运动效应的波浪荷载时，莫里森方程的阻力项表示为

$$f_d = \frac{1}{2}\rho C_d D |u - \dot{x}|(u - \dot{x}) \tag{6.50}$$

其中，速度平方项可近似为

$$|u - \dot{x}|(u - \dot{x}) \doteq |u|u - |u|\dot{x}$$

因此，

$$f_{d,x} = \frac{1}{2}\rho C_d D|u|u - \frac{1}{2}\rho C_d D|u|\dot{x} = \frac{1}{2}\rho C_d D|u|u - C_a\dot{x} \tag{6.51}$$

其中，C_a为阻尼系数。若构件呈挠性，适当的位移可以释放一些荷载的能量，以减小波浪荷载。

考虑构件运动效应的波浪荷载时，莫里森方程中的惯性力项为

$$f_{i,x} = C_m m_f \dot{u} + C_m m_f \ddot{x} - m_f \ddot{x} = C_m m_f \dot{u} + (C_m - 1) m_f \ddot{x} = C_m m_f \dot{u} + m_a \ddot{x} \tag{6.52}$$

式中，m_f为构件排开流体的质量，$m_f = \rho\pi D^2/4$；m_a为流体附加质量，这部分流体的惯性力将导致流体载荷增加。

结合以上流体阻力和惯性力公式，莫里森方程可统一表示为

$$f_x = f_{d,x} + f_{i,x} = \frac{1}{2}\rho C_d D|u|u - C_a\frac{dx}{dt} + C_m m_f\frac{du}{dt} + m_a\frac{d^2x}{dt^2} \tag{6.53}$$

根据线性波浪理论，其速度势可表示为

$$\Phi(x, z, t) = \frac{gA}{\omega}\frac{\cosh k(z+d)}{\cosh kd}\sin(kx - \omega t) \tag{6.54}$$

根据速度势可以计算速度及速度时间变化率

$$u(x, z, t) = \frac{\partial\Phi(x, z, t)}{\partial x} = A\omega\frac{\cosh k(z+d)}{\sinh(kd)}\cos(kx - \omega t) \tag{6.55}$$

$$\frac{\partial u(x, z, t)}{\partial t} = \frac{\partial^2\Phi(x, z, t)}{\partial x\partial t} = A\omega^2\frac{\cosh k(z+d)}{\sinh(kd)}\sin(kx - \omega t) \tag{6.56}$$

将上述表达式代入莫里森方程中，即可得到单位高度柱体波浪作用下物体所受波浪力。

6.5.2 倾斜柱体上的波浪作用力

倾斜柱体上的波浪力是根据在柱体上任一点处，与柱轴垂直的水质点的速度 v_n和加速度 a_n确定的，可以通过坐标转换方法并应用莫里森方程计算，如图 6.14 所示。

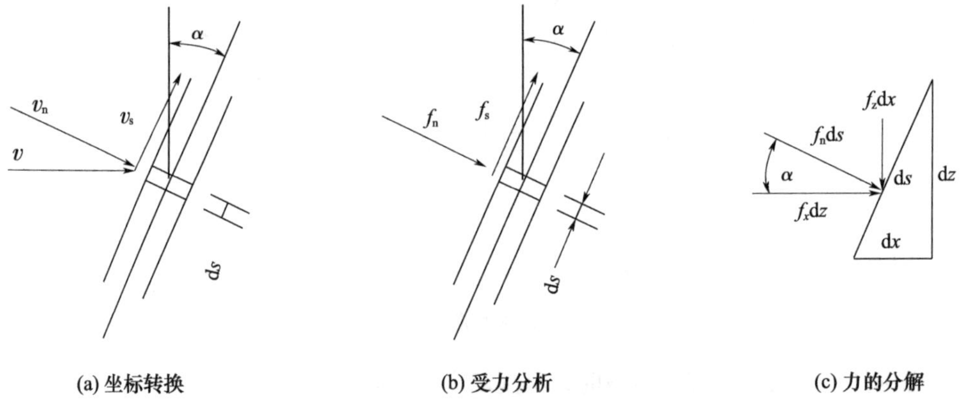

图 6.14　倾斜柱体任一微元上的波浪力的计算

由图6.14(a)可知，对于任意方向放置的倾斜柱体，其来浪、流速度可以转换为垂直于圆柱的法向速度和沿着圆柱的轴向速度。通过如图6.14(b)所示受力分析可知，轴向速度引起的黏性摩擦力f_s极小，可忽略，波浪力计算仅考虑法向速度引起的力f_n即可。因此，单位长度倾斜构件上的波浪力可表示为

$$f_n = \frac{1}{2}\rho C_d D|v_n|v_n + \rho C_m \frac{\pi}{4}D^2 a_n \tag{6.57}$$

其中

$$\begin{cases} a_n = \dot{v}_n = \partial v_n / \partial t \\ (C_m, C_d) = f(Re, Kc, \Delta/D) \end{cases} \tag{6.58}$$

根据图6.14(c)中所示，通过圆柱上微元受力分解可求得

$$\begin{cases} f_x \mathrm{d}z = (f_n \mathrm{d}s)\cos\alpha \\ f_z \mathrm{d}x = (f_n \mathrm{d}s)\sin\alpha \end{cases} \tag{6.59}$$

式中，f_x和f_z分别为圆柱单位长度上的水平力和垂向力，α为圆柱轴向与竖直方向的夹角。对式（6.59）积分即可得到倾斜圆柱所受到的水平波浪力及垂向波浪力。

$$F_x = \int_{z_1}^{z_2} f_x \mathrm{d}z = \int_{s_1}^{s_2} f_n \cos\alpha \mathrm{d}s \tag{6.60}$$

$$F_z = \int_{x_1}^{x_2} f_z \mathrm{d}x = \int_{s_1}^{s_2} f_n \sin\alpha \mathrm{d}s \tag{6.61}$$

式中，x_1和x_2分别为圆柱微元的上、下两端的水平位置，z_1和z_2分别为圆柱微元的上、下两端的垂向位置，s_1和s_2分别为圆柱微元的上、下两端的轴向位置。

以上方法对于圆柱受力的概念及求解方法介绍较为清晰，但求解过程中，对于速度的坐标转换十分复杂，在工程实际中不易具体应用。滕斌等（1990，1991）给出了倾斜柱受力系数C_{ds}和C_{ms}与垂直柱受力系数C_d和C_m间的相关关系，该关系中同时考虑了波和流的作用，具体公式如下：

$$\begin{cases} C_{ds} = \dfrac{C_d}{1-\cos^3\mu} \\ C_{ms} = \dfrac{C_m}{\sin\mu} \\ \tan\mu = \dfrac{\tan\theta}{\cos(\alpha+\beta)} \end{cases} \tag{6.62}$$

式中，μ的定义如图6.15所示，α为水流与波向线夹角，β为水流与y轴夹角，θ为圆柱的倾角。

当圆柱随浪倾斜时，$\mu < \pi/2$；当圆柱迎浪倾斜时，$\mu > \pi/2$；当$\alpha + \beta = \pi/2$时，$\mu = \pi/2$。由此可见，当圆柱在波峰线平面内倾斜时，$C_{ds} = C_d$及$C_{ms} = C_m$；当圆柱随波浪倾斜时，$C_{ds} > C_d$及$C_{ms} > C_m$；当圆柱迎浪倾斜时，$C_{ds} < C_d$及$C_{ms} < C_m$；以上这部分内容已纳入我国行业标准《海港水文规范》（JTS 145－2—2013）。

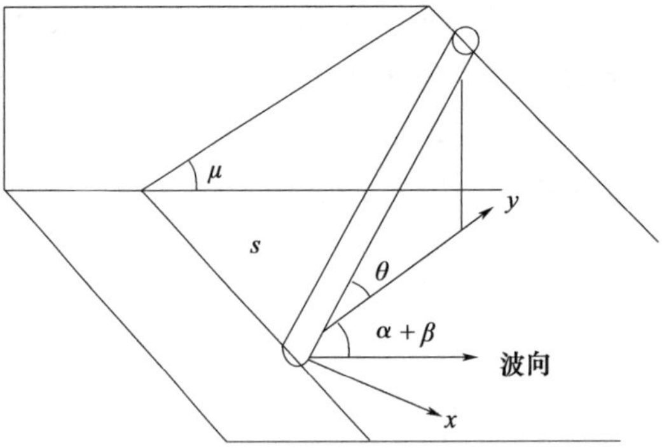

图 6. 15　倾斜圆柱图示

6. 5. 3　组合构件的波浪作用力

组合构件上的波浪力计算可以对各子构件按照各自的尺寸和方向计算法向流体速度和加速度，计算阻力系数和惯性力系数，从而计算波浪力，将所有构件的波浪力叠加得到总波浪力。

由于各桩柱上波浪力峰值出现方向和相位不同，对实际结构，必须对多个波浪周期、多个波浪方向和相位的总波浪力进行分析对比，才能得到最危险状态下的总波浪载荷。

如图 6. 16 所示，按排或按列布置的构件之间会产生相互作用，在平台设计中，应考虑构件的遮挡作用和相互干扰作用。前排桩对后排桩有遮挡作用，可以减轻波浪对后排桩的作用。位于同一排的桩之间有干扰作用，从而增加波浪对桩柱的作用力。

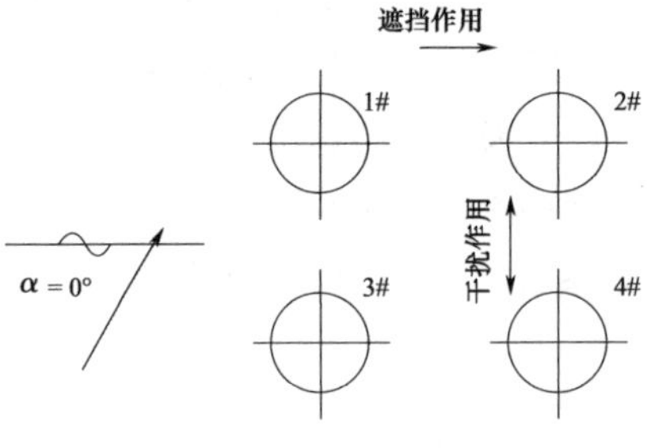

图 6. 16　群桩效应

群桩的遮挡和干扰作用主要和桩距 l 与桩径 D 之比和 Kc 数有关。一般认为，当 $l \geqslant 4D$ 时，遮挡作用和干扰作用可不考虑；当 $l<4D$ 时，应将波浪载荷乘以群桩系数 K。系数 K 值应尽量由试验确定，当试验资料不足时，可参照表 6. 3 选用。有关群桩问题更详细的研究可以参阅文献 Spring 等（1974）和邱大同等（1985）。

表 6. 3　系数 *K* 值参考表

l/D	2	3	4
垂直于波向	1. 5	1. 25	1. 0
平行于波向	0. 7	0. 8	1. 0

第7章　波浪对大尺度物体作用的解析方法

本章将考虑波浪对大尺度物体的作用问题，与小尺度物体作用问题不同，大尺度物体的存在会对波浪场产生显著影响，因而物体对波浪场的扰动作用不可忽略。对于简单几何形状的规则物体，上述问题可以求得解析解。本章将采用匹配特征函数展开方法，对二维以及三维情况下的几种解析解进行介绍。

7.1 满足拉普拉斯方程与线性边界条件的二维完全解

根据之前的推导可知，当考虑理想流体且运动无旋时，波浪与结构物的相互作用问题可归结为满足拉普拉斯方程和一定线性边界条件与初始条件的求解问题。对于规则波与结构物的相互作用问题，可以分离出时间因子，将问题简化为拉普拉斯方程边值问题的求解。对于水平海床上的波浪与结构物的作用问题，分离变量法通常是求解上述问题的有效手段。

对于线性周期性运动的波动问题，我们可分离出其时间因子，将速度势表示为

$$\Phi(x, z, t) = \mathrm{Re}[\phi(x, z)\mathrm{e}^{-\mathrm{i}\omega t}] \tag{7.1}$$

式中，Re 表示取实部，$\phi(x, z)$ 为空间复速度势。将式（7.1）代入拉普拉斯方程中，可以得出空间复速度势仍满足拉普拉斯方程，在二维直角坐标系 Oxz 中，可以表示为

$$\frac{\partial^2\phi(x, z)}{\partial x^2} + \frac{\partial^2\phi(x, z)}{\partial z^2} = 0 \tag{7.2}$$

对于水平海床且水深为 d 的线性水波问题，空间复速度势 $\phi(x, z)$ 还应满足下述自由水面条件与海底条件：

$$\frac{\partial\phi(x, z)}{\partial z} = \frac{\omega^2}{g}\phi(x, z), \qquad z = 0 \tag{7.3}$$

$$\frac{\partial\phi(x, z)}{\partial z} = 0, \qquad z = -d \tag{7.4}$$

应用变量分离法对上述定解问题进行求解，可将解的形式设为

$$\phi(x, z) = X(x)Z(z) \tag{7.5}$$

将式（7.5）代入拉普拉斯方程（7.2）中，可得

$$\frac{\partial^2 X(x)}{\partial x^2}Z(z) + X(x)\frac{\partial^2 Z(z)}{\partial z^2} = 0$$

或者

$$\frac{1}{X(x)}\frac{\partial^2 X(x)}{\partial x^2} = -\frac{1}{Z(z)}\frac{\partial^2 Z(z)}{\partial z^2}$$

可以看出，上式左端只是 x 的函数，而右端只是 z 的函数，而 x 和 z 是两个独立的变量。这样，它们只能等于某一常数 λ，即，

$$\frac{X''(x)}{X(x)} = -\frac{Z''(z)}{Z(z)} = \lambda \tag{7.6}$$

在第 2 章线性波浪理论中，我们仅考虑了常数 $\lambda < 0$ 的情况，得到了一阶永形波解。而实际上，式（7.6）解的最终形式由常数 λ 的符号所决定，下面进行详细讨论。

（1）若 $\lambda < 0$，令 $\lambda = -k^2$，这时式（7.6）等价于下列两个常微分方程，

$$\begin{cases} X''(x) + k^2 X(x) = 0 \\ Z''(z) - k^2 Z(z) = 0 \end{cases} \tag{7.7}$$

由此可得 x 方向和 z 方向的特征函数为

$$\begin{cases} X(x) = A\mathrm{e}^{\mathrm{i}kx} + B\mathrm{e}^{-\mathrm{i}kx} \\ Z(z) = C\mathrm{e}^{kz} + D\mathrm{e}^{-kz} \end{cases} \tag{7.8}$$

（2）若 $\lambda = 0$，这时式（7.6）等价于下列两个常微分方程：

$$\begin{cases} X''(x) = 0 \\ Z''(z) = 0 \end{cases} \tag{7.9}$$

由此可得 x 方向和 z 方向的特征函数为

$$\begin{cases} X(x) = A + Bx \\ Z(z) = C + Dz \end{cases} \tag{7.10}$$

（3）若 $\lambda > 0$，令 $\lambda = \kappa^2$，这时式（7.6）等价于下列两个常微分方程：

$$\begin{cases} X''(x) - \kappa^2 X(x) = 0 \\ Z''(z) + \kappa^2 Z(z) = 0 \end{cases} \tag{7.11}$$

由此可得 x 方向和 z 方向的特征函数为

$$\begin{cases} X(x) = A\mathrm{e}^{\kappa x} + B\mathrm{e}^{-\kappa x} \\ Z(z) = C\mathrm{e}^{\mathrm{i}\kappa z} + D\mathrm{e}^{-\mathrm{i}\kappa z} \end{cases} \tag{7.12}$$

将上述 3 组解分别代入式（7.5），可以得出拉普拉斯方程的基本解，可分别表示为

$$\phi(x, z) = \begin{cases} (A_1\mathrm{e}^{\mathrm{i}kx} + B_1\mathrm{e}^{-\mathrm{i}kx})(C_1\mathrm{e}^{kz} + D_1\mathrm{e}^{-kz}) \\ (A_2 + B_2 x)(C_2 + D_2 z) \\ (A_3\mathrm{e}^{\kappa x} + B_3\mathrm{e}^{-\kappa x})(C_3\mathrm{e}^{\mathrm{i}\kappa z} + D_3\mathrm{e}^{-\mathrm{i}\kappa z}) \end{cases} \tag{7.13}$$

由于拉普拉斯方程为线性齐次微分方程，其满足叠加原理，上述基本解的线性叠加仍为拉普拉斯方程的解。通解中的系数 A_i、B_i、C_i、D_i和特征值 k 与 κ 则需通过边界条件确定。

对于满足边界条件式（7.3）和式（7.4）的水波问题，取 $\cosh k(z+d)$ 和 $\sinh k(z+d)$ 为方程式（7.8）的垂向特征函数，$\cos\kappa(z+d)$ 和 $\sin\kappa(z+d)$ 为方程式（7.12）的垂向

特征函数，对问题的求解更为方便。则式（7.13）可写为

$$\phi(x,z)=\begin{cases}(A_1\mathrm{e}^{\mathrm{i}kx}+B_1\mathrm{e}^{-\mathrm{i}kx})[C_1\cosh k(z+d)+D_1\sinh k(z+d)]\\(A_2+B_2x)(C_2+D_2z)\\(A_3\mathrm{e}^{\kappa x}+B_3\mathrm{e}^{-\kappa x})[C_3\cos\kappa(z+d)+D_3\sin\kappa(z+d)]\end{cases}\tag{7.14}$$

将式（7.14）代入水底边界条件式（7.4）中，可得

$$\begin{cases}(A_1\mathrm{e}^{\mathrm{i}kx}+B_1\mathrm{e}^{-\mathrm{i}kx})kD_1=0\\(A_2+B_2x)D_2=0\\(A_3\mathrm{e}^{\kappa x}+B_3\mathrm{e}^{-\kappa x})\kappa D_3=0\end{cases}\tag{7.15}$$

由于 x 的函数部分不总为 0，可得

$$D_1=D_2=D_3=0\tag{7.16}$$

从而将式（7.14）化简为

$$\phi(x,z)=\begin{cases}(A_1\mathrm{e}^{\mathrm{i}kx}+B_1\mathrm{e}^{-\mathrm{i}kx})C_1\cosh k(z+d)\\(A_2+B_2x)C_2\\(A_3\mathrm{e}^{\kappa x}+B_3\mathrm{e}^{-\kappa x})C_3\cos\kappa(z+d)\end{cases}\tag{7.17}$$

再将式（7.17）代入自由水面条件式（7.3），可得

$$C_1(A_1\mathrm{e}^{\mathrm{i}kx}+B_1\mathrm{e}^{-\mathrm{i}kx})k\sinh kd=\omega^2C_1(A_1\mathrm{e}^{\mathrm{i}kx}+B_1\mathrm{e}^{-\mathrm{i}kx})\cosh kd/g\tag{7.18}$$

$$0=\omega^2C_2(A_2+B_2x)/g\tag{7.19}$$

$$-C_3(A_3\mathrm{e}^{\kappa x}+B_3\mathrm{e}^{-\kappa x})\kappa\sin\kappa d=\omega^2C_3(A_3\mathrm{e}^{\kappa x}+B_3\mathrm{e}^{-\kappa x})\cos\kappa d/g\tag{7.20}$$

由式（7.18），得到确定特征值 k 的方程式为

$$\omega^2=gk\tanh kd\tag{7.21}$$

式（7.21）即为波浪的色散方程，它具有唯一解，我们在第 2 章中已经对其进行深入的讨论。

由式（7.19）可得

$$C_2=0\tag{7.22}$$

由式（7.20）可以得出特征值 κ 的表达式为

$$\omega^2=-g\kappa\tan\kappa d\tag{7.23}$$

考虑式（7.23）解的特征，可将式（7.23）变换为无量纲的形式，即

$$\omega^2d/g\kappa d=-\tan\kappa d\tag{7.24}$$

并绘制式（7.24）左右两部分随无量纲波数 κd 的变化关系，如图 7.1 所示。图中曲线的交点即为方程的解。从图中可以看到，由于三角函数 $\tan\kappa d$ 的周期性，方程的解有无穷多个。

将所有的解线性叠加，并与时间因子 $\mathrm{e}^{-\mathrm{i}\omega t}$ 相乘后，可得

$$\Phi(x,z,t)=\mathrm{Re}\left[(A_0\mathrm{e}^{\mathrm{i}(k_0x-\omega t)}+B_0\mathrm{e}^{-\mathrm{i}(k_0x+\omega t)})Z_0(k_0z)+\sum_{m=1}^{\infty}(A_m\mathrm{e}^{k_mx}+B_m\mathrm{e}^{-k_mx})Z_m(k_mz)\mathrm{e}^{-\mathrm{i}\omega t}\right]\tag{7.25}$$

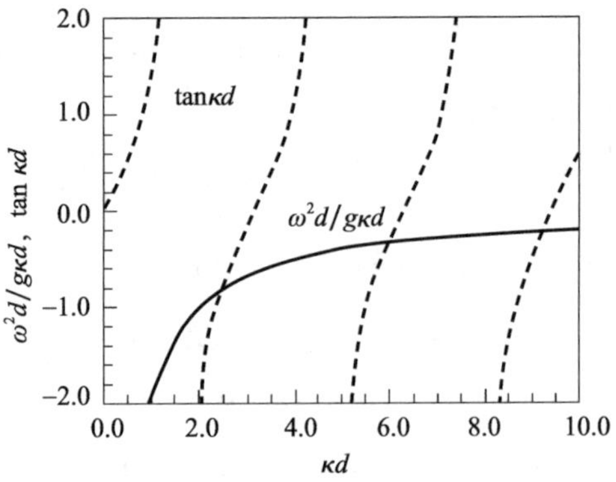

图7.1　式（7.23）多解示意图（$\omega^2 d/g=2$）

式中，$k_0=k$；$Z_0(k_0z)=\cosh k_0(z+d)/\cosh k_0d$；

$k_m=\kappa_m(m=1,2,3,\cdots)$；$Z_m(k_mz)=\cos k_m(z+d)/\cos k_md$。

式（7.25）中各项具有明确的物理意义。其中，展开后第一项对应于向右传播的传播波浪（propagating wave），第二项对应于向左传播的传播波浪，第三项对应于振幅随 $-x$ 方向离开而衰减的非传播模态（evanescent mode），而第四项对应于振幅随 x 方向的离开而衰减的非传播模态。方程中的系数 A_m、B_m（$m=0,1,2,\cdots$）需根据具体问题确定。以一个沿 x 正方向传播的线性波为例，波面方程为

$$\eta(x,t)=\mathrm{Re}\{\zeta(x)\mathrm{e}^{-\mathrm{i}\omega t}\}=\mathrm{Re}\{A\mathrm{e}^{\mathrm{i}(kx-\omega t)}\}=A\cos(kx-\omega t) \tag{7.26}$$

则空间复波面函数为

$$\zeta(x)=A\mathrm{e}^{\mathrm{i}kx} \tag{7.27}$$

将式（7.27）与式（7.25）代入波面方程（7.3）中，可以得出线性入射波的空间复速度势表达式为

$$\phi(x,z)=-\frac{\mathrm{i}gA}{\omega}\frac{\cosh k(z+d)}{\cosh kd}\mathrm{e}^{\mathrm{i}kx} \tag{7.28}$$

该式即为线性波浪理论的速度势函数。

由斯特姆－刘维尔（Stum-Liouville）本征值问题的特性可知，垂向特征函数 $Z_m(k_mz)$ 满足以下正交关系：

$$\int_{-d}^{0}Z_m(k_mz)Z_n(k_nz)\mathrm{d}z=0,\quad m\neq n \tag{7.29}$$

而自身平方的垂向积分为

$$N_0=\int_{-d}^{0}Z_0^2(k_0z)\mathrm{d}z=\frac{1}{\cosh^2k_0d}\left(\frac{d}{2}+\frac{\sinh 2k_0d}{4k_0}\right),$$

$$N_m=\int_{-d}^{0}Z_m^2(k_mz)\mathrm{d}z=\frac{1}{\cos^2k_md}\left(\frac{d}{2}+\frac{\sin 2k_md}{4k_m}\right),\qquad m=1,2,\cdots \tag{7.30}$$

垂向特征函数的正交特性对确定速度势式（7.25）中的展开系数 A_m 和 B_m 是十分重要的，在以后的讨论中我们将经常应用这一性质来求解各种问题。

最后，值得一提的是，在复变函数范围内，上述传播模态与非传播模态可以统一看作色散关系（7.21）的解，其中，传播模态的波数 k_0 是色散关系的实根，而非传播模态的波数 k_m ($m=1, 2, 3, \cdots$) 则是色散关系的虚根，即 $\mathrm{i}k_m$ 满足色散关系式（7.21）。进一步，基于复变函数中双曲函数与三角函数的关系，即可推出对应的传播模态与非传播模态所对应的特征函数，其结果与上述结果是一致的。上述复变函数范围内对色散关系的讨论不仅适用于本节二维问题，也适用于第 7.4 节的三维问题。有关这些内容，感兴趣的读者可以自行推导。

7.2 造波机原理

造波机是海洋工程、近海工程、海岸工程物理模型实验中的常用设备，它通常设置在波浪水槽或波浪水池的一端，通过给定造波机的运动形式产生所需要的波浪。造波机可分为推板式、摇板式、锤击式等。通过线性波浪理论的分析，可以很好地依据造波机的运动确定其生成的波浪形态。

如图 7.2 所示，坐标系 Oxz 原点设置在造波机平均位置与静水面的交点，x 轴与静水面相重合，z 轴向上为正。假定造波板做小振幅简谐运动，则造波板在某一时刻的位移函数可以写为

$$\boldsymbol{x}(z, t) = \bar{\boldsymbol{x}} + \mathrm{Re}[\xi(z)\mathrm{e}^{-\mathrm{i}\omega t}] \tag{7.31}$$

$\bar{\boldsymbol{x}}$ 为造波板上某点的平均位置，ξ 为该点的振动幅值。造波板的运动速度为

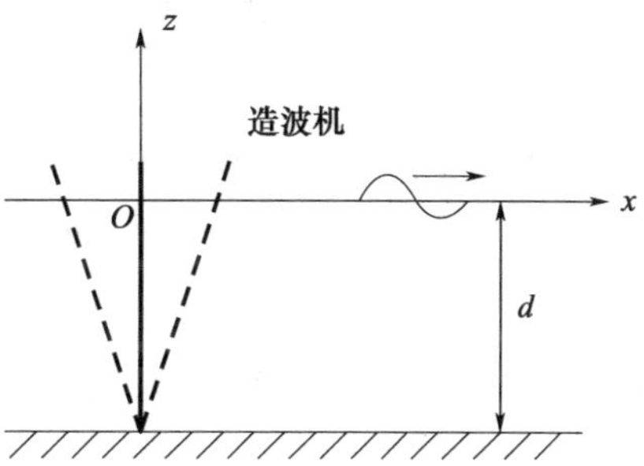

图 7.2　造波机示意图

$$\dot{\boldsymbol{x}}(z, t) = \mathrm{Re}[-\mathrm{i}\omega\xi(z)\mathrm{e}^{-\mathrm{i}\omega t}] \tag{7.32}$$

而造波板处流体的速度为

$$\frac{\partial \Phi(x, z, t)}{\partial n} = \mathrm{Re}\left[\frac{\partial \phi(x, z)}{\partial n}\mathrm{e}^{-\mathrm{i}\omega t}\right] \tag{7.33}$$

根据不可穿透条件，造波板运动速度应等于造波板处流体速度，从而可以求出造波板处的物面边界条件，即式（7.36）。

速度势满足拉普拉斯方程和下述边界条件。

（1）自由水面条件

$$\frac{\partial \phi(x, z)}{\partial z} = \frac{\omega^2}{g}\phi(x, z), \qquad z=0 \tag{7.34}$$

（2）水底条件

$$\frac{\partial \phi(x, z)}{\partial z} = 0, \qquad z=-d \tag{7.35}$$

（3）物面条件

$$\left.\frac{\partial \phi(x, z)}{\partial n}\right|_{x=0} = -\mathrm{i}\omega\xi(z)\cdot\boldsymbol{n}, \qquad 在\ S_w\ 上 \tag{7.36}$$

$\boldsymbol{n}$ 为造波板表面的单位法向量，S_w 为造波板表面。需要说明的是，式（7.36）实际上是近似表达式，有关该式的由来，将在第 8 章进行详细地推导。

（4）生成波浪向外传播的远场条件

$$\frac{\partial \phi(x,z)}{\partial x}=\mathrm{i}k_0\phi(x,z), \qquad x\to+\infty$$

本节仅考虑推板式和摇板式造波机问题，则造波板表面的边界条件可近似为

$$\frac{\partial \phi(x,z)}{\partial x}=-\mathrm{i}\omega\xi(z), \qquad x=0 \tag{7.37}$$

下面对问题进行求解，由于造波机在 $x=0$ 处且向右造波，在 $-x$ 方向无波浪生成，因此完全解表达式（7.25）中将仅包含向 x 方向传播的传播波与衰减波，因此，流域中的速度势可写为

$$\phi(x,z)=C_0\mathrm{e}^{\mathrm{i}k_0x}Z_0(k_0z)+\sum_{m=1}^{\infty}C_m\mathrm{e}^{-k_mx}Z_m(k_mz) \tag{7.38}$$

其中，垂向特征函数 $Z_0(k_0z)$ 和 $Z_m(k_mz)$ 的定义为

$$Z_0(k_0z)=\cosh k_0(z+d)/\cosh k_0d$$

$$Z_m(k_mz)=\cos k_m(z+d)/\cos k_md, \qquad m=1,2,\cdots$$

k_0和 k_m为下述色散方程的正实根

$$\omega^2=gk_0\tanh k_0d$$

$$\omega^2=-gk_m\tan k_md, \qquad m=1,2,\cdots$$

将速度势式（7.38）代入物面边界条件式（7.37）中，并考虑 $x=0$ 处的边界条件，可得

$$\mathrm{i}k_0C_0Z_0(k_0z)-\sum_{m=1}^{\infty}k_mC_mZ_m(k_mz)=-\mathrm{i}\omega\xi(z) \tag{7.39}$$

利用斯特姆－刘维尔本征值定理，上式乘以垂向特征函数 $Z_m(k_mz)$，并对水深积分后有

$$\begin{cases} C_0=-\dfrac{\omega}{k_0}\displaystyle\int_{-d}^{0}\xi(z)Z_0(k_0z)\mathrm{d}z/N_0 \\ C_m=\dfrac{\mathrm{i}\omega}{k_m}\displaystyle\int_{-d}^{0}\xi(z)Z_m(k_mz)\mathrm{d}z/N_m, \quad m=1,2,\cdots \end{cases} \tag{7.40}$$

N_m的定义见式（7.30）。将式（7.40）中各展开系数 C_m代入式（7.38）可确定速度势，进而利用波面方程 $\zeta=\mathrm{i}\omega\varphi/g\mid_z=0$ 可求得水槽中不同位置处产生的水面波动为

$$\zeta(x)=\frac{\mathrm{i}\omega}{g}\left(C_0\mathrm{e}^{\mathrm{i}k_0x}+\sum_{m=1}^{\infty}C_m\mathrm{e}^{-k_mx}\right), \qquad x>0 \tag{7.41}$$

式（7.41）中，展开后第一项为造波机生成的传播波浪，它是物理模型实验中造波机生成的入射波，其波幅为

$$A=\left|\frac{\mathrm{i}\omega}{g}C_0\right| \tag{7.42}$$

展开后第二项为非传播波，随着离开造波机距离的增加而以指数形式衰减。在物理模型实验中，一般均要求物体与造波机有一定的距离，其目的正是避免非传播波对入射波的干扰。

对于推板式造波机，造波板上各点的水平运动的幅值为 $\xi(z)=S$，则速度势的展开系数为

$$\begin{cases} C_0 = -\dfrac{\omega^3 S}{g N_0 k_0^3} \\ C_m = -\dfrac{\mathrm{i}\omega^3 S}{g N_m k_m^3}, \qquad m = 1, 2, \cdots \end{cases} \tag{7.44}$$

对于绕底部转动的摇板式造波机，造波板上各点的水平运动幅值为

$$\xi(z) = S(1 + z/d)$$

则速度势的展开系数为

$$\begin{cases} C_0 = -\dfrac{\omega S}{N_0 k_0}\left[\dfrac{\tanh k_0 d}{k_0} + \dfrac{1}{d k_0^2 \cosh k_0 d} - \dfrac{1}{d k_0^2}\right] \\ C_m = -\dfrac{\mathrm{i}\omega S}{N_m k_m}\left[\dfrac{\tan k_m d}{k_m} - \dfrac{1}{d k_m^2 \cos k_m d} + \dfrac{1}{d k_m^2}\right], \qquad m = 1, 2, \cdots \end{cases} \tag{7.44}$$

7.3 波浪对台阶地形的作用

在第 7.2 节的造波机问题中，流场中的速度势可以采用一个特征展开式表述，而对于大多数的情况，流场中的速度势无法用一个特征展开式表述，需要对流域进行分割，然后在各个子域上对速度势做特征展开，并在交界面上根据速度势和速度的连续条件匹配求解。该方法称为匹配特征函数展开法。匹配特征函数展开法最简单的问题是波浪在水平台阶上的反射和透射问题（Miles，1967），而更常见的问题是波浪对方箱的绕射问题（Mei et al.，1969）以及方箱运动的辐射问题（Black et al.，1971）。这里只对波浪在水平台阶上的反射和透射问题进行介绍。

7.3.1 问题的求解

如图 7.3 所示，考察正向入射波浪遇到海底台阶的反射和透射问题。设入射波浪为由左向右传播的线性规则波，波浪频率为 ω，台阶的左侧和右侧的水深分别为 d_1 和 d_2。直角坐标系 Oxz 的坐标原点取在台阶立面延长线与静水面的交点处，Ox 轴在静水面上，Oz 轴与台阶立面重合，为了研究问题的方便，将流域分割成台阶左、右两个区域 Ω_1 和 Ω_2，不失一般性，假设 $d_1 > d_2$。

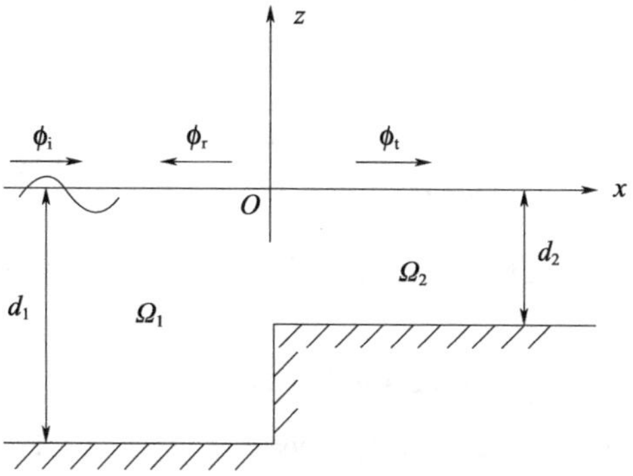

图 7.3　波浪对台阶形海底的作用问题

在左区域 Ω_1 上，速度势 ϕ_1 满足边界条件为

$$\begin{cases} \dfrac{\partial \phi_1}{\partial z} = \dfrac{\omega^2}{g}\phi_1, & z = 0 \\ \dfrac{\partial \phi_1}{\partial z} = 0, & z = -d_1 \\ \dfrac{\partial \phi_1}{\partial x} = 0, & x = 0, -d_1 < z < -d_2 \end{cases} \tag{7.45}$$

且满足反射波有限并向左传播的远场条件。

在右区域 Ω_2 上，速度势 ϕ_2 满足边界条件

$$\begin{cases} \dfrac{\partial \phi_2}{\partial z} = \dfrac{\omega^2}{g}\phi_2, & z = 0 \\ \dfrac{\partial \phi_2}{\partial z} = 0, & z = -d_2 \end{cases} \tag{7.46}$$

并满足透射波有限并向右传播的远场条件。另外，在 $x = 0$ 的立面上，应满足速度势和速度连续的匹配条件

$$\begin{cases} \phi_1(x, z) = \phi_2(x, z) \\ \dfrac{\partial \phi_1(x, z)}{\partial x} = \dfrac{\partial \phi_2(x, z)}{\partial x}, & x = 0, -d_2 \leqslant z \leqslant 0 \end{cases} \tag{7.47}$$

下面对上述定解条件进行求解，在 Ω_1 区域，速度势可写为

$$\phi_1(x, z) = -\frac{\mathrm{i}gA}{\omega}\left[\mathrm{e}^{\mathrm{i}k_0 x} Z_0(k_0 z) + R_0 \mathrm{e}^{-\mathrm{i}k_0 x} Z_0(k_0 z) + \sum_{m=1}^{\infty} R_m \mathrm{e}^{k_m x} Z_m(k_m z)\right] \tag{7.48}$$

式中，展开后第一项是向右传播的入射波，第二项是向左传播的反射波，第三项是在 Ω_1 区域内随着 x 减小而衰减的局部非传播波系。垂向特征函数 $Z_0(k_0 z)$ 和 $Z_m(k_m z)$ 为

$$Z_0(k_0 z) = \cosh k_0(z + d_1) / \cosh k_0 d_1$$

$$Z_m(k_m z) = \cos k_m(z + d_1) / \cos k_m d_1, \quad m = 1, 2, \cdots$$

k_0 和 k_m 为下述色散方程的正实根：

$$\begin{cases} \omega^2 = g k_0 \tanh k_0 d_1 \\ \omega^2 = -g k_m \tan k_m d_1, & m = 1, 2, \cdots \end{cases} \tag{7.49}$$

类似地，在 Ω_2 区域，速度势可表达为

$$\phi_2(x, z) = -\frac{\mathrm{i}gA}{\omega}\left[T_0 \mathrm{e}^{\mathrm{i}\lambda_0 x} Y_0(\lambda_0 z) + \sum_{m=1}^{\infty} T_n \mathrm{e}^{-\lambda_n x} Y_n(\lambda_n z)\right] \tag{7.50}$$

式中，展开后第一项为向右传播的推进波，第二项为 Ω_2 区域内随着 x 增大而衰减的局部非传播波系。垂向特征函数为

$$Y_0(\lambda_0 z) = \cosh \lambda_0(z + d_2) / \cosh \lambda_0 d_2$$

$$Y_n(\lambda_n z) = \cos \lambda_n(z + d_2) / \cos \lambda_n d_2, \quad n = 1, 2, \cdots$$

λ_0和 λ_n（$n=1, 2, \cdots$）是下述方程的解：

$$\begin{cases}\omega^2 = g\lambda_0 \tanh \lambda_0 d_2 \\ \omega^2 = -g\lambda_n \tan \lambda_n d_2, \qquad n=1, 2, \cdots\end{cases} \tag{7.51}$$

在上述速度势表达式（7.48）和式（7.50）中，系数 R_m（$m=0, 1, 2, \cdots$）与 T_n（$n=0, 1, 2, \cdots$）是待定系数，需要通过 $x=0$ 处的边界条件以及匹配条件进行求解。对速度势 ϕ_1 和 ϕ_2 分别取 $M+1$ 和 $N+1$ 项近似，并代入 $x=0$ 处速度势函数连续的边界条件中，即式（7.47）的第一式，可得

$$Z_0(k_0 z) + \sum_{m=0}^{M} R_m Z_m(k_m z) = \sum_{n=0}^{N} T_n Y_n(\lambda_n z), \qquad -d_2 \leqslant z \leqslant 0 \tag{7.52}$$

将式（7.52）乘以右区域 Ω_2 上的垂向特征函数 $Y_n(\lambda_n z)$（$n=0, 1, 2, \cdots, N$），并对 z 积分后得

$$\int_{-d_2}^{0} \left[Z_0(k_0 z) + \sum_{m=0}^{M} R_m Z_m(k_m z) \right] Y_n(\lambda_n z) \mathrm{d}z = T_n \int_{-d_2}^{0} Y_n^2(\lambda_n z) \mathrm{d}z \tag{7.53}$$

由此，我们可得到线性方程组

$$\{f_n\}_{N+1} + [A_{nm}]_{(N+1)\times(M+1)} \{R_m\}_{M+1} = \{T_n\}_{N+1} \tag{7.54}$$

其中，

$$f_n = \int_{-d_2}^{0} Z_0(k_0 z) Y_n(\lambda_n z) \mathrm{d}z \Big/ \int_{-d_2}^{0} Y_n^2(\lambda_n z) \mathrm{d}z$$

$$A_{nm} = \int_{-d_2}^{0} Z_m(k_m z) Y_n(\lambda_n z) \mathrm{d}z \Big/ \int_{-d_2}^{0} Y_n^2(\lambda_n z) \mathrm{d}z$$

由 $x=0$ 处关于水平速度的匹配条件和台阶立面的边界条件，即式（7.45）的第三式和式（7.47）的第二式，可得

$$\mathrm{i}k_0 Z_0(k_0 z) - \mathrm{i}k_0 R_0 Z_0(k_0 z) + \sum_{m=1}^{M} k_m R_m Z_m(k_m z)$$
$$= \begin{cases} \mathrm{i}\lambda_0 T_0 Y_0(\lambda_0 z) - \sum_{n=1}^{N} \lambda_n T_n Y_n(\lambda_n z), & -d_2 \leqslant z \leqslant 0 \\ 0, & -d_1 \leqslant z \leqslant -d_2 \end{cases} \tag{7.55}$$

将上述两式乘以左区域 Ω_1 上的特征函数 $Z_m(k_m z)$。并对 z 积分，然后相加得

$$\begin{cases} \mathrm{i}k_0(1-R_0) \int_{-d_1}^{0} Z_0^2(k_0 z) \mathrm{d}z = \int_{-d_2}^{0} \left[\mathrm{i}\lambda_0 T_0 Y_0(\lambda_0 z) - \sum_{n=1}^{N} \lambda_n T_n Y_n(\lambda_n z) \right] Z_0(k_0 z) \mathrm{d}z, & m=0 \\ k_m R_m \int_{-d_1}^{0} Z_m^2(k_m z) \mathrm{d}z = \int_{-d_2}^{0} \left[\mathrm{i}\lambda_0 T_0 Y_0(\lambda_0 z) - \sum_{n=1}^{N} \lambda_n T_n Y_n(\lambda_n z) \right] Z_m(k_m z) \mathrm{d}z, & m=1, 2, 3, \cdots \end{cases} \tag{7.56}$$

由此，我们得到另一组线性方程组

$$\{e_m\}_{M+1} + \{R_m\}_{M+1} = \{B_{mn}\}_{(M+1)\times(N+1)}\{T_n\}_{N+1} \tag{7.57}$$

式中，

$$e_0 = -1$$

$$e_m = 0,\quad m = 1, 2, \cdots, M$$

$$B_{00} = -\frac{\lambda_0}{k_0}\int_{-d_2}^{0} Z_0(k_0 z) Y_0(\lambda_0 z)\,\mathrm{d}z \Big/ \int_{-d_1}^{0} Z_0^2(k_0 z)\,\mathrm{d}z$$

$$B_{0n} = -\frac{\mathrm{i}\lambda_n}{k_0}\int_{-d_2}^{0} Z_0(k_0 z) Y_n(\lambda_n z)\,\mathrm{d}z \Big/ \int_{-d_1}^{0} Z_0^2(k_0 z)\,\mathrm{d}z$$

$$B_{m0} = \frac{\mathrm{i}\lambda_0}{k_m}\int_{-d_2}^{0} Z_m(k_m z) Y_0(\lambda_0 z)\,\mathrm{d}z \Big/ \int_{-d_1}^{0} Z_m^2(k_m z)\,\mathrm{d}z$$

$$B_{mn} = -\frac{\lambda_n}{k_m}\int_{-d_2}^{0} Z_m(k_m z) Y_n(\lambda_n z)\,\mathrm{d}z \Big/ \int_{-d_1}^{0} Z_m^2(k_m z)\,\mathrm{d}z$$

由线性方程组式（7.54）和式（7.57）可求得系数 R_m（$m=0$，1，⋯，M）和 T_n（$n=0$，1，⋯，N）。代回到式（7.48）和式（7.50），则可得到 Ω_1 和 Ω_2 区域上的速度势的近似解。M 和 N 大小的选取应保证速度势已经收敛，即不随着 M 和 N 的增大而明显变化。

7.3.2 反射系数与透射系数的关系

下面针对波浪对台阶作用的物理过程进行分析，在上述问题中，反射系数和透射系数是非常重要的参量，由于两者均为远场的概念，非传播模态不会对其产生影响，依据速度势表达式（7.48）和式（7.50）可知反射系数为 $K_r = |R_0|$，透射系数为 $K_t = |T_0|$。根据波能流守恒定理

$$\overline{\int_{-d_1}^{0} \frac{\partial \Phi_1}{\partial t}\frac{\partial \Phi_1}{\partial x}\,\mathrm{d}z} = \overline{\int_{-d_2}^{0} \frac{\partial \Phi_2}{\partial t}\frac{\partial \Phi_2}{\partial x}\,\mathrm{d}z}$$

将速度势表达式代入，可以得出反射系数 K_r 和透射系数 K_t 满足下述关系：

$$K_r^2 + K_t^2 C_{g2}/C_{g1} = 1 \tag{7.58}$$

C_{g1} 是 Ω_1 区域（水深 d_1）中的波群速度，C_{g2} 是 Ω_2 区域（水深 d_2）中的波群速度。式（7.58）实际上是不同水深条件下的波能流守恒方程。

最后，给出波浪在不同水平台阶地形条件下的反射系数与透射系数的对比，如图 7.4

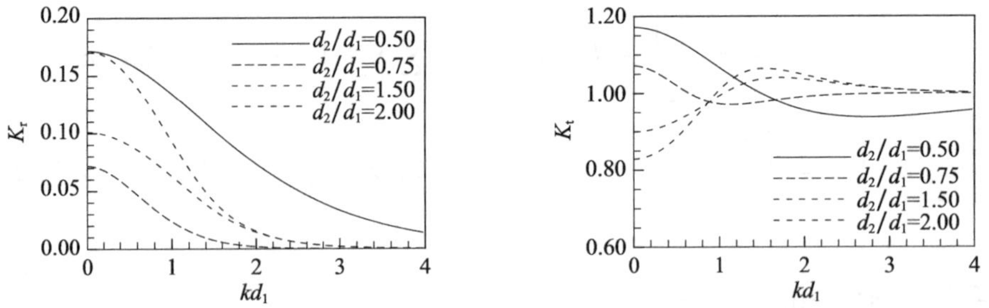

(a) 反射系数　　(b) 透射系数

图 7.4　波浪在不同水平台阶地形条件下的反射系数与透射系数的对比

所示。可以看出，在低频区域，台阶对波浪的反射与透射作用均比较明显，而在高频区，台阶对波浪的反射与透射作用均相对较小。另外，波浪不仅遇到突出的台阶发生反射，遇到下陷的台阶波浪也发生反射。波浪遇到突出的台阶时的透射波高增大，而遇到下陷的台阶时透射波高减小。

7.4 满足拉普拉斯方程与线性边界条件的三维完全解

本节将介绍三维条件下拉普拉斯方程的解，柱坐标系 $Or\theta z$ 下的拉普拉斯方程$\nabla^2\phi=0$表达式为

$$\frac{\partial^2\phi(r,\theta,z)}{\partial r^2}+\frac{\partial\phi(r,\theta,z)}{r\partial r}+\frac{\partial^2\phi(r,\theta,z)}{r^2\partial\theta^2}+\frac{\partial^2\phi(r,\theta,z)}{\partial z^2}=0 \tag{7.59}$$

采用分离变量法，将速度势 ϕ 分解为

$$\phi(r,\theta,z)=R(r)\Theta(\theta)Z(z) \tag{7.60}$$

将式（7.60）代入式（7.59），可得

$$R''\Theta Z+\frac{1}{r}R'\Theta Z+\frac{1}{r^2}R\Theta''Z+R\Theta Z''=0 \tag{7.61}$$

用 $r^2/R\Theta Z$ 遍乘各项并适当移项后，可得

$$r^2\frac{R''}{R}+r\frac{R'}{R}+r^2\frac{Z''}{Z}=-\frac{\Theta''}{\Theta}$$

式中，左端是 r 和 z 的函数，右端是 θ 的函数。两者若相等则必定是等于同一个常数，定义这个常数为 m^2，则有

$$\Theta''+m^2\Theta=0 \tag{7.62}$$

$$r^2\frac{R''}{R}+r\frac{R'}{R}+r^2\frac{Z''}{Z}=m^2 \tag{7.63}$$

由于速度势的自然周期条件构成本征值问题，根据式（7.62）可以求得 θ 方向的特征值和特征函数是

$$\Theta(\theta)=A\cos m\theta+B\sin m\theta,\qquad m\geqslant 0 \tag{7.64}$$

进一步考虑式（7.63），可以表示为

$$\frac{R''}{R}+\frac{R'}{rR}-\frac{m^2}{r^2}=-\frac{Z''}{Z}$$

左端是 r 的函数且跟 z 无关，右端是 z 的函数且跟 r 无关，两者若相等则必定是等于同一个常数。设这个常数为 $-k^2$，得

$$\frac{R''}{R}+\frac{R'}{rR}-\frac{m^2}{r^2}=-\frac{Z''}{Z}=-k^2$$

则上式可分解成两个常微分方程

$$Z''(z)-k^2Z(z)=0 \tag{7.65}$$

$$R''(r)+\frac{1}{r}R'(r)+\left(k^2-\frac{m^2}{r^2}\right)R(r)=0 \tag{7.66}$$

与二维问题类似，式（7.65）和式（7.66）解的最终形式由常数 $-k^2$ 的符号所决定。

（1）如果 $k=0$，式（7.65）和式（7.66）的解为

$$\begin{cases} Z(z)=C+Dz \\ R(r)=Er^{m}+Fr^{-m} \end{cases} \tag{7.67}$$

（2）如果 $k^2>0$，式（7.65）和式（7.66）的解为

$$\begin{cases} Z(z)=Ce^{kz}+De^{-kz} \\ R(r)=EJ_m(kr)+FY_m(kr) \end{cases} \tag{7.68}$$

其中，$J_m(x)$ 是 m 阶贝塞尔（Bessel）函数，$Y_m(x)$ 称为 m 阶诺埃曼（Neumann）函数，它们随变量 x 的变化曲线如图 7.5 和图 7.6 所示。根据叠加原理，式（7.68）的第二式还可以表示为

$$R(r)=EH_m^{(1)}(kr)+FH_m^{(2)}(kr) \tag{7.69}$$

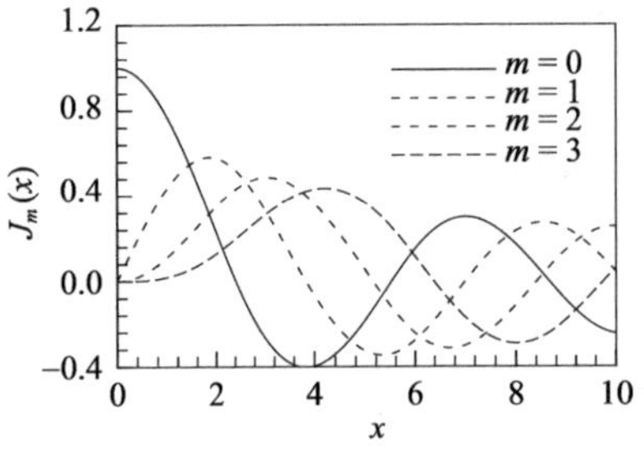

图 7.5　贝塞尔函数 $J_m(x)$ 的变化曲线

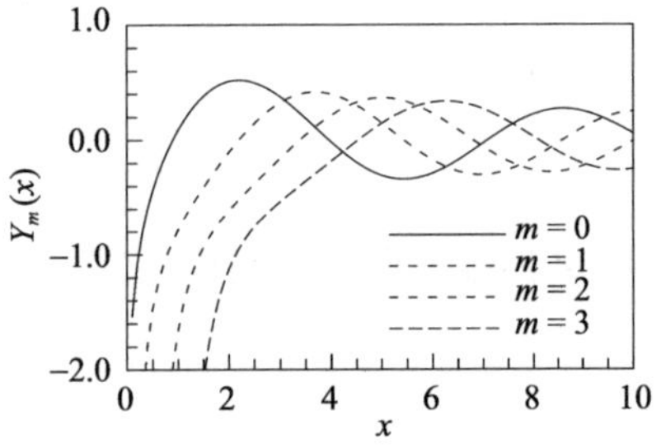

图 7.6　诺埃曼函数 $Y_m(x)$ 的变化曲线

其中，

$$H_m^{(1)}(x)=J_m(x)+iY_m(x)$$

$$H_m^{(2)}(x)=J_m(x)-iY_m(x)$$

称为第一类和第二类汉克尔（Hankel）函数，这类函数常用于表示波的散射问题，因而在波浪作用问题中更为常用。它们在 $|x|\to\infty$ 时的渐进表达式为

$$H_m^{(1)}(x)=\sqrt{\frac{2}{\pi x}}e^{i\left(x-\frac{m\pi}{2}-\frac{\pi}{4}\right)}+O(x^{-3/2})$$

$$H_m^{(2)}(x)=\sqrt{\frac{2}{\pi x}}e^{-i\left(x-\frac{m\pi}{2}-\frac{\pi}{4}\right)}+O(x^{-3/2})$$

将汉克尔函数乘以时间因子 $e^{-i\omega t}$ 后可以看到，当 kr 很大时，$H_m^{(1)}(kr)e^{-i\omega t}$ 代表一个沿 r 正方向传播的波，$H_m^{(2)}(kr)e^{-i\omega t}$ 代表一个沿 r 负方向传播的波。

（3）如果 $k^2<0$，定义 $k=i\lambda$，则式（7.65）和式（7.66）的解为

$$\begin{cases} Z(z)=C\cos\lambda z+D\sin\lambda z \\ R(r)=EK_m(\lambda r)+FI_m(\lambda r) \end{cases} \tag{7.70}$$

其中，$I_m(x)$ 和 $K_m(x)$ 是第一类和第二类修正贝塞尔函数，它们在 $|x|\to\infty$ 时的渐进表

达式为

$$I_m(x)=\sqrt{\frac{\pi}{2x}}e^{x}[1+O(x^{-1})]$$

$$K_m(x)=\sqrt{\frac{\pi}{2x}}e^{-x}[1+O(x^{-1})]$$

可以看出，随 x 的增大，$I_m(x)$ 和 $K_m(x)$ 分别以指数形式增大和衰减。图7.7 和图7.8 给出了它们随 x 值的变化曲线，可以看到在大参数下，$I_m(x)\to\infty$，而在小参数下，$K_m(x)\to\infty$。因此，第一类修正贝塞尔函数 $I_m(\lambda r)$ 代表一个沿 r 负方向衰减的非传播波，第二类修正贝塞尔函数 $K_m(\lambda r)$ 代表一个沿 r 正方向衰减的非传播波。

最后，我们对特征值 k 和 λ 以及垂向特征函数进行讨论，根据自由水面条件

$$\frac{\partial\phi}{\partial z}=\frac{\omega^2}{g}\phi,\qquad z=0 \tag{7.71}$$

和水底条件

$$\frac{\partial\phi}{\partial z}=0,\qquad z=-d \tag{7.72}$$

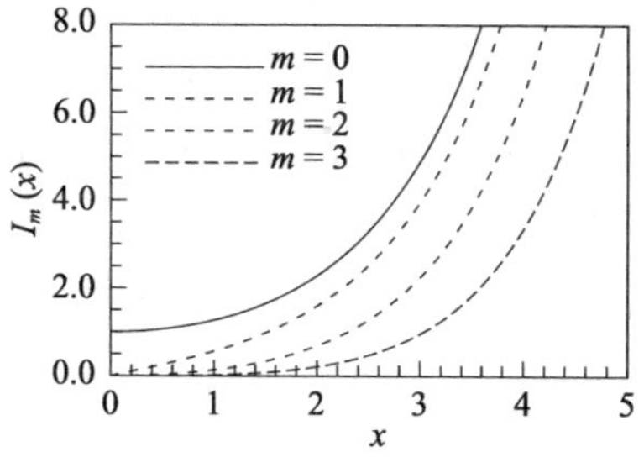

图7.7　第一类修正贝塞尔函数 $I_m(x)$ 的变化曲线

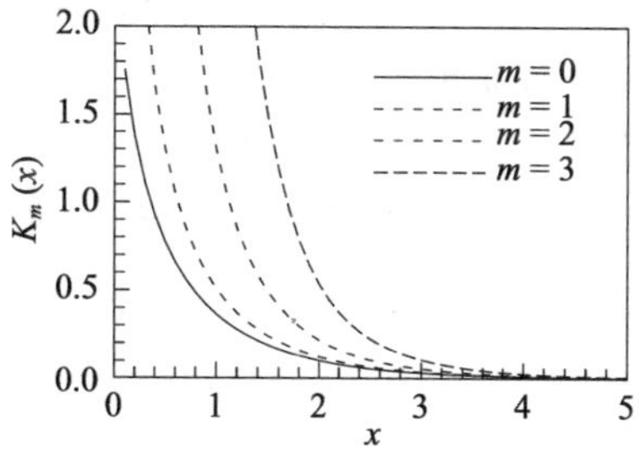

图7.8　第二类修正贝塞尔函数 $K_m(x)$ 的变化曲线

我们可求得 $k=0$ 时式（7.67）的系数均为零，式（7.68）和式（7.69）中 k 和 λ 分别是下列方程的解：

$$\begin{cases}\omega^2=gk\tanh kd\\ \omega^2=-g\lambda\tan\lambda d\end{cases} \tag{7.73}$$

由第7.1节的讨论可知，第一个方程具有一个根，记为 k，第二个方程具有无穷多个根，我们分别记为 λ_i（$i=1,2,\cdots$）。相对应的，利用叠加原理以及水底条件，可以求出上述特征值对应的垂向特征函数分别为 $\cosh k(z+d)$ 和 $\cos\lambda_i(z+d)$。

定义 $k_0=k$，$k_i=\lambda_i$（$i=1,2,\cdots$），则速度势的展开形式可写为

$$\begin{aligned}\phi(r,\theta,z)=\sum_{m=0}^{\infty}\Big\{&\cos m\theta\Big[(A_{m0}H_m^{(1)}(k_0r)+B_{m0}H_m^{(2)}(k_0r))Z_0(k_0z)+\\&\sum_{j=1}^{\infty}(A_{mj}K_m(k_jr)+B_{mj}I_m(k_jr))Z_j(k_jz)\Big]+\\&\sin m\theta\Big[(C_{m0}H_m^{(1)}(k_0r)+D_{m0}H_m^{(2)}(k_0r))Z_0(k_0z)+\end{aligned}$$

$$\sum_{j=1}^{\infty}\left(C_{mj}K_m(k_jr)+D_{mj}I_m(k_jr)\right)Z_j(k_jz)\Big)\Big]\Big\} \tag{7.74}$$

其中，与二维问题相同，垂向特征函数的定义为

$$Z_0(k_0z)=\cosh k_0(z+d)/\cosh k_0d$$

$$Z_j(k_jz)=\cos k_j(z+d)/\cos k_jd,\qquad j=1,\ 2,\ \cdots$$

上述表达式是柱坐标下满足自由水面和海底条件的拉普拉斯方程解的完整表达式，实际应用中需根据具体情况对某些项进行取舍。而速度势的展开系数，则需要根据具体边界条件进行确定。

7.5 波浪对直立圆柱的作用

波浪对三维物体的作用问题，小振幅假定条件下的一些规则几何形状物体可以找到精确的解析解，其中，最简单的情况是横截面沿深度不变的均匀直立圆柱。Havelock（1940）对无限水深中的均匀直立圆柱的波浪绕射问题做了研究，MacCamy 等（1954）给出了有限水深中的直立圆柱的绕射问题的解析解，下面对该方法进行介绍。

如图 7.9 所示，考虑水深 d 条件下波浪对半径为 a 的圆柱的绕射问题，柱坐标系 $Or\theta z$ 原点取圆柱内水面中心与静水面的交点，Oz 轴通过柱中心，向上为正。根据叠加原理，可以将速度势分解为入射势 $\phi_{\mathrm{i}}(r,\ \theta,\ z)$ 与绕射势 $\phi_{\mathrm{d}}(r,\ \theta,\ z)$ 两个部分，即

$$\phi=\phi_{\mathrm{i}}(r,\ \theta,\ z)+\phi_{\mathrm{d}}(r,\ \theta,\ z) \tag{7.75}$$

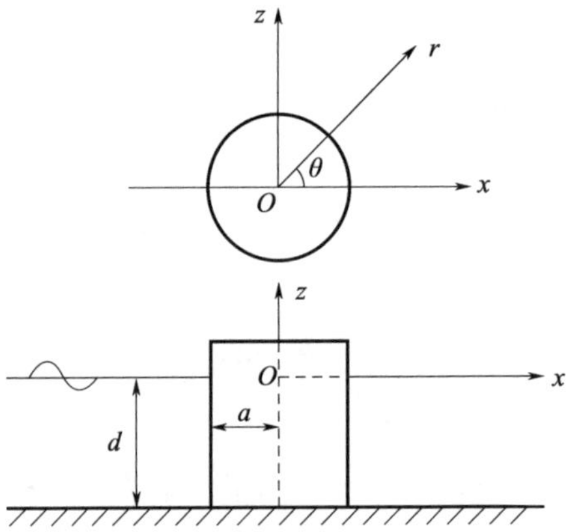

图 7.9　垂直圆柱对波浪的绕射

在极坐标系下，入射势可写为

$$\phi_{\mathrm{i}}(r,\ \theta,\ z)=-\frac{igA}{\omega}\frac{\cosh k(z+d)}{\cosh kd}e^{ikr\cos\theta} \tag{7.76}$$

应用贝塞尔函数的母函数，可将式（7.76）指数部分展开成傅里叶级数的形式，即

$$e^{ikr\cos\theta} = \sum_{m=0}^{\infty} \varepsilon_m i^m J_m(kr)\cos m\theta, \qquad \varepsilon_m = \begin{cases} 1, & m = 0 \\ 2, & m \geq 1 \end{cases}$$

这样，入射势在极坐标系下的表达式可写为

$$\phi_i(r,\theta,z) = -\frac{igA}{\omega}\frac{\cosh k(z+d)}{\cosh kd}\sum_{m=0}^{\infty}\varepsilon_m i^m J_m(kr)\cos m\theta \tag{7.77}$$

绕射势是需要求解的未知量，将式（7.75）代入拉普拉斯方程与边界条件中，可以求得绕射势 $\phi_d(r,\theta,z)$ 满足下列边界条件：

$$\frac{\partial\phi_d}{\partial z} = \frac{\omega^2}{g}\phi_d, \qquad z = 0 \tag{7.78}$$

$$\frac{\partial\phi_d}{\partial z} = 0, \qquad z = -d \tag{7.79}$$

$$\frac{\partial\phi_d}{\partial r} = -\frac{\partial\phi_i}{\partial r}, \qquad r = a \tag{7.80}$$

另外，绕射势是向外传播的，因此，其还将满足无穷远处的 Sommerfeld 散射条件，

$$\lim_{r\to\infty}\sqrt{r}\left(\frac{\partial\phi_d}{\partial r} - ik\phi_d\right) = 0 \tag{7.81}$$

以柱坐标系下满足拉普拉斯方程与线性自由水面边界条件的解的完整表达式（7.74）为基础，根据垂向特征函数的正交性和散射波的无穷远处的散射条件，并结合物面边界条件式（7.80），可将绕射势的表达式写为

$$\phi_d(r,\theta,z) = -\frac{igA}{\omega}\frac{\cosh k(z+d)}{\cosh kd}\sum_{m=0}^{\infty}\varepsilon_m i^m A_m H_m(kr)\cos m\theta \tag{7.82}$$

式中，$H_m(kr)$ 是第一类汉克尔函数。

将入射势式（7.77）和绕射势式（7.82）代入柱面边界条件式（7.80），可求得系数为

$$A_m = -J'_m(ka)/H'_m(ka)$$

则总的速度势为

$$\phi(r,\theta,z) = -\frac{igA}{\omega}\frac{\cosh k(z+d)}{\cosh kd}\times\sum_{m=0}^{\infty}\varepsilon_m i^m\left[J_m(kr) - \frac{J'_m(ka)}{H'_m(ka)}H_m(kr)\right]\cos m\theta \tag{7.83}$$

求得了速度势后，由波面方程可求得波面高度为

$$\zeta(r,\theta) = \frac{i\omega}{g}\phi\bigg|_{z=0} = A\sum_{m=0}^{\infty}\varepsilon_m i^m\left[J_m(kr) - \frac{J'_m(ka)}{H'_m(ka)}H_m(kr)\right]\cos m\theta \tag{7.84}$$

波动压强为

$$p(r,\theta,z) = i\omega\phi = \rho gA\frac{\cosh k(z+d)}{\cosh kd}\times\sum_{m=0}^{\infty}\varepsilon_m i^m\left[J_m(kr) - \frac{J'_m(ka)}{H'_m(ka)}H_m(kr)\right]\cos m\theta \tag{7.85}$$

桩柱上的水平波浪力可通过物面积分而得到，代入物面的单位法向矢量

$$\boldsymbol{n}_x = -\cos\theta$$

圆柱上的波浪力可表示为

$$f_x = \int_0^{2\pi}\int_{-d}^{0} p(a,\ \theta,\ z) n_x a\mathrm{d}z\mathrm{d}\theta = -\rho g A a\int_{-d}^{0}\frac{\cosh k(z+d)}{\cosh kd}\mathrm{d}z\int_0^{2\pi}\sum_{m=0}^{\infty}\frac{\varepsilon_m \mathrm{i}^m}{H'_m(ka)}\times$$
$$[J_m(ka)H'_m(ka) - J'_m(ka)H_m(ka)]\cos m\theta\cos\theta\mathrm{d}\theta$$

应用余弦函数的正交性和 Wronkcy 恒等式，即

$$J_m(z)H'_m(z) - J'_m(z)H_m(z) = \frac{2\mathrm{i}}{\pi z} \tag{7.86}$$

可以得出一阶近似下的波浪作用力为

$$f_x = \frac{4\rho g A a^2}{kaH'_1(ka)}\frac{\tanh kd}{ka} \tag{7.87}$$

类似地，关于 y 轴的波浪力矩为

$$m_y = -\rho g A a\int_{-d}^{0}\frac{\cosh k(z+d)}{\cosh kd}z\mathrm{d}z\int_0^{2\pi}\sum_{m=0}^{\infty}\frac{\varepsilon_m \mathrm{i}^m}{H'_m(ka)}\Big[J_m(ka)H'_m(ka) -$$
$$J'_m(ka)H_m(ka)\Big]\cos m\theta\cos\theta\mathrm{d}\theta = \frac{4\rho g A}{k^3 H'_1(ka)}\frac{1-\cosh kd}{\cosh kd} \tag{7.88}$$

依据式（7.87）可以给出直立圆柱水平波浪力随波数 kd 的变化，如图 7.10 所示。从图 7.10 中可以看出，波浪力在低频区随波数的增大而增大，达到极值后，随波数的增大而减小。

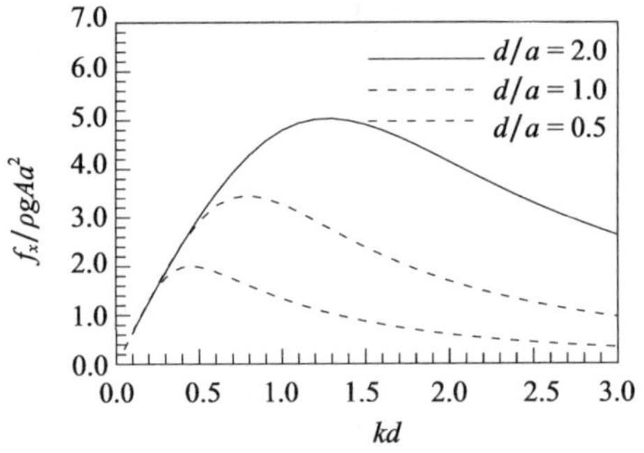

图 7.10　垂直圆柱上的水平波浪力

7.6 波浪对截断圆柱的绕射作用

波浪对三维结构作用可求得解析解的另一个简单例子是波浪与截断圆柱的作用，基于匹配特征函数展开的方法，Garret（1971）给出了波浪对截断圆柱绕射问题的解析解，Yeung（1981）给出了波浪对截断圆柱辐射问题的解析解。Teng 等（2004）和 Teng 等（2002）基于镜像法给出了直墙前截断圆柱辐射问题的解析解，Jiang 等（2014a，2014b）给出了波浪对淹没圆柱问题绕射与辐射的解析解。下面仅对截断圆柱绕射问题进行介绍。

图 7. 11 所示为水深 d 情况下波浪对半径为 a、吃水为 D 的截断圆柱的绕射问题，坐标系原点仍取圆柱内水面中心与静水面的交点，Oz 轴通过圆柱中心且向上为正。速度势所满足的边界条件为

$$\frac{\partial\phi(r,\ \theta,\ z)}{\partial z}=\frac{\omega^2}{g}\phi(r,\ \theta,\ z),\quad z=0 \tag{7.89}$$

$$\frac{\partial\phi(r,\ \theta,\ z)}{\partial z}=0,\quad z=-d \tag{7.90}$$

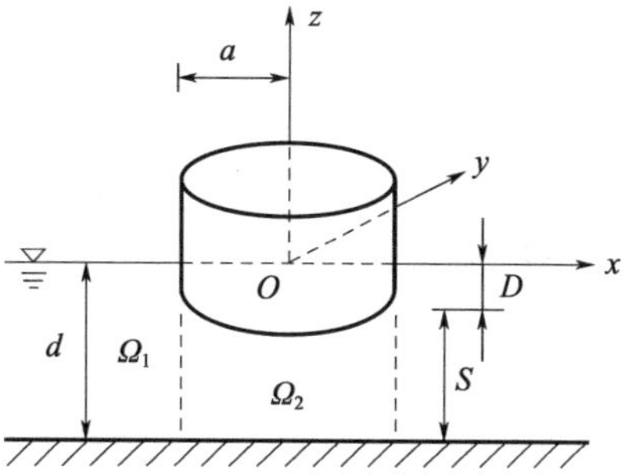

图 7. 11　波浪对截断圆柱的绕射

$$\frac{\partial\phi(r,\ \theta,\ z)}{\partial r}=0,\quad r=a,\ -D<z<0 \tag{7.91}$$

$$\frac{\partial\phi(r,\ \theta,\ z)}{\partial z}=0,\quad r<a,\ z=-D \tag{7.92}$$

此外，绕射波还应并满足散射势向外传播的无限远条件。

在这一问题的研究中，我们采用分域匹配的方法进行处理，如图 7. 11 所示，将流域分解成外域 Ω_1 和内域 Ω_2。在 Ω_1 域和 Ω_2 域的交界处（$r=a$），速度势和流体速度应满足连续匹配条件：

$$\phi_1(a,\ \theta,\ z)=\phi_2(a,\ \theta,\ z),\quad -d<z<-D \tag{7.93}$$

$$\frac{\partial\phi_1(a,\ \theta,\ z)}{\partial r}=\frac{\partial\phi_2(a,\ \theta,\ z)}{\partial r},\quad -d<z<-D \tag{7.94}$$

在外域 Ω_1 上，将速度势 ϕ_1 特征展开为

$$\phi_1(r,\ \theta,\ z)=-\frac{\mathrm{i}gA}{\omega}\sum_{m=0}^{\infty}\varepsilon_m\mathrm{i}^m\cos m\theta\Big\{[J_m(k_0r)+A_{m0}H_m(k_0r)]Z_0(k_0z)+\sum_{i=1}^{\infty}A_{mi}K_m(k_ir)Z_i(k_iz)\Big\} \tag{7.95}$$

式中，k_0 和 k_i 是下述方程的根：

$$\omega^2=gk_0\tanh k_0d$$

$$\omega^2=-gk_i\tan k_id$$

垂向特征函数为

$$Z_0(k_0z)=\cosh k_0(z+d)/\cosh k_0d$$

$$Z_i(k_iz)=\cos k_i(z+d)/\cos k_id$$

速度势 ϕ_1 特征展开式（7. 95）展开后的第一项为入射波浪，第二项为向外传播的散射势，而第三项为随 r 的增大而衰减的局部振荡项。

在内域 Ω_2 上，将速度势 ϕ_2 特征展开为

$$\phi_2(r,\ \theta,\ z)=-\frac{\mathrm{i}gA}{\omega}\sum_{m=0}^{\infty}\varepsilon_m\mathrm{i}^m\cos m\theta\sum_{j=0}^{\infty}B_{mj}V_m(\lambda_jr)Y_j(\lambda_jz) \tag{7.96}$$

式中，特征值 $\lambda_j=j\pi/S$，垂向特征函数为

$$\begin{cases} Y_0(\lambda_0 z) = \sqrt{2}/2 \\ Y_j(\lambda_j z) = \cos\lambda_j(z+d), \quad j \geqslant 1 \end{cases}$$

径向特征函数为

$$\begin{cases} V_m(\lambda_0 r) = (r/a)^m \\ V_m(\lambda_j r) = I_m(\lambda_j r)/I_m(\lambda_j a), \quad j \geqslant 1 \end{cases}$$

将 Ω_1 域和 Ω_2 域上的速度势式（7.95）和式（7.96）代入 Ω_1 域和 Ω_2 域交界处的速度势连续条件式（7.93），得

$$\sum_{m=0}^{\infty} \varepsilon_m \mathrm{i}^m \cos m\theta \Big\{ [J_m(k_0 a) + A_{m0} H_m(k_0 a)] Z_0(k_0 z) + \sum_{i=1}^{\infty} A_{mi} K_m(k_i a) Z_i(k_i z) - \sum_{j=0}^{\infty} B_{mj} Y_j(\lambda_j z) \Big\} = 0$$

应用 $\cos m\theta$ 的正交性可得

$$[J_m(k_0 a) + A_{m0} H_m(k_0 a)] Z_0(k_0 z) + \sum_{i=1}^{\infty} A_{mi} K_m(k_i a) Z_i(k_i z) = \sum_{j=0}^{\infty} B_{mj} Y_j(\lambda_j z)$$

对于内、外域的垂向展开分别取 $I+1$ 项和 $J+1$ 项近似，利用内域 Ω_2 垂向特征函数 $Y_j(\lambda_j z)$ 的正交性，得

$$\{f_{mj}\}_{J+1} + [a_{mji}]_{(J+1)\times(I+1)} \{A_{mi}\}_{I+1} = \{B_{mj}\}_{J+1} \tag{7.97}$$

其中，

$$f_{mj} = \frac{2J_m(k_0 a)}{S} \int_{-d}^{-D} Z_0(k_0 z) Y_j(\lambda_j z)\, \mathrm{d}z, \qquad j \geqslant 0$$

$$a_{mj0} = \frac{2H_m(k_0 a)}{S} \int_{-d}^{-D} Z_0(k_0 z) Y_j(\lambda_j z)\, \mathrm{d}z, \qquad j \geqslant 0$$

$$a_{mji} = \frac{2K_m(k_i a)}{S} \int_{-d}^{-D} Z_i(k_i z) Y_j(\lambda_j z)\, \mathrm{d}z, \qquad i > 0, j \geqslant 0$$

由此，我们根据速度势匹配条件式（7.93）得到了第一个线性方程组。

下面考虑另一个匹配条件，速度匹配条件式（7.94）需要与物面条件式（7.91）同时使用，即 $r=a$ 处需采用下述速度势的物面条件和速度连续条件

$$\frac{\partial \phi_1}{\partial r} = \begin{cases} 0, & r=a, -D<z<0 \\ \dfrac{\partial \phi_2}{\partial r}, & r=a, -d<z<-D \end{cases} \tag{7.98}$$

将式（7.95）和式（7.96）代入式（7.98），并利用 $\cos m\theta$ 的正交关系，有

$$k_0 Z_0(k_0 z) J'_m(k_0 a) + k_0 A_{m0} Z_0(k_0 z) H'_m(k_0 a) + \sum_{i=1}^{I} k_i A_{mi} Z_i(k_i z) K'_m(k_i a)$$

$$= \begin{cases} 0, & -D < z < 0 \\ \sum_{j=0}^{J} B_{mj}\lambda_j Y_j(\lambda_j z) V'_m(\lambda_j a), & -d < z < -D \end{cases}$$

再利用 $Z_i(k_i z)$ 函数的正交关系，得

$$\{e_{mi}\}_{I+1} + \{A_{mi}\}_{I+1} = [b_{mij}]_{(I+1)\times(J+1)}\{B_{mj}\}_{J+1} \tag{7.99}$$

其中，

$$e_{m0} = J'_m(k_0 a)/H'_m(k_0 a)$$

$$e_{mi} = 0, \qquad i > 0$$

$$b_{m0j} = \frac{\lambda_j V'_m(\lambda_j a)}{k_0 H'_m(k_0 a)} \int_{-d}^{-D} Y_j(\lambda_j z) Z_0(k_0 z)\mathrm{d}z / N_0$$

$$b_{mij} = \frac{\lambda_j V'_m(\lambda_j a)}{k_i K'_m(k_j a)} \int_{-d}^{-D} Y_j(\lambda_j z) Z_i(k_i z)\mathrm{d}z / N_i, \qquad i > 0$$

进而得出第二个线性方程组。将两个线性方程组，即式（7.97）和式（7.99）联立，可求得待定系数 A_{mi}和 B_{mj}。

物体上的波浪作用力可通过物面上的压强积分求得，在线性理论下圆柱上的水平波浪力为

$$f_x = \iint_{S_b} p n_x \mathrm{d}S = \mathrm{i}\omega\rho a \int_{-D}^{0}\int_{0}^{2\pi} \phi_1(a, z)(-\cos\theta)\mathrm{d}z\mathrm{d}\theta$$

$$= -2\pi\mathrm{i}\rho g A a \int_{-D}^{0} \left[Z_0(k_0 z) J_1(k_0 a) + A_{10} Z_0(k_0 z) H_1(k_0 a) + \sum_{i=1}^{I} A_{1i} Z_i(k_i z) K_1(k_i a) \right] \mathrm{d}z \tag{7.100}$$

垂向波浪力为

$$f_z = \iint_{S_b} p n_z \mathrm{d}S = \mathrm{i}\omega\rho \int_{0}^{a}\int_{0}^{2\pi} \phi_2(r, -D) r\mathrm{d}r\mathrm{d}\theta = 2\pi\rho g A \sum_{j=0}^{J} B_{0j} Y_j(-\lambda_j D) \int_{0}^{a} V_0(\lambda_j r) r\mathrm{d}r \tag{7.101}$$

绕 y 轴的波浪力矩为

$$m_y = \iint_{S_b} p(z n_x - x n_z)\mathrm{d}S$$

$$= \mathrm{i}\omega\rho \left[\int_{-D}^{0}\int_{0}^{2\pi} a\phi_1(a, z) z(-\cos\theta)\mathrm{d}\theta\mathrm{d}z - \int_{0}^{a}\int_{0}^{2\pi} \phi_2(r, -D) r^2 \cos\theta \mathrm{d}\theta\mathrm{d}r \right]$$

$$= -2\pi\mathrm{i}\rho g A \left\{ \int_{-D}^{0} a \left[Z_0(k_0 z) J_1(k_0 a) + A_{10} Z_0(k_0 z) H_1(k_0 a) + \right.\right.$$

$$\left.\left. \sum_{i=1}^{I} A_{1i} Z_i(k_i z) K_1(k_i a) \right] z\mathrm{d}z + \sum_{j=0}^{J} B_{1j} Y_j(-\lambda_j D) \int_{0}^{a} V_1(\lambda_j r) r^2 \mathrm{d}r \right\} \tag{7.102}$$

图 7.12 是不同吃水截断圆柱上水平与垂向波浪力随波数的变化。算例中，圆柱半径

$a/d=1$。从图 7.12 中可以看出，水平波浪力随波数的增大而增大，达到极值后，随波数的增加而减小，深吃水桩柱上的水平波浪力大于浅吃水桩柱上的水平波浪力。垂向波浪力在 $k=0$ 处有极大值，随波数的增加，垂向波浪力逐渐减小，浅吃水桩柱上的垂向波浪力大于深吃水桩柱上的垂向波浪力。

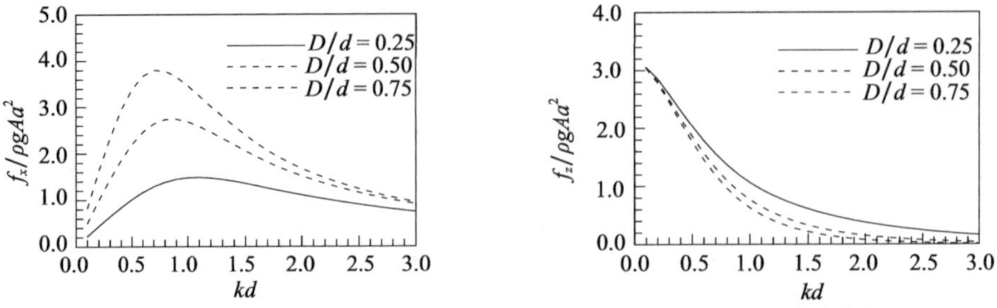

(a) 水平波浪力　　(b) 垂向波浪力

图 7.12　波浪对截断圆柱的作用力对比

第 8 章　波浪对大尺度物体作用的数值方法

第 7 章所描述的匹配特征函数展开方法属于解析分析方法，这种方法仅适用于规则几何形状的物体，而对于实际海洋工程结构，如各类海洋平台、风电平台、人工岛、船舶等，则需要采用数值方法进行计算。其中，边界元方法作为海洋工程结构物水动力分析的一种常用方法，与有限元等体剖分方法相比，可以将问题降维，且具有计算精度高，未知量仅限物体表面，前期数据准备工作较少，计算量与存储量也相对较低等诸多优势，因而成为海洋工程水动力分析的常用方法。基于边界积分方程建立方法的不同，边界元方法可分为直接边界元方法和间接边界元方法，本章只对直接边界元方法进行介绍。根据应用的格林函数的不同，边界元方法还可以分为 Rankine 源方法、满足自由水面条件格林函数的方法，以及级数展开的混合方法等，本章只对前两种方法进行介绍。在此基础上，本章还将对漂浮物体波浪作用下的运动响应，波浪对物体作用的二阶波浪力，以及不规则波对物体相互作用的脉冲响应函数时域方法进行介绍。

8.1　波浪对物体作用的 Rankine 源方法

本节对波浪与物体作用的基于 Rankine 源的边界元方法进行介绍，由于该方法较常用于二维问题中，因此，本节将以二维问题为例展开。

8.1.1　边界积分方程的建立

对于流域内存在具有二阶导数且还有一阶导数的边界上的两个函数，它们满足第二格林公式，即

$$\iint_{\Omega}[\mu \nabla^2\omega - \omega \nabla^2\mu]\,\mathrm{d}V = \int_{S}\left(\mu \frac{\partial \omega}{\partial n} - \omega \frac{\partial \mu}{\partial n}\right)\mathrm{d}S \tag{8.1}$$

式中，Ω 为流体计算域，S 为流体计算域的边界，它由物体表面、自由水面、海底和无穷远 4 部分构成，即 $S = S_b + S_f + S_d + S_\infty$，$\boldsymbol{n}$ 为物面的单位法向矢量，以指出流体为正，如图 8.1 所示。

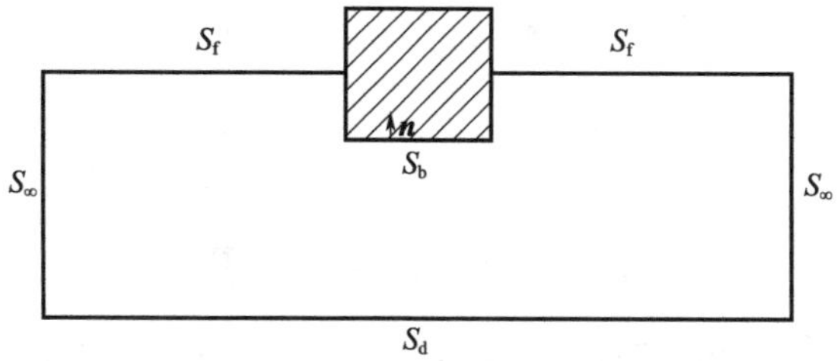

图 8.1　波浪对二维物体作用问题的计算域划分

定义 $G(\boldsymbol{x}, \boldsymbol{x}_0)$ 为源点在 $\boldsymbol{x}_0=(x_0, z_0)$ 处的格林函数，依据格林函数的性质，有

$$\nabla^2 G(\boldsymbol{x}, \boldsymbol{x}_0)=\delta(x-x_0)\delta(z-z_0)$$

最简单的格林函数是 Rankine 源，对于二维问题，即

$$G(\boldsymbol{x}, \boldsymbol{x}_0)=\frac{1}{2\pi}\ln r$$

式中，

$$r^2=(x-x_0)^2+(z-z_0)^2$$

将速度势分解为入射势 ϕ_{i} 和绕射势 ϕ_{d}，由于入射势已知，仅需对绕射势进行求解。令绕射势 $\phi_{\mathrm{d}}=\mu$，格林函数 $G=\omega$，代入式（8.1）中，则积分方程可写为

$$\alpha\phi_{\mathrm{d}}(\boldsymbol{x}_0)-\int_S \phi_{\mathrm{d}}(\boldsymbol{x})\frac{\partial G(\boldsymbol{x}, \boldsymbol{x}_0)}{\partial n}\mathrm{d}S=-\int_S G(\boldsymbol{x}, \boldsymbol{x}_0)\frac{\partial \phi_{\mathrm{d}}(\boldsymbol{x})}{\partial n}\mathrm{d}S \tag{8.2}$$

式中，

$$\alpha=\begin{cases}1, & \boldsymbol{x}_0 \text{ 在 } \Omega \text{ 内}\\ 0, & \boldsymbol{x}_0 \text{ 在 } \Omega \text{ 外}\\ 1-\text{固角}/2\pi, & \boldsymbol{x}_0 \text{ 在 } S \text{ 上}\end{cases}$$

α 为流域内夹角，即为物体表面所占的空间角度。对于一正方形，侧边处固角值为 π，角点处固角值为 $\pi/2$。

从边界积分方程式（8.2）的表达式中可以看出，作为控制方程的边界积分方程只有一个，但未知数有两个，即绕射势 ϕ_{d} 和绕射势法向偏导数 $\partial\phi_{\mathrm{d}}/\partial n$，还需通过引入边界条件做进一步处理。将式（8.2）中边界 S 按照其四部分展开，可得

$$\begin{aligned}&\alpha\phi_{\mathrm{d}}(\boldsymbol{x}_0)-\int_{S_{\mathrm{b}}}\phi_{\mathrm{d}}(\boldsymbol{x})\frac{\partial G(\boldsymbol{x}, \boldsymbol{x}_0)}{\partial n}\mathrm{d}S-\int_{S_{\mathrm{f}}}\phi_{\mathrm{d}}(\boldsymbol{x})\frac{\partial G(\boldsymbol{x}, \boldsymbol{x}_0)}{\partial n}\mathrm{d}S-\\&\quad\int_{S_{\mathrm{d}}}\phi_{\mathrm{d}}(\boldsymbol{x})\frac{\partial G(\boldsymbol{x}, \boldsymbol{x}_0)}{\partial n}\mathrm{d}S-\int_{S_{\infty}}\phi_{\mathrm{d}}(\boldsymbol{x})\frac{\partial G(\boldsymbol{x}, \boldsymbol{x}_0)}{\partial n}\mathrm{d}S\\&=-\int_{S_{\mathrm{b}}}G(\boldsymbol{x}, \boldsymbol{x}_0)\frac{\partial\phi_{\mathrm{d}}(\boldsymbol{x})}{\partial n}\mathrm{d}S-\int_{S_{\mathrm{f}}}G(\boldsymbol{x}, \boldsymbol{x}_0)\frac{\partial\phi_{\mathrm{d}}(\boldsymbol{x})}{\partial n}\mathrm{d}S-\\&\quad\int_{S_{\mathrm{d}}}G(\boldsymbol{x}, \boldsymbol{x}_0)\frac{\partial\phi_{\mathrm{d}}(\boldsymbol{x})}{\partial n}\mathrm{d}S-\int_{S_{\infty}}G(\boldsymbol{x}, \boldsymbol{x}_0)\frac{\partial\phi_{\mathrm{d}}(\boldsymbol{x})}{\partial n}\mathrm{d}S\end{aligned} \tag{8.3}$$

对于固定物体的绕射问题，绕射势应满足下述边界条件

$$\begin{cases}\dfrac{\partial\phi_{\mathrm{d}}}{\partial n}=-\dfrac{\partial\phi_{\mathrm{i}}}{\partial n}, & \text{在 } S_{\mathrm{b}} \text{ 上}\\ \dfrac{\partial\phi_{\mathrm{d}}}{\partial z}=\dfrac{\omega^2}{g}\phi_{\mathrm{d}}, & \text{在 } S_{\mathrm{f}} \text{ 上}\\ \dfrac{\partial\phi_{\mathrm{d}}}{\partial z}=0, & \text{在 } S_{\mathrm{d}} \text{ 上}\\ \lim\limits_{x\to\pm\infty}\left(\dfrac{\partial\phi_{\mathrm{d}}}{\partial n}-\mathrm{i}k\phi_{\mathrm{d}}\right)=0, & \text{在 } S_{\infty} \text{ 上}\end{cases} \tag{8.4}$$

将边界条件式（8.4）代入积分方程（8.3）中，注意各积分面需代入对应的边界条件，

可得

$$\alpha\phi_d(\boldsymbol{x}_0) - \int_{S_b}\phi_d(\boldsymbol{x})\frac{\partial G(\boldsymbol{x}, \boldsymbol{x}_0)}{\partial n}dS - \int_{S_f}\phi_d(\boldsymbol{x})\frac{\partial G(\boldsymbol{x}, \boldsymbol{x}_0)}{\partial n}dS - \int_{S_d}\phi_d(\boldsymbol{x})\frac{\partial G(\boldsymbol{x}, \boldsymbol{x}_0)}{\partial n}dS - \int_{S_\infty}\phi_d(\boldsymbol{x})\frac{\partial G(\boldsymbol{x}, \boldsymbol{x}_0)}{\partial n}dS$$

$$= \int_{S_b}G(\boldsymbol{x}, \boldsymbol{x}_0)\frac{\partial\phi_i(\boldsymbol{x})}{\partial n}dS - \frac{\omega^2}{g}\int_{S_f}G(\boldsymbol{x}, \boldsymbol{x}_0)\phi_d(\boldsymbol{x})dS - ik\int_{S_\infty}G(\boldsymbol{x}, \boldsymbol{x}_0)\phi_d(\boldsymbol{x})dS \tag{8.5}$$

可以看出，通过引入边界条件，边界积分方程（8.5）仅含有一个未知量 ϕ_d，方程封闭，从而可以求解。

更常用的，取 Rankine 源和它关于海底的像作为格林函数

$$G(\boldsymbol{x}, \boldsymbol{x}_0) = \frac{1}{2\pi}\ln(r + r_1)$$

式中，

$$r' = (x - x_0)^2 + (z + z_0 + 2d)^2$$

则格林函数 $G(\boldsymbol{x}, \boldsymbol{x}_0)$ 将满足海底条件，即

$$\frac{\partial G(\boldsymbol{x}, \boldsymbol{x}_0)}{\partial z} = 0 \qquad \text{在 } S_d \text{ 上} \tag{8.6}$$

将式（8.6）代入式（8.5）中，可以消去边界积分方程的海底积分项，故方程可化为

$$\alpha\phi_d(\boldsymbol{x}_0) - \int_{S_b}\phi_d(\boldsymbol{x})\frac{\partial G(\boldsymbol{x}, \boldsymbol{x}_0)}{\partial n}dS - \int_{S_f}\phi_d(\boldsymbol{x})\frac{\partial G(\boldsymbol{x}, \boldsymbol{x}_0)}{\partial n}dS - \int_{S_\infty}\phi_d(\boldsymbol{x})\frac{\partial G(\boldsymbol{x}, \boldsymbol{x}_0)}{\partial n}dS$$

$$= \int_{S_b}G(\boldsymbol{x}, \boldsymbol{x}_0)\frac{\partial\phi_i(\boldsymbol{x})}{\partial n}dS - \frac{\omega^2}{g}\int_{S_f}G(\boldsymbol{x}, \boldsymbol{x}_0)\phi_d(\boldsymbol{x})dS - ik\int_{S_\infty}G(\boldsymbol{x}, \boldsymbol{x}_0)\phi_d(\boldsymbol{x})dS \tag{8.7}$$

再将未知量 ϕ_d相关各项移至方程左端，并将具有相同积分核函数的各项进行合并，可得

$$\alpha\phi_d(\boldsymbol{x}_0) - \int_{S}\phi_d(\boldsymbol{x})\frac{\partial G(\boldsymbol{x}, \boldsymbol{x}_0)}{\partial n}dS + \frac{\omega^2}{g}\int_{S_f}G(\boldsymbol{x}, \boldsymbol{x}_0)\phi_d(\boldsymbol{x})dS + ik\int_{S_\infty}G(\boldsymbol{x}, \boldsymbol{x}_0)\phi_d(\boldsymbol{x})dS = \int_{S_b}G(\boldsymbol{x}, \boldsymbol{x}_0)\frac{\partial\phi_i(\boldsymbol{x})}{\partial n}dS \tag{8.8}$$

式中，$S = S_b + S_f + S_\infty$。式（8.8）即为 Rankine 源方法的边界积分方程，可以看出，该方程的表达式均为边界积分，因此，数据的前处理以及数值方法的执行均仅限于流体的边界，从而可以显著降低数据准备工作。积分方程可以通过边界元方法进行求解，具体过程将在第 8.3 节进行介绍，最终可以求出绕射势 ϕ_d。

8.1.2 波浪力与自由水面的计算

求出绕射势 ϕ_d后，根据 $\phi = \phi_i + \phi_d$即可求出总速度势，进一步通过对物面上压强的积分即可求出物体上的波浪作用力。在一阶近似下，物体上的波浪作用力可表示为

$$\boldsymbol{f} = \int_{S_b}p\boldsymbol{n}ds = i\omega\rho\int_{S_b}\phi\boldsymbol{n}ds = i\omega\rho\int_{S_b}(\phi_i + \phi_d)\boldsymbol{n}ds \tag{8.9}$$

自由水面上的波面方程为

$$\zeta(x)=\frac{\mathrm{i}\omega\phi(x, y, z)}{g}=\frac{\mathrm{i}\omega}{g}(\phi_\mathrm{i}+\phi_\mathrm{d}) \tag{8.10}$$

至此，完成波浪对固定二维物体的作用的数值计算。

8.2 波浪对物体作用的自由水面格林函数方法

本节将以三维问题为例，介绍基于自由水面格林函数的边界积分方程方法，该方法是相关商业软件的常用方法，其特点是通过引入满足自由水面边界条件的格林函数，使边界积分方程的积分区域仅局限于物体的表面，从而显著减少数据准备工作与计算量。

8.2.1 边界积分方程的建立

在三维计算域中使用第二格林定理，则流域内具有二阶导数和一阶导数的边界上的两个函数满足下述关系：

$$\iiint_\Omega[\mu\nabla^2\omega-\omega\nabla^2\mu]\mathrm{d}V=\iint_S\left(\mu\frac{\partial\omega}{\partial n}-\omega\frac{\partial\mu}{\partial n}\right)\mathrm{d}S \tag{8.11}$$

其中，$S=S_\mathrm{b}+S_\mathrm{f}+S_\mathrm{d}+S_\infty$，$\boldsymbol{n}$ 为物面的单位法向矢量，以指出流体为正，如图 8.2 所示。

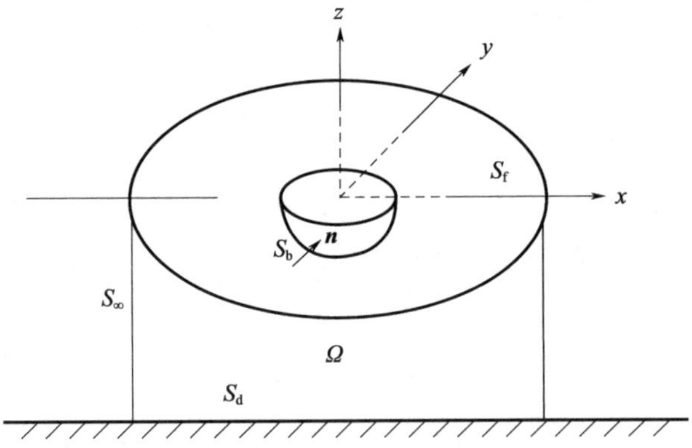

图 8.2 波浪对三维物体作用问题的计算域划分

在三维问题中，源点 $\boldsymbol{x}_0=(x_0, y_0, z_0)$ 处的格林函数 $G(\boldsymbol{x}, \boldsymbol{x}_0)$ 的拉普拉斯运算为

$$\nabla^2G(\boldsymbol{x}, \boldsymbol{x}_0)=\delta(x-x_0)\delta(y-y_0)\delta(z-z_0)$$

仍取最简单的 Rankine 源作为格林函数，其表达式为

$$G(\boldsymbol{x}, \boldsymbol{x}_0)=-\frac{1}{4\pi}\frac{1}{r}$$

式中，

$$r^2=(x-x_0)^2+(y-y_0)^2+(z-z_0)^2$$

同样，将速度势分解为入射势 ϕ_i 和绕射势 ϕ_d，即

$$\phi=\phi_\mathrm{i}+\phi_\mathrm{d} \tag{8.12}$$

由于入射势为已知，绕射势为我们需要求解的未知量。令绕射势 $\phi_d = \mu$，格林函数 $G = \omega$，代入式（8.11）中，则积分方程可表示为

$$\alpha\phi_d(\boldsymbol{x}_0) - \iint_S \phi_d(\boldsymbol{x}) \frac{\partial G(\boldsymbol{x}, \boldsymbol{x}_0)}{\partial n} dS = -\iint_S G(\boldsymbol{x}, \boldsymbol{x}_0) \frac{\partial \phi_d(\boldsymbol{x})}{\partial n} dS \tag{8.13}$$

式中，

$$\alpha = \begin{cases} 1 & \boldsymbol{x}_0 \text{ 在 } \Omega \text{ 内} \\ 0 & \boldsymbol{x}_0 \text{ 在 } \Omega \text{ 外} \\ 1 - \text{固角}/4\pi & \boldsymbol{x}_0 \text{ 在 } S \text{ 上} \end{cases}$$

α 为流域内夹角，即为物体表面所占的空间角度。对于一正立方体，侧面处固角值为 2π，棱柱处固角值为 π，角点处固角值为 $\pi/2$。

可以看出，三维情况下边界积分方程仍需要通过引入边界条件进行处理，将式（8.13）中边界 S 展开，可得

$$\begin{aligned} &\alpha\phi_d(\boldsymbol{x}_0) - \iint_{S_b} \phi_d(\boldsymbol{x}) \frac{\partial G(\boldsymbol{x}, \boldsymbol{x}_0)}{\partial n} dS - \iint_{S_f} \phi_d(\boldsymbol{x}) \frac{\partial G(\boldsymbol{x}, \boldsymbol{x}_0)}{\partial n} dS \\ &\quad - \iint_{S_d} \phi_d(\boldsymbol{x}) \frac{\partial G(\boldsymbol{x}, \boldsymbol{x}_0)}{\partial n} dS - \iint_{S_\infty} \phi_d(\boldsymbol{x}) \frac{\partial G(\boldsymbol{x}, \boldsymbol{x}_0)}{\partial n} dS \\ &= -\iint_{S_b} G(\boldsymbol{x}, \boldsymbol{x}_0) \frac{\partial \phi_d(\boldsymbol{x})}{\partial n} dS - \iint_{S_f} G(\boldsymbol{x}, \boldsymbol{x}_0) \frac{\partial \phi_d(\boldsymbol{x})}{\partial n} dS \\ &\quad - \iint_{S_d} G(\boldsymbol{x}, \boldsymbol{x}_0) \frac{\partial \phi_d(\boldsymbol{x})}{\partial n} dS - \iint_{S_\infty} G(\boldsymbol{x}, \boldsymbol{x}_0) \frac{\partial \phi_d(\boldsymbol{x})}{\partial n} dS \end{aligned} \tag{8.14}$$

对于三维条件下固定物体的绕射问题，将式（8.12）代入拉普拉斯方程与边界条件中，可以求得绕射势满足下述边界条件：

$$\begin{cases} \dfrac{\partial \phi_d}{\partial n} = -\dfrac{\partial \phi_i}{\partial n}, & \text{在 } S_b \text{ 上} \\ \dfrac{\partial \phi_d}{\partial z} = \dfrac{\omega^2}{g}\phi_d, & \text{在 } S_f \text{ 上} \\ \dfrac{\partial \phi_d}{\partial z} = 0, & \text{在 } S_d \text{ 上} \\ \lim\limits_{r \to \infty} \sqrt{r}\left(\dfrac{\partial \phi_d}{\partial r} - ik\phi_d\right) = 0, & \text{在 } S_\infty \text{ 上} \end{cases} \tag{8.15}$$

与二维问题相同，将边界条件式（8.15）代入积分方程（8.14）中，对各积分面使用对应的边界条件，从而可将积分方程（8.14）表示为

$$
\begin{aligned}
&\alpha\phi_{\mathrm{d}}(\boldsymbol{x}_0) - \iint_{S_{\mathrm{b}}}\phi_{\mathrm{d}}(\boldsymbol{x})\frac{\partial G(\boldsymbol{x},\boldsymbol{x}_0)}{\partial n}\mathrm{d}S - \iint_{S_{\mathrm{f}}}\phi_{\mathrm{d}}(\boldsymbol{x})\frac{\partial G(\boldsymbol{x},\boldsymbol{x}_0)}{\partial n}\mathrm{d}S - \\
&\quad \iint_{S_{\mathrm{d}}}\phi_{\mathrm{d}}(\boldsymbol{x})\frac{\partial G(\boldsymbol{x},\boldsymbol{x}_0)}{\partial n}\mathrm{d}S - \iint_{S_{\infty}}\phi_{\mathrm{d}}(\boldsymbol{x})\frac{\partial G(\boldsymbol{x},\boldsymbol{x}_0)}{\partial n}\mathrm{d}S \\
&= \iint_{S_{\mathrm{b}}}G(\boldsymbol{x},\boldsymbol{x}_0)\frac{\partial \phi_{\mathrm{i}}(\boldsymbol{x})}{\partial n}\mathrm{d}S - \frac{\omega^2}{g}\iint_{S_{\mathrm{f}}}G(\boldsymbol{x},\boldsymbol{x}_0)\phi_{\mathrm{d}}(\boldsymbol{x})\mathrm{d}S - \mathrm{i}k\iint_{S_{\infty}}G(\boldsymbol{x},\boldsymbol{x}_0)\phi_{\mathrm{d}}(\boldsymbol{x})\mathrm{d}S \qquad (8.16)
\end{aligned}
$$

可以看出，通过引入边界条件，边界积分方程（8.5）仅含有一个未知量 ϕ_{d}，方程封闭，从而可以求解。

进一步对上式进行简化，使用满足波浪自由水面边界条件的格林函数 $G(\boldsymbol{x},\boldsymbol{x}_0)$，它同时满足自由水面边界条件、海底条件和无穷远辐射条件，即

$$
\begin{cases}
\dfrac{\partial G}{\partial z} = \dfrac{\omega^2}{g}G, & \text{在 } S_{\mathrm{f}} \text{ 上} \\[2ex]
\dfrac{\partial G}{\partial z} = 0, & \text{在 } S_{\mathrm{d}} \text{ 上} \\[2ex]
\sqrt{r}\left(\dfrac{\partial G}{\partial r} - \mathrm{i}kG\right) = 0, & \text{在 } S_{\infty} \text{ 上}
\end{cases} \qquad (8.17)
$$

暂时先不讨论自由水面格林函数 $G(\boldsymbol{x},\boldsymbol{x}_0)$ 的具体表达式，将它满足的边界条件式（8.17）代入边界积分方程式（8.16）中，可以对方程左端各项进行处理，注意不同的积分面需使用对应的边界条件，可得

$$
\begin{aligned}
&\alpha\phi_{\mathrm{d}}(\boldsymbol{x}_0) - \iint_{S_{\mathrm{b}}}\phi_{\mathrm{d}}(\boldsymbol{x})\frac{\partial G(\boldsymbol{x},\boldsymbol{x}_0)}{\partial n}\mathrm{d}S - \frac{\omega^2}{g}\iint_{S_{\mathrm{f}}}G(\boldsymbol{x},\boldsymbol{x}_0)\phi_{\mathrm{d}}(\boldsymbol{x})\mathrm{d}S - \mathrm{i}k\iint_{S_{\infty}}G(\boldsymbol{x},\boldsymbol{x}_0)\phi_{\mathrm{d}}(\boldsymbol{x})\mathrm{d}S \\
&\quad = \iint_{S_{\mathrm{b}}}G(\boldsymbol{x},\boldsymbol{x}_0)\frac{\partial \phi_{\mathrm{i}}(\boldsymbol{x})}{\partial n}\mathrm{d}S - \frac{\omega^2}{g}\iint_{S_{\mathrm{f}}}G(\boldsymbol{x},\boldsymbol{x}_0)\phi_{\mathrm{d}}(\boldsymbol{x})\mathrm{d}S - \mathrm{i}k\iint_{S_{\infty}}G(\boldsymbol{x},\boldsymbol{x}_0)\phi_{\mathrm{d}}(\boldsymbol{x})\mathrm{d}S
\end{aligned}
\qquad (8.18)
$$

可以看出，等式左端海底边界条件 S_{d}积分项，由于$\partial G/\partial z = 0$ 直接消掉，而左端自由水面积分 S_{b}项和无穷远积分 S_{∞} 项，经转换后正好与右端对应 S_{b}项和 S_{∞} 项相等，也可以消掉，因而方程式（8.18）可进一步化简为

$$
\alpha\phi_{\mathrm{d}}(\boldsymbol{x}_0) - \iint_{S_{\mathrm{b}}}\phi_{\mathrm{d}}(\boldsymbol{x})\frac{\partial G(\boldsymbol{x},\boldsymbol{x}_0)}{\partial n}\mathrm{d}S = \iint_{S_{\mathrm{b}}}G(\boldsymbol{x},\boldsymbol{x}_0)\frac{\partial \phi_{\mathrm{i}}(\boldsymbol{x})}{\partial n}\mathrm{d}S \qquad (8.19)
$$

式（8.19）为满足自由水面边界条件方法的边界积分方程，通过其表达式可以看出，其积分区域和未知量仅局限于物体的表面，因而，相关的数值计算均仅限于物体表面边界，因此，可以显著地减小计算量与存储量。

积分方程式（8.19）同样可以通过边界元方法进行处理，将在第 8.3 节对其进行详细介绍。通过该式即可求出物体表面的绕射势 ϕ_{d}。

8.2.2 波浪力与自由水面的计算

在求出物体表面的绕射势 ϕ_{d}以后，根据 $\phi = \phi_{\mathrm{i}} + \phi_{\mathrm{d}}$即可求出物体表面的总速度势，进

一步可以通过伯努利方程以及物面积分求得一阶近似条件下物体上的波浪作用力

$$\boldsymbol{f} = \iint_{S_b} p\boldsymbol{n}\mathrm{d}S = \mathrm{i}\omega\rho\iint_{S_b}\phi\boldsymbol{n}\mathrm{d}S = \mathrm{i}\omega\rho\iint_{S_b}(\phi_i + \phi_d)\boldsymbol{n}\mathrm{d}S \tag{8.20}$$

下面对自由水面上的波幅进行计算，与 Rankine 源方法不同，通过边界积分方程式（8.19）只能计算物面绕射势 ϕ_d，而自由水面的绕射势还需进一步求出。由于是域内问题，易知自由水面绕射势 ϕ_d 为

$$\phi_d(\boldsymbol{x}_0) = \iint_{S_b}\phi_d(\boldsymbol{x})\frac{\partial G(\boldsymbol{x}, \boldsymbol{x}_0)}{\partial n}\mathrm{d}S - \iint_{S_b}G(\boldsymbol{x}, \boldsymbol{x}_0)\frac{\partial \phi_d(\boldsymbol{x})}{\partial n}\mathrm{d}S \tag{8.21}$$

或

$$\phi_d(\boldsymbol{x}_0) = \iint_{S_b}\phi_d(\boldsymbol{x})\frac{\partial G(\boldsymbol{x}, \boldsymbol{x}_0)}{\partial n}\mathrm{d}S + \iint_{S_b}G(\boldsymbol{x}, \boldsymbol{x}_0)\frac{\partial \phi_i(\boldsymbol{x})}{\partial n}\mathrm{d}S \tag{8.22}$$

由于式（8.22）为代数方程，计算速度是非常快的。

进一步可以写出波面方程为

$$\zeta(x) = \frac{\mathrm{i}\omega\phi(x, y, z)}{g} = \frac{\mathrm{i}\omega}{g}(\phi_i + \phi_d) \tag{8.23}$$

至此完成波浪对固定三维物体的作用的数值计算。

8.2.3 满足自由水面边界条件的格林函数

如前所述，在波浪与结构物相互作用问题的研究中，应用满足自由水面边界条件的格林函数可以使积分区域仅限制于物体表面上，从而大量地减少计算时间以及对计算机内存的需求。对于三维问题，频域内满足自由水面边界条件的格林函数 $G(\boldsymbol{x}, \boldsymbol{x}_0; \omega)$ 应当满足下述的控制方程和边界条件

$$\nabla^2 G(\boldsymbol{x}, \boldsymbol{x}_0; \omega) = \delta(x - x_0)\delta(y - y_0)\delta(z - z_0), \qquad -d \leqslant z \leqslant 0 \tag{8.24}$$

$$G_z = \frac{\omega^2}{g}G, \qquad z = 0 \tag{8.25}$$

$$G_z = 0, \qquad z = -d \tag{8.26}$$

$$\lim_{r\to\infty}\sqrt{kr}\left(\frac{\partial G}{\partial r} - \mathrm{i}kG\right) = 0, \qquad r \to \infty \tag{8.27}$$

式中，$\delta(x)$ 为狄拉克函数，John（1950）推导得出满足上述条件格林函数的表达式为

$$G = -\frac{1}{4\pi}\left(\frac{1}{r} + \frac{1}{r_2}\right) + \frac{1}{4\pi}\int_0^\infty \mathrm{d}\mu \frac{2(v + \mu)\mathrm{e}^{-\mu d}\cosh\mu(z + d)\cosh\mu(z_0 + d)}{v\cosh\mu d - \mu\sinh\mu d}J_0(\mu R) \tag{8.28}$$

式中，$r = [R^2 + (z - z_0)^2]^{1/2}$；$r_2 = [R^2 + (z + z_0 + 2d)^2]^{1/2}$；$R$ 为场点和源点间的水平距离；$v = \omega^2/g$ 为深水中波数。

式（8.28）积分部分，在 $\mu = k_0$ 处有奇点，k_0 为色散方程的实根，则

$$\omega^2 = gk_0\tanh k_0 d$$

积分路径从下部绕过奇点。根据留数定理，式（8.28）还可写为

$$G = -\frac{1}{4\pi}\left(\frac{1}{r} + \frac{1}{r_2}\right) + \frac{1}{4\pi}PV\int_0^\infty \mathrm{d}\mu \frac{2(v + \mu)\mathrm{e}^{-\mu d}\cosh\mu(z + d)\cosh\mu(z_0 + d)}{v\cosh\mu d - \mu\sinh\mu d}J_0(\mu R) +$$

$$\frac{\mathrm{i}}{2}\frac{(v+k_0)\mathrm{e}^{-k_0 d}\sinh k_0 d\cosh k_0(z+d)\cosh k_0(z_0+d)}{vd+\sinh^2 k_0 d}J_0(k_0 R) \tag{8.29}$$

式中，PV 表示柯西主值积分。格林函数的这一表达式，需要计算从 0 到 ∞ 的积分。当源点与场点都离水面较远时，被积函数随 μ 的增大而迅速衰减，积分域可以取得很小；而当源点与场点都离水面较近时，被积函数随 μ 的衰减十分缓慢，积分域必须取得足够大，这对数值计算是十分不利的，因此，实际计算中还常应用它的级数表达式。经过一系列的推导，最终可以得出满足自由水面边界条件的格林函数的级数形式为

$$\begin{aligned} G = & -\frac{\mathrm{i}}{2}\frac{k_0^2-v^2}{d(k_0^2-v^2)+v}\cosh k_0(z+d)\cosh k_0(z_0+d)H_0(k_0 R) + \\ & \frac{1}{\pi}\sum_{n=1}^{\infty}\frac{k_n^2+v^2}{-d(k_n^2+v^2)+v}\cos k_n(z+d)\cos k_n(z_0+d)K_0(k_n R) \end{aligned} \tag{8.30}$$

当场点和源点不是很接近时，式（8.30）的收敛是很快的。

关于水波问题中各种格林函数的系统知识可以参阅文献 Wehausen 等（1960）等，而关于格林函数数值计算方法可以参阅文献 Newman（1992）等。

8.2.4 “不规则频率”的影响及其消除

使用满足自由水面边界条件的格林函数建立的边界积分方程式（8.19），尽管应用起来比较方便且节省了大量计算资源，但是，在某些频率下，该方程的解是不唯一的。该问题最早由 Lamb（1945）在使用格林函数研究声波散射问题时证明。在水波问题中，John（1950）首先指出，对于部分淹没水中的物体（如漂浮物体），使用自由水面格林函数的积分方程在某些频率也会出现同样的问题。这些解不唯一的频率被称为“不规则频率”，它们的位置是由内部特征值问题所决定的。

“不规则频率”出现位置可以通过物体内部特征值进行预测，考虑一个部分淹没物体内部的波动问题，其满足第一类边值条件下的控制方程与边界条件为

$$\nabla^2\bar{\phi}=0,\qquad 在\ \bar{\Omega}\ 内 \tag{8.31}$$

$$\frac{\partial\bar{\phi}}{\partial z}-\frac{\omega^2}{g}\bar{\phi}=0,\qquad 在\ \bar{S}_{\mathrm{f}}\ 上 \tag{8.32}$$

$$\bar{\phi}=0,\qquad 在\ \bar{S}_{\mathrm{b}}\ 上 \tag{8.33}$$

式中，$\bar{\phi}$ 表示物体内域中的速度势，$\bar{\Omega}$、$\bar{S}_{\mathrm{f}}$ 和 $\bar{S}_{\mathrm{b}}$ 分别表示物体内域、物体内自由水面和物体内表面。当外场波浪作用的频率等于上述内部第一类边值问题的固有频率时，有非零解存在，即发生“不规则频率”现象。

由于“不规则频率”对应着内部特征值问题的解，可以通过对内部特征值问题进行分析来确定“不规则频率”的位置。对于一些形状简单的物体可以采用分离变量法确定“不规则频率”的位置。对于一个半径为 a，吃水为 D 的圆柱，满足以上内部特征值问题的基本解可以写成

$$\bar{\phi}_{pm}^{(j)}=J_p(kr)\cos(p\theta)\sinh[k(z+D)] \tag{8.34}$$

其中，$r\leqslant a$，$r\leqslant\theta\leqslant 2\pi$，$-D\leqslant z\leqslant 0$，$p=0，1，\cdots$，$m=1，2，\cdots$；“不规则频率”现象发生在 $\omega_{pm}^{(1)}=\sqrt{gk\coth(kD)}$，$\omega_{pm}^{(2)}=\sqrt{gk\coth(kD)/4}$，其中 $k=x_m/r$，x_m为 p 阶第一类贝塞

尔函数 $J_p(x)$，$(p=0, 1, \cdots)$ 的第 m 个零点。

对于一个长为 L，宽为 B，吃水为 D 的方箱，满足以上内部特征值问题的基本解可以写成

$$\overline{\phi}_{pm}^{(j)} = \sin[(x-L/2)p\pi/L]\sin[(y-B/2)m\pi/B]\sinh[k(z+D)] \tag{8.35}$$

其中，$|x| \leqslant L/2$；$|y| \leqslant B/2$；$-D \leqslant z \leqslant 0$；$p=1, 2, \cdots$；$q=1, 2, \cdots$；$m=1, 2, \cdots$；$n=1, 2, \cdots$；“不规则频率”现象发生在 $\omega_{pm}^{(1)} = \sqrt{gk\coth(kD)}$，$\omega_{pm}^{(2)} = \sqrt{gk\coth(kD)/4}$，其中，$k = \pi\sqrt{(p/L)^2 + (m/B)^2}$。

在数值计算中，无论是本节介绍的波浪激振力，还是第 8.4 节将要介绍的水动力系数和物体运动响应，以及波面的计算，由于“不规则频率”的存在首先影响速度势结果，因此相关各参量的计算都会受到“不规则频率”的影响。值得注意的是，对于单个物体，某些“不规则频率”不会影响波浪激振力和水动力系数的计算结果。例如，对于单个圆柱的情况，外部问题和内部特征值问题具有相同的角对称性，所以，外部速度势也将含有 $\cos p\theta$ 项，法向导数在某一水平方向上的分量含有 $\cos p\theta$ 项。波浪激振力和水动力系数都是由积分求得，计算公式中将含有 $\int_0^{2\pi}\cos p\theta\cos\theta\mathrm{d}\theta$ 项。根据三角函数的性质，只有 $p=1$ 时，$\int_0^{2\pi}\cos\theta\cos\theta\mathrm{d}\theta$ 项会对水平力有贡献，因此只有 $J_1(x)$ 的零点所对应的“不规则频率”才会对水平力的计算结果产生影响。不过，对于多物体或者波面计算问题，由于不再存在对称性，所有的“不规则频率”都会产生影响。具体的内容可以参阅文献 Wu 等（1986）和 Lee（1988）等。此外，数值结果表明，增加计算网格可以减小“不规则频率”的影响范围。另外，姜胜超等（2010）的计算结果表明，线性方程组的求解方法也会对“不规则频率”的影响范围产生影响，采用直接法求解线性方程组时“不规则频率”的影响范围要小于采用迭代法求解线性方程组的情况。

图 8.3 所示为半径 $a=1.0\,\mathrm{m}$、水深 $d=2.0\,\mathrm{m}$ 的单个坐底直立圆柱情况下“不规则频率”对一阶波浪力、二阶漂移力以及绕射波自由水面计算结果的影响，从图 8.3 中可以看出，“不规则频率”对一阶波浪力的影响相对较小，而对二阶漂移力与自由水面的影响则较大。

“不规则频率”可以通过一定的方法消除，常用的方法是扩展积分域的方法，扩展后的积分区域包括了物面和内水面，如图 8.4 所示。当源点位于物面 S_b 上时，积分方程仍为式(8.19)。当源点位于内水面 S_wp 上时，由于是在计算域外，固角系数变为零。积分方程为

$$-\iint_{S_\mathrm{b}}\phi_\mathrm{d}(\boldsymbol{x})\frac{\partial G(\boldsymbol{x}, \boldsymbol{x}_0)}{\partial n}\mathrm{d}S = \iint_{S_\mathrm{b}}G(\boldsymbol{x}, \boldsymbol{x}_0)\frac{\partial \phi_\mathrm{i}(\boldsymbol{x})}{\partial n}\mathrm{d}S \tag{8.36}$$

将式（8.19）与式（8.36）联立求解，即可消除“不规则频率”，即方程组在所有频率上都有唯一解。但是，这一方程组是超静定的，给求解带来一定的麻烦。为解决这一问题，再附加一组方程：

$$\begin{cases} \psi(\boldsymbol{x}_0) + \iint_{S_\mathrm{wp}}\psi(\boldsymbol{x})\dfrac{\partial G(\boldsymbol{x}, \boldsymbol{x}_0)}{\partial n}\mathrm{d}S = 0, & \boldsymbol{x}_0 \text{ 在 } S_\mathrm{wp} \text{ 上} \\ -\iint_{S_\mathrm{wp}}\psi(\boldsymbol{x})\dfrac{\partial G(\boldsymbol{x}, \boldsymbol{x}_0)}{\partial n}\mathrm{d}S = 0, & \boldsymbol{x}_0 \text{ 在 } S_\mathrm{b} \text{ 上} \end{cases} \tag{8.37}$$

将边界积分方程式（8.19）、式（8.36）与式（8.37）联立求解，能够得到可消除“不规则频率”的静定方程组。与原边界积分方程式（8.19）相比，新方程组增加了源点在内水面上的物面积分方程和物体内水面的积分方程。由于内水面上结点和单元数量相对于物面的结点和单元数量可以很少，所以额外增加的内存和计算时间相对来说并不多。有关“不规则频率”消除的消除方法可参阅文献 Lamb（1932）、Kleinman（1982）、Lee 等（1989）、Teng 等（1996）、Lee 等（1996）以及 Sun 等（2008）。

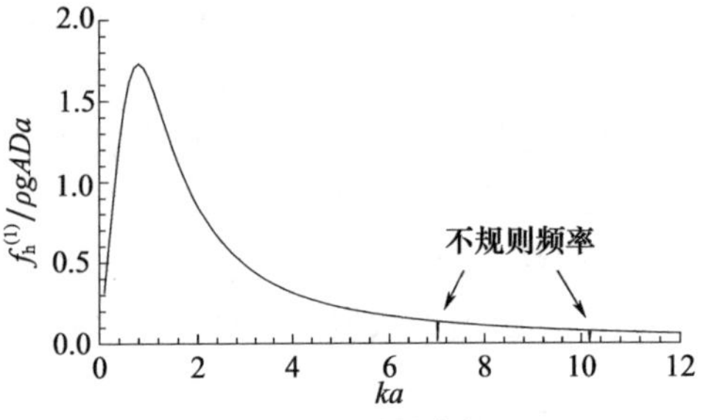

(a) 一阶波浪力

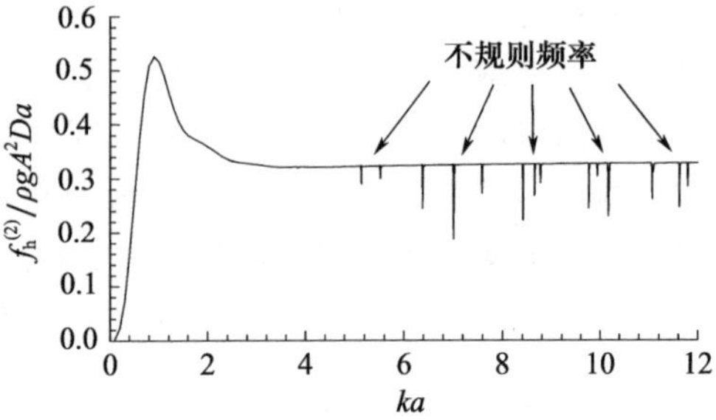

(b) 二阶漂移力

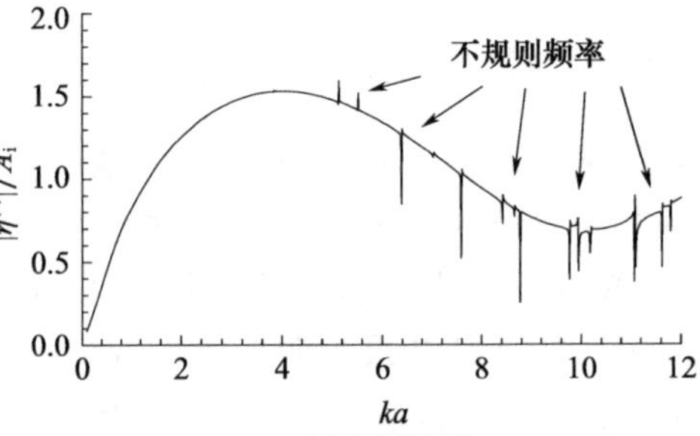

(c) 绕射波面

图 8.3　波浪作用与单个直立圆柱时不规则频率的影响

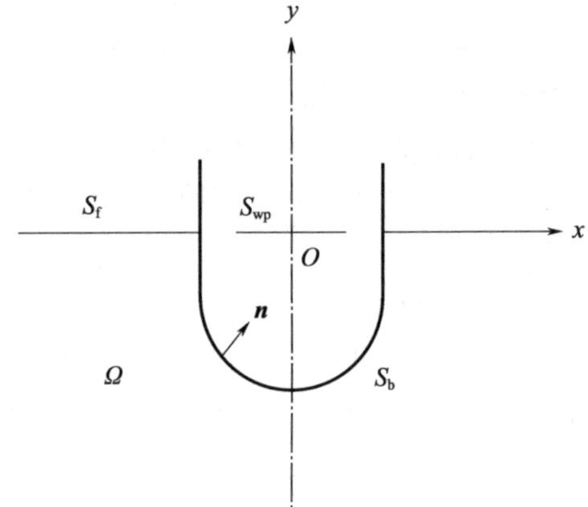

图 8.4　扩展后的积分区域

8.3 边界积分方程的数值解

前面两节分别采用 Rankine 源和满足自由水面边界条件的格林函数建立了边界积分方程。对于边界积分方程的求解，可以使用边界元方法。首先将计算域表面离散成一定数目的单元，然后假定每个单元内部的速度势可以通过单元节点速度势的多项式进行表达，再通过配点法或伽辽金（Galerkin）方法等建立节点势的线性方程组，最后通过求解线性方程组求得节点处的速度势。本节将以三维问题的自由面格林函数方法为例，分别就常数元和二次等参元离散下配点法求解的过程做介绍。

8.3.1 常数元离散法

常数元方法也称为板元法或面元法，其特点是单元中速度势值和速度势导数值均为常数，用单元中心的节点值表示。使用该方法，将物体表面离散成 N 个平面单元，每个单元的面积为 ΔS_i，在每个单元上的速度势为常量 $\phi(\boldsymbol{x}_i)$（图 8.5）。将格林函数的源点放在第 j 个单元的形心上，遍历每一个单元后积分方程（8.19）可以离散为

$$\frac{1}{2}\phi_{\mathrm{d}}(\boldsymbol{x}_j) - \sum_{i=1}^{N}\iint_{\Delta S_i}\phi_{\mathrm{d}}(\boldsymbol{x}_i)\frac{\partial G(\boldsymbol{x}_i,\boldsymbol{x}_j)}{\partial n}\mathrm{d}S = \sum_{i=1}^{N}\iint_{\Delta S_i}G(\boldsymbol{x}_i,\boldsymbol{x}_j)\frac{\partial\phi_{\mathrm{i}} - (\boldsymbol{x}_i)}{\partial \mathrm{n}}\mathrm{dS} \tag{8.38}$$

其中，固角系数 $\alpha = 1/2$ 的原因是常数元节点在单元中心，因此相当于总是在侧面。

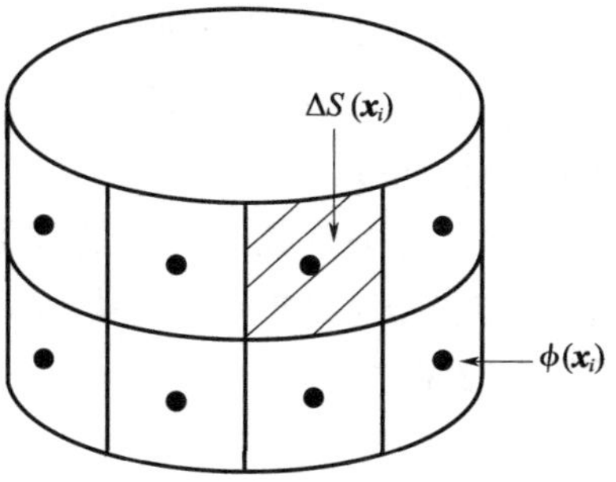

图 8.5 常数元的单元与节点

对于给定单元 j，等式左端绕射势与右端入射势导数均为常数，可以提到积分符号以外，因此式（8.38）可以写为

$$\frac{1}{2}\phi_{\mathrm{d}}(\boldsymbol{x}_j) - \sum_{i=1}^{N}\phi_{\mathrm{d}}(\boldsymbol{x}_i)\iint_{\Delta S_i}\frac{\partial G(\boldsymbol{x}_i,\mathbf{x}_j)}{\partial n}\mathrm{d}S = \sum_{i=1}^{N}\frac{\partial\phi_{\mathrm{i}}(\boldsymbol{x}_i)}{\partial n}\iint_{\Delta S_i}G(\boldsymbol{x}_i,\boldsymbol{x}_j)\mathrm{d}S \tag{8.39}$$

将式（8.39）写成系数相乘的形式，即

$$\frac{1}{2}\phi_{\mathrm{d}}(\boldsymbol{x}_j) + \sum_{i=1}^{N}\overline{\boldsymbol{A}}(\boldsymbol{x}_i,\boldsymbol{x}_j)\phi_{\mathrm{d}}(\boldsymbol{x}_i) = \sum_{i=1}^{N}\boldsymbol{K}(\boldsymbol{x}_i,\boldsymbol{x}_j)\frac{\partial\phi_{\mathrm{i}}(\boldsymbol{x}_i)}{\partial n} \tag{8.40}$$

其中，系数矩阵为

$$\overline{\boldsymbol{A}}(\boldsymbol{x}_i,\boldsymbol{x}_{\mathrm{j}}) = -\iint_{\Delta S_i}\frac{\partial G(\boldsymbol{x}_i,\boldsymbol{x}_j)}{\partial n}\mathrm{d}S \tag{8.41}$$

$$\boldsymbol{K}(\boldsymbol{x}_i,\ \boldsymbol{x}_j) = \iint_{\Delta S_i} G(\boldsymbol{x}_i,\ \boldsymbol{x}_j)\mathrm{d}S \tag{8.42}$$

进一步将式（8.40）写为

$$\sum_{i=1}^{N} \boldsymbol{A}(\boldsymbol{x}_i,\ \boldsymbol{x}_j)\phi_{\mathrm{d}}(\boldsymbol{x}_i) = \sum_{i=1}^{N} \boldsymbol{K}(\boldsymbol{x}_i,\ \boldsymbol{x}_j)\frac{\partial \phi_{\mathrm{i}}(\boldsymbol{x}_i)}{\partial n} \tag{8.43}$$

其中，

$$A(\boldsymbol{x}_i,\ \boldsymbol{x}_j) = \frac{1}{2}\delta_{ij} + \overline{\boldsymbol{A}}(\boldsymbol{x}_i,\ \boldsymbol{x}_j) = \frac{1}{2}\delta_{ij} - \iint_{\Delta S_i} \frac{\partial G(\boldsymbol{x}_i,\ \boldsymbol{x}_j)}{\partial n}\mathrm{d}S \tag{8.44}$$

其中，δ_{ij}为狄拉克函数。再进一步将式（8.43）写成矩阵方程的形式，为简化表示方法，设$A_{ij} = \boldsymbol{A}(\boldsymbol{x}_i,\ \boldsymbol{x}_j)$，$K_{ij} = \boldsymbol{K}(\boldsymbol{x}_i,\ \boldsymbol{x}_j)$，$\boldsymbol{\phi}_{\mathrm{i}} = \boldsymbol{\phi}_{\mathrm{d}}(\mathbf{x}_i)$，$\boldsymbol{q}_i = \partial\phi_{\mathrm{i}}(\mathbf{x}_i)/\partial n$，得

$$\begin{bmatrix} A_{11} & A_{12} & \cdots & A_{1j} & \cdots & A_{1N} \\ A_{21} & A_{22} & \cdots & A_{2j} & \cdots & A_{2N} \\ \vdots & & & \vdots & & \vdots \\ A_{i1} & A_{i2} & \cdots & A_{ij} & \cdots & A_{iN} \\ \vdots & & & \vdots & & \vdots \\ A_{N1} & A_{N2} & \cdots & A_{Nj} & \cdots & A_{NN} \end{bmatrix} \begin{Bmatrix} \phi_1 \\ \phi_2 \\ \vdots \\ \phi_j \\ \vdots \\ \phi_N \end{Bmatrix} = \begin{bmatrix} K_{11} & K_{12} & \cdots & K_{1j} & \cdots & K_{1N} \\ K_{21} & K_{22} & \cdots & K_{2j} & \cdots & K_{2N} \\ \vdots & & & \vdots & & \vdots \\ K_{i1} & K_{i2} & \cdots & K_{ij} & \cdots & K_{iN} \\ \vdots & & & \vdots & & \vdots \\ K_{N1} & K_{N2} & \cdots & K_{Nj} & \cdots & K_{NN} \end{bmatrix} \begin{Bmatrix} q_1 \\ q_2 \\ \vdots \\ q_j \\ \vdots \\ q_N \end{Bmatrix} \tag{8.45}$$

在实际计算中，右端矩阵与向量均为已知，为节省存储量，不需要形成右端矩阵$\boldsymbol{K}$，只需直接形成有右端矩阵与向量的乘积$K_{ij}g_j$，记为B_i，则有

$$[\boldsymbol{A}]_{N\times N}\{\boldsymbol{\phi}_{\mathrm{d}}\}_N = \{\boldsymbol{B}\}_N \tag{8.46}$$

其中，N为节点数，但由于是常数元，单元数与节点数相同，因此也是单元数。对该线性方程组进行求解即可计算出绕射势。有关常数元方法的详细工作可以参阅文献 Hess 等（1964）、Garrison（1978）等。该方法相对简单，被各类商业软件广泛采用。目前常用的波浪与结构物作用的软件多采用常数元方法。

8.3.2 等参元离散法

等参元离散方法是将物体表面离散成M个曲面单元，对于每个单元可通过数学变换，变换成参数坐标（ξ，η）下的等参元。在等参元内引入形状函数$h(\xi,\ \eta)$，单元内任一点的势函数可通过节点势ϕ^k表示为

$$\phi(\xi,\ \eta) = \sum_{k=1}^{K_e} h^k(\xi,\ \eta)\phi^k \tag{8.47}$$

式中，K_e为单元中的节点个数。对于四边形单元，K_e可取 4、8 或 12；对于三角形单元，K_e可取 3、6 或 9。它们分别对应线性元、二次元和三次元。二次元和三次元也称为高阶元，本节主要对二次等参元方法进行介绍，其所对应的物体表面离散方法以及坐标转换如图 8.6和图 8.7 所示。$h^k(\xi,\ \eta)$ 为插值基函数，对于如图 8.7 所示的 8 节点四边形单元，其表达式为

$$
\begin{cases}
h_1 = -\dfrac{(1-\xi)(1-\eta)(1+\xi+\eta)}{4}, & h_2 = \dfrac{(1-\xi^2)(1-\eta)}{2}, \\
h_3 = \dfrac{(1+\xi)(1-\eta)(\xi-\eta-1)}{4}, & h_4 = \dfrac{(1-\eta^2)(1+\xi)}{2}, \\
h_5 = \dfrac{(1+\xi)(1+\eta)(\xi+\eta-1)}{4}, & h_6 = \dfrac{(1-\xi^2)(1+\eta)}{2}, \\
h_7 = -\dfrac{(1-\xi)(1+\eta)(\xi-\eta+1)}{4}, & h_8 = \dfrac{(1-\eta^2)(1-\xi)}{2}
\end{cases}
\tag{8.48}
$$

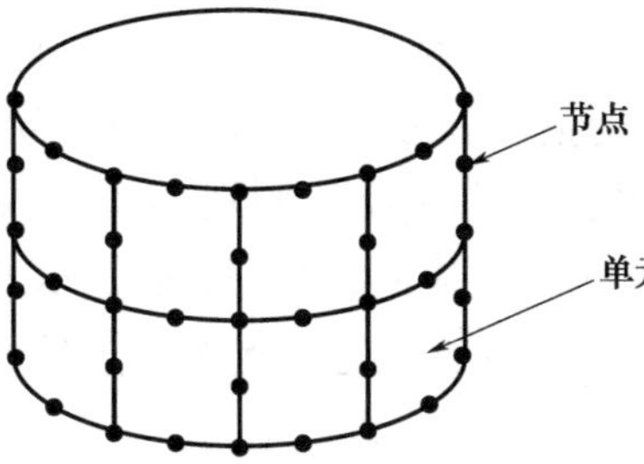

图 8.6　二阶等参元的单元与节点

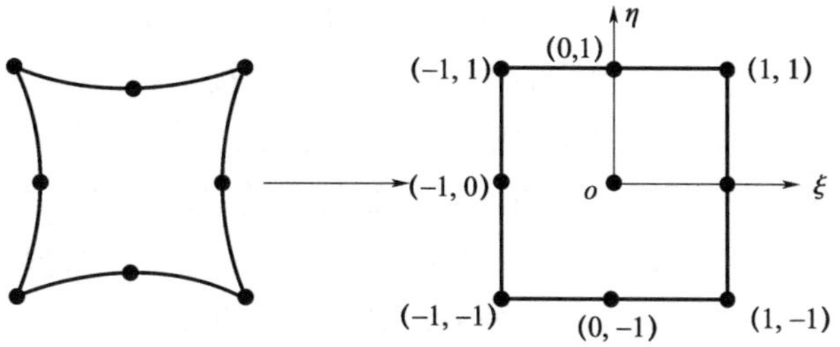

图 8.7　四边形单元的变换

总体坐标系下的微面积在等参坐标系下为

$$
\mathrm{d}S = |\boldsymbol{J}_e(\xi, \eta)| \mathrm{d}\xi \mathrm{d}\eta \tag{8.49}
$$

式中，$|\boldsymbol{J}_e(\xi, \eta)|$为雅可比（Jacobian）行列式，它的定义是

$$
|\boldsymbol{J}_e(\xi, \eta)| = \begin{vmatrix} \dfrac{\partial x}{\partial \xi} & \dfrac{\partial y}{\partial \xi} & \dfrac{\partial z}{\partial \xi} \\ \dfrac{\partial x}{\partial \eta} & \dfrac{\partial y}{\partial \eta} & \dfrac{\partial z}{\partial \eta} \end{vmatrix} \tag{8.50}
$$

基于式（8.47）和式（8.49），将格林函数源点 $\boldsymbol{x}_0$ 遍历每一个节点 $\boldsymbol{x}_j$，积分方程（8.19）可离散为

$$
\begin{aligned}
&\alpha\phi_{\mathrm{d}}(\boldsymbol{x}_j) - \sum_{e=1}^{N_e} \int_{-1}^{1}\int_{-1}^{1} \sum_{k=1}^{K_e} h^k(\xi, \eta)\phi_{\mathrm{d}}^k(\boldsymbol{x}_i) \frac{\partial G(\boldsymbol{x}_i, \boldsymbol{x}_j)}{\partial n} |J_e(\xi, \eta)| \mathrm{d}\xi \mathrm{d}\eta \\
&= \sum_{e=1}^{N_e} \int_{-1}^{1}\int_{-1}^{1} \sum_{k=1}^{K_e} G(\boldsymbol{x}_i, \boldsymbol{x}_j) \frac{\partial \phi_{\mathrm{i}}(\boldsymbol{x}_i)}{\partial n} |J_e(\xi, \eta)| \mathrm{d}\xi \mathrm{d}\eta
\end{aligned} \tag{8.51}
$$

式中，N_e 为单元数，对于给定节点 j，可以将等式左端绕射势与右端入射势导数放到积分符号以外，得

$$
\begin{aligned}
&\alpha\phi_{\mathrm{d}}(\boldsymbol{x}_j) - \sum_{e=1}^{N_e} \phi_{\mathrm{d}}^k(\boldsymbol{x}_i) \int_{-1}^{1}\int_{-1}^{1} \sum_{k=1}^{K_e} h^k(\xi, \eta) \frac{\partial G(\boldsymbol{x}_i, \boldsymbol{x}_j)}{\partial n} |J_e(\xi, \eta)| \mathrm{d}\xi \mathrm{d}\eta \\
&= \sum_{e=1}^{N_e} \frac{\partial \phi_{\mathrm{i}}(\boldsymbol{x}_i)}{\partial n} \int_{-1}^{1}\int_{-1}^{1} \sum_{k=1}^{K_e} G(\boldsymbol{x}_i, \boldsymbol{x}_j) |J_e(\xi, \eta)| \mathrm{d}\xi \mathrm{d}\eta
\end{aligned} \tag{8.52}
$$

将式（8.52）写成系数相乘的形式，即

$$\sum_{i=1}^{N} \boldsymbol{A}^k(\boldsymbol{x}_i, \boldsymbol{x}_j)\phi_{\mathrm{d}}^k(\boldsymbol{x}_i) = \boldsymbol{B}(\boldsymbol{x}_j) \tag{8.53}$$

其中，系数矩阵为

$$\boldsymbol{A}^k(\boldsymbol{x}_i, \boldsymbol{x}_j) = \alpha\delta_{ij} + \overline{\boldsymbol{A}}^k(\boldsymbol{x}_i, \boldsymbol{x}_j) = \alpha\delta_{ij} - \int_{-1}^{1}\int_{-1}^{1}\sum_{k=1}^{K_e} h^k(\xi, \eta)\frac{\partial G(\boldsymbol{x}_i, \boldsymbol{x}_j)}{\partial n}|J_e(\xi, \eta)|\mathrm{d}\xi\mathrm{d}\eta \tag{8.54}$$

$$\boldsymbol{B}(\boldsymbol{x}_j) = \frac{\partial \phi_{\mathrm{i}}(\boldsymbol{x}_i)}{\partial n}\int_{-1}^{1}\int_{-1}^{1}\sum_{k=1}^{K_e} G(\boldsymbol{x}_i, \boldsymbol{x}_j)|J_e(\xi, \eta)|\mathrm{d}\xi\mathrm{d}\eta \tag{8.55}$$

可以看出，高阶元离散比常数元离散更加复杂。首先，由于是曲面单元且节点在单元的边点和角点，系数 α 不再恒等于1/2，而是随源点 $\boldsymbol{x}_0$ 位置的不同具有不同的值。它可以根据源点所在单元的几何性质进行直接求解，也可以采用变换积分方程的方法进行消除。另外，由于一个单元中含有多个节点，不同节点 $\boldsymbol{x}_j$ 对应的单元节点编号 k 不同，需要建立不同节点编号 $\boldsymbol{x}_j$ 与单元节点编号 k 的对应关系，使用对应的插值基函数 $h^k(\xi, \eta)$。以式（8.54）左端积分项所形成的系数矩阵为例，系数 $\overline{\boldsymbol{A}}^k(\boldsymbol{x}_i, \boldsymbol{x}_j)$ 的含义是 $\boldsymbol{x}_j$ 点对 $\boldsymbol{x}_i$ 点的作用，其中 $\boldsymbol{x}_j$ 点为第 e 个单元中 K_e 个节点。

通过上述处理，最后形成线性方程组为

$$[\boldsymbol{A}]_{N\times N}\{\phi_{\mathrm{d}}\}_N = \{\boldsymbol{B}\}_N \tag{8.56}$$

其中，N 为节点数，在等参元中，一般节点数 N 不同于单元数 M。对该线性方程组进行求解即可计算出绕射势，一般认为，高阶元方法由于可以使用更少的单元及节点，因此，可以获得更高的计算效率。有关高阶元方法的详细内容可以参阅文献 Teng 等（1995a，1995b）、Liu 等（1991）、Li 等（1985）、Teng 等（2006b）。

值得注意的是，无论是常数元还是高阶元，左端系数矩阵［$\boldsymbol{A}$］阵均为满阵，因此计算量和存储量至少为 $O(N^2)$ 量级，当未知量数量较多时，即使采用高阶边界元方法，也会对计算量与存储量的提出较高要求。针对这一问题，很多高速度低存储的计算方法得到发展，如多极子展开法和预修正快速傅里叶变换法等，有关这方面的内容可以参阅文献 Teng 等（2006a）以及 Jiang 等（2012）。

最后，对于等参元离散的物体表面，波浪作用力可写为

$$\boldsymbol{f} = \mathrm{i}\omega\rho\sum_{i=1}^{M}\int_{-1}^{1}\int_{-1}^{1}\sum_{k=1}^{K} h^k(\xi, \eta)\phi^k|\boldsymbol{J}_e(\xi, \eta)|\boldsymbol{n}\mathrm{d}\xi\mathrm{d}\eta \tag{8.57}$$

式中，ϕ^k 为节点 k 上的速度势。

8.3.3 积分项的数值计算

边界积分方程中有很多的积分项，这些积分项不能通过解析的方法求出，需要通过数值积分完成。因此，数值积分方法的有效性将显著影响最终的计算精度。本节以等参元离散方法为例，对积分方程各种积分的处理方法进行介绍。

对于 ξ 和 η 的双重积分，当积分单元不包括源点时，积分是非奇异的，这时可以利用标准的高斯积分进行计算，对于四边形单元，如果在单元的 ξ 方向和 η 方向上都取四点高斯积分，则高斯积分公式可以写为

$$\int_{-1}^{1}\int_{-1}^{1} f(\xi, \eta)\,\mathrm{d}\xi\mathrm{d}\eta = \sum_{i=1}^{4}\sum_{j=1}^{4} w_i w_j f(\xi_i, \eta_j) \tag{8.58}$$

式中，$f(\xi, \eta)$ 表示任意的被积函数，w_i 和 w_j 分别为 ξ 方向和 η 方向上的权系数，$f(\xi_i, \eta_j)$ 为高斯点的函数值。使用式（8.58）计算的高斯点的分布如图 8.8 所示。

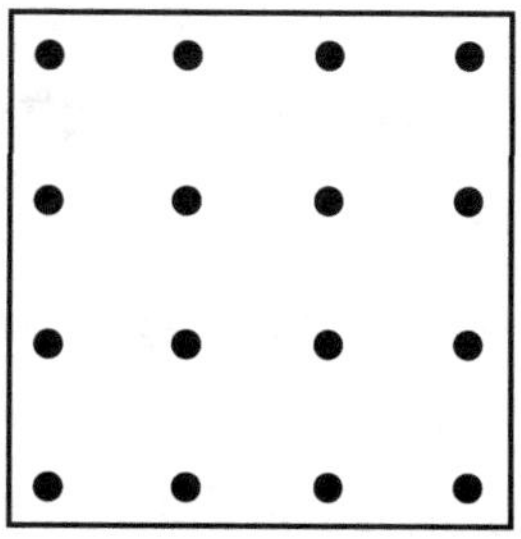

图 8.8　普通积分的高斯点分布

当积分单元包含源点时，此时场点将趋近于源点（$r \to 0$），格林函数及其空间导数分别以 $1/r$ 和 $1/r^2$ 的速率趋向于无穷大，此时的单元积分是奇异积分。针对这一问题，可以采用 Li 等（1985）提出的三角极坐标变换的方法对其进行处理，三角极坐标变换方法可以将积分的奇异性降低一阶，并转化为单位正方形内的标准积分，下面仅对其计算原则进行简要的介绍。

假设 F 函数在节点 k 上存在奇异性，以节点 k 引分割线把 S_e 划分为几个三角形子单元。如果节点 k 在四边形的角点上，则划分成两个三角形子单元；如果在四边形的中点上，则划分为 3 个三角形子单元，如图 8.9 所示。根据三角极坐标变换的思想，再把划分后的三角形子单元转换为边长为 1 的正方形，为了便于采用标准的高斯数值积分，将上述坐标系再进行一次线性变换，变换成坐标原点在积分单元中心的边长为 2 的正方形。每一个新正方形使用标准的高斯数值积分，即可完成奇异积分的数值求解。图 8.10 所示为变换后高斯积分点的分布情况，与图 8.8 进行比较可以看出，经过三角极坐标变换后，奇异性节点 k 附近的高斯点分布比采用直接积分时更加密集，因而能够保证积分精度。

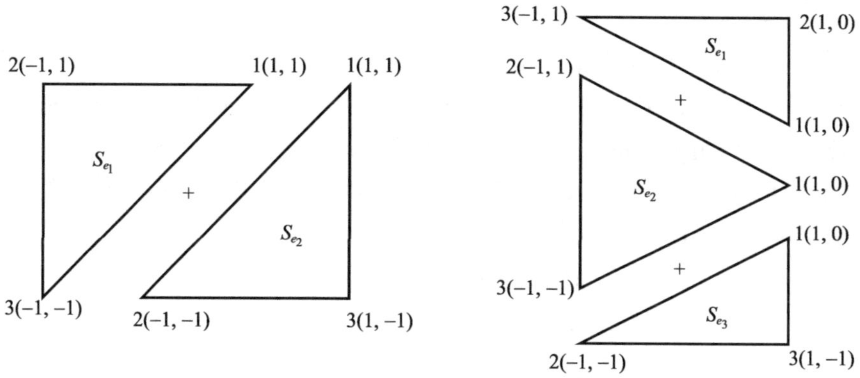

图 8.9　三角形子单元的划分

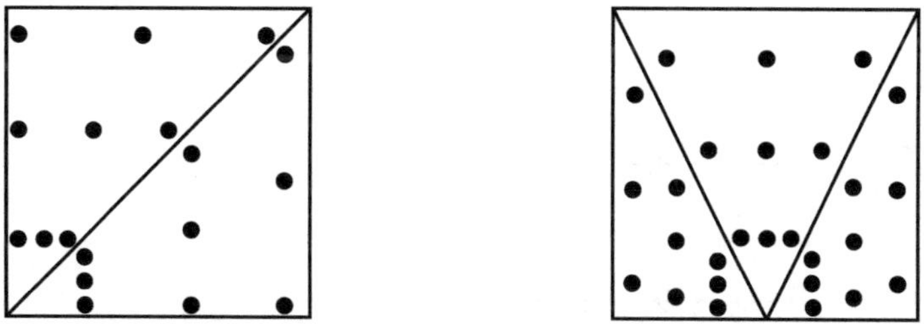

(a) 源点在角上　　(b) 源点在边上

图 8.10　奇异积分的高斯点分布

需要说明的是，在积分方程中，右端对格林函数积分具有一阶奇异性，而左端对格林函数偏导数的积分项具有二阶奇异性。上述三角极坐标变换实际上只能消除一阶奇异性。对于二阶奇异性，虽然其影响较大，但在积分方程中它们的奇异性可以相互抵消，因此，该项也可以使用三角极坐标变换方法积分准确求得。

8.4 波浪与漂浮物体的相互作用

在海洋与近海工程中，漂浮物体如船舶、海洋平台、浮式防波堤、深水大型浮式养殖网箱等，其安全稳定和工作性能取决于它们在波浪作用下的运动响应。对于平静的海面，浮体所受重力、浮体以及外部系泊系统等约束力使物体保持静平衡状态。但是在波浪作用下，对于上述大尺度物体，物体的存在会使波浪发生绕射。物体也会从入射波中吸收部分能量，从而在其平衡位置周围运动。同时，运动的物体还会产生向外传播的波，即发生波浪辐射作用。生成的辐射波反作用于物体上，也会影响物体的运动。从上述过程中可以看出，物体的运动不仅依赖于波浪绕射作用所产生的力，同时还依赖于流体的反作用力，由于漂浮物体通常配备系泊系统，系泊系统的约束力也会对物体运动产生影响。由此可见，波浪作用下物体的运动响应问题是一个典型的流固耦合问题。本节将对线性小振幅假设下物体在波浪作用下的运动响应理论进行介绍。感兴趣的读者还可参阅文献 Wehausen（1971）、Mei（1978）以及李玉成等（2015）。

8.4.1 物面边界条件的推导

对于图 8.11 所示的运动物体，取两组坐标系进行描述，其中 $Oxyz$ 为固定于空间的坐标系，也称空间坐标系；$O'x'y'z'$为固定于物体上的坐标系，也称随体坐标系。当物体处于静平衡位置时，两组坐标系完全重合。如用 $\boldsymbol{\Xi}$（Ξ_1，Ξ_2，Ξ_3）和 $\boldsymbol{A}$（A_1，A_2，A_3）表示随体坐标系 $O'x'y'z'$相对于空间坐标系 $Oxyz$ 的平动位移和转角，在小转角的假设下，一空间点在两组坐标系下的坐标满足关系式，

$$\boldsymbol{x}=\boldsymbol{x}'+\boldsymbol{\Xi}+\boldsymbol{A}\times(\boldsymbol{x}'-\boldsymbol{x}_0')+O(\varepsilon^2) \tag{8.59}$$

其中，ε 为无因次运动参量，$\boldsymbol{x}_0'$为转动中心。

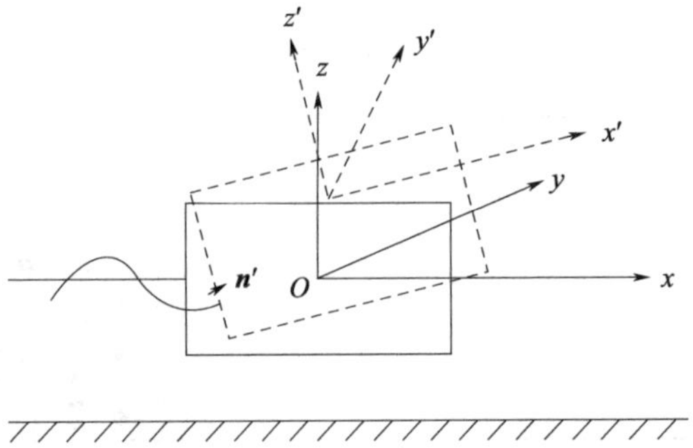

图 8.11　运动物体两组坐标系定义

设物体上某点的运动速度为

$$\boldsymbol{U}=\dot{\boldsymbol{x}}=\dot{\boldsymbol{\Xi}}+\dot{\boldsymbol{A}}\times(\boldsymbol{x}'-\boldsymbol{x}'_0) \tag{8.60}$$

同样，在两组坐标系下物面上的法向量满足关系式

$$\boldsymbol{n}=\boldsymbol{n}'+\boldsymbol{A}\times(\boldsymbol{x}'-\boldsymbol{x}'_0) \tag{8.61}$$

在空间坐标系 $Oxyz$ 下，根据不可穿透条件，物面的运动条件为

$$\boldsymbol{U}\cdot\boldsymbol{n}=\nabla\boldsymbol{\Phi}\cdot\boldsymbol{n},\qquad 在 S 上 \tag{8.62}$$

式中，S 为物体处于瞬时位置的湿表面。

同自由水面边界条件的推导一样，使用泰勒级数展开，将瞬时位置 S 上的速度势用平均位置湿表面 S_m上的物理量加以表示，得

$$\nabla\boldsymbol{\Phi}|_S=\nabla\boldsymbol{\Phi}|_{S_m}+[(\boldsymbol{x}-\boldsymbol{x}')\cdot\nabla]\nabla\boldsymbol{\Phi}|_{S_m}+\cdots$$

在一阶近似条件下，注意到物面上任意一点的坐标和法向矢量在随体坐标系 $O'x'y'z'$ 的矢量应该与该点在静平衡位置时固定坐标系 $Oxyz$ 下的矢量相同，即

$$\boldsymbol{n}=\boldsymbol{n}'$$

$$\dot{\boldsymbol{A}}\times(\boldsymbol{x}'-\boldsymbol{x}'_0)=\dot{\boldsymbol{A}}\times(\boldsymbol{x}-\boldsymbol{x}_0)$$

$$\boldsymbol{A}\times(\boldsymbol{x}'-\boldsymbol{x}'_0)=\boldsymbol{A}\times(\boldsymbol{x}-\boldsymbol{x}_0)$$

式（8.62）可写成

$$[\dot{\boldsymbol{\Xi}}+\dot{\boldsymbol{A}}\times(\boldsymbol{x}-\boldsymbol{x}_0)]\cdot[\boldsymbol{n}+\boldsymbol{A}\times(\boldsymbol{x}-\boldsymbol{x}_0)]=\nabla\boldsymbol{\Phi}\cdot[\boldsymbol{n}+\boldsymbol{A}\times(\boldsymbol{x}-\boldsymbol{x}_0)],\qquad 在 S_m 上$$

注意平动速度 $\dot{\boldsymbol{\Xi}}$、转动位移 $\boldsymbol{A}$、转动速度 $\dot{\boldsymbol{A}}$，以及流体速度$\nabla\boldsymbol{\Phi}$ 均为一阶小量，它们之间的乘积为二阶小量。忽略二阶项，可以求得运动物体平衡位置上的一阶物面边界条件为

$$\frac{\partial\Phi}{\partial n}=\dot{\boldsymbol{\Xi}}\cdot\boldsymbol{n}+\dot{\boldsymbol{A}}[(\boldsymbol{x}-\boldsymbol{x}_0)\times\boldsymbol{n}]\qquad 在 S_m 上 \tag{8.63}$$

对于简谐波与结构物的作用问题，结构的运动响应也应是同频率下的简谐运动。因此，我们可分离出时间因子 $\mathrm{e}^{-\mathrm{i}\omega t}$，则

$$\boldsymbol{\Phi}=\mathrm{Re}[\phi\mathrm{e}^{-\mathrm{i}\omega t}],\quad \boldsymbol{\Xi}=\mathrm{Re}[\boldsymbol{\xi}\mathrm{e}^{-\mathrm{i}\omega t}],\quad \boldsymbol{A}=\mathrm{Re}[\boldsymbol{\alpha}\mathrm{e}^{-\mathrm{i}\omega t}]$$

将上式代入式（8.63），可得

$$\frac{\partial\phi}{\partial n}=-\mathrm{i}\omega\{\boldsymbol{\xi}\cdot\boldsymbol{n}+\boldsymbol{\alpha}[(\boldsymbol{x}-\boldsymbol{x}_0)\times\boldsymbol{n}]\},\qquad 在 S_m 上 \tag{8.64}$$

如果我们定义广义方向$(n_4, n_5, n_6)=(\boldsymbol{x}-\boldsymbol{x}_0)\times\boldsymbol{n}$，并将转动矢量写为（$\alpha_1$，$\alpha_2$，$\alpha_3$）=（$\xi_4$，$\xi_5$，$\xi_6$），则式（8.64）可进一步写为

$$\frac{\partial\phi}{\partial n}=-\mathrm{i}\omega\boldsymbol{\xi}\cdot\boldsymbol{n},\qquad 在 S_m 上 \tag{8.65}$$

式（8.65）即为频域下的一阶物面边界条件。其中，$\boldsymbol{\xi}\cdot\boldsymbol{n}=(\xi_1n_1, \xi_2n_2, \xi_3n_3, \xi_4n_4, \xi_5n_5, \xi_6n_6)$，这 6 个方向运动分别称为纵荡（Surge）、横荡（Sway）、垂荡/升沉（Heave）、横摇（Roll）、纵摇（Pitch）、艏摇/回转（Yaw）。

8.4.2 边界积分方程的建立与求解

由频域下的运动边界条件式（8.65）可以看出，该边界条件有两个未知量：速度势和

运动振幅。也就是说，流体运动与物体运动是相互影响的，即存在流固耦合作用，这是该问题的求解难点。

依据线性叠加原理，可以将速度势分解为

$$\phi = \phi_i + \phi_d + \phi_r \tag{8.66}$$

其中，ϕ_i为已知的入射势；ϕ_d为物体不运动时的绕射势；ϕ_r为物体运动时产生的辐射势。绕射势 ϕ_d和辐射势 ϕ_r均为向外传播的散射势，它们在无穷远处满足 Sommerfeld 条件，即

$$\lim_{r \to \infty} \sqrt{r} \left(\frac{\partial \phi_s}{\partial r} - ik\phi_s \right) = 0$$

在自由水面和海床上，ϕ_i、ϕ_d和 ϕ_r均满足自由水面条件和不透水条件。

将速度势表达式（8.66）代入物体的物面边界条件式（8.65）中，为保持前后文统一，将 S_m 仍记为 S_b，得

$$\frac{\partial(\phi_i + \phi_d + \phi_r)}{\partial n} = -i\omega \boldsymbol{\xi} \cdot \boldsymbol{n}, \qquad \text{在 } S_b \text{ 上} \tag{8.67}$$

注意到$\partial(\phi_i + \phi_d)/\partial n = 0$，因此有

$$\frac{\partial \phi_r}{\partial n} = -i\omega \boldsymbol{\xi} \cdot \boldsymbol{n}, \qquad \text{在 } S_b \text{ 上} \tag{8.68}$$

为了研究问题的方便，将辐射势按照物体运动的 6 个分量进行分解，为

$$\phi_r = \sum_{j=1}^{6} -i\omega \xi_j \phi_j \tag{8.69}$$

其中，ϕ_j 称为j方向简正模式辐射势，其物理意义是j方向的单位运动振幅所产生的辐射势。将式（8.69）代入式（8.68）中，从而可以得到简正模式辐射势满足的物面边界条件为

$$\frac{\partial \phi_j}{\partial n} = n_j, \qquad j = 1, 2, \cdots, 6 \tag{8.70}$$

采用满足自由水面边界条件格林函数的边界积分方程方法对上述问题进行求解，由于绕射势的求解已经在第 8.2 节介绍，下面只需考虑辐射势问题。对简正模式的辐射势 ϕ_j 与自由面格林函数 G 使用第二格林定理，经过一系列与绕射问题类似的推导与化简，可得

$$\alpha \phi_j(\boldsymbol{x}_0) - \iint_{S_b} \phi_j(\boldsymbol{x}) \frac{\partial G(\boldsymbol{x}, \boldsymbol{x}_0)}{\partial n} dS = -\iint_{S_b} G(\boldsymbol{x}, \boldsymbol{x}_0) \frac{\partial \phi_j(\boldsymbol{x})}{\partial n} dS, \qquad j = 1, 2, \cdots, 6 \tag{8.71}$$

S_b为物体在静水中的湿面积。再将简正模式的辐射势的边界条件式（8.70）代入边界积分方程（8.71）中，可得

$$\alpha \phi_j(\boldsymbol{x}_0) - \iint_{S_b} \phi_j(\boldsymbol{x}) \frac{\partial G(\boldsymbol{x}, \boldsymbol{x}_0)}{\partial n} dS = -\iint_{S_b} G(\boldsymbol{x}, \boldsymbol{x}_0) n_j dS, \qquad j = 1, 2, \cdots, 6 \tag{8.72}$$

式（8.72）即为简正模式辐射势满足的边界积分方程。

如果我们类似地记 $\phi_0 = \phi_i$，$\phi_7 = \phi_d$，则物面条件可以统一表示为

$$\frac{\partial \phi_j}{\partial n} = \begin{cases} n_j, & j = 1, 2, \cdots, 6 \\ -\dfrac{\partial \phi_0}{\partial n}, & j = 7 \end{cases} \tag{8.73}$$

而边界积分方程则可以统一表示为

$$\alpha\phi_j(\boldsymbol{x}_0) - \iint\limits_{S_b}\phi_j(\boldsymbol{x})\frac{\partial G(\boldsymbol{x}, \boldsymbol{x}_0)}{\partial n}\mathrm{d}S = \begin{cases} -\iint\limits_{S_b}G(\boldsymbol{x}, \boldsymbol{x}_0)n_j\mathrm{d}S, & j=1, 2, \cdots, 6 \\ \iint\limits_{S_b}G(\boldsymbol{x}, \boldsymbol{x}_0)\dfrac{\partial\phi_0(\boldsymbol{x})}{\partial n}\mathrm{d}S, & j=7 \end{cases} \tag{8.74}$$

对上述积分方程进行边界元方法离散，可得线性方程组为

$$[\boldsymbol{A}]\{\phi_j\} = \{\boldsymbol{B}_j\}, \quad j=1, 2, \cdots, 7 \tag{8.75}$$

值得注意的是，方程的左端矩阵$[\boldsymbol{A}]$对6个简正模式辐射势和1个绕射势是完全相同的，所不同的只是右端矩阵$\{\boldsymbol{B}_j\}$。因此，在实际计算中，可以将矩阵$[\boldsymbol{A}]$只进行一次LU分解，然后对不同的右端矩阵$\{\boldsymbol{B}_j\}$只做回代计算。由于LU分解的计算量为$O(n^3/3)$量级，而回代计算仅为$O(n^2)$量级，上述处理方法可以有效减少计算量。

8.4.3 物体的运动响应

通过上述水动力计算仍无法确定物体的运动响应幅值，还需进一步通过刚体运动方程确定。对于规则波作用问题，频域下的刚体运动方程可表示为

$$\{-\omega^2[\boldsymbol{M}] - \mathrm{i}\omega[\boldsymbol{B}] + [\boldsymbol{K}]\}\{\xi\} = \{f\} - Mg\boldsymbol{n}_3 + \{f_e\} \tag{8.76}$$

式中，$[\boldsymbol{M}]$为物体的质量矩阵，$[\boldsymbol{B}]$为系统阻尼矩阵，$[\boldsymbol{K}]$为系泊系统的刚度矩阵，$\{\boldsymbol{f}\}$为流体作用力，Mgn_3为物体的重量，$\{\boldsymbol{f}_e\}$为来自外部系泊系统的静力部分。

质量矩阵的形式为

$$[\boldsymbol{M}] = \begin{bmatrix} M & 0 & 0 & 0 & M(z_c-z_0) & -M(y_c-y_0) \\ 0 & M & 0 & -M(z_c-z_0) & 0 & M(x_c-x_0) \\ 0 & 0 & M & M(y_c-y_0) & -M(x_c-x_0) & 0 \\ 0 & -M(z_c-z_0) & M(y_c-y_0) & I_{22}+I_{33} & -I_{21} & -I_{31} \\ M(z_c-z_0) & 0 & -M(x_c-x_0) & -I_{12} & I_{11}+I_{33} & -I_{32} \\ -M(y_c-y_0) & M(x_c-x_0) & 0 & -I_{13} & -I_{23} & I_{22}+I_{11} \end{bmatrix} \tag{8.77}$$

式中，$\boldsymbol{x}_c(x_c, y_c, z_c)$是物体的质心坐标；$\boldsymbol{x}_0(x_0, y_0, z_0)$是物体的转动中心坐标；$I_{ij}$是物体关于$(x_0, y_0, z_0)$点的转动惯量；其定义为

$$I_{ij}(\boldsymbol{x}_0) = \iiint\limits_V \rho_s(x_i - x_{0i})(x_j - x_{0j})\mathrm{d}V$$

ρ_s为物体的密度。

流体作用力可通过瞬时湿物面S上的流体压强积分求得

$$\boldsymbol{f} = \iint\limits_S p\boldsymbol{n}\mathrm{d}S = \iint\limits_{S_m} p\boldsymbol{n}\mathrm{d}S + \iint\limits_{S_m}(\boldsymbol{x}-\boldsymbol{x}')\cdot\nabla p\boldsymbol{n}\mathrm{d}S + O(\varepsilon^2) \tag{8.78}$$

应用线性化的伯努利方程，式（8.78）可表示为

$$\boldsymbol{f} = \iint\limits_{S_b} p\boldsymbol{n}\mathrm{d}S = -\rho\iint\limits_{S_b}(gz - \mathrm{i}\omega(\phi_i + \phi_d + \phi_r))\boldsymbol{n}\mathrm{d}S - \rho g\iint\limits_{S_b}(\xi + \boldsymbol{\alpha}\times(\boldsymbol{x}-\boldsymbol{x}_0))\cdot n_3\boldsymbol{n}\mathrm{d}S + O(\varepsilon^2) \tag{8.79}$$

第一项的积分为，

$$f_1 = -\rho g\iint_{S_b} z\boldsymbol{n}\mathrm{d}S = \rho g[0,\ 0,\ V,\ V(y_b - y_c),\ -V(x_b - x_c),\ 0]^{\mathrm{T}} \tag{8.80}$$

其中，V 为物体排开水体的体积，$(x_c,\ y_c)$ 和 $(x_b,\ y_b)$ 分别为浮体质心和浮心的水平坐标。f_1与物体重力、外部静作用力之和为零，即

$$\boldsymbol{f}_1 - Mg\boldsymbol{n}_3 + \boldsymbol{f}_e = 0$$

第二项和第三项是入射势和绕射势的贡献，即

$$\boldsymbol{f}_{ex} = \mathrm{i}\omega\rho\iint_{S_b}(\phi_i + \phi_d)\boldsymbol{n}\mathrm{d}S$$

这一项称为波浪激振力，其意义是物体不动的波浪作用力，它与固定物体上的波浪作用力是相同的。

由辐射势产生的第四项可写为

$$\boldsymbol{f}_4 = \mathrm{i}\omega\rho\iint_{S_b}\phi_r\boldsymbol{n}\mathrm{d}S = \omega^2\rho\sum_{j=1}^{6}\xi_j\iint_{S_b}\phi_j\boldsymbol{n}\mathrm{d}S \tag{8.81}$$

定义

$$f_{ji} = \omega^2\rho\iint_{S_b}\phi_j n_i\mathrm{d}S = \omega^2 a_{ji} + \mathrm{i}\omega b_{ji} \tag{8.82}$$

f_{ji}为水动力系数，其物理意义为j方向单位辐射势在i方向的水动力学反作用。a_{ji}和b_{ji}分别为附加质量和辐射阻尼，其表达式为

$$a_{ji} = \rho\iint_{S_b}\mathrm{Re}[\phi_j n_i]\mathrm{d}S \tag{8.83}$$

$$b_{ji} = \rho\omega\iint_{S_b}\mathrm{Im}[\phi_j n_i]\mathrm{d}S \tag{8.84}$$

简单地讲，附加质量的意义在于物体周围流体将跟随物体一同运动，从而导致振动体系质量的改变；辐射阻尼的意义在于物体运动会使自由水面生成向无穷远辐射的波浪，辐射出的波浪带走能量，从而可以看作是一种消耗能量的阻尼过程。

最后一项，经过冗长的推导，可得到

$$\boldsymbol{f}_5 = -\rho g\iint_{S_b}[\boldsymbol{\xi} + \boldsymbol{\alpha}\times(\boldsymbol{x} - \boldsymbol{x}_c)]\cdot n_3\boldsymbol{n}\mathrm{d}S = -[\boldsymbol{C}]\{\xi\} \tag{8.85}$$

其中，$[\boldsymbol{C}]$ 称为恢复力矩阵，物理意义为静水恢复力，它的形式为

$$[\boldsymbol{C}] = \begin{bmatrix} 0 & 0 & 0 & 0 & 0 & 0 \\ 0 & 0 & 0 & 0 & 0 & 0 \\ 0 & 0 & \rho gA & \rho gI_2^A & -\rho gI_1^A & 0 \\ 0 & 0 & \rho gI_2^A & \begin{matrix}\rho g(I_{22}^A + I_3^V) - \\ Mg(z_c - z_0)\end{matrix} & -\rho gI_{12}^A & \begin{matrix}-\rho gI_1^V + \\ Mg(x_c - x_0)\end{matrix} \\ 0 & 0 & -\rho gI_1^A & -\rho gI_{21}^A & \begin{matrix}\rho g(I_{11}^A + I_3^V) - \\ Mg(z_c - z_0)\end{matrix} & \begin{matrix}-\rho gI_2^V + \\ Mg(y_c - y_0)\end{matrix} \\ 0 & 0 & 0 & 0 & 0 & 0 \end{bmatrix} \tag{8.86}$$

式中，上标 A 表示关于内水面的物理量，上标 V 表示关于排开水体体积的物理量。C_{33}元素 ρgA 中的 A 为内水面积。各阶矩的定义为

$$I_i^A = \iint\limits_A (x_i - x_0)\mathrm{d}S, \qquad I_{ij}^A = \iint\limits_A (x_i - x_0)(x_j - x_0)\mathrm{d}S$$

$$I_i^V = \iiint\limits_V (x_i - x_0)\mathrm{d}V, \qquad I_{ij}^V = \iiint\limits_V (x_i - x_0)(x_j - x_0)\mathrm{d}V$$

可以看出，恢复力矩阵只与物体本身的力学性质有关，而与波浪作用的相关参量无关。

将上述各个分力代入刚体运动方程（8.76）后可得

$$\{-\omega^2([\boldsymbol{M}]+[\boldsymbol{a}]) - \mathrm{i}\omega([\boldsymbol{B}]+[\boldsymbol{b}]) + ([\boldsymbol{K}]+[\boldsymbol{C}])\}\{\xi\} = \{f_{\mathrm{ex}}\} \tag{8.87}$$

根据该方程即可求得物体的刚体运动响应幅值。

通过上述推导过程可以看出，边界积分方程只涉及水动力问题，它与物体的运动无关（即与物体运动振幅等参量无关），可以进行单独求解，从而得出绕射势和简正模式辐射势。进一步，根据绕射势及入射势可以计算波浪激振力，根据简正模式辐射势可以计算附加质量与辐射阻尼，将这些参数代入运动方程中，即可确定物体的运动。

在确定物体运动以后，将运动幅值代入式（8.69）及式（8.66）中，即可最终求得物体表面上的辐射势和总速度势。再进一步通过波面方程，即可求得自由水面波幅，即

$$\zeta = \frac{\mathrm{i}\omega}{g}\phi = \frac{\mathrm{i}\omega}{g}(\phi_{\mathrm{i}} + \phi_{\mathrm{d}} + \phi_{\mathrm{r}}) = \frac{\mathrm{i}\omega}{g}\left(\phi_0 + \phi_7 - \mathrm{i}\omega\sum_{j=1}^{6}\xi_j\phi_j\right) \qquad \text{在 } S_{\mathrm{f}} \text{ 上} \tag{8.88}$$

其中，

$$\phi_j(\boldsymbol{x}_0) = \iint\limits_{S_{\mathrm{b}}}\phi_j(\boldsymbol{x})\frac{\partial G(\boldsymbol{x},\boldsymbol{x}_0)}{\partial n}\mathrm{d}S + \begin{cases} -\iint\limits_{S_{\mathrm{b}}} G(\boldsymbol{x},\boldsymbol{x}_0)n_j\mathrm{d}S, & j = 1,2,\cdots,6 \\ \iint\limits_{S_{\mathrm{b}}} G(\boldsymbol{x},\boldsymbol{x}_0)\dfrac{\partial\phi_0(\boldsymbol{x})}{\partial n}\mathrm{d}S, & j = 7 \end{cases} \tag{8.89}$$

8.5 波浪绕射和辐射问题的普遍恒等式

线性理论假设下很多实际感兴趣的参量之间有一些很普遍的恒等式，了解这些恒等关系的重要性在于：首先，能够增进对问题的物理方面的理解；其次，在提出一个新的解析或数值结果时，这些恒等关系可以对结果的正确性进行必要（尽管不总是充分的）的校核；再次，在解析或数值计算时，这些恒等关系可以减少实际感兴趣的量的计算工作。本节将对几种重要的恒等关系进行介绍和证明。需要说明的是，本节中有关这些恒等式的证明均以单物体情况为例进行讲述。但实际上，这些恒等关系已经可以推广到多物体的情况（Srokosz，1980）。

8.5.1 基本公式

本节所介绍的恒等式，其存在的根本原因在于这些绕射问题和辐射问题是同一类型的边值问题，如绕射势和辐射势均满足自由水面条件、无穷远条件和海底条件。首先，根据

第二格林定理，流域内的两个函数满足如下关系：

$$\iiint_{\Omega}[\mu\nabla^2\omega-\omega\nabla^2\mu]\mathrm{d}V=\iint_{S}\left(\mu\frac{\partial\omega}{\partial n}-\omega\frac{\partial\mu}{\partial n}\right)\mathrm{d}S \tag{8.90}$$

其中，$S=S_{\mathrm{b}}+S_{\mathrm{f}}+S_{\mathrm{d}}+S_{\infty}$。进一步把式（8.90）中的函数 μ 和 ω 选为绕射势和辐射势的不同组合而获得相关的恒等式。首先选取任意两个速度势 ϕ 和 φ，引入海底条件与自由水面条件，则海底积分与自由水面积分的贡献为零，式（8.90）可以简化为

$$\iint_{S_{\mathrm{b}}+S_{\infty}}\left(\phi\frac{\partial\varphi}{\partial n}-\varphi\frac{\partial\phi}{\partial n}\right)\mathrm{d}S=0 \tag{8.91}$$

仍选取任意两个速度势 ϕ 和 φ，但是设 $\mu=\phi$ 和 $\omega=\varphi^*$，其中上角标“ * ”表示取复共轭，这样 φ^* 将满足 φ 所满足方程的共轭方程，代入格林公式（8.90）中，可得

$$\iint_{S_{\mathrm{b}}+S_{\infty}}\left(\phi\frac{\partial\varphi^*}{\partial n}-\varphi^*\frac{\partial\phi}{\partial n}\right)\mathrm{d}S=0 \tag{8.92}$$

在确定 S_{b} 与 S_{∞} 上的边界条件以后，可以得到更多的结果。取 ϕ 和 φ 在无穷远处为外行波，即满足向外传播的无穷远条件，则容易证明

$$\iint_{S_{\infty}}\left(\phi\frac{\partial\varphi}{\partial n}-\varphi\frac{\partial\phi}{\partial n}\right)\mathrm{d}S=0 \tag{8.93}$$

再将式（8.93）代入式（8.91）中，可得

$$\iint_{S_{\mathrm{b}}}\left(\phi\frac{\partial\varphi}{\partial n}-\varphi\frac{\partial\phi}{\partial n}\right)\mathrm{d}S=0 \tag{8.94}$$

上述等式对于二维情况也是成立的。

后文我们将反复使用式（8.91）~（8.94）这些普遍性的结果，来推导绕射问题和辐射问题之间的恒等关系。

8.5.2 两个辐射问题之间的关系

（1）水动力系数矩阵是对称阵

对于任意物体，取任意两个方向上的简正模式的辐射势 ϕ_i 和 ϕ_j，令 $\phi=\phi_i$ 和 $\varphi=\phi_j$。由于简正模式的辐射势满足向外传播的无穷远条件，它们满足式（8.94），代入可得

$$\iint_{S_{\mathrm{b}}}\left(\phi_i\frac{\partial\phi_j}{\partial n}-\phi_j\frac{\partial\phi_i}{\partial n}\right)\mathrm{d}S=0$$

根据简正模式辐射势的物面边界条件

$$\frac{\partial\phi_j}{\partial n}=n_j,\qquad j=1,2,\cdots,6$$

可得

$$\iint_{S_{\mathrm{b}}}\phi_i n_j\mathrm{d}S=\iint_{S_{\mathrm{b}}}\phi_j n_i\mathrm{d}S$$

再按照水动力系数的定义式（8.82）、附加质量的定义式（8.83）和辐射阻尼的定义式（8.84），可以看出，水动力系数、附加质量与辐射阻尼是对称矩阵，即

$$f_{ij}=f_{ji},\qquad a_{ij}=a_{ji},\qquad b_{ij}=b_{ji} \tag{8.95}$$

应当强调的是，这里我们并没有限定物体的对称性。

（2）主对角线上辐射阻尼恒大于零

对于某一物体，取任意一个方向上的辐射势 $\phi = \phi_i$ 和另一个辐射势的共轭 $\varphi^* = \phi_j^*$，将其代入式（8.92）中

$$\iint_{S_b}\left(\phi_i \frac{\partial \phi_j^*}{\partial n} - \phi_j^* \frac{\partial \phi_i}{\partial n}\right)\mathrm{d}S + \iint_{S_\infty}\left(\phi_i \frac{\partial \phi_j^*}{\partial n} - \phi_j^* \frac{\partial \phi_i}{\partial n}\right)\mathrm{d}S = 0 \tag{8.96}$$

对于物面积分，将简正模式辐射势对应边界条件代入，得

$$\iint_{S_b}\left(\phi_i \frac{\partial \phi_j^*}{\partial n} - \phi_j^* \frac{\partial \phi_i}{\partial n}\right)\mathrm{d}S = \iint_{S_b}(\phi_i n_j - \phi_j^* n_i)\,\mathrm{d}S = 2\mathrm{i}\,\mathrm{Im}\iint_{S_b}\phi_i n_j \mathrm{d}S = \frac{2\mathrm{i}b_{ij}}{\rho\omega} \tag{8.97}$$

对于无穷远积分，将远场 Sommerfeld 辐射条件代入，得

$$\iint_{S_\infty}\left(\phi_i \frac{\partial \phi_j^*}{\partial n} - \phi_j^* \frac{\partial \phi_i}{\partial n}\right)\mathrm{d}S = \iint_{S_\infty}(-\mathrm{i}k\phi_i\phi_j^* - \mathrm{i}k\phi_j^*\phi_i)\,\mathrm{d}S = -2\mathrm{i}k\iint_{S_\infty}\phi_i\phi_j^*\,\mathrm{d}S \tag{8.98}$$

从而可以得出

$$b_{ij} = \rho\omega k\iint_{S_\infty}\phi_i\phi_j^*\,\mathrm{d}S \tag{8.99}$$

根据这一表达式，辐射阻尼可以通过对辐射势的远场渐进表达式的积分求得，对于二维情况，有

$$b_{ij} = \rho g C_{\mathrm{g}}(A_i^- A_j^{-*} + A_i^+ A_j^{+*}) \tag{8.100}$$

对于三维情况，有

$$b_{ij} = \frac{2}{\pi k}\rho g C_{\mathrm{g}}\int_0^{2\pi} A_i(\theta)A_j^*(\theta)\,\mathrm{d}\theta \tag{8.101}$$

其中，A 为远场振幅。

更重要的是，当 $i = j$ 时，有

$$b_{ii} = \rho\omega k\iint_{S_\infty}|\phi_i|^2\mathrm{d}S > 0 \tag{8.102}$$

即主对角线上的波浪辐射阻尼总是大于零的。这是辐射阻尼的重要性质，该性质与下面的物理事实一致：当物体由外界做强迫振动时，能量只能从物体传向水，而不会由水传向物体。

在数值计算中，通常可以根据上述两个性质判断数值解的正确性。

8.5.3 两个绕射问题之间的关系

考虑两个不同入射角的绕射问题，设其速度势分别为 $\phi = \phi_{\mathrm{i}} + \phi_{\mathrm{d}}$ 和 $\varphi = \varphi_{\mathrm{i}} + \varphi_{\mathrm{d}}$，将其代入式（8.91）中，且由于在物面上两个速度势的法向导数为零，即

$$\frac{\partial \phi}{\partial n} = \frac{\partial(\phi_{\mathrm{i}} + \phi_{\mathrm{d}})}{\partial n} = 0, \quad \frac{\partial \varphi}{\partial n} = \frac{\partial(\varphi_{\mathrm{i}} + \varphi_{\mathrm{d}})}{\partial n} = 0 \tag{8.103}$$

从而可以消掉物面积分，得出如下方程：

$$\iint_{S_\infty}\left(\phi\frac{\partial \varphi}{\partial n} - \varphi\frac{\partial \phi}{\partial n}\right)\mathrm{d}S = 0 \tag{8.104}$$

再将速度势 $\phi=\phi_i+\phi_d$ 和 $\varphi=\varphi_i+\varphi_d$ 代入式（8.92），基于同样原因消掉物面积分，可以得出另一个方程为

$$\iint_{S_\infty}\left(\phi\frac{\partial\varphi^*}{\partial n}-\varphi^*\frac{\partial\phi}{\partial n}\right)\mathrm{d}S=0 \tag{8.105}$$

首先对式（8.105）进行讨论，令 $\phi=\varphi$，仍用 ϕ 来表示，代入该式中可得

$$\mathrm{Im}\iint_{S_\infty}\left(\phi\frac{\partial\phi^*}{\partial n}\right)\mathrm{d}S=0 \tag{8.106}$$

注意线性假设下复速度势表示下波能流的积分表达式为

$$EC_g=\overline{\int_{-d}^{\eta}p(\boldsymbol{x},t)u(\boldsymbol{x},t)\mathrm{d}z}\approx-\rho\overline{\int_{-d}^{\eta}\Phi_t(\boldsymbol{x},t)\Phi_x(\boldsymbol{x},t)\mathrm{d}z}=-\frac{\omega\rho}{2}\mathrm{Im}\iint_{S_\infty}\left(\phi\frac{\partial\phi^*}{\partial n}\right)\mathrm{d}S \tag{8.107}$$

结合波能流的物理意义是在某以铅垂截面上压力做功。故式（8.106）的物理意义是在无穷远边界上波浪场压力做功为零。也就是说，在绕射问题中（物体不动），区域内能量是守恒的，这与频域解是一个稳态过程的解的意义是一致的。

（1）二维情况：透射系数与反射系数的关系

进一步对式（8.104）和式（8.105）进行讨论，对于二维情况，取 $\phi=\phi_i+\phi_d$ 为从左向右的入射波所产生的速度势，取 $\varphi=\varphi_i+\varphi_d$ 为从右向左的入射波所产生的速度势，则它们的渐进表达式可写为

$$\phi=-\frac{\mathrm{i}gA}{\omega}\begin{Bmatrix}\mathrm{e}^{\mathrm{i}k_0x}+R_1\mathrm{e}^{-\mathrm{i}k_0x}\\T_1\mathrm{e}^{\mathrm{i}k_0x}\end{Bmatrix}\frac{\cosh k(z+d)}{\cosh kd},\quad\begin{matrix}x\to-\infty\\x\to+\infty\end{matrix} \tag{8.108}$$

$$\varphi=-\frac{\mathrm{i}gA}{\omega}\begin{Bmatrix}T_2\mathrm{e}^{-\mathrm{i}k_0x}\\\mathrm{e}^{-\mathrm{i}k_0x}+R_2\mathrm{e}^{\mathrm{i}k_0x}\end{Bmatrix}\frac{\cosh k(z+d)}{\cosh kd},\quad\begin{matrix}x\to-\infty\\x\to+\infty\end{matrix} \tag{8.109}$$

由于是二维问题，可设 S_∞ 为 $x\to\pm\infty$ 处的两条铅垂线，因而 S_∞ 上的法向偏导数为

$$\frac{\partial}{\partial n}=\pm\frac{\partial}{\partial x},\qquad x\to\pm\infty \tag{8.110}$$

将速度势的渐进表达式（8.108）和式（8.109）代入式（8.104）中，再经过一些代数运算，可得

$$T_1=T_2 \tag{8.111}$$

再根据式（8.105），经过类似的计算可得

$$R_1T_2^*=R_2^*T_1 \tag{8.112}$$

再利用式（8.110）和式（8.112）可得

$$|R_1|=|R_2| \tag{8.113}$$

通过式（8.111）和式（8.113）可以看出，在二维问题中，尽管物体没有对称性，但透射系数和反射系数却与入射波浪的方向无关。需要特别强调的是，这个结论并不意味着这两个问题及它们的解具有同等性，这里只是讨论反射系数和透射系数，即只涉及远场。

进一步设 δ_j^{R} 和 δ_j^{T} 分别为反射系数和透射系数的相位角

$$R_j = |R_j| e^{i\delta_j^{\mathrm{R}}}, \qquad T_j = |T_j| e^{i\delta_j^{\mathrm{T}}}, \qquad j = 1, 2 \tag{8.114}$$

根据式（8.111）和式（8.113）可以得出

$$\delta_1^{\mathrm{T}} = \delta_2^{\mathrm{T}}, \qquad \delta_1^{\mathrm{R}} + \delta_2^{\mathrm{R}} = \delta_1^{\mathrm{T}} + \delta_2^{\mathrm{T}} \pm \pi \tag{8.115}$$

最后，对于二维情况下单个物体的绕射而言，根据式（8.106）可得

$$|R^2| + |T^2| = 1 \tag{8.116}$$

同时也可以看出，表达式（8.116）的本质是波能流守恒。

（2）三维情况：远场散射波面的关系

对于三维情况，将 $\phi = \phi_{\mathrm{i}} + \phi_{\mathrm{d}}$和 $\varphi = \varphi_{\mathrm{i}} + \varphi_{\mathrm{d}}$的远场渐进表达式代入前述相关的积分中，经过一系列的推导，包括能量守恒分析以及驻相法处理，最终可以得到如下关系：

$$A_1^{\mathrm{s}}(\theta_2 + \pi) = A_2^{\mathrm{s}}(\theta_1 + \pi) \tag{8.117}$$

其中，$A_l^{\mathrm{s}}(\theta_l)$ 表示 θ_l方向的入射波产生的归一化散射波波幅。式（8.117）说明第一个散射波沿着第二个入射波方向的振幅等于第二个散射波沿着第一个入射波方向的振幅。如果设 $\theta_1 = 0$ 且 $\theta_2 = -\pi$，则有 $A_1^{\mathrm{s}}(0) = A_2^{\mathrm{s}}(\pi)$，此时与二维情况的透射系数关系类似。

此外，三维情况还可推出以下关系：

$$\frac{1}{\pi}\int_0^{2\pi} |A_l^{\mathrm{s}}(\theta)|^2 \mathrm{d}\theta = -2\,\mathrm{Re}A_l^{\mathrm{s}}(\theta_l) \tag{8.118}$$

式（8.118）在物理学中称为“光学定理”。由于式中 $|A_l^{\mathrm{s}}(\theta)|^2\mathrm{d}\theta$ 是楔（θ，$\theta + \mathrm{d}\theta$）内能量散射的量度，所以，式（8.118）左端积分表示总的散射波能量的量度。而意味着散射的总能量可以由前进方向的散射波的振幅得到。这一关系在许多关心散射能量的物理学中是非常重要的。

到目前为止，我们分别介绍了两个辐射问题和两个绕射问题之间的恒等关系。从前述推导过程可以看出，这些恒等关系存在的根本原因是相关的速度势是同一类型的边值问题。也正是由于这一原因，实际上，一个绕射问题和一个辐射问题之间也存在着一些恒等关系，感兴趣的读者可以参阅文献 Mei（1983）和梅强中（1984）。

8.6 波浪对物体作用的二阶波浪力

对于海洋工程结构而言，当入射波高不是很小时，非线性波浪力往往是不能忽略的，特别当考虑结构物在波浪作用下的运动响应问题时，由于非线性波浪力的作用频率与一阶波浪力的频率是不同的，非线性波浪力的频率有可能与结构系统的自然频率更为接近，从而造成结构的共振响应。为了突出讲述二阶力计算中的关键问题，本节仅介绍固定物体的情况。对于运动物体的二阶作用问题只做简要的介绍。

对于波浪与结构物的二阶作用问题，目前有两种研究方法。一种是 Eatock Taylor 等（1992）等应用的直接方法，首先求出物面上的二阶速度势，然后通过物面上压力积分求得总的二阶波浪力；另一种是 Molin（1979）和 Lighthill（1979）提出的间接方法，通过

一系列的积分变换，可以在不求得物面压力的前提下直接求得物体上总的二阶波浪力。实际上，由于计算中的主要工作量是花费在自由水面无穷积分的计算上，直接法和间接法的工作量差别并不是很大。本节仅就直接法进行介绍，关于间接法可参阅文献 Molin（1979）、Eatock Taylor 等（1987）。

8.6.1 二阶速度势的分解

在第 1 章已经得到了二阶速度势所满足的自由水面条件为

$$\frac{\partial^2 \Phi^{(2)}}{\partial t^2}+g\frac{\partial \Phi^{(2)}}{\partial z}=Q^{(2)}(\boldsymbol{x},t),\qquad \text{在 } S_{\mathrm{f}} \text{ 上} \tag{8.119}$$

其中，自由水面上的强迫项 $Q^{(2)}(\boldsymbol{x},t)$ 为

$$Q^{(2)}(\boldsymbol{x},t)=\frac{1}{g}\frac{\partial \Phi^{(1)}}{\partial t}\frac{\partial^3 \Phi^{(1)}}{\partial t^2\partial z}+\frac{\partial \Phi^{(1)}}{\partial t}\frac{\partial^2 \Phi^{(1)}}{\partial z^2}-2\nabla\Phi^{(1)}\cdot\nabla\frac{\partial \Phi^{(1)}}{\partial t} \tag{8.120}$$

另外，二阶速度势还应满足物面条件

$$\frac{\partial \Phi^{(2)}}{\partial n}=0,\qquad \text{在 } S_{\mathrm{b}} \text{ 上} \tag{8.121}$$

水底条件

$$\frac{\partial \Phi^{(2)}}{\partial z}=0,\qquad \text{在 } S_{\mathrm{d}} \text{ 上} \tag{8.122}$$

以及二阶散射势向外传播的无穷远条件。

对于单色的入射波浪，一阶速度势可写为

$$\Phi^{(1)}(\boldsymbol{x},t)=\mathrm{Re}[\phi^{(1)}(\boldsymbol{x})\mathrm{e}^{-\mathrm{i}\omega t}]$$

应用式 $ab=\mathrm{Re}[AB\mathrm{e}^{-2\mathrm{i}\omega t}]/2+\mathrm{Re}[AB^*]/2$ 两个一阶简谐量的乘积公式，水面上的二阶强迫项可写为

$$Q^{(2)}(\boldsymbol{x},t)=\mathrm{Re}[q^{(2)}(\boldsymbol{x})\mathrm{e}^{-2\mathrm{i}\omega t}]+\bar{q}^{(2)}(\boldsymbol{x}) \tag{8.123}$$

其中，

$$q^{(2)}(\boldsymbol{x})=\frac{\mathrm{i}\omega^3}{2g}\phi^{(1)}\phi_z^{(1)}-\frac{\mathrm{i}\omega}{2}\phi^{(1)}\phi_{zz}^{(1)}+\mathrm{i}\omega\,\nabla\phi^{(1)}\cdot\nabla\phi^{(1)}$$

$$\bar{q}^{(2)}(\boldsymbol{x})=\frac{\mathrm{i}\omega}{2g}\phi^{(1)}(\omega^2\phi_z^{(1)}-g\phi_{zz}^{(1)})^*+\mathrm{i}\omega\,\nabla\phi^{(1)}\cdot\nabla\phi^{(1)*}$$

相应地，二阶速度势也包括两个部分

$$\Phi^{(2)}(\boldsymbol{x},t)=\mathrm{Re}[\phi^{(2)}(\boldsymbol{x})\mathrm{e}^{-2\mathrm{i}\omega t}]+\bar{\phi}^{(2)}(\boldsymbol{x}) \tag{8.124}$$

对于纯粹波浪（无水流）与结构物的作用问题，在二阶近似下时间平均项 $\bar{\phi}^{(2)}(\boldsymbol{x})$ 对波浪力不产生任何贡献，因而，关于它的研究很少，常常忽略它的存在（第 3 章推导二阶斯托克斯波的时候也没有考虑这一项）。

对于倍频下的波动势，可分解为入射势 $\phi_{\mathrm{i}}^{(2)}$ 和绕射势 $\phi_{\mathrm{d}}^{(2)}$ 两个部分，根据二阶斯托克斯波理论，二阶入射势可以写为

$$\phi_{\mathrm{i}}^{(2)}=-\frac{3\mathrm{i}}{8}\frac{\omega A^2\cosh 2k(z+d)}{\sinh^4 kd}\mathrm{e}^{2\mathrm{i}kr\cos\theta} \tag{8.125}$$

其中，圆频率 ω，波数 k 和水深 d 满足线性色散关系

$$\omega^2 = gk\tanh kd$$

二阶绕射势 $\phi_{\mathrm{d}}^{(2)}$ 满足的边界条件为

$$\begin{cases} \dfrac{\partial \phi_{\mathrm{d}}^{(2)}}{\partial z} - \dfrac{4\omega^2}{g}\phi_{\mathrm{d}}^{(2)} = \dfrac{q^{(2)}(\boldsymbol{x}) - q_{\mathrm{i}}^{(2)}(\boldsymbol{x})}{g}, & \text{在 } S_{\mathrm{f}} \text{ 上} \\ \dfrac{\partial \phi_{\mathrm{d}}^{(2)}}{\partial n} = -\dfrac{\partial \phi_{\mathrm{i}}^{(2)}}{\partial n}, & \text{在 } S_{\mathrm{b}} \text{ 上} \\ \dfrac{\partial \phi_{\mathrm{d}}^{(2)}}{\partial z} = 0, & \text{在 } S_{\mathrm{d}} \text{ 上} \end{cases} \tag{8.126}$$

和无穷远处向外传播的远场条件。对于二阶绕射势的远场特性，Molin（1979）给出了如下的分析。

将二阶绕射势进一步分解成两个部分

$$\phi_{\mathrm{d}}^{(2)} = \phi_{\mathrm{df}}^{(2)} + \phi_{\mathrm{dl}}^{(2)} \tag{8.127}$$

其中，$\phi_{\mathrm{df}}^{(2)}$ 和 $\phi_{\mathrm{dl}}^{(2)}$ 分别满足下列边界条件

$$\begin{cases} \dfrac{\partial \phi_{\mathrm{dl}}^{(2)}}{\partial z} - \dfrac{4\omega^2}{g}\phi_{\mathrm{dl}}^{(2)} = \dfrac{q^{(2)}(\boldsymbol{x}) - q_{\mathrm{i}}^{(2)}(\boldsymbol{x})}{g}, & \text{在 } S_{\mathrm{f}} \text{ 上} \\ \dfrac{\partial \phi_{\mathrm{dl}}^{(2)}}{\partial z} = 0, & \text{在 } S_{\mathrm{d}} \text{ 上} \end{cases} \tag{8.128}$$

和

$$\begin{cases} \dfrac{\partial \phi_{\mathrm{df}}^{(2)}}{\partial z} - \dfrac{4\omega^2}{g}\phi_{\mathrm{df}}^{(2)} = 0, & \text{在 } S_{\mathrm{f}} \text{ 上} \\ \dfrac{\partial \phi_{\mathrm{df}}^{(2)}}{\partial n} = -\dfrac{\partial \phi_{\mathrm{i}}^{(2)}}{\partial n} - \dfrac{\partial \phi_{\mathrm{dl}}^{(2)}}{\partial n}, & \text{在 } S_{\mathrm{b}} \text{ 上} \\ \dfrac{\partial \phi_{\mathrm{df}}^{(2)}}{\partial z} = 0, & \text{在 } S_{\mathrm{d}} \text{ 上} \\ \lim\limits_{r\to\infty}\sqrt{r}\left(\dfrac{\partial \phi_{\mathrm{df}}^{(2)}}{\partial r} - \mathrm{i}k_2\phi_{\mathrm{df}}^{(2)}\right) = 0, & \text{在 } S_{\infty} \text{ 上} \end{cases} \tag{8.129}$$

可以看出，满足式（8.129）的绕射势 $\phi_{\mathrm{df}}^{(2)}$，对应着绕射势 $\phi_{\mathrm{d}}^{(2)}$ 的齐次解。它如同一个倍频 2ω 下的线性散射波浪，与二阶强迫项没有直接联系，相当于不会受到强迫项的“约束”作用，这一波浪为自由波。自由波的波数 k_2 与 2ω 满足线性色散关系：

$$(2\omega)^2 = gk_2\tanh k_2 d$$

应当注意的是，$k_2 \neq 2k$。在远场，自由波可表示为

$$\phi_{\mathrm{df}}^{(2)} \approx \frac{F(\theta)}{\sqrt{r}}\cosh k_2(z+d)\,\mathrm{e}^{\mathrm{i}k_2 r} + O(r^{-5/2}) \tag{8.130}$$

对于满足式（8.128）的绕射势 $\phi_{\mathrm{dl}}^{(2)}$，它将受到二阶自由水面强迫项的作用，这相当于在传播过程中始终受到强迫项的“约束”作用，相当于“锁定”在强迫项中的波浪，因此，这一波系被称为“锁定”波。它不具有独立的色散关系，在自由水面上强迫项的主导项为 $\phi_{\mathrm{i}}^{(1)}\phi_{\mathrm{d}}^{(1)}$ 的量级，在无穷远处可写为

$$\phi_{\mathrm{dl}}^{(2)} \approx \frac{E(\theta)}{\sqrt{r}}\cosh\left[k\sqrt{2+2\cos\theta}\,(z+d)\right]\mathrm{e}^{\mathrm{i}kr(1+\cos\theta)} + O(r^{-1}) \tag{8.131}$$

由远场表达式（8.130）与式（8.131）可以看出，不管是自由波还是“锁定”波，在远场都是以 $1/\sqrt{r}$ 的速率衰减的。

8.6.2 边界积分方程的建立与求解

应用二倍频下满足一阶波浪条件的格林函数 $G(\boldsymbol{x},\boldsymbol{x}_0;2\omega)$，对该格林函数以及二阶绕射势使用第二格林定理，并消除海底 S_{d} 积分，可以得到关于二阶绕射势的积分方程［为书写简化仍将格林函数写为 $G(\boldsymbol{x},\boldsymbol{x}_0)$ 或 G］为

$$\alpha\phi_{\mathrm{d}}^{(2)}(\boldsymbol{x}_0)=\iint\limits_{S_{\mathrm{b}}+S_{\mathrm{f}}+S_{\infty}}\left[\phi_{\mathrm{d}}^{(2)}(\boldsymbol{x})\frac{\partial G(\boldsymbol{x},\boldsymbol{x}_0)}{\partial n}-G(\boldsymbol{x},\boldsymbol{x}_0)\frac{\partial\phi_{\mathrm{d}}^{(2)}(\boldsymbol{x})}{\partial n}\right]\mathrm{d}S \tag{8.132}$$

将分解为自由波和锁相波的绕射势表达式代入积分方程中，积分方程可进一步写为

$$\begin{aligned}&\alpha\phi_{\mathrm{d}}^{(2)}-\iint\limits_{S_{\mathrm{b}}}\phi_{\mathrm{d}}^{(2)}\frac{\partial G}{\partial n}\mathrm{d}S-\iint\limits_{S_{\mathrm{f}}}\phi_{\mathrm{df}}^{(2)}\frac{\partial G}{\partial n}\mathrm{d}S-\iint\limits_{S_{\mathrm{f}}}\phi_{\mathrm{dl}}^{(2)}\frac{\partial G}{\partial n}\mathrm{d}S-\iint\limits_{S_{\infty}}\phi_{\mathrm{df}}^{(2)}\frac{\partial G}{\partial n}\mathrm{d}S-\iint\limits_{S_{\infty}}\phi_{\mathrm{dl}}^{(2)}\frac{\partial G}{\partial n}\mathrm{d}S\\&=\iint\limits_{S_{\mathrm{b}}}G\frac{\partial\phi_{\mathrm{i}}^{(2)}}{\partial n}\mathrm{d}S-\iint\limits_{S_{\mathrm{f}}}G\frac{\partial\phi_{\mathrm{df}}^{(2)}}{\partial n}\mathrm{d}S-\iint\limits_{S_{\mathrm{f}}}G\frac{\partial\phi_{\mathrm{dl}}^{(2)}}{\partial n}\mathrm{d}S-\iint\limits_{S_{\infty}}G\frac{\partial\phi_{\mathrm{df}}^{(2)}}{\partial n}\mathrm{d}S-\iint\limits_{S_{\infty}}G\frac{\partial\phi_{\mathrm{dl}}^{(2)}}{\partial n}\mathrm{d}S\end{aligned} \tag{8.133}$$

将自由波绕射势 $\phi_{\mathrm{df}}^{(2)}$ 与格林函数的自由水面条件和远场条件代入上式中，经过一系列与线性问题类似的处理，可以消去自由水面积分和无穷远积分，得

$$\begin{aligned}&\alpha\phi_{\mathrm{d}}^{(2)}(\boldsymbol{x}_0)-\iint\limits_{S_{\mathrm{b}}}\phi_{\mathrm{d}}^{(2)}(\boldsymbol{x})\frac{\partial G(\boldsymbol{x},\boldsymbol{x}_0)}{\partial n}\mathrm{d}S-\iint\limits_{S_{\mathrm{f}}}\phi_{\mathrm{dl}}^{(2)}(\boldsymbol{x})\frac{\partial G(\boldsymbol{x},\boldsymbol{x}_0)}{\partial n}\mathrm{d}S-\iint\limits_{S_{\infty}}\phi_{\mathrm{dl}}^{(2)}(\boldsymbol{x})\frac{\partial G(\boldsymbol{x},\boldsymbol{x}_0)}{\partial n}\mathrm{d}S\\&=\iint\limits_{S_{\mathrm{b}}}G(\boldsymbol{x},\boldsymbol{x}_0)\frac{\partial\phi_{\mathrm{i}}^{(2)}(\boldsymbol{x})}{\partial n}\mathrm{d}S-\iint\limits_{S_{\mathrm{f}}}G(\boldsymbol{x},\boldsymbol{x}_0)\frac{\partial\phi_{\mathrm{dl}}^{(2)}(\boldsymbol{x})}{\partial n}\mathrm{d}S-\iint\limits_{S_{\infty}}G(\boldsymbol{x},\boldsymbol{x}_0)\frac{\partial\phi_{\mathrm{dl}}^{(2)}(\boldsymbol{x})}{\partial n}\mathrm{d}S\end{aligned} \tag{8.134}$$

进一步将锁定波绕射势 $\phi_{\mathrm{dl}}^{(2)}$ 与格林函数的自由水面条件和远场条件代入上式中，再经过一些简单的计算，可以将积分方程写为

$$\begin{aligned}&\alpha\phi_{\mathrm{d}}^{(2)}(\boldsymbol{x}_0)-\iint\limits_{S_{\mathrm{b}}}\phi_{\mathrm{d}}^{(2)}(\boldsymbol{x})\frac{\partial G(\boldsymbol{x},\boldsymbol{x}_0)}{\partial n}\mathrm{d}S=\iint\limits_{S_{\mathrm{b}}}G(\boldsymbol{x},\boldsymbol{x}_0)\frac{\partial\phi_{\mathrm{i}}^{(2)}(\boldsymbol{x})}{\partial n}\mathrm{d}S-\\&\frac{1}{g}\iint\limits_{S_{\mathrm{f}}}G(\boldsymbol{x},\boldsymbol{x}_0)(q^{(2)}(\boldsymbol{x})-q_{\mathrm{i}}^{(2)}(\boldsymbol{x}))\mathrm{d}S+\iint\limits_{S_{\infty}}G(\boldsymbol{x},\boldsymbol{x}_0)\left[\mathrm{i}k_2\phi_{\mathrm{dl}}^{(2)}(\boldsymbol{x})-\frac{\partial\phi_{\mathrm{dl}}^{(2)}(\boldsymbol{x})}{\partial r}\right]\mathrm{d}S\end{aligned} \tag{8.135}$$

从式（8.135）的推导过程中可以看出，由于自由波绕射势 $\phi_{\mathrm{df}}^{(2)}$ 满足齐次自由水面边界条件（即没有自由水面强迫项）和远场辐射条件，可消去对应的自由水面积分和无穷远积分。而锁定波绕射势 $\phi_{\mathrm{dl}}^{(2)}$ 并不满足上述两个条件，因此，对应的 S_{f} 与 S_{∞} 两项在边界积分方程中被保留了下来。

进一步对无穷远积分项进行处理，利用格林函数和锁定波的远场条件可写为

$$I_{\infty}=\int_0^{2\pi}\int_{-d}^{0}e(\theta)\cosh k_2(z+d)\cosh k\sqrt{2+2\cos\theta}(z+d)\times\mathrm{e}^{\mathrm{i}r[k(1+\cos\theta)+k_2]}\mathrm{d}z\mathrm{d}\theta \tag{8.136}$$

应用驻相定理（见附录A）可以证明上述积分随着 r 的增大而趋于0，因此，这一项实际上可以消掉，从而可以得到最终二阶绕射势计算所需的边界积分方程为

$$\alpha\phi_{\mathrm{d}}^{(2)}(\boldsymbol{x}_0) - \iint_{S_b}\phi_{\mathrm{d}}^{(2)}(\boldsymbol{x})\frac{\partial G(\boldsymbol{x}, \boldsymbol{x}_0)}{\partial n}\mathrm{d}S = \iint_{S_b}G(\boldsymbol{x}, \boldsymbol{x}_0)\frac{\partial\phi_{\mathrm{i}}^{(2)}(\boldsymbol{x})}{\partial n}\mathrm{d}S - \frac{1}{g}\iint_{S_f}G(\boldsymbol{x}, \boldsymbol{x}_0)(q^{(2)}(\boldsymbol{x}) - q_{\mathrm{i}}^{(2)}(\boldsymbol{x}))\mathrm{d}S \tag{8.137}$$

从式（8.137）可以看出，与一阶问题相比，二阶问题的主要特征在于多出了一个自由水面积分项。由于自由水面是无穷大的，这一项实际上是一个无穷积分。对于自由水面无穷积分的计算是二阶问题计算中的主要难点。对于轴对称物体，水面上的一阶速度势和格林函数可展开成傅氏级数的形式

$$\phi^{(1)}(r, \theta, z) = \frac{\mathrm{i}gA}{\omega}\sum_{m=0}^{\infty}\varepsilon_m\phi_m(r, z)\cos m\theta$$

$$G(r, \theta, z; r_0, \theta_0, z_0) = \sum_{m=0}^{\infty}\varepsilon_m G_m(r, z; r_0, z_0)\cos m(\theta - \theta_0)$$

其中，

$$\phi_m(r, z) = \alpha_{m0}Z_0(k_0z)H_m(k_0r) + \sum_{i=1}^{\infty}\alpha_{mi}Z_i(k_iz)K_m(k_ir)$$

k_i与$Z_i(k_iz)$的定义同前，α_{mi}为展开系数。

$$G_m(r, z; r_0, z_0) = -\frac{C_0}{2}\mathrm{i}J_m(k_{20}r_<)H_m(k_{20}r_>)Z_0(k_{20}z)Z_0(k_{20}z_0) - \frac{1}{\pi}\sum_{i=0}^{\infty}C_iK_m(k_{2i}r_>)I_m(k_{2i}r_<)Z_i(k_{2i}z)Z_i(k_{2i}z_0)$$

式中，当$r > r_0$时，$r_> = r$，$r_< = r_0$；当$r < r_0$时，$r_> = r_0$，$r_< = r$。即

$$r_> = \max\ (r_0, r)$$

$$r_< = \min\ (r_0, r)$$

k_{2i}为下述方程的根：

$$(2\omega)^2 = gk_{20}\tanh k_{20}d$$

$$(2\omega)^2 = -gk_{2i}\tan k_{2i}d, \quad i = 1, 2\cdots$$

C_i的定义为

$$C_i = \left[2\int_{-d}^{0}Z_i^2(k_{2i}z)\,\mathrm{d}z\right]^{-1}, \quad i = 1, 2\cdots$$

再应用附录 B 的级数相乘关系，并利用三角函数的正交性，可将水面积分最后表示为

$$I_{\mathrm{f}} = \frac{1}{g}\int_0^{2\pi}\int_a^{\infty}\sum_{m=0}^{\infty}\varepsilon_m p_m(r, 0; r_0, z_0)\cos m\theta r\mathrm{d}r\mathrm{d}\theta = \frac{2\pi}{g}\int_a^{\infty}p_0(r, 0; r_0, z_0)r\mathrm{d}r \tag{8.138}$$

对于这一积分，Eatock Taylor 等（1987）应用的方法是将自由水面分成 3 个区域，在靠近物体的内域上采用数值方法直接计算，中区忽略掉一阶绕射势和格林函数中对应于修正贝塞尔函数$K_m(x)$项的非传播模态，然后应用数值方法计算，在外区应用汉克尔函数在大参数下的渐进展开式，解析积分到无穷远处。对于非轴对称物体，可在物体附近画一圆，圆内区域应用直接积分法计算水面上的积分，圆外区域按上述方法做傅氏展

开，然后变换成式（8.138）的形式，从而可以完成任意物体自由水面无穷积分的计算。

到目前为止，已完成对积分方程（8.137）各项的计算，在此基础上，采用边界元方法对边界积分方程（8.137）进行离散，建立对应的线性方程组，可以求出物体表面的二阶绕射势，进而可以完成二阶速度势的求解。

8.6.3 二阶波浪力的计算

求得了二阶速度势后，波浪作用下的流体压强可写为

$$p = -\rho g z - \rho \frac{\partial \Phi}{\partial t} - \rho \frac{\nabla \Phi \cdot \nabla \Phi}{2} \tag{8.139}$$

物体上所受的波浪作用力为

$$\boldsymbol{F}(t) = \iint_S p \boldsymbol{n} \mathrm{d}S \tag{8.140}$$

其中，S 为物体上的瞬时湿面积。将波浪压强的摄动展开及泰勒展开式代入后，物体上的总的波浪作用力可表示为

$$\begin{aligned}\boldsymbol{F}(t) = &\iint_{S_b}\left[-\rho g z - \rho\varepsilon \frac{\partial \Phi^{(1)}}{\partial t} - \rho\varepsilon^2 \frac{\partial \Phi^{(2)}}{\partial t} - \frac{\rho\varepsilon^2}{2} |\nabla \Phi^{(1)}|^2\right]\boldsymbol{n}\mathrm{d}S + \\ &\iint_{\Delta S}\left[-\rho g z - \rho\varepsilon \frac{\partial \Phi^{(1)}}{\partial t}\right]\boldsymbol{n}\mathrm{d}S + O(\varepsilon^3)\end{aligned} \tag{8.141}$$

其中，S_b为物体的平均位置湿表面，ΔS 为波浪的作用面。同样地，可将物体上的总波浪力展开为

$$\boldsymbol{F}(t) = \boldsymbol{F}^{(0)} + \varepsilon \boldsymbol{F}^{(1)}(t) + \varepsilon^2 \boldsymbol{F}^{(2)}(t) + O(\varepsilon^3) \tag{8.142}$$

其中，零阶波浪力为流体对物体的静浮力

$$\boldsymbol{F}^{(0)} = -\iint_{S_b} \rho g z \boldsymbol{n} \mathrm{d}S = \{0, 0, \rho g V\}^{\mathrm{T}} \tag{8.143}$$

式中，V 为物体排开水体的体积。

一阶波浪力为

$$\boldsymbol{F}^{(1)} = -\iint_{S_b} \rho \frac{\partial \Phi^{(1)}}{\partial t} \boldsymbol{n} \mathrm{d}S \tag{8.144}$$

与式（8.20）的定义相同。

二阶波浪力为

$$\boldsymbol{F}^{(2)} = -\iint_{S_b}\left[\rho \frac{\partial \Phi^{(2)}}{\partial t} + \frac{\rho}{2} |\nabla \Phi^{(1)}|^2\right]\boldsymbol{n}\mathrm{d}S - \varepsilon \iint_{\Delta S}\left[\frac{\rho g z}{\varepsilon} + \rho \frac{\partial \Phi^{(1)}}{\partial t}\right]\boldsymbol{n}\mathrm{d}S \tag{8.145}$$

对于第二项积分可应用泰勒级数展开式进一步简化为

$$\begin{aligned}\boldsymbol{F}_{\mathrm{w}}^{(2)} &= -\varepsilon \int_0^{\eta}\oint_{\Gamma}\left(\frac{\rho g z}{\varepsilon} + \rho \left.\frac{\partial \Phi^{(1)}}{\partial t}\right|_{z=0} + \cdots\right)\boldsymbol{n}\mathrm{d}z\mathrm{d}l \\ &= -\oint_{\Gamma}\left(\frac{\rho g \eta^2}{2} + \rho\eta \left.\frac{\partial \Phi^{(1)}}{\partial t}\right|_{z=0} + \cdots\right)\boldsymbol{n}\mathrm{d}l\end{aligned}$$

$$= \frac{\rho}{2g}\oint_{\Gamma}\left(\frac{\partial \boldsymbol{\Phi}^{(1)}}{\partial t}\right)^2 \boldsymbol{n}\mathrm{d}l + O(\varepsilon^3) \tag{8.146}$$

式中，Γ 为物体在静水中与水面的交线，称作水线。

如同二阶速度势，二阶波浪力也包括两个部分，

$$\boldsymbol{F}^{(2)} = \mathrm{Re}[f^{(2)}\mathrm{e}^{-2\mathrm{i}\omega t}] + f_{\mathrm{m}}^{(2)} \tag{8.147}$$

其中，二阶倍频力为

$$\boldsymbol{f}^{(2)} = \rho\iint_{S_b}\left[2\mathrm{i}\omega\phi^{(2)} - \frac{1}{4}\nabla\phi^{(1)}\cdot\nabla\phi^{(1)}\right]\boldsymbol{n}\mathrm{d}S - \frac{\rho\omega^2}{4g}\oint_{\Gamma}\phi^{(1)2}\boldsymbol{n}\mathrm{d}l \tag{8.148}$$

二阶平均漂移力为

$$\boldsymbol{f}_{\mathrm{m}}^{(2)} = -\frac{\rho}{4}\iint_{S_b}[\nabla\phi^{(1)}\cdot\nabla\phi^{(1)*}]\,\boldsymbol{n}\mathrm{d}S - \frac{\rho\omega^2}{4g}\oint_{\Gamma}\phi^{(1)}\phi^{(1)*}\boldsymbol{n}\mathrm{d}l \tag{8.149}$$

由此可以看出，二阶速度势仅对二阶倍频波浪力产生贡献，而不对平均漂移力产生任何影响，利用物面上的一阶速度势可以直接求得物体上的二阶平均漂移力。

8.6.4 波浪对漂浮物体的二阶作用简介

下面对波浪与运动物体的二阶作用问题进行简要的介绍。该问题与固定物体的二阶作用问题相比，主要区别在于考虑物体运动的影响，对应的是产生了物面强迫项。我们略去复杂的推导过程，直接给出二阶近似条件下速度势对应的边界条件为

$$\begin{cases} \dfrac{\partial^2\boldsymbol{\Phi}^{(2)}}{\partial t^2} + g\dfrac{\partial\boldsymbol{\Phi}^{(2)}}{\partial z} = Q^{(2)}(\boldsymbol{x},t), & \text{在 } S_{\mathrm{f}} \text{ 上} \\ \dfrac{\partial\boldsymbol{\Phi}^{(2)}}{\partial n} = \dot{\boldsymbol{\Xi}}^{(2)}\cdot\boldsymbol{n} + \dot{\boldsymbol{A}}^{(2)}[(\boldsymbol{x}-\boldsymbol{x}_0)\times\boldsymbol{n}] + P^{(2)}(\boldsymbol{x},t), & \text{在 } S_{\mathrm{b}} \text{ 上} \\ \dfrac{\partial\boldsymbol{\Phi}^{(2)}}{\partial z} = 0, & \text{在 } S_{\mathrm{d}} \text{ 上} \end{cases} \tag{8.150}$$

其中，自由水面强迫项 $Q^{(2)}(\boldsymbol{x},t)$ 的表达式仍为式（8.120），物面强迫项 $P^{(2)}(\boldsymbol{x},t)$ 的表达式为

$$P^{(2)}(\boldsymbol{x},t) = \dot{\boldsymbol{H}}^{(2)}\cdot(\boldsymbol{x}-\boldsymbol{x}_0) - \left[\dot{\boldsymbol{\Xi}}^{(1)} + \dot{\boldsymbol{A}}^{(1)}\times(\boldsymbol{x}-\boldsymbol{x}_0)\right]\cdot\nabla\nabla\boldsymbol{\Phi}^{(1)} +$$

$$\dot{\boldsymbol{A}}^{(1)}\times\left\{\nabla\boldsymbol{\Phi}^{(1)} - \left[\dot{\boldsymbol{\Xi}}^{(1)} + \dot{\boldsymbol{A}}^{(1)}\times(\boldsymbol{x}-\boldsymbol{x}_0)\right]\right\}$$

式中，$\boldsymbol{H}^{(2)}$ 为物体转动相关的二次坐标转换矩阵，它是由一阶转动的相互作用产生的，其表达式为

$$\boldsymbol{H}^{(2)} = -\frac{1}{2}\begin{bmatrix} (\alpha_y^2+\alpha_z^2) & 0 & 0 \\ -2\alpha_x\alpha_y & (\alpha_x^2+\alpha_z^2) & 0 \\ -2\alpha_x\alpha_z & -2\alpha_y\alpha_z & (\alpha_x^2+\alpha_y^2) \end{bmatrix} \tag{8.151}$$

同一阶运动响应问题，将二阶速度势分解为入射势、绕射势和辐射势，即

$$\boldsymbol{\Phi}^{(2)} = \boldsymbol{\Phi}_{\mathrm{i}}^{(2)} + \boldsymbol{\Phi}_{\mathrm{d}}^{(2)} + \boldsymbol{\Phi}_{\mathrm{r}}^{(2)} \tag{8.152}$$

首先考虑二阶辐射势，它满足的自由水面与物面边界条件为

$$
\begin{cases}
\dfrac{\partial^2 \boldsymbol{\Phi}_{\mathrm{r}}^{(2)}}{\partial t^2} + g\dfrac{\partial \boldsymbol{\Phi}_{\mathrm{r}}^{(2)}}{\partial z} = 0, & \text{在 } S_{\mathrm{f}} \text{ 上} \\
\dfrac{\partial \boldsymbol{\Phi}_{\mathrm{r}}^{(2)}}{\partial n} = \dot{\boldsymbol{\Xi}}^{(2)} \cdot \boldsymbol{n} + \dot{\boldsymbol{A}}^{(2)} [(\boldsymbol{x} - \boldsymbol{x}_0) \times \boldsymbol{n}], & \text{在 } S_{\mathrm{b}} \text{ 上}
\end{cases}
\tag{8.153}
$$

可以看出，辐射势中既不考虑自由水面强迫项的影响，也不考虑物面强迫项的影响，它的计算与一阶辐射势的计算是完全相同的。

进一步考虑二阶绕射势，它满足的自由水面与物面边界条件为

$$
\begin{cases}
\dfrac{\partial^2 \boldsymbol{\Phi}_{\mathrm{d}}^{(2)}}{\partial t^2} + g\dfrac{\partial \boldsymbol{\Phi}_{\mathrm{d}}^{(2)}}{\partial z} = Q_{\mathrm{d}}^{(2)}(\boldsymbol{x}, t), & \text{在 } S_{\mathrm{f}} \text{ 上} \\
\dfrac{\partial \boldsymbol{\Phi}_{\mathrm{d}}^{(2)}}{\partial n} = -\dfrac{\partial \boldsymbol{\Phi}_{\mathrm{i}}^{(2)}}{\partial n} + P_{\mathrm{d}}^{(2)}(\boldsymbol{x}, t), & \text{在 } S_{\mathrm{b}} \text{ 上}
\end{cases}
\tag{8.154}
$$

其中，$Q_{\mathrm{d}}^{(2)}(\boldsymbol{x}, t) = Q^{(2)}(\boldsymbol{x}, t) - Q_{\mathrm{i}}^{(2)}(\boldsymbol{x}, t)$，$P_{\mathrm{d}}^{(2)}(\boldsymbol{x}, t) = P^{(2)}(\boldsymbol{x}, t) - P_{\mathrm{i}}^{(2)}(\boldsymbol{x}, t)$。可以看出，与固定物体上的二阶波浪力相比，这里增加了一个二阶物面强迫项 $P_{\mathrm{d}}^{(2)}(\mathbf{x},t)$。

进而分别对二阶辐射势和二阶绕射势建立边界积分方程，即可对问题进行求解。对于辐射势，它的计算与一阶辐射势是相同的。对于绕射势，由于强迫项的影响，与一阶问题相比，它将增加一个自由水面强迫项产生的积分和一个物面强迫项产生的积分。其中，自由水面强迫项积分计算的主要难点仍为无穷积分的处理，可以采用与固定物体的二阶作用问题相同的方法处理。而物面强迫项积分计算的难点主要在一些空间偏导数的计算上，尤其是二阶偏导数的计算。有关波浪对运动物体二阶作用的详细介绍可以参阅文献 Ogilvie（1983）、Kim 等（1989）及滕斌（1995）。另外，一些学者还开展了波浪与结构物三阶作用的研究，关于这方面的内容可参阅文献 Malenica 等（1995），Teng 等（2002）。

8.7 二阶漂移力与二阶慢漂力

通过第 8.6 节的讲述可以看出，单频率波浪作用在物体上的二阶力包括了两个分量：二倍频下的二阶波浪激振力和零频率下的二阶平均漂移力，简称倍频作用力和零频作用力。当考虑双频率入射波作用时，二阶波浪作用还将出现和频作用力和差频作用力。工程中，和频与倍频作用会使结构产生高频动力响应，如张力腿平台的 Spring 现象，导致张力腿筋腱的疲劳破坏；而差频和零频作用则容易激发浮体结构的水平运动方向的共振响应，也会对浮体运动响应产生重要影响。本节将进一步对零频和差频作用分量的计算进行讨论，具体包括平均漂移力的远场方法和慢漂力的近似计算方法。关于完整的双频率波浪的二阶作用问题可以参阅文献 Faltinsen（1990）、Kato 等（1990）、Eatock Taylor（1999）、滕斌等（1999）。

8.7.1 波浪二阶平均漂移力的远场方法

第 8.6 节所描述的数值方法中，二阶波浪作用力的计算是通过对物面和水线上的波浪压强积分求得的，这种直接积分的方程被称为近场方法。在近场方法的计算中，由于物面

积分涉及很多一阶速度势空间导数的计算，速度势空间导数较速度势本身具有较低的计算精度，特别是对于一些具有棱角的物体，在棱角周围很难求得速度势空间导数的精确解。这会给近场方法计算二阶波浪力带来误差。

针对上述问题，Maruo（1960）利用动量方程，得到了二阶平均漂移力的水平分量可用散射波的远场特性来计算的方法，这一方法称为二阶漂移力的远场方法。Newman（1967）对这一方法加以推广，得到了关于铅垂轴的漂移力矩的远场方法。通常认为远场方法较近场方法具有更高的计算精度。

根据流体力学的相关原理，对于以 S 为边界的运动体积 V 内的每单位体积的任何矢量，有下面的运动学输运定理

$$\frac{\mathrm{d}}{\mathrm{d}t}\iiint_V \boldsymbol{G}\mathrm{d}V = \iiint_V \frac{\partial \boldsymbol{G}}{\partial t}\mathrm{d}V + \iint_S \boldsymbol{G}\boldsymbol{U}_{\mathrm{n}}\mathrm{d}S \tag{8.155}$$

式中，$\boldsymbol{U}_{\mathrm{n}}$ 表示 S 的法向速度。设 $\boldsymbol{G}$ 为每单位体积的线动量 $\rho\boldsymbol{u}$，$\boldsymbol{M}$ 为体积 V 内总的线动量，则线动量的各个分量为

$$\frac{\mathrm{d}}{\mathrm{d}t}\boldsymbol{M}_i = \rho\iiint_V \frac{\partial u_i}{\partial t}\mathrm{d}V + \rho\iint_S u_i\boldsymbol{U}_{\mathrm{n}}\mathrm{d}S \tag{8.156}$$

利用欧拉方程

$$\frac{\partial u_i}{\partial t} = -\frac{\partial}{\partial x_i}\left(\frac{p}{\rho} + gz\right) - \frac{\partial}{\partial x_j}(u_i u_j), \qquad i = 1,2,3$$

和高斯（Gauss）定理

$$\iiint_V \frac{\partial f(\boldsymbol{x})}{\partial x_i}\mathrm{d}V = \iint_S f(\boldsymbol{x})n_i\mathrm{d}S$$

可以将式（8.156）右端的第一个积分化为面积分。这样，式（8.156）可写为

$$\frac{\mathrm{d}}{\mathrm{d}t}M_i = -\iint_S (p + \rho gz\delta_{i3})n_i\mathrm{d}S + \rho\iint_S u_i(\boldsymbol{u}\cdot\boldsymbol{n} - \boldsymbol{U}_{\mathrm{n}})\mathrm{d}S \tag{8.157}$$

其水平分量为

$$\frac{\mathrm{d}}{\mathrm{d}t}\begin{bmatrix} M_x \\ M_y \end{bmatrix} = -\rho\iint_S\left(\frac{p}{\rho}\begin{bmatrix} n_x \\ n_y \end{bmatrix} + \begin{bmatrix} u \\ v \end{bmatrix}(\boldsymbol{u}\cdot\boldsymbol{n} - \boldsymbol{U}_{\mathrm{n}})\right)\mathrm{d}S \tag{8.158}$$

令 S 为由物体在水中的湿表面 S_{b}、自由水面 S_{f}、水平海底 S_{d}、无穷远处的固定铅垂柱面 S_∞ 构成的封闭曲面。则在表面 S_{b}、S_{f}和 S_{d}上，$\boldsymbol{u}\cdot\boldsymbol{n} - \boldsymbol{U}_{\mathrm{n}} = 0$；在自由水面 S_{f}上，$p = 0$；在无穷远 S_∞ 上，$\boldsymbol{U}_{\mathrm{n}} = 0$；在水平海底 S_{d}上，$n_x = n_y = 0$。将这些边界条件代入式（8.158）中，可得

$$\frac{\mathrm{d}}{\mathrm{d}t}\begin{bmatrix} M_x \\ M_y \end{bmatrix} = -\rho\iint_{S_{\mathrm{b}}}\frac{p}{\rho}\begin{bmatrix} n_x \\ n_y \end{bmatrix}\mathrm{d}S - \rho\iint_{S_\infty}\left(\frac{p}{\rho}\begin{bmatrix} n_x \\ n_y \end{bmatrix} + \begin{bmatrix} u \\ v \end{bmatrix}(\boldsymbol{u}\cdot\boldsymbol{n})\right)\mathrm{d}S \tag{8.159}$$

注意等式右端第一项为物体上的波浪作用力，移项可得

$$\begin{bmatrix} F_x \\ F_y \end{bmatrix} = \iint_{S_{\mathrm{b}}} p\begin{bmatrix} n_x \\ n_y \end{bmatrix}\mathrm{d}S = -\iint_{S_\infty}\left(p\begin{bmatrix} n_x \\ n_y \end{bmatrix} + \rho\begin{bmatrix} u \\ v \end{bmatrix}(\boldsymbol{u}\cdot\boldsymbol{n})\right)\mathrm{d}S - \frac{\mathrm{d}}{\mathrm{d}t}\begin{bmatrix} M_x \\ M_y \end{bmatrix} \tag{8.160}$$

取式（8.160）对时间的平均，因为有周期性，右端最后一项没有贡献，所以漂移力的分量形式为

$$\overline{\begin{bmatrix} F_x \\ F_y \end{bmatrix}} = - \overline{\iint_{S_\infty} \left\{ p \begin{bmatrix} n_x \\ n_y \end{bmatrix} + \rho \begin{bmatrix} u \\ v \end{bmatrix} (\boldsymbol{u} \cdot \boldsymbol{n}) \right\} \mathrm{d}S} \tag{8.161}$$

取 S_∞ 为具有很大半径的圆柱，式（8.161）在极坐标下可写为

$$\overline{\begin{bmatrix} F_x \\ F_y \end{bmatrix}} = - \overline{\iint_{S_\infty} \left\{ p \begin{bmatrix} \cos\theta \\ \sin\theta \end{bmatrix} + \rho \begin{bmatrix} u_r \cos\theta - u_\theta \sin\theta \\ u_r \sin\theta + u_\theta \cos\theta \end{bmatrix} u_r \right\} \mathrm{d}S} \tag{8.162}$$

利用伯努利方程

$$-\frac{p}{\rho} = \frac{\partial \Phi}{\partial t} + gz + \frac{1}{2} |\nabla \Phi|^2$$

因此式（8.162）等号右端第一项为

$$-\iint_{S_\infty} p \begin{bmatrix} \cos\theta \\ \sin\theta \end{bmatrix} \mathrm{d}S = \rho R \int_0^{2\pi} \begin{bmatrix} \cos\theta \\ \sin\theta \end{bmatrix} \mathrm{d}\theta \int_{-h}^{\eta} \left[\frac{\partial \Phi}{\partial t} + gz + \frac{1}{2} |\nabla \Phi|^2 \right] \mathrm{d}z \tag{8.163}$$

注意式中第二个积分的量级为

$$\int_{-h}^{\eta} \mathrm{d}z = \int_{-h}^{0} \mathrm{d}z + \int_{0}^{\eta} \mathrm{d}z \sim O(\varepsilon^0) + O(\varepsilon^1) \tag{8.164}$$

对于第一个积分，取时间平均后，二阶近似条件下式（8.163）可表示为

$$\overline{\int_0^{2\pi} \begin{bmatrix} \cos\theta \\ \sin\theta \end{bmatrix} \mathrm{d}\theta \int_{-h}^{0} \left[\frac{\partial \Phi}{\partial t} + gz + \frac{1}{2} |\nabla \Phi|^2 \right] \mathrm{d}z} = \overline{\int_0^{2\pi} \begin{bmatrix} \cos\theta \\ \sin\theta \end{bmatrix} \mathrm{d}\theta \int_{-h}^{0} \frac{1}{2} |\nabla \Phi^{(1)}|^2 \mathrm{d}z} \tag{8.165}$$

对于第二个积分，取时间平均后的二阶近似表达式为

$$\overline{\int_0^{\eta} \left[\frac{\partial \Phi}{\partial t} + gz + \frac{1}{2} |\nabla \Phi|^2 \right] \mathrm{d}z} = \overline{\frac{\partial \Phi^{(1)}}{\partial t} \eta} + \overline{\frac{1}{2} g \eta^2} = -\frac{1}{2g} \overline{\left| \frac{\partial \Phi^{(1)}}{\partial t} \right|^2} = -\frac{1}{2g} \overline{[\mathrm{Re}\,(\mathrm{i}\omega \phi \mathrm{e}^{-\mathrm{i}\omega t})]^2} \tag{8.166}$$

式（8.166）推导过程中使用了波面方程 $\eta = -\dfrac{1}{g} \dfrac{\partial \Phi}{\partial t}$。对式（8.166）取实部后可得

$$\overline{\int_0^{\eta} \left[\frac{\partial \Phi}{\partial t} + gz + \frac{1}{2} |\nabla \Phi|^2 \right] \mathrm{d}z} = -\frac{\omega^2}{4g} |\phi|_{z=0}^2 \tag{8.167}$$

综合式（8.165）和式（8.167），则式（8.162）等号右端第一项最终可简化为

$$-\overline{\iint_{S_\infty} p \begin{bmatrix} \cos\theta \\ \sin\theta \end{bmatrix} \mathrm{d}S} = \rho R \int_0^{2\pi} \begin{bmatrix} \cos\theta \\ \sin\theta \end{bmatrix} \mathrm{d}\theta \left\{ \int_{-h}^{0} \frac{1}{2} |\nabla \Phi^{(1)}|^2 \mathrm{d}z - \frac{\omega^2}{4g} |\phi|_{z=0}^2 \right\} \tag{8.168}$$

对于式（8.162）等号右端第二项，将 $u_r = \dfrac{\partial \Phi}{\partial r}$ 以及 $u_\theta = \dfrac{1}{R} \dfrac{\partial \Phi}{\partial \theta}$ 代入，二阶近似下只保留 $\int_{-h}^{0} \mathrm{d}z$ 积分项，经过一系列代数运算，最后可以得到式（8.162）在二阶波陡下的近似表达式为

$$\begin{aligned} \overline{F_x} = & -\int_0^{2\pi} \rho R \mathrm{d}\theta \left\{ \int_{-d}^{0} \mathrm{d}z \left\{ -\frac{1}{2} \left[\overline{\left(\frac{\partial \Phi}{\partial r} \right)^2} + \frac{1}{R^2} \overline{\left(\frac{\partial \Phi}{\partial \theta} \right)^2} + \overline{\left(\frac{\partial \Phi}{\partial z} \right)^2} \right] \cos\theta + \right. \right. \\ & \left. \left. \overline{\left(\frac{\partial \Phi}{\partial r} \right)^2} \cos\theta - \frac{1}{R} \overline{\left(\frac{\partial \Phi}{\partial r} \frac{\partial \Phi}{\partial \theta} \right)} \sin\theta \right\} + \frac{\omega^2}{4g} |\phi|_{z=0}^2 \cos\theta \right\} \Bigg|_{r=R} \end{aligned} \tag{8.169}$$

$$\overline{F_y} = -\int_0^{2\pi}\rho R\mathrm{d}\theta\left\{\int_{-d}^{0}\mathrm{d}z\left\{-\frac{1}{2}\left[\overline{\left(\frac{\partial\Phi}{\partial r}\right)^2}+\frac{1}{R^2}\overline{\left(\frac{\partial\Phi}{\partial\theta}\right)^2}+\overline{\left(\frac{\partial\Phi}{\partial z}\right)^2}\right]\sin\theta+\right.\right.$$

$$\left.\left.\overline{\left(\frac{\partial\Phi}{\partial r}\right)^2}\sin\theta+\frac{1}{R}\overline{\left(\frac{\partial\Phi}{\partial r}\frac{\partial\Phi}{\partial\theta}\right)}\cos\theta\right\}+\frac{\omega^2}{4g}\left|\phi\right|_{z=0}^2\sin\theta\right\}\Bigg|_{r=R} \tag{8.170}$$

式中，Φ 为一阶波浪速度势。

我们再利用速度势在远离物体处的渐进表达式，

$$\Phi = \mathrm{Re}[(\phi_i+\phi_s)e^{-i\omega t}]$$

$$\phi_i = -\frac{igA}{\omega}\frac{\cosh k(z+d)}{\cosh kd}e^{ikr\cos\theta}\sim O(r^0)$$

$$\phi_s = -\frac{igA}{\omega}\frac{\cosh k(z+d)}{\cosh kd}A_s(\theta)\sqrt{\frac{2}{\pi kr}}e^{ikr-i\pi/4}\sim O(r^{-1/2})$$

其中，ϕ_s为散射波速度势，包括绕射波和辐射波之和。在无穷远处，入射势 ϕ_i的量级为 $O(R^0)$，散射势 ϕ_s的量级为 $O(R^{-1/2})$。舍去低于 $O(R^{-1/2})$ 量级项，并考虑到单纯入射波对波浪漂移力无贡献，上式可简化为

$$\overline{F_x} = -\int_0^{2\pi}\rho R\cos\theta\mathrm{d}\theta\left\{\int_{-d}^{0}\mathrm{d}z\,\frac{1}{2}\left[\overline{\left(\frac{\partial\Phi}{\partial r}\right)^2}-\overline{\left(\frac{\partial\Phi}{\partial z}\right)^2}\right]+\frac{\omega^2}{4g}\left|\phi\right|_{z=0}^2\right\}\Bigg|_{r=R} \tag{8.171}$$

$$\overline{F_y} = -\int_0^{2\pi}\rho R\sin\theta\mathrm{d}\theta\left\{\int_{-d}^{0}\mathrm{d}z\,\frac{1}{2}\left[\overline{\left(\frac{\partial\Phi}{\partial r}\right)^2}-\overline{\left(\frac{\partial\Phi}{\partial z}\right)^2}\right]+\frac{\omega^2}{4g}\left|\phi\right|_{z=0}^2\right\}\Bigg|_{r=R} \tag{8.172}$$

应用关系式

$$\mathrm{Re}[Ae^{-i\omega t}]\cdot\mathrm{Re}[Be^{-i\omega t}]=\frac{1}{2}\mathrm{Re}[ABe^{-2i\omega t}]+\frac{1}{2}\mathrm{Re}[AB^*]$$

取时间的平均，式（8.171）和式（8.172）可简化为

$$\overline{F_x} = -\int_0^{2\pi}\rho R\cos\theta\mathrm{d}\theta\left\{\int_{-d}^{0}\mathrm{d}z\,\frac{1}{4}\left[\left(\frac{\partial\phi}{\partial r}\right)\left(\frac{\partial\phi^*}{\partial r}\right)-\left(\frac{\partial\phi}{\partial z}\right)\left(\frac{\partial\phi^*}{\partial z}\right)\right]+\frac{\omega^2}{4g}\left|\phi\right|_{z=0}^2\right\}\Bigg|_{r=R}$$

$$\overline{F_y} = -\int_0^{2\pi}\rho R\sin\theta\mathrm{d}\theta\left\{\int_{-d}^{0}\mathrm{d}z\,\frac{1}{4}\left[\left(\frac{\partial\phi}{\partial r}\right)\left(\frac{\partial\phi^*}{\partial r}\right)-\left(\frac{\partial\phi}{\partial z}\right)\left(\frac{\partial\phi^*}{\partial z}\right)\right]+\frac{\omega^2}{4g}\left|\phi\right|_{z=0}^2\right\}\Bigg|_{r=R}$$

最后利用驻相法，可求得二阶平均漂移力的远场计算公式为

$$\overline{F_x} = -\frac{\rho gA^2}{k}\frac{C_g}{C}\left\{\int_0^{2\pi}\cos\theta\,|A_s(\theta)|^2\mathrm{d}\theta+2\mathrm{Re}[A_s(\theta)]\right\} \tag{8.173}$$

$$\overline{F_y} = -\frac{\rho gA^2}{k}\frac{C_g}{C}\left\{\int_0^{2\pi}\sin\theta\,|A_s(\theta)|^2\mathrm{d}\theta\right\} \tag{8.174}$$

当考虑波浪入射角为β时，则二阶平均漂移力的远场计算公式为

$$\overline{F_x} = -\frac{\rho gA^2}{k}\frac{C_g}{C}\left\{\int_0^{2\pi}\cos\theta\,|A_s(\theta)|^2\mathrm{d}\theta+2\cos\beta\mathrm{Re}[A_s(\beta)]\right\} \tag{8.175}$$

$$\overline{F_y} = -\frac{\rho gA^2}{k}\frac{C_g}{C}\left\{\int_0^{2\pi}\sin\theta\,|A_s(\theta)|^2\mathrm{d}\theta+2\sin\beta\mathrm{Re}[A_s(\beta)]\right\} \tag{8.176}$$

类似地，可得到 z 轴的二阶平均漂移力矩为

$$\overline{M_z} = -\frac{\rho g A^2}{k^2}\frac{C_g}{C}\left\{\int_0^{2\pi}\mathrm{Re}\left[A_s(\theta)\frac{\partial A_s^*(\theta)}{\partial\theta}\right]\mathrm{d}\theta - \mathrm{Re}\left[\left.\frac{\partial A_s(\theta)}{\partial\theta}\right|_{\theta=\beta}\right]\right\} \tag{8.177}$$

使用本节远场方法计算二阶平均漂移力的优势在于避免了物面积分涉及的一阶速度势空间导数的计算，因而具有更高的精度。从计算量上看，该方法使用了渐进表达式和驻相法，实际上也舍去了很多低阶量，所需要的仅仅是远场的散射波振幅，因此，该方法增加的计算量并不是很大。该方法的缺点在于，它只能计算出纵荡、横荡和艏摇/回转 3 个方向的力。另外，如果是多物体的情况，远场方法只能计算出多个物体的总力，无法计算出单个物体的受力。

8.7.2 波浪二阶慢漂移力的近似方法

在实际海洋工程中，通常要考虑不规则波浪的作用问题，其中的一个研究方法是先在频域内求得传递函数，然后，通过傅里叶变换求得时域内的脉冲响应函数。对于一阶线性问题，一阶传递函数可以通过前述单频率入射波问题的分析确定，而对于二阶非线性问题，由于单频率入射波缺少不同波浪频率的相互作用项，不能满足二阶传递函数（QTF）的计算需求，需要通过双频率入射波的作用进行计算。与单频率波浪的二阶作用相同，双频率波浪的二阶作用仍包括自由水面无穷积分等相对复杂问题的处理。由于工程中考虑不规则波作用需要对多个频率组合进行计算，其计算量往往是很大的。

对于二阶差频作用，如果浮体的固有频率很低，如水平运动分量，这些值将接近于对角元。这时，可使用 Newman 近似方法（Newman，1974）计算。该方法是将差频 QTF 的非对角元素通过对角元素求出，即

$$H^{(2-)}(\omega_i,\ \omega_j) \cong \frac{1}{2}\left[H^{(2-)}(\omega_i,\ \omega_i) + H^{(2-)}(\omega_j,\ \omega_j)\right] \tag{8.178}$$

使用式（8.178）的要求是在接近对角元素的区域，差频 QTF 数是光滑的。图 8.12 给出了某经典 Spar 平台的差频 QTF 曲线。对于这种情况，纵荡 QTF 函数可采用 Newman 近似方法计算，而升沉 QTF 函数则不满足 Newman 近似的使用条件。

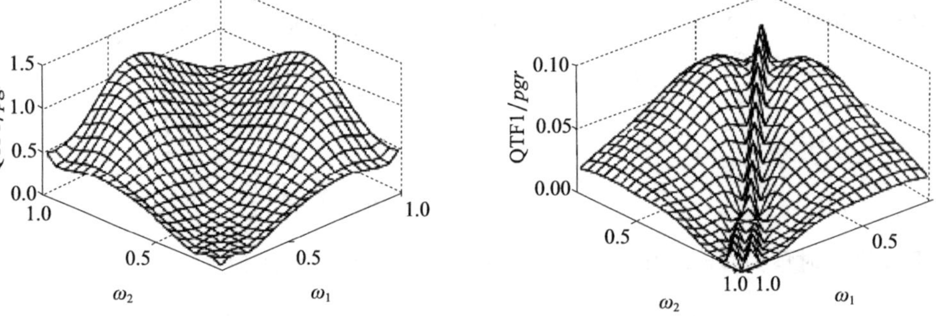

(a) 纵荡 QTF　　(b) 升沉 QTF

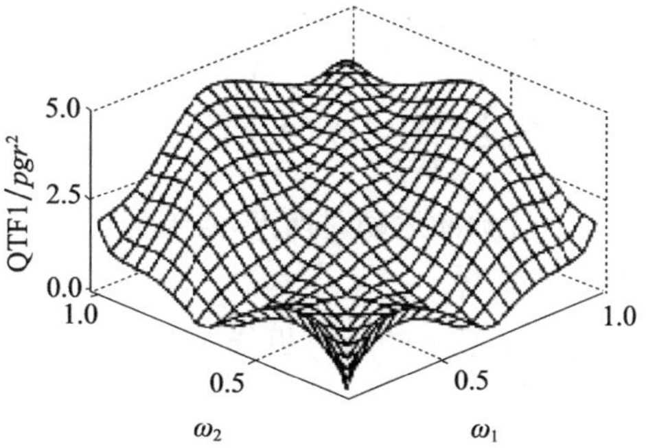

(c) 纵摇 QTF (ref VCG)

图 8.12　某 228 m 经典 Spar 平台差频 QTF（Haslum et al.，1999）

由于 Newman 近似表达式是一个简单的线性关系，因此用它来计算漫漂力值可以大量减少计算时间。一般而言，对于水平漂移运动，由于其固有周期远远大于波浪周期，因此通常可以得到较高的计算精度。对于垂向漂移运动，譬如 Spar 平台的升沉或艏摇运动，Newman 近似方法可能会低估漂移力，这种情况下建议对满阵 QTF 进行计算。对于 TLP 等漂浮的海洋平台，与求解满阵 QTF 相比，Newman 近似方法由于其高效性而被大家广泛接受，并应用于慢漂力与慢漂力矩的计算中。但是，对于其他浮体的情况，当使用 Newman 近似方法时，应当谨慎。如果慢漂力在升沉、横摇和纵摇方向上较大，或者固有频率较大的时候，建议使用完整的 QTF 方法。

8.8 不规则波与物体的相互作用

在前几节中我们讲述了规则波与线性约束体系的相互作用问题，在这些问题中，由于是规则波作用，物体的运动也是简谐运动，因此可以通过将时间因子分离，把速度势、物体运动振幅等参量转换到复空间中，通过频域方法进行求解。但是，海洋波浪往往是不规则的，并且海洋工程结构物通常由锚链等系泊系统约束，这类约束往往也是非线性的。对于这一类问题频域方法无法求解，需要在时域内进行求解。

脉动响应函数方法（Impulse Response Function，简称 IRF 方法）是最简单的时域方法，也是工程中最常用的方法，它是由 Cummins（1962）提出的方法，其总体思路是充分利用频域计算的结果，通过傅里叶变换将频域结果转换到时域中，从而可以考虑不规则波作用以及非线性约束等作用的影响。下面将对该方法进行简要介绍，有关该方法详细的论述，可以参阅文献 Ogilvie（1964）、Van Oortmerssen（1979）、Lee 等（2005）。

8.8.1　时域运动方程的建立

一个物体做任何的复杂运动，都可以表示为一系列的小脉冲运动的线性叠加，在物体做小振幅运动的假设下，物体运动可以表达为该物体在各坐标轴上运动分量的线性叠加，对应辐射势的求解也可以采用线性叠加方法计算。假设物体在 t 时刻第 j 个模态下的位移

为 $\zeta_j(t)$，运动速度为 $\dot{\zeta}_j(t)$，则由于物体运动产生的总的辐射势为

$$\Phi(\boldsymbol{x}, t) = \sum_{j=1}^{6}\left[\ddot{\zeta}_j(t)\psi_j + \int_0^t \dot{\zeta}_j(\tau)\chi_j(t-\tau)\mathrm{d}\tau\right] \tag{8.179}$$

式中，ψ_j 为由物体做 j 方向上单位脉冲运动时所产生的速度势，$\chi_j(\tau)$ 是物体做 j 方向上单位脉冲运动 τ 时间后流体中的速度势。

辐射势产生的波浪力可通过物面上的压力积分求得，在 k 方向上的辐射势产生的广义作用力可写为

$$F_k(t) = -\iint_{S_b}\rho\frac{\partial\Phi(\boldsymbol{x}, t)}{\partial t}n_k\mathrm{d}S = -\sum_{j=1}^{6}\left[m_{kj}\ddot{\zeta}_j(t) + \int_0^t\dot{\zeta}_j(\tau)K_{kj}(t-\tau)\mathrm{d}\tau\right], \quad k = 1, 2, \cdots, 6 \tag{8.180}$$

其中，

$$m_{kj} = \iint_{S_b}\rho\psi_j n_k\mathrm{d}S \tag{8.181}$$

$$K_{kj} = \rho\iint_{S_b}\frac{\partial\chi_j(t)}{\partial t}n_k\mathrm{d}S \tag{8.182}$$

它们分别称为时域附加质量和迟滞函数。

对结构系统应用第二牛顿力学定律，可得到物体在时域内的运动方程为

$$\sum_{j=1}^{6}\left\{(M_{kj} + m_{kj})\ddot{\zeta}_j(t) + \int_0^t\dot{\zeta}_j(\tau)K_{kj}(t-\tau)\mathrm{d}\tau + B_{kj}\dot{\zeta}_j(t) + C_{kj}\zeta_j(t)\right\} = F_k(t) + G_k(t) \tag{8.183}$$

其中，M_{kj} 和 C_{kj} 为与频域方法中定义相同的物体广义质量和恢复力系数，B_{kj} 为系统的黏性阻尼，$G_k(t)$ 为系泊系统引起的约束作用力，$F_k(t)$ 为波浪激励力。式（8.183）即为物体的时域运动方程。

下面考虑时域运动方程（8.183）各项的计算。由于该方程可以描述结构物做任何的一种运动形式，它同样适用于结构物做简谐运动的情况。令物体做简谐运动，则

$$\zeta_j(t) = \mathrm{Re}[\xi_j\mathrm{e}^{-\mathrm{i}\omega t}] \tag{8.184}$$

将此运动形式代入物体时域运动方程式（8.183）中，有

$$\sum_{j=1}^{6}\left\{-\omega^2(M_{kj} + m_{kj})\xi_j\mathrm{e}^{-\mathrm{i}\omega t} - \mathrm{i}\omega\left[\int_0^t K_{kj}(t-\tau)\xi_j(\tau)\mathrm{e}^{-\mathrm{i}\omega\tau}\mathrm{d}\tau - B_{kj}\xi_j\mathrm{e}^{-\mathrm{i}\omega t}\right] + C_{kj}\xi_j\mathrm{e}^{-\mathrm{i}\omega t}\right\}$$
$$= F_k(t) + G_k(t) \tag{8.185}$$

此方程与频域下的运动方程（8.87）是等价的，为方便比较，将其摘录并写成代数表达式的形式

$$\sum_{j=1}^{6}\left\{-\omega^2\left(M_{kj} + a_{kj}(\omega)\right)\xi_j\mathrm{e}^{-\mathrm{i}\omega t} - \mathrm{i}\omega[b_{kj}(\omega) + B_{kj}]\xi_j\mathrm{e}^{-\mathrm{i}\omega t} + C_{kj}\xi_j\mathrm{e}^{-\mathrm{i}\omega t}\right\} = F_k(t) + G_k(t) \tag{8.186}$$

比较式（8.185）和式（8.186），则有

$$a_{kj}(\omega) = m_{kj} - \frac{1}{\omega}\int_0^{\infty} K_{kj}(t)\sin\omega t\mathrm{d}t \tag{8.187}$$

$$b_{kj}(\omega) = \int_0^{\infty} K_{kj}(t)\cos\omega t\mathrm{d}t \tag{8.188}$$

对式（8.188）进行傅里叶逆变换，可以将迟滞函数 $K_{kj}(t)$ 写为依赖于频率的阻尼系数的形式，即

$$K_{kj}(t) = \frac{2}{\pi}\int_0^{\infty} b_{kj}(\omega)\cos\omega t\mathrm{d}\omega \tag{8.189}$$

当依赖于频率的附加质量在某一频率的值是已知时，则时域常数附加质量系数可由式（8.187）中得到

$$m_{kj} = a_{kj}(\omega') + \frac{1}{\omega'}\int_0^{\infty} K_{kj}(t)\sin\omega' t\mathrm{d}\omega \tag{8.190}$$

其中，ω'是任意选择的频率值，式（8.190）所给出的 m_{kj}的结果不依赖于 ω'值的选取。通常取$\omega' = \infty$，可得

$$m_{kj} = a_{kj}(\infty) \tag{8.191}$$

根据式（8.190）和式（8.189）即可通过频域计算结果得到时域运动方程中的时域附加质量 m_{kj}和迟滞函数 $K_{kj}(t)$。

最后，对于运动方程（8.183）中的时域波浪激振力 $\boldsymbol{F}(t)$，二阶波陡近似下，其在第 i 个方向的作用力和力矩（广义波浪作用力）可以写为

$$F_i(t) = F_i^{(1)} + F_i^{(2)}, \quad i = 1, 2, \cdots, 6 \tag{8.192}$$

其中，一阶和二阶广义波浪力可通过时域内广义波浪力的脉冲响应函数与波高的卷积求得，即

$$F_i^{(1)} = \int_0^{t} h_i^{(1)}(t-\tau)\eta(\tau)\mathrm{d}\tau, \quad i = 1, 2, \cdots, 6 \tag{8.193}$$

$$F_i^{(2)} = \int_0^{t}\int_0^{t} h_i^{(2)}(t-\tau_1, t-\tau_2)\eta(\tau_1)\eta(\tau_2)\mathrm{d}\tau_1\mathrm{d}\tau_2, \quad i = 1, 2, \cdots, 6 \tag{8.194}$$

其中，$\eta(t)$ 可取结构物中心处瞬时波面高度；$h_i^{(1)}(t)$ 和 $h_i^{(2)}(t_1, t_2)$ 为时域内一阶和二阶脉冲响应函数，它们可以通过时域内广义波浪力的脉冲响应函数与波高的卷积求得，即

$$h_i^{(1)}(t) = \mathrm{Re}\left[\frac{1}{\pi}\int_0^{\infty} H_i^{(1)}(\omega)\mathrm{e}^{\mathrm{i}\omega t}\mathrm{d}\omega\right] \tag{8.195}$$

$$h_i^{(2)}(t) = \mathrm{Re}\left[\frac{1}{2\pi^2}\int_0^{\infty}\int_0^{\infty} H_i^{(2)}(\omega_1, \omega_2)\mathrm{e}^{\mathrm{i}(\omega_1 t_1 + \omega_2 t_2)}\mathrm{d}\omega_1\mathrm{d}\omega_2\right] \tag{8.196}$$

其中，频域内线性传递函数 $H_i^{(1)}(\omega)$ 为单位波幅规则波作用下物体上的一阶波浪激振力，频域内平方传递函数 $H_i^{(2)}(\omega_1, \omega_2)$ 为单位波幅双频率波浪作用下物体上的二阶波浪激振力，它们可以通过频域方法确定。根据以上各式即可通过频域波浪激振力计算结果求得时

域波浪激振力，从而确定时域运动方程中的波浪激励力 $F_k(t)$。

8.8.2 高频运动的阻尼特性

根据前述时域附加质量 m_{kj}和迟滞函数 $K_{kj}(t)$ 的计算方法可以看出，应用该方法需要知道所有频率下的阻尼函数，这需要通过频域计算求得。但是，当采用数值方法计算物体的辐射阻尼时，由于受到网格尺度的限制以及不规则频率等问题的影响，高频条件下的阻尼函数往往难以求得。由于高频条件下阻尼函数随着频率的增加而逐渐趋向于零，因此，可以利用这一性质，在高频范围内将辐射阻尼作为频率 ω 的函数而做解析表示，从而获得较高的计算精度。

对于高频范围的船体阻尼，可以将船体简化为二维的细长浮体来考虑，Newman（1962）通过研究给出了无穷远处（$\omega \to \infty$）辐射波波幅和阻尼系数的关系为

$$b_{kk}(\omega) = \frac{\rho g^2}{\omega^3} R_k^2(\omega), \qquad k = 1, 2, 3, \cdots, 6 \tag{8.197}$$

其中，$R_k(\omega)$ 表示无限远处辐射波波幅和物体运动幅值之比，即行进波系数。行进波系数的表达式则根据船舶的六自由度的运动特征确定。

当船舶做垂荡和纵摇高频运动时，Ursell（1953）和 Rhodes-Robinson（1970）得到兴波系数为

$$R_k(\omega) \propto \frac{1}{\omega^2} \tag{8.198}$$

这样，可以将阻尼系数写为

$$b_{kk}(\omega) = \frac{C_k}{\omega^7}, \qquad k = 3, 5 \tag{8.199}$$

其中，C_k为某一常数。

当船舶高频水平运动时，Ursell 等（1960）和 Biesel（1951）近似假设船舶吃水与水深相等（当波长比船舶吃水小时是许可的），这样对于纵荡、横荡和艏摇模态，可以将船体看作一个推板式造波机，从而求得兴波系数为

$$R_k(\omega) = \frac{2\sinh kd}{\sinh kd \cosh kd + kd} \qquad k = 1, 2, 6 \tag{8.200}$$

当 $\omega \to \infty$ 时，此系数趋向于一个常数。

当船舶绕中心横摇时，可以将船舶看作一个摇摆式造波机，对于这种情况，兴波系数为

$$R_4(\omega) = \frac{2\sinh kd(1 - \cosh kd + kd\sinh kd)}{kd(\sinh kd \cosh kd + kd)} \tag{8.201}$$

当 $\omega \to \infty$ 时，此系数趋向于一个常数。综合式（8.200）和式（8.201），可以将阻尼系数表示为

$$b_{kk}(\omega) = \frac{C_k}{\omega^3}, \qquad k = 1, 2, 4, 6 \tag{8.202}$$

其中，C_k为某一常数。综合式（8.199）和式（8.202），可以将船舶 6 个运动方向上高频

阻尼函数的渐进表达式写为

$$b_{kk}(\omega)=\frac{C_k}{\omega^n},\qquad \begin{cases}n=7, & k=1,2,4,6\\ n=3, & k=3,5\end{cases} \tag{8.203}$$

在实际计算中，首先根据不同运动方向选定 n 的取值，系数 C_k 则根据已有最高频的直接数值计算结果确定，如图 8.13 所示，从而完成高频阻尼函数的计算。

上述内容是船舶阻尼系数在高频范围内的处理方法，实际上，对于时域波浪激振力以及附加质量在高频范围内的计算也存在相同的问题，但是，它们没有相关的渐进表达式。对于海洋平台等问题，阻尼系数也没有渐进表达式。对于上述问题，工程中通常的方法是对高频计算结果进行光滑，然后再代入相关公式中计算。

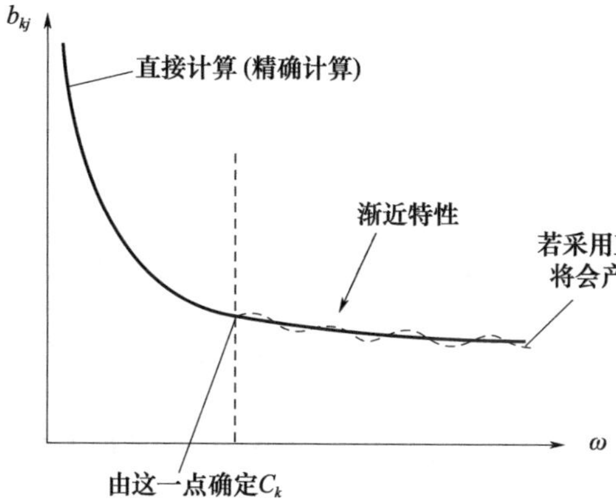

图 8.13　高频阻尼函数的处理

8.8.3　系泊系统的静力分析方法

海洋工程中漂浮结构物通常利用锚链等系泊系统固定于海底，这些系泊系统会对浮体的运动响应产生重要的影响。对于波浪对这一结构系统相互作用问题的研究，一般情况下，首先需要知道上部结构物发生运动响应时，锚链与结构之间的相互作用力，然后通过浮体运动方程确定上部结构物的响应和锚链受到的拉力以及抓力等。最后，将锚链的拉力等再反作用于上部结构上，从而考虑系泊系统上部结构的运动响应产生影响。在上述波浪过程中，锚链等系泊系统也会处于动力响应运动中，此外锚链还将受到波浪与水流的作用，并且受力后还会发生形变。由此可见，上述波浪与系泊浮体系统的作用问题是一个复杂的耦合作用问题。本节仅对简单的单一材料的锚链系统静力分析方法进行介绍，对于复杂的锚链系统动力分析问题可以参考 Berteaux（1976）的著作。

对于实际的浮体 - 锚链系统，锚链的端部固定于上部浮体的某一固定部位，另一端则固定于海底。根据静力分析方法，忽略惯性力及拖曳力等动态力的影响，当锚链仅受本身重力作用时，锚链对浮体作用力及拉起长度仅随浮体运动位移的变化而改变，这时可以采用悬链线理论进行计算。在实际工程中，通常需要求解的是浮体发生一定位移时锚链张力及其对浮体的反作用力，对于该问题可以通过在锚链顶端施加一作用力，反求锚链在该力作用下产生位移来完成。如图 8.14 所示，以水平方向为例，设在锚链顶端施加的水平作

用力为 T_0，求解在该水平力作用下锚链顶端水平位移 X。

对上述问题的求解首先需推导锚链所满足的悬链线方程，根据理论力学知识，锚链顶端水平力为 T_0，则最低点处所受的水平拉力为反方向的 T_0。取锚链最低点 O 到另一点 M 的一段弧 OM 进行受力分析，如图 8.15 所示，设在 M 点的张力沿该点切线方向与水平成 θ 角，其大小为 T，锚链在水中单位长度的重量为 W，则作用自 OM 上的张力沿水平和垂直方向上的分量可写为

$$T_x = T\cos\theta = T_0 \tag{8.204}$$

$$T_z = T\sin\theta = WS \tag{8.205}$$

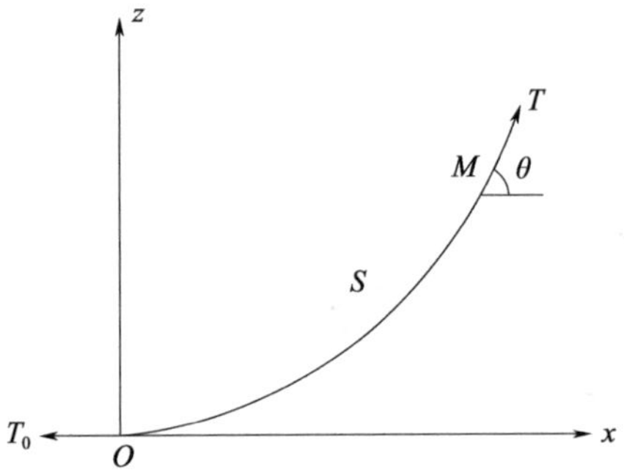

图 8.14　悬链曲线

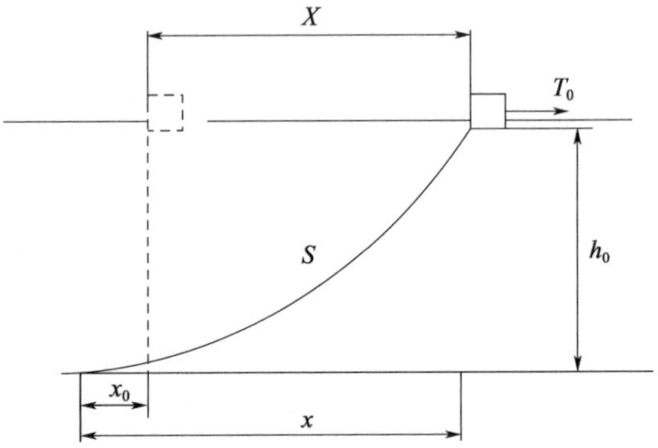

图 8.15　浮体位置与锚链拉起关系图

将式（8.205）和式（8.204）相除，可以得到悬链的一阶导数为

$$\tan\theta = z' = \frac{T_z}{T_x} = \frac{W}{T_0}S \tag{8.206}$$

将式（8.206）对 x 微分，可得到

$$z'' = \frac{W}{T_0}\frac{\mathrm{d}S}{\mathrm{d}x} \tag{8.207}$$

再利用 $\mathrm{d}S = \sqrt{1+z'^2}\,\mathrm{d}x$，消除 $\mathrm{d}S$，从而可以得到悬链的二阶微分方程为

$$z'' = \frac{W}{T_0}\sqrt{1+z'^2} \tag{8.208}$$

对上述悬链线方程求解还需考虑边界条件，取坐标系的原点在 O 点，则锚链曲线在 $x=0$ 处的边界条件为

$$z(0) = z'(0) = 0 \tag{8.209}$$

代入上述边界条件，则二阶微分方程（8.208）的解为

$$\frac{W}{T_0}z = \cosh\left(\frac{W}{T_0}x\right) - 1 \tag{8.210}$$

锚链的长度可由微分方程（8.208）求得

$$S = \frac{T_0}{W}\sinh\left(\frac{W}{T_0}x\right) \tag{8.211}$$

若将锚链长度写成纵坐标 z 的函数，则为

$$S=\left[z\left(z+2\frac{T_0}{W}\right)\right]^{1/2} \tag{8.212}$$

由上式可求得锚链张力水平分量与锚链长度和高度的关系为

$$T_x=T_0=W(S^2-z^2)/2z \tag{8.213}$$

再由式（8.213）和式（8.205）可求得锚链在各个截面上的张力为

$$T=[T_x^2+T_z^2]^{1/2}=\left[\frac{W(S^2+z^2)}{2z}\right]^{1/2} \tag{8.214}$$

考虑锚链顶端的情况，将以上各式应用到缆线顶端，设 M 点为系泊点，若锚链在水中的高度为 d_0，则锚链从触地点 O 到系泊点 M 的水平长度［式（8.210）］可表示为

$$x=\frac{T_0}{W}\operatorname{arccosh}\left(1+\frac{W}{T_0}d_0\right) \tag{8.215}$$

锚链的长度 S，由式（8.212）可表示为

$$S=\left[d_0\left(d_0+2\frac{T_0}{W}\right)\right]^{1/2} \tag{8.216}$$

锚链对浮体施加的向下垂直作用力为

$$T_z=WS \tag{8.217}$$

忽略锚链在受拉情况下的伸长，由锚链的几何关系可求得

$$d_0+x_0=S \tag{8.218}$$

浮体相对于平衡位置 x_0的水平位移 X 为

$$X=d_0+x-S \tag{8.219}$$

由此可求出 T_x与 X 以及 T_z与 X 的关系。采用类似方法，可以分析浮体在平衡位置周围产生垂向位移时，锚链对浮体水平和垂向作用力分量与垂向位移间的关系，即 T_x与 Z 以及 T_z与 Z 的关系。基于上述关系，即可根据浮体运动位移求得时域运动方程（8.183）中系泊系统约束作用力 $G_k(t)$ 的值。

对于复杂的锚链系统动力分析问题，其控制方程通常是一个与时间有关的非线性方程，一般无法得到解析解，必须利用数值模拟方法进行求解。其中，集中质量法和有限元法是目前最常用和最有效的方法。由于对这一问题的分析不仅要考虑锚链顶端位移的影响，还需考虑锚链受到的流体作用力的影响，甚至需考虑锚链顶端因浮体运动产生的速度以及加速度的影响，导致上述方法在计算过程中通常需采用多次迭代方法。由于对浮体－锚链系统的实时分析中需要计算每一时刻物体的空间位置和锚链的拉力，采用直接计算通常效率较低。其中一个解决方法是采用 Chebyshev 多项式对锚链顶端运动参数和顶端拉力函数进行拟合，求得用于计算锚链顶端运动参数与受力关系的拟合公式，从而可以快速地完成实时分析中系泊系统的计算（滕斌等，2005）。

8.8.4 运动方程的求解

总结前几节的内容，对于一个波浪对系泊物体的作用问题，时域运动方程可以写为

$$\sum_{j=1}^{6}\left[(M_{kj}+m_{kj})\ddot{\zeta}_j(t)+\int_0^t\dot{\zeta}_j(\tau)K_{kj}(t-\tau)\mathrm{d}\tau+B_{kj}\dot{\zeta}_j(t)+C_{kj}\zeta_j(t)\right]=F_k(t)+G_k(t)$$

(8.220)

以一阶小振幅近似条件下系泊系统的静力耦合作用问题为例，质量矩阵 $\boldsymbol{M}_{kj}$ 和恢复力矩阵 $\boldsymbol{C}_{kj}$ 的可以通过式（8.77）和式（8.86）求得，黏性阻尼系数 B_{kj} 一般可以根据经验参数获取，时域附加质量 m_{kj} 和迟滞函数 K_{kj} 可以根据式（8.190）和式（8.189）计算，系泊系统引起的约束作用力 $G_k(t)$ 可以通过第 8.8.3 节悬链线理论知识求得，波浪激励力 $F_k(t)$ 可以通过式（8.193）计算。式中各项系数均为已知，方程可以求解。

该方程是一个六自由度耦合的二阶微分方程，可以采用数值积分的方法求解。以四阶 Runge－Kutta 法为例，对于下述的二阶微分方程

$$\ddot{\zeta}=F(\Delta t,\ \zeta,\ \dot{\zeta}) \tag{8.221}$$

物体的位移和速度可以通过下式进行计算

$$\zeta(t+\Delta t)=\zeta(t)+\Delta t\cdot\dot{\zeta}(t)+\Delta t\cdot(M_1+M_2+M_3)/6 \tag{8.222}$$

$$\dot{\zeta}(t+\Delta t)=\dot{\zeta}(t)+(M_1+2M_2+2M_3+M_4)/6 \tag{8.223}$$

其中，M_1、M_2、M_3 和 M_4 分别为

$$M_1=\Delta t\cdot\boldsymbol{F}[t,\ \zeta(t),\ \dot{\zeta}(t)]$$

$$M_2=\Delta t\cdot\boldsymbol{F}\left[t+\frac{\Delta t}{2},\ \zeta(t)+\frac{\Delta t\dot{\zeta}(t)}{2},\ \dot{\zeta}(t)+\frac{M_1}{2}\right]$$

$$M_3=\Delta t\cdot\boldsymbol{F}\left[t+\frac{\Delta t}{2},\ \zeta(t)+\frac{\Delta t\dot{\zeta}(t)}{2}+\frac{\Delta tM_1}{2},\ \dot{\zeta}(t)+\frac{M_2}{2}\right]$$

$$M_4=\Delta t\cdot\boldsymbol{F}\left[t+\Delta t,\ \zeta(t)+\Delta t\dot{\zeta}(t)+\frac{\Delta tM_2}{2},\ \dot{\zeta}(t)+M_3\right]$$

在计算过程中，首先根据 t 时刻物体的位移 $\zeta(t)$ 和速度 $\dot{\zeta}(t)$，由位移－张力关系确定系泊系统对结构系统产生的系泊力，由水动力分析确定波浪激振力、水动力恢复力和阻尼力等，从而求得 $\boldsymbol{F}[t,\ \zeta(t),\ \dot{\zeta}(t)]$ 函数，然后利用式（8.222）和式（8.223）求得 $t+\Delta t$ 时刻的物体位移 $\zeta(t+\Delta t)$ 和速度 $\zeta(t+\Delta t)$。然后，重复 t 时刻的计算，直到计算结束。

附录 A：驻相法

考虑被积函数显示高速振荡态一类的积分

$$I(t) = \int_a^b f(k)\mathrm{e}^{\mathrm{i}tg(k)}\mathrm{d}k, \qquad t \to \infty \tag{A.1}$$

式中，f 和 g 是 k 的光滑函数。当 t 变化很大时，$\mathrm{e}^{\mathrm{i}tg(k)}$ 随 k 的变化迅速振荡。若画出被积函数随 k 变化的曲线，则一般来说，曲线之下的净面积很小，积分近乎为 0，例外情况是相位 $tg(k)$ 有驻定点 k_0，即

$$g'(k) = 0, \qquad k = k_0 \tag{A.2}$$

从图 A.1 中可以明显地看到，当 $t \to \infty$ 时，$\mathrm{e}^{\mathrm{i}tg(k)}$ 代表了高速振荡因子。如果无驻相点，上述积分在内点处由于互相抵消几乎为 0，主要贡献来自边界附近区域的积分；有驻点时，由于该点附近振荡减慢，所以该点附近区域的积分将做出主要贡献，这就是驻相法的几何实质。

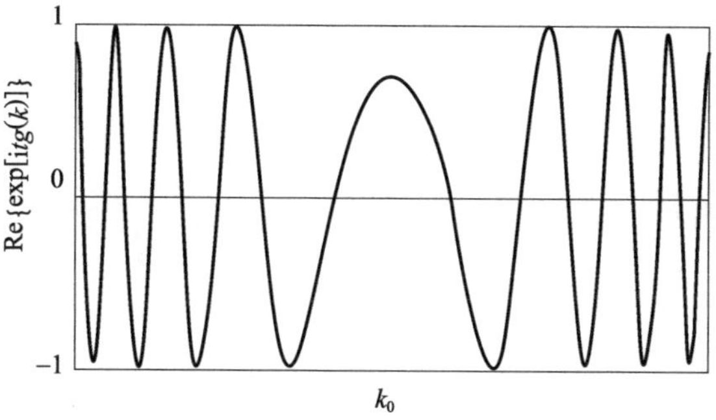

图 A.1　驻相法的几何解释

对于驻点邻域附近的贡献，如果把 $g(k)$ 做泰勒级数展开，近似到二阶导数项时，则有

$$g(k) \approx g(k_0) + \frac{1}{2}(k - k_0)^2 g''(k_0) \tag{A.3}$$

则积分可写成

$$I(t) \approx \mathrm{e}^{\mathrm{i}tg(k_0)} f(k_0) \int_a^b \mathrm{e}^{\mathrm{i}(k-k_0)^2 tg''(k_0)/2}\mathrm{d}k \tag{A.4}$$

由于式（A.4）在（$-\infty$，a）和（b，∞）处无驻点，在上述区域的积分为小量，式（A.4）可将积分限 a 和 b 近似地取 $-\infty$ 和 ∞，即

$$I(t) \approx \mathrm{e}^{\mathrm{i}tg(k_0)} f(k_0) \int_{-\infty}^{\infty} \mathrm{e}^{\mathrm{i}(k-k_0)tg''k_0/2}\mathrm{d}k \tag{A.5}$$

利用已知结果

$$\int_{-\infty}^{\infty} \mathrm{e}^{\pm \mathrm{i}tk^2/2}\mathrm{d}k = \sqrt{\frac{\pi}{t}}\mathrm{e}^{\pm \mathrm{i}\pi/4} \tag{A.6}$$

最后得到

$$I \approx \mathrm{e}^{\mathrm{i}tg(k_0)} f(k_0)\sqrt{\frac{2\pi}{t|g''(k_0)|}}\mathrm{e}^{\pm \mathrm{i}\pi/4} \tag{A.7}$$

式中，当 $g''(k)>0$ 时取“+”号；当 $g''(k)<0$ 时取“-”号。通过更为细致的分析可以证明，上述结果的误差为 $O(t^{-1})$ 量级，还可以证明，如果 (a, b) 区间内无驻点，则积分式（A.1）的量级至多为 $O(t^{-1})$。

附录 B：傅氏级数的乘积

在极坐标系下，流体中速度势等函数可展开为傅氏级数的形式，对于用傅氏级数表示的两个函数 X 和 Y，则有

$$\begin{cases} X = \sum_{n=0}^{\infty} \varepsilon_n A_n \cos n\theta \\ Y = \sum_{m=0}^{\infty} \varepsilon_m B_m \cos m\theta \end{cases} \tag{B.1}$$

它们的乘积可写为

$$XY = \sum_{n=0}^{\infty}\sum_{m=0}^{\infty} \varepsilon_n \varepsilon_m A_n B_m \cos n\theta \cos m\theta = \frac{1}{2}\sum_{n=0}^{\infty}\sum_{m=0}^{\infty} \varepsilon_n \varepsilon_m A_n B_m [\cos(n+m)\theta + \cos(n-m)\theta] \tag{B.2}$$

经过整理 $\cos(n+m)\theta$ 项可写为

$$\sum_{n=0}^{\infty}\sum_{m=0}^{\infty} \varepsilon_n \varepsilon_m A_n B_m \cos(n+m)\theta = A_0 B_0 + \sum_{p=1}^{\infty}\sum_{n=0}^{p} \varepsilon_n \varepsilon_{p-n} A_n B_{p-n} \cos p\theta \tag{B.3}$$

$\cos(n-m)\theta$ 项可写为

$$\sum_{n=0}^{\infty}\sum_{m=0}^{\infty} \varepsilon_n \varepsilon_m A_n B_m \cos(n-m)\theta = A_0 B_0 + \sum_{n=1}^{\infty} 4A_n B_n + \sum_{p=1}^{\infty}\sum_{n=0}^{p} \varepsilon_n \varepsilon_{p+n} (A_n B_{p+n} + A_{p+n} B_n) \cos p\theta \tag{B.4}$$

式（B.2）重新整理后可得

$$XY = \sum_{p=0}^{\infty} \varepsilon_p C_p \cos p\theta \tag{B.5}$$

其中，

$$C_0 = 2A_0 B_0 + \sum_{n=1}^{\infty} 4A_n B_n \tag{B.6}$$

$$C_p = \frac{1}{2}\sum_{n=0}^{p} \varepsilon_n \varepsilon_{p-n} A_n B_{p-n} + \frac{1}{2}\sum_{n=0}^{\infty} \varepsilon_n \varepsilon_{p+n} (A_n B_{p+n} + A_{p+n} B_n), \quad p > 0 \tag{B.7}$$

参考文献

国家海洋局，1975. 海洋调查规范[M]. 北京：海洋出版社.

姜胜超，滕斌，勾莹，等，2010. 线性方程组求解方法对不规则频率影响范围及消除效果的影响[J]. 水运工程，7：22 -26.

李玉成，滕斌，2015. 波浪对海上建筑物的作用（第3版）[M]. 北京：海洋出版社.

刘应中，缪国平，1991. 海洋工程水动力学基础[M]. 北京：海洋出版社.

梅强中，1984. 水波动力学[M]. 北京：科学出版社.

邱大洪，1985. 波浪理论及其在工程上的应用[M]. 北京：高等教育出版社.

邱大洪，朱大同，1985. 圆柱墩群上的波浪力[J]. 海洋学报，7(1)：86 -102.

滕斌，1995. 波浪对三维浮体的二阶作用[J]. 水动力学研究与进展，10（3）：316 -327.

滕斌，郝春玲，韩凌，2005. Chebyshev 多项式在锚链分析中的应用[J]. 中国工程科学，7（1）：21 -26.

滕斌，李玉成，1990. 不规则波流作用下斜桩上受力系数的确定方法[J]. 大连理工大学学报（06）：715 -722.

滕斌，李玉成，1991. 倾斜杆件上的波流力谱——实验研究[J]. 海洋学报，13（03）：431 -440.

滕斌，李玉成，董国海，1999. 双色入射波下二阶波浪力响应函数[J]. 海洋学报，21（2）：115 -123.

王树青，梁丙臣，2013. 海洋工程波浪力学[M]. 青岛：中国海洋大学出版社.

文圣常，余宙文，1984. 海浪理论与计算原理[M]. 北京：科学出版社.

俞聿修，柳淑学，2010. 随机波浪及其工程应用[M]. 大连：大连理工大学出版社.

中华人民共和国船舶检验局，1982. 海上移动式钻井船入级与建造规范[S]. 北京：人民交通出版社.

中华人民共和国船舶检验局，1984. 海上固定平台入级与建造规范[S]. 北京：人民交通出版社.

中华人民共和国交通运输部，2013. 海港水文规范（JTS 145 -2—2013）[S]. 北京：人民交通出版社.

竺艳蓉，1991. 海洋工程波浪力学[M]. 天津：天津大学出版社.

邹志利，2005. 水波理论及其应用[M]. 北京：科学出版社.

邹志利，2009. 海岸动力学（第4版）[M]. 北京：人民交通出版社.

ACHENBACH E, 1968. Distribution of local pressure and skin friction around a circular cylinder in cross-flow up to $Re = 5 \times 10^6$ [J]. Journal of Fluid Mechanics, 34（4）：625 -639.

BERTEAUX H O, 1976. Buoy Engineering[M]. New York：Wiley-Interscience.

BISHOP J R, 1979. Aspects of large scale wave force experiments and some early results from Christchurch Bay [R]. National Maritime Insfitute. report No. NMI R57.

BLACK J L, MEI C C, BRAY M C G, 1971. Radiation and scattering of water waves by rigid bodies[J]. Journal Fluid Mechanics, 46：151 -164.

BOOIJ N, 1983. A note on the accuracy of the mild-slope equation[J]. Coastal Engineering, 7：191 -203.

BORGMAN L E, CHAPPELEAR J E, 1958. The use of the Stokes-Struik approximation for waves of finite height [C]. Proceeding 6th Coastal Engineering Conference：252 -280.

BOUWS E, GÜNTHER H, ROSENTHAL W, et al., 1985. Similarity of the wind wave spectrum in finite depth water[J]. Journal of Geophysical Research Oceans, 90：975 -986.

BRETSCHNEIDER C, 1959. Wave variability and wave spectra for wind generated gravity waves[Z]. Technology

Memorandum 118, Beach Erosion Board, US Army Corps of Engineering, Washington DC.

CARTWRIGHT D E, LONGUET-HIGGINS M S, 1956. The statistical distribution of the maxima of a random function[J]. Proceedings of the Royal Society of London, 237(1209): 212 – 232.

CHAPPELEAR J E, 1961. Direct numerical calculation of wave properties[J]. Journal of Geophysical Research, 62 (2): 501 – 508.

COPELAND G J M, 1985. A practical alternative to the "mild-slope" wave equation[J]. Coastal Engineering, 9 (2): 125 – 149.

CUMMINS W E, 1962. The impulse response function and ship motions[J]. Schiffstecknik, 9: 101 – 109.

EATOCK TAYLOR R, 1999. On second order wave loading and response in irregular seas[J]. Advances in Coastal and Ocean Engineering, 5: 155 – 212.

EATOCK TAYLOR R, CHAU F P, 1992. Wave diffraction theory-some developments in linear and nonlinear theory[J]. Journal of Offshore Mechanics and Arctic Engineering, 114: 185 – 194.

EATOCK TAYLOR R, HUNG S M, 1987. Second-order diffraction forces on a vertical cylinder in regular waves [J]. Applied Ocean Research, 9: 19 – 30.

FALTINSEN O M, 1990. Sea Ioads on Ships and Offshore Structures[M]. Cambridge: Cambridge University Press.

FENTON J, 1979. A nineth-order cnoidal wave theory[J]. Journal of Applied Fluid Mechanics, 94: 129 – 161.

GALVIN C J JR, 1968. Breaker type classification of three laboratory beaches[J]. Journal of Geophysical Research, 73: 3651 – 3659.

GARRET C J R, 1971. Wave forces on a circular dock[J]. Journal Fluid Mechanics, 46: 129 – 139.

GARRISON C J, 1978. Hydrodynamic Loading on Large Offshore Structures: Three-Dimensional Source Distribution Method[J]. Numerical Methods in Offshore Engineering, 3.

GODA Y, 1970. Numerical experiments on wave statistics with spectral simulation[J]. Port and Harbour Research Institue, 9 (3): 3 – 57.

GODA Y, 1999. A comparative review on the functional forms of directional wave spectrum[J]. Coastal Engineering Journal, 41 (1): 1 – 20.

HASLUM H A, FALTINSEN O M, 1999. Alternative shape of spar platforms for use in hostile areas[C]//Offshore Technology Conference. Houston, Texas: 217 – 228.

HASSELMANN K, 1973. Measurements of wind-wave growth and swell decay during the Joint North Sea Wave Project (JONSWAP)[R]. Deutsches Hydrographisches Institue.

HAVELOCK T H, 1940. The pressure of water waves upon a fixed obstacle[J]. Proceeding of the Royal Society of London, Series A, 963(175): 409 – 421.

HEIDEMAN J, OLSEN O, JOHANSON P, 1979. Local wave force coefficients[C]//ASCH Symosium Civil Engineering in the Oceans IV: 685 – 699.

HESS J L, SMITH A M O, 1964. Calculation of non-lifting potential flow about arbitrary three-dimensional bodies [J]. Journal of Ship Research, 8(2): 22 – 44.

HOUNMB O G. 1989. Basic Wave Statistic[M]//Brunn P. Ed. Port Engineering. Houston, Gulf Publishing Co.

HOUSLEY J G, TAYLOR D C, 1957. Application of the soliary wave theory to shoaling oscillatory waves [J]. Transations American Geophysical Onion, 38: 56 – 61.

JIANG S C, GOU Y, TENG B, 2014a. Water wave radiation problem by a submerged cylinder[J]. Journal of Engineering Mechanics, 140 (5): 06014003.

JIANG S C, GOU Y, TENG B, et al., 2014b. Analytical solution of a wave diffraction problem on a submerged cylinder[J]. Journal of Engineering Mechanics, 140 (1): 225 – 232.

JIANG S C, TENG B, GOU Y, et al. , 2012. A precorrected-FFT higher-order boundary element method for wave-body problems[J]. Engineering Analysis with Boundary Elements, 36: 404 - 415.

JOHN F, 1950. On the motion of floating bodies, II[J]. Communications on Pure and Applied Mathematics, 3: 45 - 101.

KIM Y Y, HIBBARD H C, 1975. Analysts of simulataneous wave force ond water particle velocity measurements [C]//Offshore Technology Conference, Texas, OTC 2192.

KATO S, KINOSHITA T, TAKASE S, 1990. Statistical thery of total second order responses of moored vessels in random seas[J]. Applied Ocean Research, 12 (1): 2 - 13.

KELLER J B, 1948. The solitary wave and periodic waves in shallow water[J]. Communications in Applied Mathematics, 1 (4): 323 - 329.

KEULEGAN G H, PATTERSON G W, 1940. Mathematical theory of irrotational translation waves[J]. Journal of Research of the Nationd Bureau of Standards, 24, RP 1272.

KIM M H, YUE D K P, 1989. The complete second-order diffraction solution for an axisymmetric body. Part Ⅰ. Monochromatic incident waves[J]. Journal Fluid Mechanics, 200: 235 - 264.

KINSMAN B, 1960. Surface Waves at Short Fetches and Low Wind Speeds: A Field Study[M]. Maryland: Chesapeake Bay Institute, Johns Hopkins University.

KITAIGORODOSKII S A, KRASITSKII V P, ZASLAVSKII M M, 1975. On phillips′theory of equilibrium range in the spectra of wind-generated gravity waves[J]. Journal of Physical Oceanography, 5 (3): 410 - 420.

KLEINMAN R E, 1982. On the mathematical theory of the motion of floating bodies-an update[R]. DTNSRDC Report 82/074.

KORTEWEG D J, DE VRIES G, 1895. On the change of form of long waves advancing in a rectangular canal and on a new type of long stationary waves[J]. Philosophical Magazine, 5 (39): 422 - 443.

LAITONE E V, 1961. The second approximation to cnoidal and solitary waves[J]. Journal Fluid Mechanics, 9: 430 - 444.

LAMB H, 1932. Hydrodynamics[M]. Cambridge: Cambridge University Press.

LAMB H, 1945. Hydrodynamics[M]. New York: Dover.

LE MEHAUTE B, 1969. An introduction to hydrodynamics and water waves. Water Wave Theories [C]//U. S. Deporrtment of Commerce, ESSA, Washington, D. C. Vol.Ⅱ, TR ERL 118 - POL - 3 - 2.

LEE C H, 1988. Numerical methods for boundary integral equations in wave body interactions[D]. Boston: Department of Ocean Engineering, MIT.

LEE C H, NEWMAN J N, 2005. Computation of Wave Effects Using the Panel Method[M]//Chakrabarti, S. (Ed.), 2005. Southampton: WIT Press.

LEE C H, NEWMAN J N, ZHU X, 1996. An extended boundary integral equation method for the removal of irregular frequency effects[J]. International Journal of Numerical Methods in Fluids, 23: 637 - 660.

LEE C H, SCLAVOUNS P D, 1989, Removing the irregular frequencies from integral equations in wave-body interaction[J]. Journal Fluid Mechanics, 207: 393 - 418.

LI H B, HAN G M, MANG H A, 1985. A new method for evaluating singular integrals in stress analysis of solids by the direct boundary element method[J]. International Journal for Numerical Methods in Engineering, 211: 2071 - 2075.

LIGHTHILL, 1979. Waves and hydrodynamic loading[C]. Proceeding 2nd International Conference on the Behavior of Offshore Structures (BOSS′79), London, 1: 1 - 40.

LIU Y H, KIM C H, LU X S, 1991. Comparison of higher-order boundary element and constant panel methods

for hydrodynamic loadings[J]. International Journal of Offshore and Polar Engineering, 1 (1): 8 – 17.
LONGUET-HIGGINS M S, 1956. The refraction of sea waves in shallow water[J]. Journal Fluid Mechanics, 1: 163 – 176.
LONGUET-HIGGINS M S, 1957. The Statistical Analysis of a Random, Moving Surface[J]. Philosophical Transactions of the Royal Society of London Series A, 249: 321 – 387.
MACCAMY R C, FUCHS R A. 1954. Wave forces on piles: A diffraction theory[R]. Technology Me, 69, US Army Coastal Engineering Research Center.
MALENICA S, MOLIN B, 1995. Third-harmonic wave diffraction by a vertical cylinder[J]. Journal Fluid Mechanics, 302: 203 – 229.
MARUO H, 1960. The drift of a body floating on waves[J]. Journal of Ship Research, 4: 1 – 10.
MCCOWAN J, 1891. On the solitary wave[J]. Philosophical Magazine, 5th Series, 32 (194): 45 – 58.
MEI C C, 1978. Numerical methods in water wave diffraction and radiation[J]. Annual Review of Fluid Mechanics, 10, 393 – 416.
MEI C C, 1983. The Applied Dynamics of Ocean Surface Wave[M]. New York: John Wiley & Sons, inc.
MEI C C, BLACK J L, 1969. Scattering of surface waves by rectangular obstacles in water of finite depth [J]. Journal Fluid Mechanics, 38: 499 – 511.
MICHELL J H, 1893. On the highest waves in water[J]. Philosophical Magazine, 5th series, 36: 430 – 437.
MILES J W, 1967. Surface-wave scattering matrix for a shelf[J]. Journal Fluid Mechanics, 28: 755 – 767.
MITSUYASU H, TASAI F, SUHAR T, et al., 1975. Observation of the directional spectrum of ocean waves using a clover-leaf buoy[J]. Journal of Physical Oceanography, 5 (4): 750 – 760.
MOLIN B, 1979. Second-order diffraction loads upon three dimensional bodies[J]. Applied Ocean Research, 1: 197 – 202.
MORISON J R, O'BRIEN M P, JOHNSON J W, et al., 1950. The force exerted by surface waves on piles [J]. Journal of Petroleum Technology, 2 (5): 149 – 154.
MOSCOWITZ L, 1964. Estimates of the power spectrums for fully developed seas for wind speeds of 20 to 40 knots [J]. Journal of Geophysical Research Atmospheres, 69 (24): 5161 – 5179.
NEUMANN G, 1953. On ocean wave spectra and a new method of forecasting wind-generated sea[R]. Beach Erosion Board, Corps of Engineering, Technology Memorandum, 43: 1 – 42.
NEWMAN J N, 1962. The exciting forces on fixed bodies in waves[J]. Journal of ship research, 6 (3): 10 – 17.
NEWMAN J N, 1967. The drift force and moment on ships in waves[J]. Journal of ship research, 11: 51 – 60.
NEWMAN J N, 1974. Second order, slowly varying forces in irregular waves[C]//Proceeding International Symposium Dynamics of Marine Vehicles and Structures in Waves, London.
NEWMAN J N, 1992. The Approximation of Free-surface Green[M]. Cambridge: Cambridge University Press.
OCHI M K, 1978. Wave statistics for the design of ships and ocean structure[J]. Transactions of the Society of Naval Architects and Marine Engineers, 86: 47 – 76.
OCHI M K, HUBBLE E N, 1976. Six-parameter wave spectra[C]//Proceeding 15th Coastal Engineering Conference: 301 – 328.
OGILVIE T F, 1964. Recent progress toward the understanding and prediction of ship motions. [C]//Proceedings of the 15th Symposium on Naval Hydrodynamics. Bergen, Norway, 3 – 79.
OGILVIE T F, 1983. Second-order hydrodynamic effects on ocean platforms[C]. Proceeding International Workshop on Ship and Platform Motions, Berkley, 205 – 265.
OHMART R D, GRATZ R L, 1979. A comparison of measured and predicted ocean wave kinematics[C]//Pro-

ceedings of the offshore Technology Conference, Houston, Texax, May 1978.
RADDER A C, 1979. Theory of water-wave refraction[J]. Advances in Applied Mechanics, 19: 53 – 141.
RAYLEIGH L, 1876. On waves[J]. Philosophical Magazine, Series 5, 1: 257 – 279.
RHODES-ROBINSON, 1970. On the short-wave asymptotic motion due to a cylinder heaving on water of finite depth[C]//Proceeding of the Cambridge Philosophical Socity, 67: 423 – 442.
RYE H, 1982. Ocean wave groups[R]. Report UR – 82 – 188, Department of Marine Technology, University of Trondheim.
SARPKAYA T, 1979. Hydroelastic Response of Cylinders in Harmonic Flow[C]//The royal Institution of Naval Architects. Spring meetings.
SARPKAYA T, ISAACSON M, 1982. Mechanics of wave forces on offshore structures[J]. Journal of Applied Mechanics, 49(2): 466 – 467.
SARPKAYA T, ISAACSON M, 1981. Mechanics of wave forces on offshore structures[C]//American Institute of Physics Conference Series.
SCOTT J R, 1965. A sea spectrum for model tests and long-term ship prediction[J]. Journal of Ship Research, 9 (13): 145 – 152.
SKJELBREIA L, 1959. Gravity waves, Stokes third order approximations, tables of functions[C]//Council on Wave Research, Engineering Foundation, University of California, Berkeley.
SKJELBREIA L, HENDRICKSON J A, 1962. Fifth order gravity wave theory and tables of funetions[R]. National Engineering Science Co.
SPRING B H, MONKNEYER P L, 1974. Interaction of plane waves with vertical cylinders[C] //Proceeding of the 14th International Conference on Coastal Engineering, Copenhagen: 1828 – 1845.
SROKOSZ M A, 1980. Some relations for bodies in a canal, with an application for wave power absorption [J]. Journal of Fluid Mechanics, 99: 145 – 162.
STOKES G C, 1880. On the theory of oscillation wave[J]. Mathematical and Press: 225 – 228.
STOKES G G, 1847. On the theory of oscillatory waves [J]. Transactions of Cambridge Philosophical Society, 8: 411.
SUN L, TENG B, LIU C F, 2008. Removing irregular frequencies by a partial discontinuous higher order boundary element method[J]. Ocean Engineering, 35: 920 – 930.
SVENDSEN I A, JONSSON I G, JONSSON I G, 1980. Hydrodynamics of coastal region[R]. Den Private Engineering Fund, Technical University of Denmark.
TAYLOR D C, 1955. An experimental study of the transition between oscillatory and solitary waves [D]. Massaohusetts Insitue of Technology.
TENG B, EATOCK TAYLOR R, 1995a. Application of a higher order BEM in the calculation of wave run-up on bodies in a weak current[J]. International Journal of Offshore and Polar Engineering, 5 (3): 219 – 224.
TENG B, EATOCK TAYLOR R, 1995b. New higher-order boundary element methods for wave diffraction/radiation [J]. Applied Ocean Research, 17 (2): 71 – 77.
TENG B, GOU Y, 2006a. Fast multipole expansion method and its application in BEM for wave diffraction and radiation [C]//Proceedings of the international offshore and polar engineering conference, ISOPE, 3, 318 – 325.
TENG B, GOU Y, NING D Z, 2006b. A higher order BEM for wave-current action with structure-directory computation of free-term coefficient and CPV intergrals[J]. China Ocean Engineering, 20 (3): 395 – 410.
TENG B, KATO S, 2002. Third order wave force on axisymmetric bodies [J]. Ocean Engineering, 29:

815 – 843.

TENG B, LI Y C, 1996. A unique solvable higher order BEM for wave diffraction and radiation[J]. China Ocean Engineering, 10 (3): 333 – 342.

TENG B, NING D Z, ZHANG X T, 2004. Wave radiation by a uniform cylinder in front of a vertical wall[J]. Ocean Engineering, 31 (2): 201 – 244.

URSELL F, 1953. Short surface waves due to an oscillating immersed body[C]//Proceedings of the Cambridge Philosophical Society, A220: 90 – 103.

URSELL F, DEAN R G, YU Y S, 1960. Forced small amplitude water waves: a comparison of theory and experiment. Part Ⅰ[J]. Journal of Fluid Mechanics, 7: 33 – 52.

VAN OORTMERSSEN G, 1976. The motions of a moored ship in waves[R]. Netherlands Ship Model Basin Wageningen, The Netherlands, Publication No. 510.

WEHAUSEN J V, 1971. The motion of floating bodies[J]. Annual Review of Fluid Mechanics, 3: 237 – 268.

WEHAUSEN J V, Laitone E V, 1960. Surface Waves, Handbuch der Physik[M]. Berlin: Springer-Verlag.

WIEGEL R L, 1960. A presentation of cnoidal wave theory for practical application[J]. Journal Fluid Mechanics, 7: 273 – 286.

WU X J, PRICE W G, 1986. An equivalent box approximation to predict irregular frequencies in arbitrarily-shaped three-dimensional marine structures[J]. Applied Ocean Research, 8 (4): 223 – 231.

YEUNG R W, 1981. Added mass and damping of a vertical cylinder in finite-depth waters[J]. Applied Ocean Research, 3 (3): 119 – 133.

BIESEL F, 1951. Etude theorique d'Gun certain type d'appareil a houle[J]. La Houille Blanch (4).

BOUSSINESQ J, 1872. Theorie des ondes et de remous qui se propagent le long d'un canal rectangulaire horizontal, en communiquant au liquide contenu dans ce canal des vitesses sensiblement paralleles de la surface au fond[J]. Journal De Mathematiques Pures Et Appliquees, 17: 55 – 108.

LEVI-CIVITA T, 1925. Determination rigoureuse de ondes d'ampleur finie[J]. Mathematische Annalen, 93: 264 – 314.

MICHE M, 1944. Mouvements ondulatoires de la mer en profondeur croissante ou décroissante. Première partie. Mouvements ondulatoires périodiques et cylindriques en profondeur constante[J]. Annales des Ponts et Chaussées, 114: 42 – 78.

STRUICK D J, 1926. Determination rigoureuse des ondes irrotationellesperiodiques dan un canal a profoundeur finie[J]. Mathematische Annalen, 95: 595 – 634.